专家书评

大家普遍认为，对于 Scrum，虽然 10 分钟就能学会但要真正掌握，却需要花上一生的工夫。本书中，作者提供了大量用好 Scrum 的秘诀和技巧，将理论和实践结合在一起，为开发者提供了交付高价值产品和解决复杂问题的学习基础。如果您正在使用 Azure DevOps 并想更好地使用这个工具，这本书会非常适合您。

——戴夫·韦斯特，Scrum.org 产品负责人和 CEO

无论我们是否认同，对于很多正在实施 Scrum 的团队来说，工具是必不可少的，而工具正是理查德所擅长的，他丰富的学识以及对自己热爱事业表现出高度的热忱这一点在这本主题为 Scrum 和 Azure DevOps 的书中表现得淋漓尽致。如果您对理查德有所了解，并且您正在用 Azure DevOps 而且在带 Scrum 团队，请千万不要错过这本书。

——丹尼尔·瓦坎蒂，ActionableAgile 联合创始人

在这本书中，理查德将专业 Scrum 开发者的相关实践与使用 Azure DevOps 进行高效开发有机结合到一起。他不仅提供了很多有用的技巧和案例，同时还对 Scrum 和 Azure DevOps 的发展历程以及现状进行了描述，非常具有参考价值！

——冈瑟·维黑伊，独立 Scrum 教练，PSM 培训师

Scrum 是一个看似简单却很难精通的框架。理查德帮助您解决了这个难题。他的本事在于：不仅可以帮助您理解 Scrum，还能帮助您成为这方面的大师。

——克罗斯·罗恩，Welles Fargo 敏捷转型负责人

如果您正在带 Scrum 团队，那么这本书一定非常适合您。在本书中，理查德从自己多年的 Scrum 团队实践经验中提炼出精华，以帮助大家加速 DevOps 转型过程。如果您关注高效交付客户价值，那么这本书将是您较为理想的起点。

——杰夫·比勒，GitHub 产品运维团队高级总监

在 Azure DevOps 团队工作期间，我注意到理查德的专业 Scrum 开发者计划。我发现他对这个计划注入了极大的热情，他非常希望我们做出一款深受 Scrum 团队喜爱的工具。DevOps 的本质其实就是将过程、工具和人完美结合到一起，以交付客户价值。如果将这个理念与 Scrum 结合到一起，就一定能够取得成功。理查德出色地将 Scrum 的理论转化成团队中各个角色（包括产品负责人、开发人员、测试人员和干系人）都可以执行的一系列活动。如果希望在日常使用 Azure DevOps 的过程中成为 Scrum 专家的话，这本书就非常适合您。

——雷威·尚克尔，原微软 Azure DevOps 团队测试管理工具产品经理，高级项目总监

理查德成功地将 Azure DevOps、Scrum 和高质量代码三个概念结合起来了。所有想要了解微软软件开发端到端解决方案的读者，不要错过这本书。

——唐尼斯·马歇尔，微软 MVP，PSM 培训师

理查德一开始就站在敏捷和 Scrum 的前沿，是 ALM/DevOps 方向的第一位 MVP。本书展示了他对专业 Scrum 和 Azure DevOps 的专和精，可以帮助团队持续改进！

——菲力浦·杰皮克斯，Pintas & Mullins CTP，微软 MVP，PSM 培训师

Scrum 非常简单，或者在您开始实施 Scrum 之前肯定是这样想的。理查德这本书最棒的地方在于，他将《Scrum 指南》中简单的文字转化成了可以在特定团队中具体落地的具体活动，并为此提供了非常实际的指导。

——史蒂夫·波特，Scrum.org 专家计划经理，PSM 培训师

Azure DevOps 是一套工具，而 Scrum 是一个帮助团队按照迭代和增量方式进行产品交付的框架。它们确实有很多共同点，但也有很多不同之处。理查德很好地将两者结合起来，以通俗易懂的方式解释了如何使用 Azure DevOps 和 Scrum 来帮助团队更好地交付更有价值的软件。这本书读起来非常愉快。

——杰西·豪威，Xpirit 首席顾问，PSM 培训讲师，微软 MVP

如果您正在使用 Azure DevOps，那么这本书就应该是您的必读书籍。现在，有 80% 的团队在使用 Scrum 框架，如果团队要在 Azure DevOps 场景下采用专业 Scrum，那么这本书可以帮助团队取得成功。

——马丁·希瑟沃德，Naked Agility，PSM 培训师，微软 MVP（Azure DevOps 领域）

Scrum 知易行难。在本书中，理查德提供了大量经过实战检验的实践经验，可以帮助大家成功使用 Azure DevOps 来实现 Scrum。

——奥格金·巴耶克，PSM 培训师，微软 MVP（Azure DevOps 领域）

理查德运用个人的专业 Scrum 培训师和 DevOps 大师背景，写出了这本非常出色的书籍。本书对 Azure DevOps 场景下如何实现 Scrum 进行了清晰的描述。如果您正在使用 Azure DevOps 和 Scrum，建议将这本书列入您的书单！

——西蒙·赖因德，PSM 培训师

对于初学者来说，只要跟随理查德的操作指导就可以在 Azure DevOps 中配置出适合专业 Scrum 开发者使用的环境。对于经验丰富的实践者来说，本书中的很多实战建议也有较大的参考价值。

——阿纳·罗耶·伊凡斯克，PSM 培训师

我其实每天都在用 Azure DevOps，但在读了这本书之后，我才发现还有很多地方需要学习。这本书对提升团队的价值产出提供了很多专业指导意见，非常具有参考意义。

——科里·艾萨克森，微软技术资深顾问

如果要选择一本介绍 Scrum 的书，就选您现在看到的这本！这本书包含实践 Scrum 开发需要知道的所有知识点，这些知识点非常清晰、准确和凝练。

——马丁·库尔夫，微软 MVP（Azure DevOps 领域），微软区域技术总监

专业SCRUM
基于Azure DevOps的敏捷实践

[美] 理查德·哈德豪森(Richard Hundhausen) / 著

徐磊 薄涛 李强 周文洋 / 译

清华大学出版社

北京

内 容 简 介

Scrum 作为全球范围内应用较广的敏捷框架，有广泛的使用场景。本书着眼于如何基于微软的 Azure DevOps 来更好地使用 Scrum，全书共 3 部分 11 章，分别介绍 Scrum 基础、如何基于 Azure DevOps 来实践专业 Scrum 以及如何实现持续改进和加速流动。通过本书，读者可以了解团队组建、积压工作、Sprint、测试计划、协作、流程、持续改进、Azure Boards、Azure 测试计划以及与 DevOps，掌握实用技巧，少走弯路。

本书可以作为 Scrum.org 的专业 Scrum 开发人员 (PSD) 计划的补充，适合所有使用 Scrum 来实现价值交付的人员阅读和参考，包括开发 / 测试团队、产品负责人、Scrum Master 及设计师、架构师、业务分析师、管理人员等其他干系人。

北京市版权局著作权合同登记号　图字：01-2022-4303

Authorized translation from the English language edition, entitled Professional Scrum Development with Azure DevOps by HUNDHAUSEN. RICHARD, Published with the authorization of Microsoft Corporation by Pearson Education, Inc. Copyright © 2021 by Pearson Education, Inc.

图书在版编目(CIP)数据

专业SCRUM：基于Azure DevOps的敏捷实践 / （美）理查德·哈德豪森（Richard Hundhausen）著；徐磊等译. —北京：清华大学出版社，2024.1
书名原文：Professional Scrum Development with Azure DevOps
ISBN 978-7-302-61602-3

Ⅰ.①专… Ⅱ.①理… ②徐… Ⅲ.①软件开发 Ⅳ.①TP311.52

中国版本图书馆CIP数据核字（2022）第147700号

责任编辑：文开琪
封面设计：李　坤
责任校对：方　婷
责任印制：杨　艳
出版发行：清华大学出版社
　　　　　网　　址：https://www.tup.com.cn，https://www.wqxuetang.com
　　　　　地　　址：北京清华大学学研大厦A座　　　　　　　　　邮　　编：100084
　　　　　社 总 机：010-83470000　　　　　　　　　　　　　　　邮　　购：010-62786544
　　　　　投稿与读者服务：010-62776969，c-service@tup.tsinghua.edu.cn
　　　　　质量反馈：010-62772015，zhiliang@tup.tsinghua.edu.cn
印 装 者：涿州汇美亿浓印刷有限公司
经　　销：全国新华书店
开　　本：178mm×230mm　　　　　印　　张：24.75　　　　　字　　数：609千字
版　　次：2024年1月第1版　　　　　印　　次：2024年1月第1次印刷
定　　价：129.00元

产品编号：092504-01

译者序：超越工具去落地

2005 年，我从澳大利亚悉尼回到北京，开始组建一家外企在华研发中心。这家外企的代码仓库基于文件共享机制的 VSS，而且服务器位于澳洲，导致我们北京团队的开发人员提交代码非常不方便，提交一个代码文件，往往需要超过两分钟的时间，而且操作还很繁琐。经过一番调研和测试，我开始为公司部署微软的 Visual Studio Team System（VSTS）平台，并在两个月之内将全公司的 50 个多产品和项目的代码全部迁移至这个平台。当时的 VSTS 还是 Beta 版，其实就是现在的微软 Azure DevOps 产品。

2012 年 7 月，我和另外两名同事一起从北京前往澳大利亚悉尼，参加 Professional Scrum Developer 讲师授权培训，当时的培训师就是本书作者。在接受 PSD 培训的同时，我也参加了由 Kane Mar 组织的 Scrum Master 认证培训，成为中国大陆比较早期的认证 Scrum Master。这两个培训对我的职业生涯影响巨大，从那个时候开始，我在自己的工作、生活以及后续的创业过程中一直在践行敏捷。

我当时参加 PSD 培训时使用的就是我们现在翻译的这本书的初版，我一直保留至今。在后续的很多年中，我也一直将这本教材作为我在 Azure DevOps 平台上实施 Scrum 框架的重要指南，其中的很多思路、技巧和实践为我日常领导团队和为客户实施 DevOps 起到了非常重要的参考作用。

在敏捷方法、精益思维和 DevOps 理念已经被广泛接受的情况下，Azure DevOps 在这个领域持续深耕了十几年，这款成熟的企业级产品成为众多后续跟随者效仿的对象，无论是国外的同类产品还是国内这些年出现大厂平台以及创业公司的优秀产品。国内外也有大量企业使用这个产品管理企业内外部几千甚至上万人的研发团队，比如微软全球十几万研发团队、全球石油信息化领头企业斯伦贝谢以及中国的四大行等。Azure DevOps 是 DevOps 一体化平台这个领域中更成熟、技术实现更先进而且功能更完整的工具。微软 2018 年收购 GitHub 以后，微软 Azure DevOps 团队和 GitHub 团队实际上已经合并成为一个团队，GitHub 这个全球开发者大本营的背后，也有 Azure DevOps 的大量技术积累在提供强大的支撑。

本书以体系化的结构介绍了 Scrum 框架以及如何使用 Azure DevOps 来运作 Scrum 团队的众多实践，但这并不意味着它只是一本操作手册。作者在写这本书的过程中融合了自己以及业界的很多经验，对很多场景给出了辩证的理解和灵活的处理方式，我认为，这才是阅读本书时最应该关注的点。工具不应该成为我们日常工作的束缚，而更应该是一种辅助，工具本身必须能够去适应使用者的不同理解，而不是要求使用者按照工具的既定思维去操作。毕竟，Scrum 本身并不是流程，而是一个帮助您找到具体哪个流程更合适的框架，而这个含义，也应该随不同的产品、项目、团队成员的变动而持续变化。

当前，很多企业都在搭建自己的 DevOps 一体化平台，因而这些平台的规划设计者以及实施团队也有重要的借鉴意义，毕竟，实践是检验真理唯一的标准，软件也不例外。实践证明，Azure DevOps 中的很多设计都已成功通过众多大型企业的验证，这些最佳实践值得大家参考和借鉴。

徐磊，LEANSOFT 创始人

推荐序：专业成就专业

2001 年，软件行业陷入了困境：相对于取得成功的项目，更多的项目都以失败告终。于是乎，客户开始在合同中增加惩罚性条款，并且逐渐把工作外包到海外。然而，有一些开发人员却能依托于"轻量级"的开发过程，频频取得成功。这些方法几乎无一例外地具备同一个特点：采用了大家所熟知的迭代、增量交付的开发过程。

在 2001 年 2 月，这些开发者发布了《敏捷宣言》。《敏捷宣言》提出敏捷开发的 4 个核心价值观和 12 条原则，其中包括两个非常重要的原则：第一，通过尽早和持续地交付可工作的软件来提升用户满意度；第二，为了满足用户更快的交付速度要求，采用更频繁的方式来交付可工作的软件，比如从原来几个月交付一次提高到几周交付一次。

2009 年，Scrum 模式成为各类敏捷开发模式中应用最多的方法。作为一个非常简单的框架，Scrum 为软件开发提供了非常容易上手的迭代式增量交付方法，同时 Scrum 还融合了《敏捷宣言》的价值观和原则。作为 Scrum 的联合创始人和我本人，其实也是当年《敏捷宣言》的发起人。

我参与过很多组织和团队的 Scrum 导入，非常了解他们的各种困境。但我仍然相信开发者在 Scrum 环境下会更加如鱼得水。忍受瀑布模式下各种令人窒息的限制和挫败之后，开发者特别希望能够昂首挺胸，引入各种开发实践、协作和工具，因为在瀑布模式下这些都是他们无暇顾及的。

然而，让我感到惊讶的是，即便采用敏捷开发，可能也只有 20% 的开发者才能真正享受到敏捷的好处。

2009 年，马丁·福勒发表文章指出，大多数敏捷开发过程实际上是"散漫的"：

"我最近了解到，很多所谓的敏捷项目实际上运作得非常糟糕。

这些项目的普遍现状如下：

- 他们准备采用敏捷开发模式，于是选择了 Scrum
- 他们引入了 Scrum 的各种实践，可能也确实遵守了各种原则
- 但过段时间后，项目进展变得非常慢，因为代码实在是太糟糕了

原因在于，这些团队没有投入足够精力在软件内建质量上。在这种情况下，团队很快发现效率越来越低，添加新特性变得越来越困难。最后的结果是，各种技术债的积累使得 Scrum 的推进举步维艰。而且，如果您真的在用 Scrum，

就很清楚到底会有多么糟糕（https://martinfowler.com/bliki/FlaccidScrum.
html）。"

马丁的这番话，引起了我们强烈的共鸣。开发者一般都具备很多技能，但在以下三个方面技能不足的话，会使得他们在采用增量式进行快速交付的时候感到力不从心：

- 人，在一个小型的、跨职能、自组织的团队中高效工作的能力
- 实践，应用各类可以缩短软件交付周期的工程实践的能力。
- 工具，当需要交付的内容越来越多的时候，利用工具可以帮助团队高效落地上述工程实践并实现自动化，这将保证开发效率不会受累于各种手工操作

我们在 2009 年投入了大量精力创建了"专业 Scrum 开发者"培训计划，这个培训计划包括 3 天精心设计的课程。培训的受众包括需要提升工程技能的开发者，经过我们的培训，他们可以组建具备增量式高效交付软件能力的开发团队，他们交付软件的方式也更加契合《敏捷宣言》的要求。在今天，这样的团队是每个有竞争力的组织都非常需要的。

理查德全程参与设计了这个培训计划，他的这本书实际上就是我们 2009 年设计的这一培训计划的延续。

阅读理查德的这本书，可以帮助了解敏捷开发的三大重要前提：人、实践和工具。如同理查德在培训课程中所教授的那样，他把这些内容有机结合在一起以便于理解和消化。如果您是 Scrum 团队中的一员，完全可以通过阅读这本书，找到可落地的各项实践。同时根据对自己团队的状态评估，选择那些最能帮助到团队的实践，逐个去改进和落地。

很多朋友喜欢参与各类付费的敏捷大会，其实完全可以省下这笔钱来购买这本书，并且通过参与社区活动和其他小伙伴一起探讨本书中所述的各类方法和实践，这其实比参加会议更有实际的价值。

理查德和我本人都非常希望您能从本书中获益，我们的行业也非常需要这样一本书。在这个日益复杂的社会中，软件成为我们最后的可扩展资源，敏捷团队高效的软件交付能力是解决行业和社会问题的基础。

Scrum，练起来！

肯·施瓦伯（Scrum 联合创始人）

前言

Scrum 是一种用来开发和维护复杂产品（比如软件）的框架。Scrum 实际上提供了很多规则，这些规则在《Scrum 指南》（https://scrumguides.org/）中都有描述，《Scrum 指南》中同时描述了角色、活动和工件及其关联的规则。如果能够正确使用这个框架，Scrum 就可以帮助团队高效且创造性地交付最有价值的产品，解决各种复杂的问题。Scrum 是一种敏捷开发方法，实际上也是当今中使用最为广泛的敏捷开发方法。

Scrum 采用基于迭代和增量的方法来优化可预测性和对风险的控制能力。这得益于 Scrum 中所使用的经验型过程控制方法。通过运用检视、适应和透明理论，Scrum 团队可以在一个很短的迭代中尝试新的方法（实验）并评估其有效性。然后，团队可以有选择地决定是否要引入、扩展或者放弃这次实践，其中也包括团队使用的工具以及这些工具的用法。

将 Scrum 与 Azure DevOps 中的工具结合使用，会将非常强大。这是本书的目标，帮助大家了解 Scrum 以及如何使用 Azure DevOps 来运作 Scrum。

在软件开发中，唯一不变的是变化。健康的团队非常熟悉这种情况，他们知道持续检视和适应是日常工作的一部分。高效能团队甚至会在此基础上更进一步，把每一个障碍和问题都看作是学习和改进的机会。阅读本书其实就是朝着这个方向迈进的第一步。

谁应该阅读此书

本书对任何正在使用 Scrum 或者考虑使用 Scrum 的软件开发团队成员来说都是有价值的。虽然我主要关注开发人员的职责和任务（一个 Scrum 团队包括设计师、架构师、编码人员、测试人员、技术文档编写人员等），但这本书同样可以帮助到产品负责人和 Scrum Master，让他们从中了解到如何使用 Azure DevOps 来规划和管理日常工作与进展。其他干系人，比如客户、用户、出资人和管理者，同样可以从本书中获益，可以从中了解到如何与基于 Azure DevOps 场景来运作 Scrum 的团队协作，了解哪些事情应该做，哪些事情不应该做。

本书主要关注如何使用 Scrum 来开发软件产品，因为 Azure DevOps 主要针对的是软件产品。但本书的大部分内容其实也适用于非软件和非 IT 类项目，因为

Scrum 本身是一个用来解决复杂问题的框架。本书的很多内容其实也适合任何类型的产品，比如，服务类、实体类产品或者更加抽象的其他产品。

本书不适合谁阅读

　　本书面向正在使用 Scrum 和 Azure DevOps 进行复杂软件产品开发的团队。对于非 Scrum 团队或开发的产品并不复杂，那么这本书不会提供太多帮助。如果团队正在使用瀑布式或顺序式开发过程，那么这本书也提供不了任何价值（除非正在考虑转换思路或者工作方式）。同样，如果团队并没有使用 Azure DevOps，那么本书的大部分内容也没有什么用处（除非只希望关注有关专业 Scrum 开发的内容并且想看看自己团队有哪些地方还可以改进）。还有，如果团队正在使用老版本的 Team Foundation Server，这本书同样不适合，因为旧版本的 TFS 缺少支持团队协作、规划和管理工作等高价值的新功能。

　　对于正在寻找"最佳实践"的读者，对不起，这本书也不适合您，我也不适合您。我拒绝使用这个术语，因为它意味着几个错误的假设：该实践对所有组织中从事所有产品的所有团队来说确实是"最好的"；团队一旦发现最佳实践，就可以停止寻找和实验；我更喜欢"经过验证的实践"这个术语。本书有许多实践供您和团队在改进过程中进行参考。

本书的组织方式

　　本书聚焦于如何更为有效地结合专业 Scrum 和 Azure DevOps，包含三个部分。第 I 部分"Scrum 基础"为读者提供针对 Scrum 框架、专业 Scrum 和 Azure DevOps(特别是 Azure Boards 服务) 的基础知识。第 II 部分"实践专业 Scrum"通过描述专业 Scrum 团队，其中包括如何使用 Azure DevOps 的不同特性来创建和管理产品 Backlog、冲刺计划和冲刺 Backlog 以及如何在冲刺内更加有效地进行团队协作。第III部分"持续改进"描述如何帮助 Scrum 团队加速流动，以应对常见的挑战和问题，并且使用技术手段持续改进团队 Scrum 水平。同时，还针对规模化专业 Scrum 介绍了如何使用 Nexus 规模化 Scrum 框架。如果按照本书的结构顺序阅读，会看到如何将 Azure DevOps 和 Scrum 结合起来有效地管理 Scrum 团队，会看到团队如何转变成高效能专业 Scrum 团队。

　　书中为大家提供和推荐了很多实践和工作模式。我会使用专业 Scrum 团队或者高效能 Scrum 团队这两个术语来区分那些根本不进行检视、适应和改进的僵尸 Scrum 团队。也许有些时候您会觉得这些建议不切实际，对您的团队根本没用。不清楚您的团队是怎样的，所以您的想法当然很有可能是对的，但我坚信这些建议对您肯定有帮助。事实上，我和其他几百名专业 Scrum 培训讲师都见证了其他很多团队的改进。记住，这些高效能团队的行为都应该作为团队要达成的愿景或"完美目标"。这个过程可能非常耗时费力，但最终一定会帮到您和您的团队，而您也会成为带领团队走过这个历程的领导者。

本书的最佳阅读起点

本书内容丰富，您可以根据需要以及对 Scrum、Azure DevOps 和相关实践的理解程度，直接跳到特定的主题开始阅读。下面这个表格会帮助您了解最佳的阅读起点。

当前的情况	阅读起点
刚开始学习 Scrum，不了解 Scrum	先阅读《Scrum 指南》再从第 1 章开始
刚开始学习专业 Scrum，不了解专业 Scrum	从第 1 章开始
刚开始学习 Azure DevOps，未实际用过	从第 2 章开始
刚开始学习 Azure Boards 或想了解如何配置一个定制化的专业 Scrum 过程（模板）	从第 3 章开始
了解 Scrum 和 Azure DevOps，希望学习如何为 Scrum 团队配置 Azure DevOps 环境	从第 4 章开始
比较熟悉 Scrum 和 Azure DevOps，希望学习如何进行冲刺规划和创建冲刺 Backlog	从第 6 章开始
刚开始学习验收测试驱动开发（ATDD），希望了解如何使用 Azure Test Plan 来规划和管理冲刺	从第 7 章开始
刚开始学习流动（flow）概念以及开始在 Scrum 团队内使用看板来可视化工作和管理流动（flow）	从第 9 章开始
正面临各种常见的 Scrum 挑战并希望找到相应的解决方案	从第 10 章开始
正面临规模化问题，希望帮助多个 Scrum 团队有效地协作开发同一个产品	从第 11 章开始

图例和注释

本书使用以下的图例和注释来帮助读者更好地进行阅读：

- 截图：针对 Azure DevOps 特定功能的截图，供读者参考
- 注释性的段落：标注成"说明"或者"提示"的框线区域，为特定内容提供相关的信息
- 有些注释性的段落内容来自本书的审阅者提供的实践指导，他们是专业 Scrum 开发者或者专业 Scrum 开发讲师

除此之外，本书还使用了两种特殊的注释性段落，一个叫"坏味道"，另外一个叫"Fabrikam Fiber 案例研究"。

坏味道

本书会指出 Scrum 团队和成员常犯的一些错误和常见误区，这些内容统称为"坏味道"。坏味道的出现一般说明代表团队有问题或者不良习惯。刚刚开始实践 Scrum 的团队很难发现这些坏味道。一旦被暴露出来，团队就应该立即着手解决并借机得以学习改进。当团队步入正轨后，团队应该能够自主发现这些坏味道并自行改进。专业 Scrum 团队有能力识别问题和浪费，进行风险分析并且自主决定采取特定的行动（包括那些不了解 Scrum 的人认为可能是坏味道的）。

案例研究

阅读本书的过程中，会看到 Fabrikam Fiber 案例。Fabrikam Fiber 是一个虚构的宽带通信提供商（想一下 Cox，Sparklight，Charter/Spectrum 或者 Comcast），为美国多个州提供服务。这家大型企业使用本地部署的 web 应用程序为他们的客户服务代表提供服务，针对客户支持请求创建和管理工单。他们使用 Scrum 已经有一段时间了，最近刚刚迁移至 Azure DevOps。通过 Fabrikam Fiber Scrum 团队做的抉择，可以看出我对健康行为和不健康行为的看法。

系统要求

尽管本书不包含任何动手练习，但还是建议大家注册 Azure DevOps Services，以便在阅读过程中进行实验和学习。在 Azure DevOps 上创建一个组织只需要几分钟，5 个用户以下的"基础"功能是免费的，对本书提到的所有特性足够的。Azure DevOps Services 是一种基于云的 SaaS 服务，每三周提供一次版本更新，所以本书中的截图可能与您在浏览器中看到的不一致。

此外，也可以下载 Visual Studio Community Edition 或 Visual Studio Code，并尝

试使用它们如何连接到 Azure DevOps 以及如何使用 Azure Board 和 Azure Repos 进行协作。这两个产品都是免费的。

术语

关于本书各章累计 166 个术语，请扫码添加小助手，申请访问权限。

致谢

写作本书的过程中，我得到了很多人的帮助。感谢 Loretta Yates 使我有机会与微软出版社再次合作：Charvi Arora、Tracey Croom、Elizabeth Welch、Songlin Qiu、Vaishnavi Venkatesan 和 Donna Mulder，感谢大家耐心审阅内容并帮助我找到正确的写作风格；感谢 Donis Marshall 激励我再次提笔写书，并给我如此直接且有价值的反馈；感谢 Dan Hellem 解答了很多 Azure Board 相关问题，并评审了书中很多章节；Phil Japikse、Simon Reindl、Brian Randell、Ognjen Baji、Ana Roje Ivani、Martin Kulov、Cory Isakson、David Corbin、Charles Revell、Daniel Vacanti 和 Christian Hassa 提供了一些很棒的建议和思路，使得本书更加清晰流畅；感谢 Ken Schwaber 和 Jeff Sutherland 在我快要写完本书时更新了《Scrum 指南》。

勘误表、更新和图书支持

我们已经尽最大努力确保这本书及其配套内容的准确性。大家可以通过提交的勘误表和相关的更正来访问这本书的更新：MicrosoftPressStore.com/ProfScrumDevelopment/errata。如果发现此页面尚未列出的错误，请提交给我们。

如需更多书籍支持和信息，请访问 www.MicrosoftPressStore.com/Support。

请注意，以上地址不提供微软软硬件的产品支持。有关微软软件或硬件的帮助，请访问 http://support.microsoft.com。

保持联系

我们的官方推特账号：http://twitter.com/MicrosoftPress。

简明目录

详细目录

第 III 部分　改进

第 I 部分　Scrum 基础

第 1 章：专业 Scrum
第 2 章：Azure DevOps
第 3 章：Azure Boards

第 I 部分可以帮助每个使用微软 DevOps 工具的 Scrum 专业人员从根本上理解三大主题：

- Scrum，更确切地说，是专业 Scrum
- Microsoft Azure DevOps 的概要性介绍
- Microsoft Azure Boards 的概要性介绍

我将从 Scrum 和 Scrum 规则开始介绍，重点是开发人员如何以及何时与产品负责人和 Scrum Master 进行互动、参与各种 Scrum 活动以及与各种 Scrum 工件进行交互。对于所有开发人员来说，理解 Scrum 规则、了解 Scrum 转型对他们和团队的要求以及何时 / 如何与产品负责人、Scrum Master、干系人和各种工件进行交互都是非常重要的。

说明

> 在 2020 年版的《Scrum 指南》中，开发人员角色取代了开发团队的角色。我们的目标是消除导致产品负责人和开发团队之间出现独立团队的"代理"或"我们与他们"行为的概念。现在只有一个 Scrum 团队专注于同一个目标，分别承担三种不同的职责：产品负责人、Scrum Master 和开发员。记住，Scrum 将测试人员、程序员、设计师、架构师、分析师、数据库专业人员、技术文档编写人员一律视为……开发人员。

本部分其余章节还要讲到技术，如 Azure DevOps 中的工具，特别是 Azure Boards。我更关注的是云托管的 Azure DevOps Services，而不是内部部署的 Azure DevOps Server。虽然 Scrum 团队可以使用很多 DevOps 工具，但我尽量只列出和讨论那些与实践专业 Scrum 相关的。我还会指出那些不错的最好留在工具箱中的工具，它们有助于团队实践更高价值的协作。毕竟，比起过程和工具，我们更注重个体和交互，对吧？

第 1 章　专业 Scrum

Scrum 是一个轻量级的框架，采用（面向复杂问题的）适应性解决方案来帮助个人、团队和组织产生价值。软件属于复杂问题，Scrum 是一个理想的、能够找出适用性方案进行软件开发管理的框架。即使面对同样的需求，软件开发也并不是每次都能产生同样的结果。Scrum 拥抱这个事实，并且因为框架本身的实验性质，Scrum 倡导的是通过实验来不断地进行检视和适应。

Scrum 算不上什么方法论或者过程，它仅仅是一个框架。换句话说，如果接受Scrum 并把它加入自己的实践，如测试驱动开发，你就可以形成自己的流程。团队能够借助 Scrum 的实验性质有规律地检验实践的效果并做出相应的调整。我在这本书里将介绍许多实践供大家参考。

说明

> Scrum 基于经验性的过程控制理论和精益思想。经验论认为知识来源于经验并应该基于已知的事实进行决策。精益思想则强调专注于本质和减少浪费。

提示

> 借用软件开发中的术语，大家可以把敏捷想象成一个接口。敏捷定义了 4 个抽象的价值和 12 个抽象原则（http://agilemanifesto.org）。有很多种方法可以用来阐述这些价值观和原则，但《敏捷宣言》并没有进行具体阐述。可以把Scrum 想象成一个实体类，Scrum 通过自己的角色、活动、工件和规则来实现敏捷的价值观和原则。

即使现在，软件开发理论的发展已经有 60 多年的历史，中大型软件项目却仍然有大概率的失败风险。幸运的是，软件行业已经开始关注、理解并解决这个问题。一些组织已经改进了习惯。有证据表明，敏捷，如 Scrum，正在引领组织走向成功。

敏捷团队知道，他们必须持续地检视和适应，不只是产品，不包括工作过程和实践。通过本书来学习 Scrum、DevOps 和微软的相关工具是一个好的开始，在实践中具备这些知识的使用经验则更好，能够在实践中发现和执行改进简直就是太棒了。这就是专业成就专业，是你应该达到的目标。不要只是把项目目标设定为不失败，而是应该努力把项目做得更好，努力交付更多的价值，努力掌握更多的知识。

1.1　Scrum 指南

Scrum 在上个世纪 90 年代初就已经出现了。在此期间，Scrum 的定义和实践主要来自于书籍，专业人士也尝试过解释它。遗憾的是，始终没有一个定位。甚至两位创始人肯·施瓦伯（Ken Schwaber）和杰夫·萨瑟兰（Jeff Sutherland）也有观点不一致的时候。今天的 Scrum 和 25 年前的 Scrum 也相差甚远。

2009 年，Scrum.org 组织制订 Scrum，发布了《Scrum 指南》。这份免费的指南拟定了 Scrum 的正式规则，由 Scrum 的创始人共同维护。指南非常简洁。事实上，2020 版本的指南也只有 14 页。该指南有 30 个语言版本，下载地址是 https://scrumguides.org。

提示

> 可以把 Scrum 想象成国际象棋。两者都有规则。例如，Scrum 不允许两个产品负责人并存，就好像国际象棋不允许一个选手有两个王一样。在下国际象棋的时候，需要按规则进行，否则就不是在下国际象棋。这个道理同样适用于 Scrum。换个角度思考，国际象棋和 Scrum 本身并没有成功或失败的区分，唯有选手才论输赢。按规则玩游戏的人都会不断改进棋艺，只不过真正掌握规则需要花一些时间。

即使你正在阅读本书，仍然可以将《Scrum 指南》作为一本很棒的参考。当你阅读指南的时候，会发现 Scrum 的内容很少，非常容易理解；但当你开始实践的时候也会发现，很难把 Scrum 做好。《Scrum 指南》会持续更新，未来的版本可能会超出本章节甚至本书覆盖的主题。

Scrum 框架由 Scrum 团队和相关的角色、活动、工件和规则组成。如大家在本章看到的一样，每个元素都服务于一个特定的目标。Scrum 规则，如《Scrum 指南》定义一样，和角色、活动、工件绑定在一起。遵循这些规则是团队使用 Scrum 来获得成功的关键，更为重要的是，能够开发和交付高价值、高质量的产品。改变 Scrum 的核心设计或理念，遗漏一些元素，或者不遵循 Scrum 规则，都会掩盖问题并限制 Scrum 的收益，甚至使 Scrum 变得无用。

Scrum 本身是完全免费的，《Scrum 指南》提供了完整的 Scrum 框架内容。Scrum 的角色、活动、工件和规则不可改动，虽然可以部分遵循 Scrum，但其结果就不是 Scrum 所期望的。Scrum 只能作为整体存在，并且以一个包含实践、技术和方法论的容器发挥作用。我经常把 Scrum 描述成"一个团队可以在其中实验各种实践的框架"。

1.2 Scrum 基石

Scrum 建立在经验主义和精益思想的基础上。经验主义认为，知识来源于经验，决策应该基于观察到的现象和已知的事实。精益思想强调减少浪费和专注本质。Scrum 采用迭代、增量的方法来最大化可预测性和控制风险。Scrum 要求团队能够具备完成工作的所有技能和经验，能够根据需要获取或分享技能。

Scrum 在一个冲刺（即 Sprint）中包含 4 个用来检视和适应的活动，这些活动都遵循 Scrum 中的三个经验理论的基石：检视、适应和透明。我将在本章的后面介绍这些活动，这里先介绍 Scrum 的三个基石。

- 检视　Scrum 工件和面向目标的进度必须频繁地检视，以发现潜在的负面趋势或问题。为了帮助检视，Scrum 以活动的形式来提供节奏。检视能够促进适应。没有适应的检视是无用的。Scrum 设计的活动需要能够引起变化和改进。
- 适应　如果一个过程的任何方面偏离能够接受的范围或者生产出的产品不可接受，就必须调整这个过程或者产品。调整必须尽快执行以减小未来的偏差。相关人员没有授权或没有形成自管理的话，调整就变得更加重要。Scrum 团队应该通过检视中学到的新知识完成快速调整。
- 透明　不断演变的过程和工作对执行工作和验收工作的人必须同样透明。在 Scrum 框架下，决策基于三个常规工件的状态。工件的低透明度会降低决策的价值，增加风险。透明度会促进检视。没有透明度的检视和调整将会造成误导和浪费。

1.2.1 实战中的 Scrum

学习《Scrum 指南》，虽然能够理解这些组件和相关的规则，但可能无法了解 Scrum 为整体是如何运作的。为此，需要在团队开发产品的过程中实践 Scrum。Scrum.org 创建了 Scrum 框架（图 1-1），以更直观的方式展现了 Scrum 框架的实际运作方式。

在 Scrum 中，产品是用来交付价值的载体。产品可以是一项服务、一个物理产品或者更抽象的东西。产品具有清晰的边界，已知的干系人，清晰定义的用户或客户。软件非常符合这个定义，尽管 Scrum 不局限于软件领域。因为本书的主题是 Azure DevOps，所以我会基于软件产品的背景来描述 Scrum 和专业 Scrum。

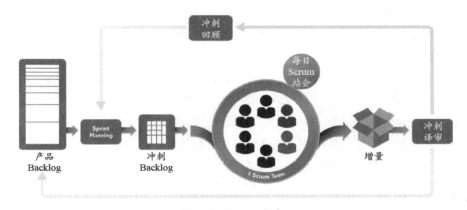

图 1-1　Scrum 框架

产品目标（Product Goal）描述了产品的未来状态，作为 Scrum 团队设定的计划目标。产品目标对 Scrum 团队来说是长期目标。在接受下一个目标的时候，必须完成或放弃当前目标。软件产品的一个目标可能是"在应用商店内下载量达到 10 万"。

产品 Backlog（即 Product Backlog）中列出了已知的要达成产品目标的所有内容，它是产品所有变更的唯一来源。产品 Backlog 随着商业环境，业务领域和技术变更等不断演变。产品 Backlog 中的每一个条目被称作产品积压工作项（Product Backlog Item，PBI）[1]。对于软件来说，产品 Backlog 包含待实现的软件特性、待修复的缺陷级待尝试的实验。产品负责人负责管理产品期望、风险、产出以及产品 Backlog 的优先级排序，保证透明和共识。

在冲刺规划和需求提炼期间，开发人员需要和产品负责人及其他相关的人一起去理解、估算和预测 PBI。产品负责人基于一个或多个因素对 PBI 进行排序，例如条目的 ROI（业务价值/估算大小）、风险、业务优先级、依赖性以及学习机会。

冲刺是指一个固定时长的周期，在此期间要完成各个 Scrum 活动。为了降低风险和保持一致性，冲刺周期应该是 1 个月或者 1 个月以内。新一轮的冲刺应该在上一个冲刺总结完成后立即启动。

冲刺一开始，第一个活动是冲刺规划会议。在这个活动的时间内，Scrum 团队一起预测和计划这个冲刺内要完成的工作。产品 Backlog 中优先级较高的、最能够实现项目目标的条目应该优先考虑。Scrum 团队一起预算冲刺结束时能够完成的条

---

① 译注：关于 Backlog，在单纯的 Scrum 语境中，一般不译，指的是待办事项清单，其中的各个事项（item）也译为"条目"。在微软的开发环境中，如 Azure，一般指"积压工作"，其中 item 称为"工作条目"或"工作项"。根据上下文，本书中两种说法均有采用。

目集。冲刺目标（即 Sprint Goal）确定，冲刺 Backlog 也准备就绪。冲刺 Backlog 包含预测能够完成的条目以及执行计划。在这个冲刺过程中，冲刺 Backlog 列出当前冲刺尚未完成的工作。

冲刺的大部分工作是通过开发冲刺 Backlog 中的条目来实现冲刺目标。Scrum 关于日常开发工作的规则相当简单，开发人员必须通过每日站会对未来 24 小时的计划进行同步。

必要的话，开发人员应该和产品负责人一起梳理产品 Backlog 里的条目。经过梳理，产品 Backlog 里的条目有了更多的细节和估算。这个活动可以使产品 Backlog 保持健康，使产品负责人能够和干系人进行更有意义的对话，制定发布计划以及做出更好的下一步决策。

在冲刺期间，Scrum 团队根据完成定义（Definition of Done，DoD）来完成冲刺 Backlog 中的条目。DoD 列出了条目认定完成所必须符合的实践和标准。如果还没有 DoD，Scrum 团队需要将其定义出来。团队中的每个人都需要理解 DoD，DoD 有助于进行进度和质量的审视。不符合 DoD 的工作不会被认定为已完成，并且不会被发布。DoD 也需要在冲刺评审时进行检视。

理想情况下，开发人员和产品负责人在冲刺周期内一起确保一个伟大产品的诞生。如果开发人员提前完成了预测的工作，就要和产品负责人一起挑选并继续进行新的工作。反过来，如果开发人员发现他们无法完成预测的工作，就要和产品负责人一起来识别和讨论权衡，以不牺牲质量或更改冲刺目标的方式更新冲刺 Backlog。

产品增量是一个有用、有价值、可检视工作（满足 DoD）的主体。产品增量由冲刺 Backlog 中的一个或多个已经完成的已预测 PBI 组成。在冲刺评审中检视产品增量。产品负责人可能邀请各个干系人参与冲刺评审，获取干系人的反馈。获取到的反馈可能会作为新的条目加入产品 Backlog 中。现有的条目也可能需要加以更新或者删除。干系人的反馈可能会影响产品负责人在产品发布、继续开发或停止开发方面的决策。这些决策应该是基于商业原因而不是质量原因。无论产品增量什么时间发布，Scrum 团队都应该总是以产品增量即将发布的方式进行开发，这可能意味着冲刺期间包含多次发布，Scrum 也完全支持这种方式。

冲刺的最后一个活动是冲刺回顾会议。这对 Scrum 团队来说，是一个检视个人工作实践和工作过程并发现改进点的机会。如果识别出改进点，团队应在下一个冲刺中创建一个可执行的计划。为确保持续改进，Scrum 团队应该至少识别一个高优先级的过程改进点并加入下一个冲刺规划。冲刺回顾中可以复盘任何事情，人、关系、过程、实践和工具，都可以讨论。Scrum 团队也可能为了增加产品质量，决定调整 DoD。冲刺回顾会议之后，开始下一轮冲刺，这样的循环不断重复。

1.2.2　Scrum 角色

负责和承诺构建产品并共同实现其产品目标的人称为 Scrum 团队。Scrum 团队由以下角色构成：

- 开发人员
- 产品负责人
- Scrum Master

如果从服务的视角来看待各个角色之间的关系，可以认为开发人员服务于产品负责人，而 Scrum Master 服务于每一个人。同时，开发人员决定着选择（雇佣或解雇）Scrum Master。产品负责人能够在选择希望从事某类工作的开发人员方面施加很大的影响力（尽管有 HR 政策和流程）。因为职责的分离，所以不同的角色应该由不同的个体承担，这会减少利益冲突的可能。小团队可能需要一人承担多个角色。

1. 开发人员

开发人员是 Scrum 团队的专业人员，他们负责设计、开发、测试和交付一个完整的、可发布的产品。一个 Scrum 团队应该包含 3 到 9 个开发人员——团队小到能够顺利沟通和足够敏捷，同时大到能够在复杂的环境里实现跨职能和协作，例如软件开发。

一个只有 2 个开发的团队不需要 Scrum，因为他们可以直接沟通并很高效。同时，也有很大的可能，2 个开发无法具备完成工作所需要的全部技能。另一方面，超过 9 个开发的团队需要更多的协作。越大的团队越难受益于 Scrum 的经验主义。对于超过 9 个开发的情况，需要组建多个 Scrum 团队或者一个 Nexus。我将在第 11 章介绍 Nexus 和规模化 Scrum。

需要特别注意的是，如果一个人正在 Scrum 团队中担任开发人员的角色，那并不意味着他是传统意义上的开发——写代码的人。根据任务的类型，Scrum 中的开发人员可以设计架构，设计用户接口，编写测试用例，设计数据库 schema，设计部署流水线，设计测试结果，准备安装包，编写文档。每个人都在交付一些内容。

说明

> 3 到 9 名开发，这不包含产品负责人和 Scrum Master，除非他们同时也是开发人员，将在冲刺中完成冲刺 Backlog 中的任务。无论如何，Scrum 团队通常不要超过 10 人。

表 1-1 列出了 Scrum 团队中开发大致要执行的活动。

表 1-1　在 Scrum 框架下开发人员的活动

活动	执行时间
协助产品负责人预测冲刺中的工作以及制定冲刺目标	冲刺规划
和其他开发人员一起制定完成预测工作的计划	冲刺规划、每日例会或者按需
参与每日例会	每天
按照 DoD 完成产品增量开发	冲刺规划之后，冲刺回顾之前
协助产品负责人梳理产品 Backlog	在冲刺周期内按需进行
如预计工作提前完成，识别额外附加的开发任务	在冲刺周期内按需进行
如预计工作不能如期完成，参与讨论替换工作内容并制定应急计划	冲刺评审或在冲刺周期内按需进行
帮助干系人检视产品增量并获取反馈	冲刺评审或在冲刺周期内按需进行
反思过程和实践，识别出可改进实验	冲刺回顾
检视、调整、学习和改进——根植于 Scrum 价值观中	经常

不要假设开发人员只从事他们擅长和熟悉的任务。例如，不能仅仅因为 Dieter 具有数据库编程的背景，就一定指定他来完成这种类型的工作。在冲刺执行过程中，如果下一个任务需要进行数据库编程而 Dieter 没有空，另外一个开发人员应该尽可能接手这个任务。开发过程中，谁是最适合执行某个任务的人选取决于很多因素，如经验和是否有时间。因此，冲刺 Backlog 的估算应该是由 Scrum 团队整体而非个人决定——即使个人是某个领域的专业人员甚至专家。这也是为什么 Scrum 团队中不止一个人需要具备所需的技能组合。我将在第 8 章中深入讲解相关内容。

总的来说，开发人员必须是跨职能的。这意味着针对每种类型的任务，在 Scrum 团队中至少有一位开发人员具备执行该任务的技能。换句话说，开发人员作为一个整体，必须具备完成工作的所有技能。跨职能的要求并不是要求每一个开发人员都必须是跨职能的，虽然那确实很棒。理想情况下，至少具备开发以外的一个以上技能。否则，团队应该尽力通过分享和结对，或者在开发过程中借助于一些技能培训进行改善。团队中只有一位成员具备某种关键技能是有风险的。

提示

我发现，只有很少的 Scrum 团队认为自己的组员是"开发人员"。这是因为传统上会把开发人员等同于程序员或写代码的，软件行业一直在强调这个观念。对于这些团队，使用术语"团队成员"（team member）来替代可能更合适，"团队成员"能够更综合地代表测试人员、设计师和其他的非编程人员。

说明

交付速率用于度量 Scrum 团队能够交付的 PBI 历史数据。交付速率可以使用完成的 PBI 数量、规模 / 时间（例如故事点）或完成条目的业务价值等进行度量。单独一个冲刺的交付速率没有什么意义，几个冲刺的交付速率就能够显示出团队的产能趋势。一旦生产力趋向稳定，这个数据就可以帮助进行冲刺规划和发布计划。举例来说，团队一个冲刺的交付速率如果为 20 个故事点，产品 Backlog 表明为达到产品目标仍有 12 个条目共 96 个故事点需要完成，那么你就可以估算大约 5 个冲刺后可以进行产品发布，或如果按照 2 周一个冲刺的节奏，1.5 个月后就可以进行产品发布。《Scrum 指南》中并没有提到交付速率，交付速率被认为是个补充实践。团队也可以考虑使用吞吐量等流动指标作为以往效能的度量。第 9 章将介绍流和流动指标。

在冲刺过程中，Scrum 团队的结构不应该发生变化。如果必须发生变化，只应在两个冲刺之间进行。这种变化通常是冲刺回顾会议上做出的决策。变化可能会包括增加一个团队成员、和另外一个团队交换成员、减少一个成员或者改变一个成员的角色或工作时长。请记住，对团队结构的任何变更都被认为是干扰。变更发生之初产能会先下降，随后会再回升（希望如此）。如果 Scrum 团队监控交付速率或吞吐量，变更的干扰就会更为明显。

案例研究

Fabrikam Fiber 的 Scrum 团队中，开发人员包括 5 位跨职能的成员，他们具备不同的背景、各类技能和技术水平。他们是 Andy、Dave、Dieter、Toni 和 Richard（我）。Andy 和 Toni 具备架构、设计和一些 C# 编程经验。Dave、Dieter 和我具备丰富的 C# 编程经验。Dieter 和我还拥有 SQL 和 Azure 开发经验，包括 Windows PowerShell。作为团队，我们都参加过 Scrum.org 的 Scrum 开发人员培训并通过了相关的考试。

2. 产品负责人

产品负责人是用户的代言人，这意味着产品负责人不仅要了解产品、产品的业务领域、产品的愿景和目标，同时也要了解用户。一个合格的产品负责人，如果只是了解产品如何工作以及如何解决产品存在的问题是远远不够的。一个好的产品负责人会主动分享他们对产品的激情、努力和期望。在另外一个方向上，在面对用户组织的时候，产品负责人也代表着开发团队，至少在开发团队还没有直接面对用户之前是这样的。

产品负责人必须代表用户的心声并向用户看齐，产生价值，而不只是满足付费方的需求。为了避免工作安排上的冲突，Scrum 团队只能有一位产品负责人。当开发人员对产品有疑问时，首先应该找到产品负责人进行沟通。产品负责人可能需要咨询其他人获取答案，尤其是面对大型和复杂的产品。产品负责人应当被认定为所有产品问题的接口人，包括产品的愿景、价值、目标和功能。

说明

> 很多年前，我就听说产品负责人是客户和干系人的代言人。虽然这种说法没有问题，但我更倾向认为产品负责人首先应该是用户的代言人。有什么不同呢？干系人是指任何对产品和开发过程感兴趣的人。客户是指为产品付费的人。用户是指真正使用产品的人。专业的产品负责人应该尽力满足所有干系人的需求。

产品负责人负责通过开发人员的工作最大化产品的价值。产品负责人的主要沟通工具是经过梳理和排序的产品 Backlog。产品负责人和开发人员一起沟通开发内容和开发时间。表 1-2 列出了需要开发人员和产品负责人交互的工作。

表 1-2　开发人员与产品负责人的交互工作

交互工作	时间
协同进行冲刺规划和预测 PBI	冲刺规划
回答产品 / 业务领域的问题，为干系人介绍产品	在冲刺期间按需进行
梳理产品 Backlog	在冲刺期间由 Scrum 团队决定
协同增加额外工作	在冲刺期间按需进行
协同制定应急计划	在冲刺期间按需进行
帮助产品负责人检视产品增量和其他新出现的工作	在冲刺期间按需进行
和产品负责人一起帮助干系人检视产品增量并获取反馈	至少在冲刺评审中，也需要在冲刺期间按需进行

（续表）

交互工作	时间
协同检视 Scrum 团队的实践并制定对应改进计划	评审回顾
协同定义任务 DoD	评审回顾

有一个普遍的误解是开发人员负责开发产品，不过已经在 2020 版的《Scrum 指南》中得到了纠正。事实上，是整个 Scrum 团队开发出了产品，这是整个团队中所有成员合作和协作的成果。

提示

> 专业的产品负责人应该非常了解自己的产品，了解产品的业务领域，了解产品的客户和用户，了解 Scrum，是决定产品方向的权威，能够随时被团队的其他成员联系到，同时具备良好的人员管理能力。我还没有遇到过完全符合上述要求的产品负责人，我遇到过许多正在努力改进并期望达到上述要求的产品负责人。

案例研究

> Paula 是 Fabrikam Fiber 网络应用的产品负责人。技术出身的她，因此非常清楚产品的痛点和用户使用产品的困难。这种意识激励着她不断改进和演变产品的能力。她甚至夸口说自己是使用产品最多的用户。她给自己定义的使命是逐步消化掉积压的工单，直到团队有能力做到"当日事当日毕"。Paula 熟谙需求是一名富有魅力的产品负责人，必要的时候可以随时待命，并有权做出必要的决策。Paula 已经使用 Scrum 三年了。她参加过 Scrum.org 的专业 Scrum 基础和专业 Scrum 产品负责人培训。

专业 Scrum 团队清楚产品负责人和开发人员各自的职责分工，每个角色应该完成自己的工作职责。虽然《Scrum 指南》没有明确要求产品负责人不可以担任开发人员或者 Scrum Master，我依然认为职责的分离是一个很好的做法。让产品负责人专注于产品需要开发的内容，让开发人员专注于如何进行开发，让 Scrum Master 专注于确保所有人理解和遵循 Scrum 的规则，这是成功的秘诀。

因为组织上要求产品负责人为产品的盈利或亏损负责，产品负责人需要时刻对最大化产品价值保持警惕。专业 Scrum 产品负责人必须具备很高的参与度，他们会不断追问什么是最好的产品，更重要的是什么才是对用户最好的。

3. Scrum Master

Scrum Master 在整个组织和 Scrum 团队中培养和传播 Scrum 价值、实践和规则。Scrum Master 通过提供必要的指导和支持，确保产品负责人和开发人员高效工作。Scrum Master 同时也负责让所有涉及的组织和个人理解 Scrum。

说明

> Scrum Master 的职责不同于项目经理，相去甚远。Scrum Master 被认为是管理，只限于 Scrum 本身及 Scrum 的执行，不涉及项目、人或产品。然而，他们有权做出改变或扫除项目障碍的决定。

Scrum Master 在整个组织适应和了解 Scrum 收益的过程中必须时刻保持警惕。这意味着 Scrum Master 需要使团队远离一些错误的工作方法（如过时的"瀑布模型"），让不开明的管理者远离团队，同时消除这样一种错觉，即命令、控制和不透明能够更好更快地交付价值。有时候，Scrum Master 可能成为事实上的变革推动者，引领组织的 Scrum 变革。这种情况下，Scrum Master 必须能屈能伸。这也表明 Scrum Master 需要具备强大的人际关系处理能力。

Scrum Master 有时需要充当敏捷教练，确保团队能够自管理、正常运作和高效工作。这个角色需要保护团队远离外部干扰，同时移除任何影响团队进度的障碍。Scrum Master 移除障碍的能力是服务团队走向成功至关重要的一部分。

作为一个服务型的领导者，Scrum Master 的工作成效取决于是否能够按优先级满足团队的需要。Scrum Master 同样为组织中的其他干系人提供服务，帮助他们理解 Scrum 框架以及其他角色对他们的期望。服务型领导者经常被看作团队和流程的管家。Scrum Master 总是拥有"我今天能为你做些什么？"的态度，Scrum Master 需要培育出协作和尊重的环境，为高效率 Scrum 团队提供肥沃的土壤。中国古代哲学家老子有句名言：

> 太上，不知有之；其次，亲而誉之；其次，畏之；其次，侮之。信不足焉，有不信焉。悠兮，其贵言。功成事遂，百姓皆谓：我自然。

Scrum Master 不是一个技术角色，不需要在相关领域（如软件开发）具备很强的背景，虽然有时会有所帮助。Scrum Master 必须非常精通 Scrum，这是他们的领域，也是必不可少的基本前提。优秀的 Scrum Master 需要具备良好的沟通和处理人际关系的能力。他们需要促进不同团队成员之间的协作或者促进组织中不同角色、活动或者其他的协作，因此需要具备较强的软技能。当你需要考虑谁可能成为一个优秀的 Scrum Master 时，请记住以上这些内容。

表 1-3 列出了 Scrum Master 给开发人员提供的服务内容。

表 1-3　Scrum Master 给开发人员提供的服务内容

服务	实践
当开发人员不会或不能自行安排 Scrum 活动时，协助安排 Scrum 活动	在冲刺活动中，按需安排
识别、记录和消除障碍	在冲刺活动中，按需安排
提供培训，教练，顾问和激励服务	在冲刺活动中，按需安排
训练开发人员进行自管理	在冲刺活动中，按需安排
成为开发人员面向组织的外部接口	在冲刺活动中，按需安排
代表开发人员参加和开发无关但"必需"的会议	在冲刺活动中，按需安排
保护开发人员的工作不会受到干扰和中断	在冲刺活动中，按需安排
慢慢减少团队对自己的依赖	随着 Scrum 团队不断成熟

Scrum Master 的职责不需要由一个人员全职承担。Scrum 团队要认识到这一点并选择一个开发人员兼任这个角色。这个角色也可以由开发人员轮流担任。全职的 Scrum Master 可以转换成开发人员或继续帮助组织中新成立的 Scrum 团队，这方面，Scrum Master 这个角色比其他角色更为灵活。只要 Scrum 团队能够理解和遵循 Scrum 原则，并且在需要的时候能够联系到履行 Scrum Master 职责的人，就够了。

提示

在我看来，传统的项目经理无法成为一个好的 Scrum Master。但不幸的是，让项目经理担任 Scrum Master 是组织敏捷转型过程中的普遍行为。例如，决策者委派 Roger 去参加 Scrum Master 培训，Roger 有 PMI 认证，钟爱甘特图，也是微软项目管理软件专家。决策者期望 Roger 来主导 Scrum 变革。我看到的情况往往是，Roger 或者他的老同事和领导对项目管理的"肌肉记忆"对导入 Scrum 产生了很多负面作用。

提示

Scrum Master 的技能是独特和重要的。我遇到的 Scrum Master 中，最优秀的是 Brian。他并不具备业务背景和技术背景，他之前是一名戒毒戒酒辅导员。这意味着他的倾听能力很强，很善于鼓励人和激励人，同时也非常擅长识别消极怠工或隐瞒事实的各种迹象。对某些人来说，Scrum Master 是一种职业选择。在我的经验看来，他们往往乐于助人，自驱力强，在服务团队的同时致力于自身能力的不断提升。我们应该让这些 Scrum Master 尽量发挥各自的特长，而不是解雇或者转换成其他角色。他们作为全职 Scrum Master，能够为团队和组织提供更多的价值，是团队不可或缺的一部分。

案例研究

Scott 是去年作为 Scrum Master 加入团队的。之前，他为另一个团队提供服务，他为那个团队提供教练服务，帮助团队转变成为一个高效而专业的 Scrum 团队。管理层认为 Scott 能够在 Paula 的团队成功地担任 Scrum Master 角色，他们也计划让 Scott 帮助组织中的其他团队学习和采用 Scrum。Scott 具备在许多不同的公司和团队实践 Scrum 的经验，参加过几个 Scrum 培训课程并且是 Scrum.org 社区的活跃分子。

4. 干系人

干系人并非《Scrum 指南》中官方定义的角色，干系人包括涉及产品开发和对产品开发感兴趣的每一个人。干系人可以是经理、总监、高层领导、董事会成员、需求分析师、领域专家、代理人、项目发起人、其他团队成员、客户和软件用户等。干系人是非常重要的角色，他们代表不同视角的需求，他们通过对产品负责人施加影响来驱动产品的愿景、目标和可用性。如果没有干系人，谁将使用产品、为产品开发付费或者从产品中获益呢？

按照我的经验，开发人员习惯忽视非技术人员。这是不幸的——干系人不应该被忽略。应该要他们参与进来。然而，一些干系人可能会过于关注产品开发的工作量和状态，分散了团队的注意力。关于何时和为什么开发人员需要和干系人进行互动存在大量误解。通过阅读《Scrum 指南》，你可能会认为互动只发生在冲刺评审期间。如表 1-4 所示，干系人和开发人员可以在冲刺周期内的多个时间点进行互动。

表 1-4　开发人员与干系人的互动

互动	时间
协作梳理产品 Backlog	在冲刺周期内，由 Scrum 团队决定
回答关于 PBI 的问题（估算、计划、设计、构建、测试等）	在冲刺周期内，按需安排
检视产品增量并获取反馈	至少在冲刺评审时进行，也可以在冲刺周期内，按需安排

提示

把燃尽图、燃耗图或其他分析数据张贴在公共区域或仪表板上以便干系人了解信息。这种方式可以最小化对 Scrum 团队的干扰。如果任何人理解信息有问题，Scrum Master 可以出面帮助他们。

案例研究

Fabrikam Fiber 公司已经成立几年了，公司经历过一次更名和若干次重组。客户是公司的首要干系人，他们是互联网应用的用户，也是公司主要现金流来源。除了服务技术人员，其他业务部门，包括市场和销售，都是 Fabrikam Fiber 互联网应用和运维部门的干系人。各类干系人之中，大多数人都不是软件技术相关的。当然，内部干系人中也包含硬件和网络技术相关的人员。所有干系人都对提供关于互联网应用的反馈持开放态度。Paula 理解获取客户反馈的重要性。最终，她坚持建邮箱 wish@fabrikam.com 来接收邮件反馈，反馈邮件会被转发给技术支持人员，由支持人员筛选反馈并和 Paula 一起决定是否需要产品 Backlog。

　　对产品进行检视和提供反馈时，如需要新增功能 / 特性，应该邀请产品负责人参与。对开发过程进行检视和提供反馈时，例如了解开发过程的状态，应该由 Scrum Master 处理。换句话说，应该总是将干系人排除在开发过程之外——除非得到开发人员邀请。执行以下指南将有助于保护开发人员的专注度。

　　除了冲刺评审和冲刺规划，Scrum Master 应尽量不让干系人参与各种 Scrum 活动。除非干系人的输入信息非常重要，干系人不应参与到任何计划，开发和需求梳理的活动中。只有 Scrum 团队邀请时才可以参与 Scrum 活动。干系人不应该参与每日例会，因为每日例会的目的是让开发人员彼此对接，同步下一步工作。即使产品负责人参与每日例会，也会被认为是偏离了每日例会的目标。

1.2.3 Scrum 活动

　　Scrum 框架使用活动组织增量开发中的各种工作流程。每个活动有一个时间盒，意味着每个活动的执行都有一个固定的时间周期。时间盒为每个特定的活动提供一个合适的时间长度以确保最小化浪费。这些 Scrum 活动可以建立起规律和节奏，也意味着可以最大限度地减少了非 Scrum 标准的非必要临时会议之类的浪费。

　　Scrum 的所有活动都是一个正式的检视和适应机会。检视使团队有机会评估面向目标的进度，同时识别出当前计划中可能的偏离。如果检视识别出任何不可接受的偏离，就必须采取适应的措施。为了将未来的偏差最小化，应该尽快实施调整。如果有人缺席 Scrum 的活动，就会降低透明度并失去检视和调整的机会。

说明

> 有一种观念认为，冲刺规划和冲刺评审之间的那段时间才是真正进行开发工作的时间，这段时间才代表冲刺活动。这是不正确的。冲刺活动是其他 4 个活动的外部容器，这意味着冲刺规划启动的时候，冲刺已经开始了。严格来说，冲刺规划和冲刺评审之间的那段时间并不存在一个技术上的名称，这段时间普遍被认为是用来进行"产品开发"的。冲刺在冲刺回顾完成后形成总结，然后开始启动下一轮计划。

　　重新回顾图 1-1，可以看到 Scrum 包含 5 个活动。

- 冲刺　可以看作一个包含其他 4 个活动的容器。为了达到产品目标的必要活动都包含在一个冲刺中，包括冲刺规划、每日例会、冲刺评审和冲刺回顾。冲刺是一个时间长度固定的活动，时间长度通常少于 1 个月。新的冲刺在上一个冲刺回顾结束后立即开始。
- 冲刺规划　冲刺规划需要列出冲刺要做的工作，然后就可以启动冲刺。冲刺规划由整个 Scrum 团队协同产生。
- 每日例会　每日例会用来检视面向目标的工作进度并根据需要调整冲刺 Backlog 条目，调整即将开始的工作。应该只有开发人员参与每日例会。
- 冲刺评审　冲刺评审用来检视冲刺的成果并决定未来的调整。Scrum 向关键干系人展示冲刺的工作成果，更新产品 Backlog，讨论面向产品目标的工作进度。
- 冲刺回顾　冲刺回顾用来计划提高质量和效能的方式。

1. 冲刺

冲刺是一个时间周期，在这个周期内，产品增量被开发完成。冲刺是 Scrum 中的术语，是迭代的同义词。冲刺周期通常设定为 1 个月或小于 1 个月，从头到尾执行完 1 个冲刺后，接着执行下一个冲刺。反馈的频度要求、团队的经验和技术能力、产品负责人对敏捷度的要求等是决定冲刺长度的关键因素。举个例子，如果产品是一个目标定义良好的桌面应用，计划执行不会产生大的偏差，那么冲刺周期长一点是没有问题的。如果产品是一个拥有若干竞争对手和目标用户的基于云的软件（SasS）服务，短冲刺周期就更为合理。Scrum 团队和干系人通过协作决定理想的冲刺周期长度。

冲刺规划、开发活动、每日例会、冲刺评审和冲刺回顾都发生在一个冲刺中。当你使用 Scrum 后，只要产品存在，且有干系人和要投资开发的新功能，你就总是处于冲刺中。当一个冲刺回顾结束后，新一轮的冲刺开始，你就开始重复冲刺中的活动。在冲刺之间，不应该有任何中断。

我曾经问肯·施瓦伯一个冲刺周期应该有多长。他是这样回答的："应该是短到没有办法更短。"多于 4 周（1 个月）的冲刺就有了一种瀑布模型的味道。当冲刺周期长于 1 个月，产品定义可能已经发生了变化，风险和复杂度可能已经增加。如果采用传统瀑布模型，若干个月的工作量可能都会被浪费掉。采用 Scrum 框架，通过限制冲刺的最大长度，最多只有一个月的工作量会被浪费。

反过来说，小于 1 周的冲刺周期是有可能的，但是只能由高效率 Scrum 团队实行。即使非常短的冲刺，也需要将内部活动的时间支出考虑在内，只留更少的时间（按比例）进行真正的开发。在这样的微冲刺（micro Sprint）中工作，团队需要每天都处于最佳状态。

理想情况下，冲刺周期是固定不变的。如果一定要变，也必须在两个冲刺周期之间发生变化，并且这种变化是冲刺回顾活动中的决策结果。冲刺周期长度的变化会破坏开发人员的节奏，影响预测工作和计划工作。虽然负面效果会随着时间减弱，但频繁地引入混乱肯定不好。

每一个冲刺都好比一个迷你项目。事实上，当我介绍 Scrum 给一个新的组织或团队时，我建议用"冲刺"或"冲刺集"来代替"项目"这个词。例如，使用冲刺 17-19 来代替"CRM 集成项目"，这样一来，和 CRM 集成相关的 PBI 就可以被预测并列入开发计划。

案例研究

最初，Scrum 团队尝试 4 个星期一个冲刺。他们认为相对长的时间盒和他们已经习惯的季度发布方式更为接近。遗憾的是，因为团队刚开始接触 Scrum，所以仍然在用顺序模式进行开发。他们在冲刺刚开始的阶段花费了大量时间进行分析和设计，直到冲刺快结束时才进行测试。这导致冲刺最后几天的工作不可持续，团队的工作模式又退回到瀑布模式（也称为 Scrummerfall），团队没有取得预期的产能。当 Scott 作为 Scrum Master 加入团队后，他建议采用两周的冲刺周期。开发人员体验到了紧迫感和工作方式的变革，在整个冲刺内，团队都保持一种舒适稳定的强度。Scott 建议周三启动冲刺，以便能够保证全员参与并且团队处在专注度的顶峰，也能够让干系人及时参加冲刺评审和后续的冲刺规划，而不用隔周进行。按照两周的节奏，Scrum 团队成功完成了多个冲刺。

冲刺定义了冲刺周期内要完成的工作内容，也包含完成这些工作的方式方法。在冲刺中，各方面的开发工作都要有人执行。对于软件来说，包括但不限于设计、编码和测试。随着工作的开展，工作范围渐进明晰，产品负责人和开发人员可能需要对冲刺 Backlog 进行重新讨论，在符合产品目标的前提下新增或调换工作条目。开发人员不能为了完成工作任务而降低质量目标。冲刺结束的时候，开发人员交付产品增量，干系人检视产品增量，产品增量也可能会被发布。

选择一周中哪一天作为冲刺的开始（和结束）时间完全取决于开发人员。一些实践者倾向于周一或者周五，我倾向于选择一周的中间时间段，在这个时间段，整个团队通常没有人会缺席且大家的注意力最为集中。碰上公共假期的时候，Scrum 活动可以进行重新排期，但我仍然建议冲刺周期保持固定。例如，如果第 26 个冲刺的结束时间正好在假期中间，为维护两周冲刺的节奏，仍然保持冲刺的开始时间和结束时间不变，只是把冲刺评审和冲刺回顾时间安排在下一个冲刺的第一周的末尾进行。类似的微调可能需要在整年内不断进行。

2. 冲刺规划

冲刺规划是用来选择和计划当前冲刺要完成的工作，这是冲刺中的第一个活动，整个 Scrum 团队都需要参与。经过梳理和排序的产品 Backlog 是冲刺规划的输入。开发人员和产品负责人一起确认当前冲刺能够完成的工作范围，这称作"预测"。预期要完成的工作、冲刺目标和冲刺计划是冲刺规划活动的输出。冲刺 Backlog 会记录这些输出。

冲刺规划是有时间盒的，因此每个参与人都必须保持专注，应该尽量减少诸如跑题之类的干扰。冲刺规划的最长时间为 8 个小时，但实践中，冲刺规划的长度应该和冲刺周期的长度有关，可以在表 1-5 中看到具体细节。

表 1-5　冲刺规划的时间长度

冲刺长度	冲刺规划长度
4 周	8 个小时以内
3 周	6 个小时以内
2 周	4 个小时以内
1 周	2 个小时以内
小于 1 周	以上时间长度的对应比例

　　冲刺规划包含三个话题。每个话题都会回答一个问题：为什么（why）、做什么（what）以及如何做（how）。冲刺规划的输出回答了这三个问题。冲刺目标回答了"为什么"这个问题，预测工作回答了"做什么"这个问题，冲刺计划回答了"如何做"这个问题。下面将对这几个话题进行详细介绍。

　　话题 1：为什么当前冲刺是有价值的？在冲刺规划时，产品负责人将建议当前冲刺如何为产品增加价值和功能。整个 Scrum 团队一起定义冲刺目标，冲刺目标表述了本次冲刺为什么对干系人是有价值的。冲刺目标采用叙事方式描写，可以指导开发人员完成产品增量，也能为干系人提供当前冲刺的工作摘要。冲刺目标必须在冲刺规划结束前完成。

　　虽然产品负责人可能已经把产品目标及其他业务目标带入了冲刺规划，整个 Scrum 团队仍然要对冲刺目标及其含义和措辞达成一致，这一点非常重要。团队中的每一位成员都要记住冲刺目标，同样干系人也应该能够访问到冲刺目标。当开发工作开始后（冲刺规划已经结束），冲刺目标就不应该再发生改变，他是团队要完成的"题目"。如果开发人员无法完成冲刺目标，或者冲刺目标已经过时，产品负责人可能会决定取消当前冲刺，这也从另一方面显示冲刺目标的重要性。取消冲刺将在第 6 章中进行讨论。

　　《Scrum 指南》没有提到冲刺目标和工作预测哪个应该先进行。一些 Scrum 团队希望先描述出冲刺目标，或至少和预测工作同步进行。采用这种方式，在冲刺周期内，开发人员会对冲刺目标和要完成的工作有更好的凝聚力。这种凝聚力会使团队更容易理解产品增量对于产品或发布目标的价值。另一些团队希望为冲刺选取产品 Backlog 中高优先级的工作，然后围绕选定的工作描述一个冲刺目标。对于在一个特定的冲刺中要交付多个无关的特性并包含缺陷修复的团队来说，这两种方法都比较困难。

　　冲刺目标给对于要完成任务的开发人员提供了灵活性和指导，即使团队完成了比冲刺规划预测更少的工作，他们仍有可能达成了冲刺目标。例如，团队在冲刺规划中预测将完成以下工作。

- 在首页增加一个 Twitter 订阅。
- 为公司创建一个 Facebook 页面。
- 产品创建和托管一个产品支持 wiki。

　　按照这个预测，冲刺目标可能是这样的：增加我公司及产品在社区的曝光度，也可以简单写成"将 Fabrikam Fiber 公司社交化"。开发人员工作的时候，应把冲刺目标记在心里。即使团队无法完成第三个冲刺 Backlog 条目（wiki），那么完成前两个条目也可以使团队达成冲刺目标。

说明

> 冲刺目标不应该太宽泛，例如"改进产品"，也不应该太具体，例如"完成条目 #1，条目 #2，条目 #3，条目 #4 和条目 #5…"模糊的冲刺目标是难以实现的，并且这些杂乱无章的冲刺目标会分散团队的注意力且降低灵活度。冲刺目标应该描述进行当前冲刺的原因，并非只是冲刺 Backlog 条目预测的重复。一个好的冲刺目标是一个正面的激励，可以帮助团队理解正在进行工作的目的和产生的影响。

　　听起来冲刺目标给了开发人员一些"回旋余地"，但这是正确的。请记住开发人员的工作是困难的且充满风险，这就是为什么他们应该能自己预测可交付的条目，并承诺达成包含这些条目的冲刺目标。

　　话题 2：当前冲刺可以完成哪些工作？冲刺规划时，开发人员重点考虑产品积压列表中高优先级的条目，条目的优先级由产品负责人决定。讨论清楚每一个条目的细节和验收标准。产品负责人和其他干系人负责澄清积压条目，他们能够提供业务领域相关的知识和澄清。

　　对积压条目有了清晰的理解后，开发人员要一起决定积压条目是否小到能够适合冲刺的容量。如果开发人员确信他们可以按照 DoD 的要求完成这个条目，那么这个条目就应该被加入预测工作。这个过程需要对条目进行估算或使用例如服务水平期望这样的流动度量方法。第 9 章将讨论流动和流动度量指标。

　　如果开发人员对一个工作条目是否应该加入预测工作不能达成一致，这种情况就需要更多地分析和讨论。有了更多的信息之后，要么把工作条目进行拆分，要么推迟到之后的冲刺。然后开发人员开始讨论产品 Backlog 中的下一个条目。因为产品负责人也参加了冲刺规划，产品 Backlog 中条目的优先级也会按需要进行调整。

工作预测的流程不断重复，直到开发人员认为当前冲刺有了比较合适的工作量，工作量的评估也取决于团队的工作时间容量，以往的效能以及其他因素。随后，这些预测的工作内容就从产品 Backlog 中移到冲刺 Backlog。

说明

> 2011 年，《Scrum 指南》在冲刺计划方面引入了一个有争议的变化。"承诺"这个词被"预测"这个词取代。Scrum 实践者对"承诺"这个词有过一段时间的争议。"Commit"这个词的问题在于它意味着开发人员在冲刺结束的时候必须完成所有计划中的工作条目。一些不了解产品开发复杂性的干系人听到这个术语时，一定会这么理解。因为复杂产品的开发是困难而且充满风险的，每个冲刺都能完成计划工作是不现实的。开发人员可能不得不牺牲质量来完成"承诺"，而这是 Scrum 所禁止的，同样也是产品管理理论禁止的。
>
> 干系人可能都听过"销售预测"这样的术语，所以"预测"这个术语会更加现实，更容易被干系人理解。这意味着虽然开发人员会尽最大的努力，但是冲刺周期内可能出现的新信息会妨碍计划的顺利执行。如果你和你的组织仍在使用"承诺"这个术语，最好开始花些时间去习惯"预测"这个术语。对某些人来说，"预测"这个术语听起来是个遁词，但总的来说，这个术语的使用意味着诚实和透明。

新的 Scrum 团队由于没有以往效能数据进行参考，所以可以使用直觉来决定看起来合适的工作量。高效率的 Scrum 团队也可以这样做，如果处于冲刺中，开发人员提前完成了预测工作，他们可以和产品负责人一起增加新的工作条目。理想情况下，新增的条目要和冲刺目标保持一致。开发人员不应该预测自己能完成超出实际交付能力的工作。

话题 3：怎么完成选择好的工作？直到开发人员为如何完成预测的工作拟定计划，冲刺规划才可以结束。这个计划必须确保所有的工作条目都符合验收标准和 DoD。计划可以通过一组便利贴进行可视化，与对应工作条目便利贴位于同一行。在软件工具中，如 Azure DevOps，可能表现为一个父记录下面的几个子记录。无论团队使用什么工具，冲刺 Backlog 应该包含冲刺目标及为达成冲刺目标相关的预测工作条目，以及开发冲刺 Backlog 条目的计划（任务、测试和示意图等）。

因为冲刺规划有时间盒的限制，所以开发人员可能无法识别每个工作条目的细节。为了快速创建一个计划，少量信息需要被记录下来，可能只是工作条目的标题和工作量评估。冲刺规划不是用来进行详细设计的，开发人员应该专注于创建一个概要性的计划，实现细节将在冲刺执行过程中不断出现。

例如，我们假设开发人员要创建几个实体模型、控制器和视图。开发人员不应该在冲刺规划期间陷入设计的"老鼠洞"，只需要识别一些概要性的任务：创建模型、创建控制器、创建视图等。如果团队为这些任务估算工作量，就只需要把完成这些任务所要做的活动的工作量进行累加。

假设开发人员使用任务来制订计划，相对冲刺后期要执行的任务，冲刺早期执行的任务应该被分解得更详细。开发人员可以使用任何度量单位进行估算。对于任务，小时可能是最普遍的单位。我也见过团队使用天或任务点（类似故事点）。我认为，使用任务点进行任务估算可能会引起困惑，你可能很少有机会去对比由两个不同组员完成的任务估算。团队应该选择一种度量单位，无论采用什么度量单位，所有的这些数值都可以构成一幅冲刺燃尽图。详情参见第 5 章。

很重要的一点是，开发人员在冲刺规划后应该清楚"为什么""做什么""怎么做"，所有这些都应该记录在冲刺 Backlog 中。正如你将在第 6 章中看到的，任务所有权分配并不是冲刺规划的成果。事实上，最好由空闲的团队成员自行认领未分配的任务，常见情况是每个成员在冲刺规划结束前都认领一项工作。之后，开发人员将通过自组织的方式处理冲刺 Backlog 中的工作。

提示

使用轻量级的工具进行冲刺规划。白板是一个很棒的用来表达想法和头脑风暴的工具，是电脑无法替代的。在白板上，可以很容易地绘制草图，也可以快速擦去。保存在电脑或 Azure Board 上的工作项通常需要保留和更新，它们代表着最后被固化下来的内容，虽然也并非总是事实。在头脑风暴时使用便利贴进行规划也是很好的方式，可以方便地在白板上移动它们，或者把它们从白板上移除。Scrum 团队应尽量避免在冲刺规划期间使用任何工具，除非优点明显大于缺点。当开发人员取得一致意见后，便利贴和白板草图会被转为其他形式。

案例研究

第一次冲刺规划会议非常混乱。产品负责人在冲刺规划会议中第一次向开发人员介绍了新的 PBI，但是产品负责人 Paula 并没有准备好，领域专家也不在场。冲刺规划的大部分时间都用来理解将要开发的内容，而规划"如何做"推迟到冲刺开始后的几天才完成。"为什么"（冲刺目标）在开始的几个冲刺中都被忽略了。在 Scott 的辅导下，Scrum 团队逐渐改善，每个成员都习惯了 Scrum，团队进入了统一的节奏。当团队开始规律性地开会梳理产品积压冲刺列表时，冲刺规划也变得富有成效。

3. 每日例会

每日例会是一个时间盒长度为 15 分钟的会议，开发人员利用这个会议检视面向冲刺目标的工作进度，并按需调整冲刺 Backlog，并调整接下来的工作计划。开发人员可以采用任何组织形式和方法，只要会议专注于面向冲刺目标的工作进度和产生未来 24 小时的工作计划。冲刺周期内的每个工作日都应该进行每日例会，即使当天要进行冲刺规划，冲刺评审和冲刺回顾。

每日例会增进了沟通，识别了障碍，促进快速决策，随之消除了举行其他会议的需要。开发人员通过每日例会了解彼此已经完成的工作和将要开始的工作，增强了沟通和彼此的责任心。如果一个开发人员听到另一个开发人员正在类似的领域开展工作，他们可以选择结对。另一方面，如果团队听到一个开发成员 3 天都在处理一个预计 2 小时的工作，就说明应该做结对或者去调查问题的根源。开发人员需要明白自己在这个会议上已经做出了承诺并且承诺将在未来的 24 小时内得到检验。

说明

> 这个会议叫"每日例会"，我听到许多团队认为这个会议是"每日站会"。如果团队决定站着，他们可以这样做。他们同样可以选择坐着、蹲着或者趴着。

每日例会中，开发人员通过对话评估团队的进度。通过了解到每日完成或未完成的任务，团队可以判断自己是否正在朝着冲刺目标前进。团队的协作氛围不断改善——这种氛围显而易见——即使在每日例会之外的场合。高效率 Scrum 团队可能有使用正式评估工具的需求，例如使用燃尽图。

每日例会应该在每天同样的时间和同样的地点进行，这样可以减少复杂度并最大化参与度。理想情况下，每日例会应在早晨进行，这样开发人员就可以同步当天的工作。对于非集中办公的团队则可以采用更为灵活的例会时间。

提示

> 每日例会中不要使用电脑、电子板、燃尽图和其他的工具或组件，这些可能会偏离每日例会的目标，即不同团队成员之间的信息同步。每个开发人员应该掌握自己的信息而不需要去查找。问题和障碍可以被记录在白板或便利贴上。高效团队可以使用"停车场"等工具跟踪每日例会无关的问题，之后再通过沟通解决这些问题。开发人员是自组织的，因为某些原因能够自行决定是否需要召开正式或非正式的会议。事实上，对于开发人员如何使用其他 7 个小时 45 分钟的时间，《Scrum 指南》没有明确的要求。我希望他们在需要的时候彼此交流，共同构建一个出色的产品。

每日例会不是汇报会。不要试图在每日例会上解决具体问题，因为这通常会违反 15 分钟的时间盒要求，解决问题的沟通通常推迟到每日例会结束后进行。团队可以使用名为"停车场"或其他实践跟踪话题。"停车场"是一个工具，如白板或 wiki，用来记录和会议无关的意见或问题。就每日例会而言，与检视进度或调整冲刺 Backlog 无关的话题就可以先记录下来。

每日例会只需要开发人员参加，产品负责人是不需要参加的。事实上，Scrum Master也不需要参加，Scrum Master 只需要确保每日例会正常举行及会议规则被遵守。任何开发人员都可以识别、跟踪甚至减轻障碍。如果产品负责人和 Scrum Master 也基于冲刺 Backlog 里的条目进行工作，那么他们也可以被认为是开发人员并参加每日例会。

案例研究

> 开发人员在每天上午 9 点进行每日例会。会议前，每个开发人员在看板上更新任务的剩余工作量，这样做有利于他们对剩余的工作有最新的理解并增强了对话效率。这样做的另一个好处是燃尽图会更加准确，这对他们当天的沟通非常有帮助。每日例会中，每个开发人员只能简短地介绍下昨天完成的工作以及今天计划做的工作，也可以提出遇到的困难。需要的话，可以使用便利贴记录问题并贴在停车场。每日例会的时间通常不超过 10 分钟。Scott 几乎不再需要参加每日例会。

4.冲刺评审

在冲刺开发时间盒到期后，就开始进行冲刺评审。整个 Scrum 团队和产品负责人邀请干系人一起参加。在这个非正式会议中对开发人员开发的增量进行检视。干系人会看到一次关于可工作产品的非正式演示或者得到一次动手练习的机会并提出自己的反馈。通过这次会议，会对产品 Backlog 的条目进行新增、更新或者删除，也会讨论面向冲刺目标的进度和下一步的工作。冲刺评审是一个工作会议，Scrum 团队应避免把会议局限在一次演示或者演讲。

冲刺评审时间盒的最大长度是 4 个小时。周期越短的冲刺，冲刺评审的时间通常会更短。实践中，冲刺评审的长度和冲刺周期的长度有关，大概是冲刺规划时间的一半，如表 1-6 所示。

表 1-6 冲刺评审的时长

冲刺时长	冲刺评审时长
4 周	~4 个小时以内
3 周	~3 个小时以内
2 周	~2 个小时以内
1 周	~1 个小时以内
少于 1 周	和以上时间长度成比例

提示

> 开发人员不应该在冲刺评审中让产品负责人感到任何意外。换句话说，这不应该是产品负责人第一次看到已完成的工作。专业 Scrum 团队知道和产品负责人协作的重要性。整个冲刺周期内，开发人员至少要在每个工作条目完成的时候去问下产品负责人的意见。在 Scrum 中，并没有明确规定产品负责人需要对工作进行验收。然而，如果 DoD 中包括产品负责人对工作进行验收的要求，不要拖延到冲刺的末尾或者冲刺评审再进行。你不会希望冲刺评审变成一个"签字验收"会议，冲刺评审的主要目标是通过协作和反馈进行产品改进。

在冲刺评审期间，应该重述冲刺目标和已预测 PBI。Scrum 团队需要向听众进行一个简短的总结，说明哪些做得好、哪些做得不好以及团队是如何克服困难的。干系人通过观看演示或者直接动手操作产品来检视已经完成的工作，而不是由团队展示一些辅助工件来进行检视，如 PPT、原型、图表或者通过的测试用例等。因为冲刺评审是一个工作会议，Scrum 团队可能需要向干系人讲解他们看到的产品及回答他们的问题。

冲刺评审可能产生一个或多个成果：

- 加入产品 Backlog 中的反馈（新的要求、想法、实验或假设）
- 从产品 Backlog 中移除不再需要的条目
- 产品积压冲刺列表中的条目要进行梳理
- 对产品 Backlog 的条目进行重新排序
- 产品负责人决定发布工作增量
- 产品负责人决定打开特性开关
- 产品负责人决定取消开发

如前所述，冲刺评审是一次非正式会议，Scrum 团队不需要花大量时间做准备，也没有人觉得会是正在参加一场技术演讲会议。另一方面，团队也应该认真组织会议，避免浪费干系人的时间。必要的话，Scrum Master 可以对会议进行干预，确保会议对每个人的价值最大化。任何流程方面的改进都可以在冲刺回顾中进行讨论并在下一轮冲刺中执行。

冲刺评审可以有很多种方式，一些 Scrum 团队喜欢评审活动更有条理，一些团队并不这样认为。一些团队喜欢由 Scrum Master 启动冲刺评审，也有一些团队喜欢由产品负责人主持评审。还有一些团队喜欢开发人员轮流主持会议，让每个人都有机会讲话和推动会议，而另外一些团队喜欢最善于沟通的人主持会议。还有一些团队喜欢让干系人直接使用产品。不管怎样，冲刺评审都应该非常务实并培养出协作和讨论的氛围。Scrum 团队应该总是开放的，他们拥抱和捕获所有的反馈。稍后，产品负责人会仔细考虑这些反馈，并添加描述和细节。空洞的想法最终会沉到产品 Backlog 的深处，或者被完全删除。

案例研究

> 冲刺评审对 Scrum 团队非常重要。每两周的周二上午，团队会邀请相关的干系人，有时也会邀请其他团队的成员参加冲刺评审。产品负责人 Paula 启动会议，回顾产品目标、冲刺目标和当前冲刺的预测工作。Scott 作为 Scrum Master，对当前冲刺进行总结，包括团队进展（使用分析数据），展示团队遇到的困难以及团队克服困难的方法。接下来，干系人会花一个小时的时间对完成的功能进行评审，评审通常用讲故事的方式进行演示，开发人员会扮演不同的角色，经历产品各种不同的旅程。这种方式让会议室中的每一个人在分享观点的时候感到安全和舒适。Scrum 团队在评审过程中获取反馈，干系人有时也会在会议之后提供反馈。Paula 最后主持讨论自己关于下一个冲刺的想法并更新当前产品开发面向产品目标的进度。冲刺评审过程可以被录制成视频，分享给不能参加会议的人。

在时间盒允许的情况下，Scrum 团队可以和干系人讨论未完成或未开始的工作条目。如果干系人在繁忙的工作中抽出了时间参加会议，就不要浪费获取干系人对工作条目给出反馈的机会，这些工作条目可能会被加入下一轮冲刺。这些讨论将是下一个冲刺计划的宝贵输入。

5. 冲刺回顾

冲刺的最后一项活动是冲刺回顾[①]，Scrum 团队通过这个活动检视和调整自己的行为和实践，寻找改进的机会。冲刺回顾发生于冲刺评审之后，但是在下一个冲刺规划会议之前，具体的时间和地点取决于 Scrum 团队。除了干系人，产品负责人、Scrum Master 和开发人员成员都应该参与冲刺回顾，因为干系人参加会议可能会降低会议的透明度。冲刺回顾的最长时间为 3 个小时，但是实践中，会议长度取决于冲刺周期的长度，如表 1-7 所示。

表 1-7　冲刺回顾的时间长度

冲刺长度	冲刺回顾长度
4 周	3 个小时以内
3 周	2.25 个小时以内
2 周	1.5 个小时以内
1 周	45 分钟以内
少于 1 周	和以上时间长度成比例

冲刺回顾的目的是让每个人都有机会分享自己关于冲刺运行状况的观察、想法和意见，包括但不限于人、人际关系和工具等方面。这些讨论可能非常深入，甚至有时非常激烈，尤其是讨论到某个人的人际交往时。Scrum Master 有责任保持会议始终富有建设性。

说明

> 可以在任意的时间检视与开发过程和实践相关的阻碍和困难并做出调整，例如在每日例会或冲刺中的每一天中进行。冲刺回顾提供了一个进行检视、计划和调整的正式机会。

冲刺回顾会议输出得是一份实施改进的计划。这些改进可以针对整体开发过程，也可以针对某个单独的实践。改进可能包括改变开发人员的工作方式、工作地点和工作时间，也可能包括改变团队使用工具的方法或者改变团队使用的工具。调整可能更加社交化，例如采用实验的方式，对团队起到或多或少的激励作用。

因为 Scrum 团队经常检视和调整，任何潜在的改进都只是一个实验。其中一些

---

① 译注：相关参考书籍有章鱼书《回顾活动引导：24 个反模式与重构实践》，译者万学凡和张慧，扫码可加小助手，了解更多详情。

实验很容易造成混乱，只有在整个团队都能真正理解改变并取得一致性意见后才可以实行。任何改变都要遵守 Scrum 的规则。表 1-8 列出了团队在冲刺回顾会议中可能会决定进行的变更。

表 1-8　冲刺回顾会议中可能决定进行的变更

变更	样例
通过更新 DoD 提升产品质量	增加一条规则：新代码合并后，代码覆盖率不可以下降
更换 Scrum Master	把 Scrum Master 的职责由 Scott 移交给 Dave
改变团队的构成	新增一名开发人员或把 Toni 的工作时间容量降低到 50%
改变冲刺周期的长度	冲刺周期从 3 周变为 2 周

Scrum 团队可以通过多种方式进行冲刺回顾会议。最常见的一种是需要团队成员回答以下 3 个问题。

- 这个冲刺中哪些方面做得比较好？
- 哪些方面可以做得更好？
- 下个冲刺中，哪些地方应该做出改变？

提示

> 不要只是为了发现问题而举行冲刺回顾会议。当发现问题后，确保同时确认尝试性改进。改进实验被确认后，要确保实验能够在下一轮冲刺中执行。检视、调整并不断重复。我将在第 10 章中对此进行深入介绍。

有许多不同的方式可以启动对话，引出反馈和进行头脑风暴。许多书籍和网站都介绍了如何成功举行冲刺回顾会议。表 1-9 列出了与我共事的专业 Scrum 培训师已成功使用的技巧。可以上网搜每种技巧的使用指导或多种技巧的结合使用说明。

表 1-9　冲刺回顾技巧和活动

技巧	描述
时间线	把冲刺时间线放置到墙上，团队成员使用便利贴把冲刺中发生的好的或者坏的事件贴在事件发生的时间点上
情感地震仪	和时间线技巧相似，团队成员在 Y 轴上标出每个时间点上对应的情绪的高低数值
幸福指数	和情感地震仪类似，团队成员使用取值范围 1 到 5 中的数字为自己的幸福度打分并提供说明。基于这些数字，回顾会议中会产生一个图表，会讨论到波峰和波谷

（续表）

技巧	描述
抓狂，难过，愉快	团队进行头脑风暴，提出冲刺中让他们感到抓狂、难过和愉快的事件。便利贴会进行组合、分组和讨论
4L 法	准备四张海报纸或者白板，分别代表喜欢的（liked）、学到的（learned）、缺乏的（lacked）和渴望的（longed for）。团队在对应的板上粘上便利贴，并进行分组和讨论
5 问法	5 问法是一种提问技巧，用来找到特定问题和障碍的真正原因
未来设想法	通过假设的变化，推导出未来不同时间点上产品的样子，最终建立起团队对产品的愿景
冲向深渊的汽车	在这个技巧里，你需要绘制一幅汽车冲向深渊的画并使用类比的方式识别出团队现状所对应的引擎、降落伞、深渊和桥。高速游艇和帆船是这个技巧的变量
完美游戏	一种用来把想法价值最大化的技巧。团队成员使用 1 到 10 的范围为想法打分并提出使想法成为 10 分的建议。如果没有任何建议，就意味着想法已经有 10 分了
玻璃鱼缸	在内圈和外圈都安排了座椅，希望团队成员做到内圈的空座位上并参与到讨论中
海星	使用海星图。团队使用把便利贴放入不同分类：保持原样、减少、停止、开始进行、增加。对这些内容进行标准化和讨论
程序树图或鱼骨图	通过可视化的方式展现特定问题的因果关系
团队雷达	团队定义了一些指标（反馈、沟通、协作等），团队使用 0-10 的取值范围为这些指标打分。0 分代表根本没有，10 分代表已经尽可能多。这个图表要保存下来并和以后的图表进行比较
控制环	用来帮助团队识别自己的职责，类似顾虑环和影响环

案例研究

早期的冲刺中，对比投入的时间，冲刺回顾并没有产生太大的回报。整个团队只是过了一下基本的问题。对他们来说，冲刺回顾就是加长版的每日例会，纯粹浪费时间。会议纪要总是被记录，有时改进计划也会得到执行。Scott 成为 Scrum Mater 后改变了这种情况。他引入了一些技巧后，大家都参与进来了，他专注于好的实践和团队建设。他努力工作，确保改进活动能够在下一轮冲刺中得到执行。

在冲刺回顾中庆祝团队的胜利是非常重要的。要鼓励坚持好的做法，同样，应该将冲刺中面对的挑战视为下一轮冲刺中取得胜利的机会。持续改进的意识是专业 Scrum 团队的基础，团队每天都在进行实践。并不是每个成员都习惯这样做，因此，尊重、鼓励和团建就显得非常重要，需要的话，也应该纳入冲刺回顾活动中。

6. 产品 Backlog 梳理

维护一个梳理良好的产品 Backlog 对产品的成功至关重要。产品 Backlog 梳理是一个周期性的会议，产品负责人和开发人员一起为即将开发的工作条目添加细节，同时也会探讨和修改需求和验收标准。当开发人员对工作条目有了足够的理解，他们就能够估算条目的规模或至少决定条目的规模是否小到能够放入一个冲刺。这个估算可能会随着对条目的理解而发生改变。事实上，开发人员在最终确认条目"准备就绪"之前，可能要对同一个条目进行若干次的梳理和估算。

虽然产品 Backlog 梳理是产品开发必要和重要的组成部分，但它不是 Scrum 中的正式活动，它是可选的。如果 Scrum 团队决定梳理产品 Backlog，他们花的时间不应该超过开发人员工作时间容量的 10%，举例来说，对于两周的冲刺，用于条目梳理的总时间不应该超过 8 小时。条目梳理的时间和地点取决于 Scrum 团队。

案例研究

> 采用 2 周的冲刺周期后，开发人员每周五上午和 Paula 一起进行"故事时间"，这是产品 Backlog 梳理的术语。所有开发人员都要参加整个会议，每个人都能够从自己独特的视角看待工作并提供有价值的输入。因为这些有规律的梳理活动，可以使冲刺规划变得更加有效。Scrum 团队现在只需要花费少量的时间进行工作预测，因为大部分重要的工作条目是"准备好的"并且每个人都记忆犹新。因为产品 Backlog 的内容会随着时间增加或减少，同样产品 Backlog 梳理也会按比例地增加或减少。

一些团队会尽量避免在冲刺的初期和末期进行条目梳理，以免和其他 Scrum 活动发生冲突。整个 Scrum 团队包括开发人员共同参与梳理活动是非常重要的，过程中的分析、对话和学习都非常有意义。认真梳理细化产品 Backlog 将能够最小化开发错误产品的风险。

1.2.4　Scrum 工件

Scrum 工件代表产品和冲刺中要完成的工作，同样也代表已经完成的工作和实现的价值。每一个工件都具备清晰的承诺和清晰的所有权。每个工件都采用可以最大化关键信息透明度的组织方式，同时为检视和调整提供机会。

Scrum 有 3 个工件：

- 产品 Backlog
- 冲刺 Backlog
- 产品增量

Scrum 工件的设计保证了关键信息可以做到最大程度的透明。因此，所有检视工件的人都能够有一致的认知理解，以便适应。每个工件都包含一个承诺，确保提供信息来增强透明度和专注度的信息，并且以此为基础，度量产品的进度。表 1-10 列出了每个工件的承诺。设定这些承诺是为了强化 Scrum 团队及其干系人使用经验主义和 Scrum 的价值。

说明

> 燃尽图（产品、发布、冲刺等）作为工件，已经从 2011 年版本的《Scrum 指南》中移除了，因为已经被认为是约定俗成的。Scrum 团队监控自己的目标进展是非常重要的，有许多实践可以提供帮助。燃尽图是一种普遍的选择，目前仍然有许多 Scrum 团队认可和使用。然而，没有什么技术可以取代经验主义，在例如软件开发这样的复杂环境里，会发生什么事情是 很难预测的。Scrum 团队只能使用已经发生的事情去影响决策。

表 1-10　工件及相关的承诺

工件	承诺
产品 Backlog	产品目标
冲刺 Backlog	冲刺目标
产品增量	完成的定义

1. 产品 Backlog

产品 Backlog 是产品需求的排序列表，它是任何潜在变更执行的唯一需求来源。产品 Backlog 中的每一个条目被称作产品 Backlog，或简称为 PBI。PBI 可以是一个还没有包含在产品中但"让人愉快"的事，例如是一个特性或功能增强。PBI 也可以是"让人遗憾"的，如需要修复的缺陷。PBI 的优先级范围可以从极其重要和紧急到不实用和无价值，因为这种差异，我个人比较倾向认为产品 Backlog 是一个"欲望"清单。资深 Scrum 培训师菲尔·杰派克称之为"请求"。在某些时刻，某些人，在某处，因为某些原因提议要做产品 Backlog 的条目。是否开发这个条目，是由产品负责人独立做出的决定。

说明

> 产品 Backlog 是一份动态的、活跃的文档，它是一份随心愿持续变化，永不结束的文档，只要产品还存在，产品 Backlog 就会一直存在。

有效的 PBI 包含以下这些类型：

- 用户故事
- 史诗故事
- 特性
- 功能增强
- 行为
- 旅程
- 场景
- 用例
- 缺陷

以下条目通常被认为是不合格的 PBI：

- 任务（"代码重构""创建验收测试"等）
- 验收标准（"支持德文和英文""报告支持导出 PDF 格式"等）
- 验收测试
- 非功能性需求（例如"搜索结果返回时间小于 5 秒"）
- 完成定义（"代码经过同行评审""准备好构建流水线""通过所有测试"等）
- 障碍（"忘记密码""订阅到期""硬盘故障"等）
- 任何不直接为干系人提供价值的内容

每一个 PBI 应该可以通过标题清晰地识别出来，添加进产品 Backlog 的条目至少要具有标题信息。如果产品负责人对这个条目感兴趣并认为值得进一步描述，就要为条目添加一个简短的描述，描述方式应该使用容易理解的描述业务的语言。PBI 应该被赋予一个业务价值。一旦开发人员为 PBI 估算了规模，这条 PBI 就可以在产品 Backlog 里进行排序，相关的沟通和规模估算可以在产品 Backlog 梳理或者冲刺规划会议里进行。表 1-11 列出了开发人员针对产品 Backlog 要完成的活动。

表 1-11　开发人员针对产品 Backlog 要完成的活动

活动	时间
检视产品 Backlog	任意时间
添加工作条目	任意时间（经产品负责人同意）

（续表）

活动	时间
梳理产品 Backlog	产品 Backlog 梳理会议、冲刺规划和冲刺评审（整个 Scrum 团队）
工作条目排序	任意时间（经产品负责人同意或批准）
工作预测	冲刺规划（整个 Scrum 团队）或冲刺周期中的任意时间，如果预测工作完成且团队有时间接受新的工作

经常有人问我这样的问题："是否因为产品负责人是负责产品 Backlog 的人员，就必须是他本人亲自创建工作条目（例如编写用户故事）？"答案是否定的。

产品负责人可以请开发人员或干系人（业务分析师、客户或用户）创建甚至管理工作条目。产品负责人拥有更新任意条目的权力，例如使工作条目更容易理解，更改验收条件，移除确认以后不再需要的条目。

PBI 代表某人提交的需求，需求可能会附加一些图或表格。实践敏捷开发的团队普遍使用用户故事，这可能因为用户故事是轻量级的且采用非技术语言描述。用户故事使用客户或者用户的视角进行描述，它不是一个文档或者技术规范，也不是需求提供者和 Scrum 团队之前的某项协议。

用户故事代表产品应该具备的能力。一个编写良好的用户故事会阐述谁希望或谁将从产品的某个能力上获益，以及为什么它是有价值的，怎样实现价值。一句话总结，用户故事描述提供了大量上下文背景说明它的价值主张。甚至报告缺陷也可以使用用户故事的格式进行编写。

用户故事描述的通用格式是这样的：作为一个（角色），我希望（某些能力），以便（获得什么收益）。例如，"作为一个重复使用 APP 的技术人员，我希望 APP 能记住我的身份凭证，以便不需要每次都要登录。"另外一个例子是，"作为 Fabrikam Fiber 网站的访问者，我希望看到最近的推特列表，以便让我知道 Fabrikam Fiber 以及它的产品仍然运转良好"。任何人看到这两个 PBI 都立刻明白他们的上下文和他们对客户的价值。

提示

> 不要在标题中描述用户故事。我看到一些团队这样做，这使用户故事卡片和列表变得非常混乱。让描述保持简短，让标题更加简短。

让用户故事拥有一个标题和一个简短而有意义的描述是一个好的开始。要正确完成一个用户故事，Scrum 团队有必要与熟谙需求的干系人进行沟通。完成一个用户故事包含 3C：卡片（card）、对话（conversation）和确认（confirmation）。我会逐一介绍。

卡片在这个时间点上已经完成了。你已经在便利贴上写好了标题和描述（使用便利贴），一张索引卡或者一个工作项，以便某人在对话的时候引用用户故事，对用户故事进行更新、估算、排序等。

接下来，开始和客户、用户或领域专家对话。这类对话用来交换想法和观点。对话可以根据产品负责人、干系人和开发人员的需要随时进行。如果开发人员需要参加，对话可能在梳理产品 Backlog 会议、冲刺规划或者冲刺评审时进行。对话产生的样例，尤其是可执行、可测试的样例远远胜于正式的文档和原型。

提示

> 不要在 PBI 所在的 Sprint 开始前对这些 PBI 进行任何任务拆分、测试设计或者编码工作。所有的前提条件都有可能快速变化，这会造成 PBI 本身的内容和验收条件发生变化。因此，如果在实际开始实现这些 PBI 之前就投入时间和精力，多半是无用功。PBI 本身的实施计划，包括编码和测试等一切工作应该尽量推迟到最后一刻进行，一般来说是在 Sprint 执行过程中真正开始这个 PBI 的时候。就算具备预测未来的能力，也要尽量克制自己不要掉入提前规划的陷阱。退一万步说，冲刺 Backlog 还有一堆工作等着你完成。

最后一步是进行确认。这时，团队用户故事的验收标准达成一致并进行记录。这些标准将用来决定 PBI 是否已经完成，当 PBI 符合所有标准及团队的 DoD，PBI 就完成了。当 PBI 被选入冲刺的预测工作时，开发人员就可以按照验收标准创建适当的验收测试。

任何人创建 PBI 的时候应该遵守 INVEST 原则。助记符号"INVEST"可以提醒我们好的 PBI 应该具备哪些特点。

- I-独立的   PBI 应尽可能独立存在，不需要依赖其他 PBI。尽量创建没有"长依赖链"的工作条目。
- N-可协商的   工作条目在进入预测工作前可以进行变更和重新编写，但是进入预测工作后就应该尽量避免发生重大变化，一些微小的变化是允许的，只要变化对开发人员估算的规模不至于产生大的影响。
- V-有价值的   PBI 必须为用户或客户提供价值。价值一般是通过可见的、实际存在的用户界面进行交付，但也并非总是如此。
- E-可估算的   开发人员必须能够对 PBI 进行估算。如果了解到的信息太少，开发人员就很难进行一场有意义的对话，拥有一致的理解或对估算达成一致。
- S-足够小的   PBI 必须小到团队能够在一个冲刺或者几天内完成开发，按照 DoD，有许多种分解 PBI 的合适方法可供参考。

- T-可测试的　验收标准需要被清楚理解，PBI 必须是可测试的。这可能是 PBI 最重要的特点，它和第三个 C 相关，即确认（confirmation）。

可以把产品 Backlog 想象成一座冰山，如图 1-2 所示。水平面上方的 PBI 是开发人员为当前冲刺预测的工作，这些工作项非常清晰（使用浅颜色表示），规模足够小，已经可以进行开发。水平面下的，是产品负责人目前已知的未来想要实现的其他 PBI，但是直到下一个冲刺规划才能清楚哪些 PBI 将浮出水面。这些工作项通常已经理解并完成了估算，可以据此制定发布计划。这些条目包含在接下来的产品 Backlog 梳理的范围之中。

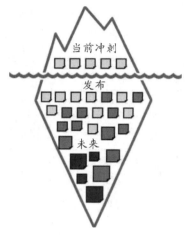

图 1-2　产品 Backlog 的冰山

在发布之下，你会看到一些将来也许会但也许不会进入未来发布的工作项。其中的一些可能只是对想要的功能提供一个标题或者一个模糊的描述（使用深颜色表示）。一些工作项甚至会永远待在冰冷的深海 - 或直到被删除。

产品负责人负责管理产品 Backlog。他需要确保工作列表内容的清晰和准确，同时也要确保所有有兴趣的伙伴都可以看到产品 Backlog。产品负责人将按照达成产品目标的要求对工作项进行优先级排序。优先级高的工作项很可能进入下一轮冲刺的范围。通过研究产品 Backlog 中的工作项和它们的排序，产品目标应该是非常清晰明了的。需要的话，Scrum Master 可以辅导产品负责人更有效地管理产品 Backlog。

说明

> 从 2011 年开始，《Scrum 指南》开始使用术语"排序"取代"优先级排序"。这个微妙的变化导致了一些困惑，这也是我为什么通常两个词一起用的原因。例如，产品负责人迫切希望产品具备销售商品和收款的能力，但是这个功能需要购物车功能首先完成。虽然销售商品和收款功能的优先级更高，但是因为有依赖，购物车功能需要有更高的优先级。

案例研究

创建初始的产品 Backlog 比较难。不同的人使用不同的格式跟踪需求、特性和缺陷。放弃对这些列表的管理方式像是开启了一场地盘争夺战，但是最终，对产品来说是有益的。当合适的时候，工作项被转化成为用户故事的格式。如今，Scrum 团队在 Azure DevOps 中维护着自己的产品 Backlog。管理员为团队中的每一位成员都分配了管理产品 Backlog 的权限，团队外的其他人只有看的权限。产品负责人 Paula 正在考虑把权限指派给一些干系人，让干系人帮助她创建和管理工作项。

　　创建一个有效的产品 Backlog 并不是一件容易的事情，可能非常耗费时间。它可能会变成争权夺利的斗争。然而，一旦掌握了创建产品 Backlog 的技能，就会很好奇以前没有它的时候是怎么工作的。只要把所有的东西都放在一个有序的列表中，就能改变游戏规则！

　　2. 冲刺 Backlog

　　冲刺 Backlog 包含冲刺目标、当前冲刺的预测工作以及预测工作的开发计划（例如任务或测试）。冲刺目标和预测工作已经在冲刺规划会议时达成了一致，开发人员对开发计划也已经取得了一致看法。冲刺 Backlog 是冲刺规划会议的输出，它代表开发人员的预测：下一个软件产品增量要完成哪些功能、计划如何完成以及冲刺目标解释了为什么 Scrum 团队要完成这个冲刺。

提示

增加冲刺 Backlog 对开发人员之外的人员的可见性会导致三个 M：误解（misunderstanding）、干涉（meddling）和微观管理（micromanaging）。允许干系人或任何感兴趣的人查看产品 Backlog 和燃尽图就够了，不要让他们查看冲刺 Backlog 的技术和设计细节。事实上，即使产品负责人也可能希望远离冲刺 Backlog，以免产生误解、干涉和微观管理。

　　开发人员负责冲刺 Backlog，他们负责按照 DoD 的要求自行决定如何完成工作项，而不是由其他人告诉他们如何完成产品增量。只有开发人员可以增加、编辑和删除冲刺 Backlog 中的工作项。冲刺 Backlog 应该保持实时更新并对整个团队可见，它提供了当前冲刺计划要完成的工作的实时情况。产品负责人、Scrum Master 和干系人不需要访问冲刺 Backlog。

　　表 1-12 列出了开发人员使用冲刺 Backlog 的方法。

表 1-12 开发人员使用冲刺 Backlog 的方式

活动	时间
检视冲刺 Backlog	任意时间
从产品 Backlog 移动 PBI 到冲刺 Backlog	冲刺规划或之后的任意时间（和产品负责人一起）
添加、更新、拆分或移除任务或测试	冲刺规划或之后直到冲刺评审之前的任意时间
负责完成其中的任务和测试	任意时间（按照计划需要）
更新工作项，任务或测试的状态	任意时间（随状态变化）
估算剩余工作	至少每天

开发人员的所有成员要协作制定开发计划和创建任务或测试，因此 Scrum 团队必须是跨职能的。团队中的每个人都能够并且应该做出贡献，相比一两个"专家"创建出来的计划，这样做出的冲刺 Backlog 会更加丰富和"诚实"。一种好的方式是通过对话去理解工作项并讨论潜在的计划，这个计划可以在产品 Backlog 梳理的时候就提前形成。团队可以先使用白板或便利贴形成计划，然后把计划再移动到类似 Azure DevOps 这样的工具里面。毕竟，动动嘴的讨论不会产生技术债，便利贴写错了也不至于会造成多大的浪费。

开发人员需要尽最大努力去识别出冲刺 Backlog 的所有工作，不只是设计、编码和测试，也可能包括学习、安装、数据输入、会议、文档、部署以及培训等其他任务。DoD 可能也会要求工作项产生一些附加的任务。

提示

冲刺规划的时候，将 DoD 粘贴上。当团队进行头脑风暴、工作预测和创建计划的时候，DoD 将会提供帮助。同时，也取决于上一轮冲刺的运行状况，也许会在冲刺 Backlog 中加入冲刺回顾期间识别的改进工作。

说明

专业 Scrum 团队不会考虑他们花在每一个任务上的时间。跟踪任务消耗的时间是不利于达到冲刺目标的，我甚至认为这是一种浪费。当然，组织为了客户付款而要求员工记录工时的情况需要单独讨论。工时相关的度量一旦建立，就会引发一些顾虑：这些度量数据会以命令和控制的方式使用。例如，一个经理看到一组用户体验任务花了 28 个小时，之后就用这个时间作为未来类似工作的估算，或者如果之后进行类似工作的开发人员花费的时间超过了 28 小时，经理就把这个数据作为敲打员工的棒子，这是不可行的，因为复杂环境下的开发是困难且充满风险的。

开发人员应该至少每天都对冲刺 Backlog 条目进行估算，估算可以在每日例会之前或之后进行，但不要在会议中进行。我辅导的大部分团队倾向于在每日例会前完成估算，这样每日例会时就可以参考最准确的数据分析。一些高效的 Scrum 团队不会费力气去跟踪或估算任务的剩余工作量，他们专注于冲刺目标和交付工作项，而不是关注任务。虽然没有这些信息妨碍了进度评估，但他们与项目负责人和干系人在这方面已经建立了良好的信任。

冲刺活动开始的时候，冲刺 Backlog 里没有内容。冲刺规划时，团队开始往冲刺 Backlog 里放置工作项，理想的情况下，冲刺 Backlog 里还会包含冲刺前几天要开始的任务。在整个冲刺周期中，任务会不断被识别出来，如果不了解计划，就很难评估冲刺的进度。即使最专业的 Scrum 团队，也必须时不时地改变计划。每一个新的工作项都会引入新的复杂度并扰乱现有计划的执行，新的任务也不得不在冲刺中间进行创建，这是很普遍的情况。

提示

在 Scrum 中，永远不要指派或分配任务。在冲刺 Backlog 中创建好任务后，不要把它分配给任何人。例如，你应该抵挡住把测试任务安排给 Toni 的冲动（即使她具有测试方面的背景）。直接分配任务会降低其他成员学习和协作的机会。在合适的时间，团队应该决定谁应该承担哪项任务。团队需要考虑很多因素，包括开发人员的背景、经验、是否有空以及工作时间容量。我将在第 8 章中进一步讨论这个话题。

案例研究

在冲刺规划期间，开发人员通过头脑风暴来制定开发产品增量和达成冲刺目标的计划。当他们刚开始使用 Scrum 的时候，他们只能完成一两项工作计划，剩下的要推迟到冲刺的其他时间完成。随着时间推移，他们已经改进了任务拆分和计划的能力，现在已经能够在冲刺规划会议上完成大多数工作的规划。有规律的产品 Backlog 梳理也使冲刺规划更有效率。开发人员仍然使用小时为单位对任务进行估算，但是已经改进了相关流程。早期，他们让各任务领域的专家进行估算，导致任务估算过于理想化，但到了开发的时候，任务完成的速度通常要慢于估算的速度，因为并不总是由估算的专家来执行任务。他们现在采用协作的方式估算任务，虽然会发现估算多和估算少的情况同样很多，但他们觉得可以接受。

随着 Scrum 团队的不断改进，他们学会了通过更早地执行有风险的任务进行风险管理。在进行冲刺规划的时候，至少在一个较高的层面，团队也更加擅长创建计划和识别任务的全貌。对于最后的任务，可以先粗糙地定义一下，而比较靠前的任务，团队可以对任务进行拆解和重新估算。

如果团队正在使用燃尽图，它的趋势线能够帮助团队预测工作完成时间。燃尽图的使用者需要理解开发人员明天将会比今天了解更多的信息 - 因此团队的工作会发生变化，这意味着燃尽图可能会偶然停滞或上升。Scrum Master 应该提供相关的培训来为他们答疑解惑。

3. 产品增量

Scrum 是一个采用迭代和增量式产品开发的框架。"增量"这个词意味着"每次都只完成一个小的增量"。每个冲刺都只是利用一小段时间，开发完成其中一小块产品增量。这些小段的时间（冲刺）通过最大化协作和反馈的方式减小风险。这种完成产品的增量式交付方式，确保一个有用的、可工作的产品版本总是可以正常使用。

产品增量是面向产品目标前进的垫脚石。每一个增量都是前序增量的扩充物并经过了充分的验证，确保所有的产品增量能够在一起工作。冲刺期间，整个 Scrum 团队负责创建一个有价值的、可用的产品增量。为了提供价值，必须发布产品增量。

提示

> 可能的话，在整个冲刺期间，通过可动手使用的演示，使产品增量对产品负责人和干系人保持开放。当开发人员完成一个工作项后，就会准备一个演示环境用来检视产品。这种检视不一定是一种很正式的测试——如具备正式测试议程的用户验收测试（UAT）、手动验收测试，只是一种探索性测试并鼓励在冲刺中进行反馈的方式。这种方式的好处是不用等到冲刺评审的时候再收到反馈，尤其是来自产品负责人的反馈，以及来自那些不喜欢产品的人的反馈。

说明

> 产品增量是可发布的概念意味着如果产品负责人选择发布的话，产品增量是能够被发布（给用户，到生产，再到应用商店等）的。这是有可能的，因为产品增量只包含已经完成的工作项，而已经完成的工作项必须符合 DoD 中定义的质量标准。产品负责人可能决定等几个相关的工作项完成后一起发布（基于特性 / 范围进行发布），也可能按照某个时间点发布（基于发布日期），或者在每个工作项完成后发布（持续发布）。老版本的《Scrum 指南》认为产品增量是潜在可发布的，用以强调产品发布是由产品负责人决定，而不是自动发生的事实。

事实上，一个冲刺中可能创建多个产品增量。采用经验主义的方式，所有的增量在冲刺评审时一起展现。产品增量可能在冲刺结束前就交付给了干系人，冲刺评审永远不应该被认为是价值发布的闸门。不符合 DoD 的工作不可能成为产品增量的一部分。

1.2.5　完成定义

当产品增量符合产品的质量要求时，符合 DoD 是对产品增量的状态的一种正式描述。一旦工作项符合 DoD，就意味着一个新的产品增量产生了。换句话说，DoD 为每一个人提供了对产品增量的共识，增加了透明度。

如果 PBI（Product Backlog Item）不符合 DoD 的要求，就不能发布或放入冲刺评审中进行评审。相反，会被放回产品 Backlog 供以后考虑。如果产品增量的 DoD 是组织级的标准，那么所有团队都需要遵守。如果不存在组织级的 DoD，Scrum 团队就必须为产品创建一个合适的 DoD。一旦创建，开发人员就必须遵守。

说明

> 如果多个 Scrum 团队一起开发同一个产品，他们必须共同定义和遵守 DoD。单个 Scrum 团队可以选择在团队内部执行更严格的 DoD，但是不能采用更低的标准。我将在第 11 章介绍这部分内容。

DoD 并不是 Scrum 中的正式工件，但它应该是。因为 DoD 非常重要，它代表团队对产品增量的承诺，作为必然的结果，它也代表团队对每一个进入产品增量的工作项的承诺。换句话说，"完成"是一种工作项按照 DoD 完成工作的状态。放大地说，"完成"也表示包含所有已完成 PBI 的增量变为"完成"，从而可发布。

DoD 是 Scrum 团队创建的一个简单的、可审查的检查单。它可能基于组织标准、产品约束和开发者实践。DoD 对干系人必须是透明的，他们必须理解它的内容和目的，这也是它必须简单并容易向干系人解释的原因。

这里列出一个简单的 DoD：

- 必须满足所有的验收标准
- 有一条构建流水线
- 没有代码分析错误或警告
- 所有的新代码必须有测试用例覆盖
- 必须通过所有的自动化单元测试和自动化验收测试
- 有一份发布说明
- 产品负责人认可工作成果

DoD 可以非常长而且复杂。DoD 中的每一项要求都应该是可实现的，尽管一些要求可能不适用。例如，如果一个开发人员正在进行一个 PBI，这个工作任务主要是图像设计，那就没有任何代码需要进行单元测试。对于所有需要的编码的工作项，团队必须创建单元测试。

DoD 之所以存在，一个重要的原因是开发人员绝不应该为了完成预测工作而偷工减料。团队已经一致同意 DoD 中的质量要求比更快地完成工作要重要。

说明

> DoD 是一个最低标准。有时候团队可能希望执行高一点的标准，只要多出来的工作量具有充分的理由而不会被认为是"镀金"，也是可以接受的。镀金是指超过工作项的需要而继续进行的工作，这些工作为产品增加的价值还比不上额外付出的工作的价值。如果有疑问，可以在添加新的功能前和产品负责人进行确认。

DoD 应该在冲刺回顾期间进行检视。因为 Scrum 团队希望改善自身的质量实践，DoD 的内容应该随着时间而增加。如果 DoD 在多个冲刺之后仍然保持不变，这可能出现了机能障碍，这是一种坏味道。

未完成工作

一个清晰和具体的 DoD 看起来可能像一个小型的开发流程，但它是冲刺中最重要的检查点。如果没有对 DoD 达成共识，开发人员将无法和干系人进行有意义的对话，进度无法被准确评估，计划工作会受到影响，甚至工作增量的价值也变得不确定。拥有一个透明的 DoD——团队必须遵守——能确保每个人都清楚地知道冲刺末期产生的产品增量是高质量的。

说明

> 我经常问组织的管理层和决策者更看重哪种价值：产量还是成果。答案总是成果。然而，一旦测试他们的时候，结果是他们反而更重视产量。举个例子，我们假设 Scrum 团队包含 5 个开发人员：3 个编码专家和 2 个测试专家。如果每个人的时间都用来做自己专业内的工作，他们正在最大化自己的产量，但并没有完成（Done）任何工作项。团队编写了大量的代码，但是只有一部分进行了测试。如果他们聚在一起，共同协作并从事自己专业外的工作，他们每个冲刺中能完成更多的工作项，最大化工作成果。对管理层来说，团队好像正在变得懈怠，因为他们的工作容量好像并不饱和或他们现在没有做自己该做的事情。这对 Scrum Master 是个机会，Scrum Master 可以借机向组织介绍这个新的、有些奇怪的 Scrum 框架，让他们理解为了让更多的工作项达到完成（Done）状态，团队有时候不得不慢下来。我会在第 8 章更详细地介绍这种奇怪的工作方式。

专业 Scrum 开发者应该避免未完成的工作，他们应该确保 Done 就是 Done。从长远来看，通过改进他们的实践去坚守 DoD，相比发布末期的冲刺中依然有天数未完成的工作，成本要低得多。举个例子，我与一些团队合作过，团队总是一个冲刺接着一个冲刺地完成设计和编码工作，直到发布前的冲刺，还一直在堆积测试工作。千万别学他们！

如果产品负责人看到产品增量，却不知道还需要多少工作才能完成这个产品增量，他们不会真正知道这个产品增量什么时间可以发布，任何预测都是无效的。这时在发布后期可能需要一个或者多个"稳定化"冲刺——这并不是 Scrum 要求的——处理所有积累的未完成的工作。如果这种情况发生了，那么与干系人的对话将会变得充满争议。

更糟糕的是，冲刺中未完成工作的积累速度是指数级的，并非线性的，之后的冲刺中需要更多的时间完成这些工作。这是因为大量上下文的缺失，代码的变动和其他的因素。例如，6 个冲刺中，每个冲刺有 4 小时的未完成工作，并不意味着有 24 个小时的未完成工作，更可能是有 80 小时的未完成工作。这种"未完成工作"导致的不确定性在倡导透明度的 Scrum 中肯定是无立足之地的。团队应该尽量消灭未完成工作和所谓的"测试""稳定"和"固化"冲刺。团队应该慢下来，遵守 DoD，交付更多已完成的功能，实现更多的成果。产量永远不应该成为目标。

1.3   Scrum 的价值观

Scrum 的成功使用依赖于人们越来越熟练地应用这 5 个 Scrum 价值观：承诺、专注、开放、尊重和勇气。我将在本节介绍这些价值观并举例说明。

Scrum 团队承诺通过彼此支持来达成目标，他们的首要焦点是让冲刺工作取得面向目标的最好进展。Scrum 团队和干系人对工作和挑战保持开放。Scrum 团队中的每一个成员都认为其他成员是值得尊重的、可胜任的、独立的个体，自己也可以获得团队其他成员的同等尊重。Scrum 团队成员有勇气解决棘手的问题并做出正确的决定，即使没有人监督。

这些价值为 Scrum 团队的工作、行动和行为提供了方向。他们所作的决策，所采取的步骤，他们使用 Scrum 的方式应该强化这些价值，而不是减弱甚至不考虑这些价值。在 Scrum 模式下进行工作，团队成员学习和探索了这些价值。当 Scrum 团队和他们一起工作的人体现出这些价值时，Scrum 经验主义的核心（透明、检视和调整），就会变得生机勃勃和值得信赖。

表 1-13 列出了例子来说明开发人员是如何实践 Scrum 价值观的。

表 1-13 开发人员实践 Scrum 价值观的示例

Scrum 价值观	例子
承诺	<ul><li>承诺完整实践 Scrum（按照《Scrum 指南》）</li><li>承诺协作、分享和学习</li><li>承诺达成冲刺目标并交付成果 / 价值</li><li>承诺持续学习和改进</li><li>承诺遵守 DoD</li><li>承诺 Scrum 价值</li></ul>
专注	<ul><li>团队协作决定先开始的工作</li><li>创建一个没有镀金或技术债的面向目标的"完成"的产品增量</li><li>同一时间，团队协作之聚焦于一个工作项（称作"蜂拥式"或"暴徒式"）</li><li>尊重时间盒的限制，不过度计划、设计和开发</li><li>尊重责任分享，聚焦整体成果</li><li>计划和执行工作时，始终牢记产品和冲刺目标</li><li>聚焦成果而不是产量</li></ul>
开放	<ul><li>对团队进展保持透明（特别是缺乏进展的时候）</li><li>提供帮助的同时，也寻求帮助</li><li>和产品负责人，干系人，其他开发人员协同工作</li><li>分享并倾听其他人的观点</li><li>承认错误并从错误中进行学习</li><li>虚心好学的</li></ul>
尊重	<ul><li>承认人们是机智的、创新的和能干的</li><li>接受多样化的背景，经验和技能</li><li>理解人们崇尚自主、专精和目标</li><li>尊重产品 Backlog 的工作项排序</li><li>假设人们拥有好的意图并正在尽力做到最好</li><li>倾听和认可别人的观点和视角</li></ul>
勇气	<ul><li>有勇气保持团队进度的透明性（也许是滞后的进度）</li><li>有勇气不发布（甚至展示）未完成的工作给干系人</li><li>有勇气敢于说出"我不懂"并寻求帮助</li><li>有勇气彼此分担责任</li><li>有勇气承认错误、做了错的事情或做了错误的假设</li><li>有勇气对多数人的意见提出反对或者推动那些有价值的冲突</li><li>有勇气做一些以前没有做过的工作</li><li>有勇气在没有获得全部的需求或细节前就开始工作</li></ul>

这里只列出一部分开发人员日常实践 Scrum 价值的方式。本书的剩余部分将列出更多的倡导 Scrum 价值的实践以及应用这些实践的方法。专业的 Scrum 实践者能够快速识别出 Scrum 价值得以应用、得以倡导或者受阻碍的时刻。

1.4　专业 Scrum

在本章中，我已经按照《Scrum 指南》的定义介绍了 Scrum 框架。当一个团队开始实践 Scrum 的时候，他们要选择自己的补充实践（用户故事、斐波纳契估算、用户故事地图、测试驱动的验收测试等），这样一来，团队就创建了自己的过程。换句话说，Scrum+ 补充实践 = 团队过程。如果团队需要一套定制的过程，仅实践这样的"机械 Scrum"是不够的，施瓦伯和 Scrum.org 提供了更好的选择：专业 Scrum。专业 Scrum 不只是一个用来进行市场宣传的噱头，它是几种概念和相关原则的结合体。

专业 Scrum 定义为以下元素的结合体：

- 机械 Scrum　按照《Scrum 指南》实践 Scrum
- 持续实践经验主义　通过有规律的检视和调整坚持不懈地寻求改善，并对此保持透明度。
- 持续实践 Scrum 价值　通过与不同个体的日常交互，不断实践 Scrum 的价值：承诺、焦点、开放、尊重和勇气。
- 持续实践技术卓越　找到工作和产品开发的最佳方法并和其他团队进行知识分享。

说明

> 我将在这本书中上百次地引用"专业 Scrum"这个词汇。我会用到专业 Scrum 团队、专业 Scrum 开发者、专业 Scrum Master、专业 Scrum 产品负责人和专业 Scrum 培训师。我重复这样做是为了和简单的机械 Scrum 或认证 Scrum 进行区分，这两种 Scrum 都无法让我明白个人和团队应该如何坚持不懈地追求经验主义和持续改进。

专业 Scrum 开发者

《Scrum 指南》不提供任何产品开发指导。事实上，对于冲刺规划和冲刺评审之间的这段时间，指南特意地描述得非常模糊。除了要求每日例会和建议规律对产品 Backlog 进行梳理，根本没有提供其他的指导。事实上，指南中的规则仅仅强调每天要召开例会，不要超过 15 分钟。

那么，关于一天中的其他 7 小时 45 分钟呢？开发人员在那段时间里应该做些什么呢？这是个价值 100 万美金的问题。可以简单地回答"视情况而定"，如果这样回答，你就可以把这本书扔进垃圾桶。好吧，简短的答案是即使没有人监督，他们应该做正确的事情，同时持续改进他们做事情的方法。换句话说，他们应该实践专业 Scrum。还有很多长一些的答案，但是我需要用另外的 10 章来进行介绍。我希望你能够有兴趣并保持耐心。

请记住开发软件这样的复杂产品对 Scrum 团队和干系人（用户或客户）是一种有风险的尝试。开发过程是一个复杂的工作，由分析、设计、编码、测试和部署等环节组成，做错的事情可能比做对的事情要多。任何小的错误或失误都可能导致工作上的浪费，这还算是幸运的，一些错误甚至可能导致彻底的破坏。专业 Scrum 团队清楚这一点，并且会确保干系人也明白这一点。理想情况下，干系人会分担这些风险。这意味着干系人和 Scrum 团队理解双方在识别和减缓风险方面具有同等的责任，同样当风险导致浪费或者某种灾难出现的时候，双方同样共担责任。

让我们暂时把客户放到讨论范围之外。Scrum 团队中的开发人员整体拥有许多东西。他们拥有成功和失败，就像他们共同拥有代码、缺陷、技术债和其他问题。专业 Scrum 开发者应该学会彼此依赖和信任，他们知道他们必须坚定、直率和透明，并且能够为了达成目标而妥协。

当我和一个新的团队开会时，经常会问他们软件开发者的工作是什么。"写代码"几乎是我听到的唯一答案。作为一个曾经的开发者，我过去也会给出同样的回答。随着我的理解发生演变，这个答案现在让我有些烦恼。我认为好的答案是开发人员的工作是为可工作的产品提供价值。这个答案包括专业 Scrum 开发者的特性，如表 1-14 所示。

表 1-14　专业 Scrum 开发者的特性

属性	
注重团队协作	毫不犹豫地寻求帮助
集体拥有产品开发的各个方面	不害怕舒适区以外的工作
不是样样精通但愿意学习	知道自己是团队的一分子，团队中的每个人都可以同等发出声音
不发布未完成的工作	寻求实践中最小化浪费
致力于产品的成功	对团队成员做出承诺并保持承诺
拥有最大化自我管理能力的权力和责任	遵守 DoD，不产生技术债
在估算、设定目标和预测工作时表现诚实	仅完成对产品有价值的工作
不只是成为一个码农或者程序员	设定可实现的目标并致力于达成目标
不是一个爱好者，而是一个专业人员	工作时反映出 Scrum 价值观
为了产品质量而负责	尊重《Scrum 指南》并遵守它的规则
在做什么和怎么做方面保持透明	敢于说"不"

术语回顾

本章介绍了以下关键术语。

1. 《Scrum 指南》 Scrum 创始人拟定的 Scrum 官方定义。《Scrum 指南》描述了 Scrum 框架和 Scrum 的规则。现在可以从 www.scrum.org/scrumguides 下载并阅读。它的更新内容将取代在这里介绍的相关内容。

2. 经验主义 坚持知识来自于经验，决策应该基于观察到的现象和已知的信息。检视、调整和透明性使经验主义变得可行。

3. 开发人员 Scrum 团队中负责开发出产品的人。开发人员是跨职能的小组，通常有 3 到 9 个专业人员，他们在冲刺周期中开发预测工作。开发人员中的人员不止包括编码者 / 程序员，也包括测试人员、架构师、数据库专家、界面和用户体验设计师、分析师和 IT 专业人员。

4. 产品 向干系人交付价值。产品具有清晰的边界和定义明确的消费者，并能够达到可度量的价值。产品可以是服务、实物产品或一些类似软件这样抽象的产品。

5. 产品目标 产品目标描述了产品未来的一个状态，Scrum 团队基于这个目标进行规划。产品目标在产品 Backlog 里是可见的。

6. 产品负责人 代表干系人的声音（用户或客户），负责最大化产品的价值和开发人员的工作。

7. Scrum Master 负责 Scrum 团队和整个组织能够正确理解和实践 Scrum 框架。

8. 干系人 任何对产品成功开发感兴趣的人。干系人可以是管理人员、决策层、分析师、领域专家、代理人、项目发起人、其他团队的成员、客户以及软件用户。

9. 冲刺 时间盒长度在一个月以内的活动，它包含 Scrum 框架中的其他活动。

10. 冲刺规划 冲刺规划是冲刺中的第一个活动，在活动中完成工作预测，制定了开发计划和冲刺目标，冲刺目标说明了进行这个冲刺工作的原因。

11. 每日例会 为团队提供工作同步的机会并为未来 24 小时的工作创建计划。

12. 冲刺评审 为干系人提供了检视可发布产品增量中已完成工作项的机会并提供反馈。

13. 冲刺回顾 为 Scrum 团队提供了检视自身实践和为下一个冲刺制定改进计划的机会。

14. 产品 Backlog 梳理 为 Scrum 团队提供一个讨论即将开始的 PBI 的机会。团队为这些工作添加更多的细节并进行估算，为冲刺规划做好准备。产品

Backlog 梳理是可选的，所用时间不应超过开发人员工作时间容量的 10%。

15. 产品 Backlog 是一个包含软件产品所有可能需要的能力的有序列表，也包括要修复的故障和缺陷。产品 Backlog 中的工作项被称作 PBI。

16. 冲刺 Backlog 是一个包含预测工作的工件，具有开发预测工作的计划和描述为什么要做这些工作的冲刺目标。

17. 产品增量 一个代表当前冲刺和前序冲刺完成的所有工作项总和的工件。一个产品增量是面向产品目标的具体的踏脚石。

18. 完成定义 开发人员对于工作项和产品增量被完成的定义的普遍一致的理解。

19. 未完成工作 冲刺中开始进行但冲刺结束时未完成的工作。开发人员应尽量减少未完成的工作，因为它造成了浪费。

20. Scrum 价值观 承诺、专注、开放、尊重和勇气。团队需要熟练实践 Scrum 的价值观才能成功地应用 Scrum。

21. 机械 Scrum 只是简单地按照《Scrum 指南》实践 Scrum。

22. 技术卓越 通过不断的实验找到工作的最佳实践并在团队中进行分享

23. 专业 Scrum 在实践机械 Scrum 的基础上，坚持不懈地实践经验主义，Scrum 价值和追求技术卓越。

第 2 章　Azure DevOps 概述

自微软 2004 年发布 Visual Studio Team System（VSTS）以来（内部名称 Burton），开发团队就开始改进他们在计划、跟踪和管理软件项目开发的方式。他们不再使用 Zip 文件包或微软 Visual Source Safe 跟踪代码的变更、不再使用微软 Excel 管理缺陷和需求，不再使用批处理文件执行自动化构建，Team Foundation Server 是 VSTS 的一个组件，集成了软件开发的核心内容，甚至还可以提供报告，以便每个人能都能了解项目的情况。软件开发的游戏永远地改变了，它变得专业了。在本章中，将简要介绍微软的应用生命周期管理（ALM）和 DevOps 产品的历史，并介绍 Azure DevOps Service、Azure DevOps Server 和 Visual Studio。

2.1　简史

在 Azure DevOps 的第一个迭代，这些工具仅仅作为支持软件开发生命周期（SDLC）的工具来推广。软件开发生命周期涵盖软件产品开发相关的所有事情，比如需求、架构、编码、测试、配置管理和项目管理。在随后的 VSTS 2008 版本中，微软（以及我们）重构了关于这些工具的想法，这些工具应该具备更广泛的能力，用以支持应用生命周期（ALM）。为了加强这个想法，微软在 VSTS 家族中为数据库开发人员增加了工具。ALM 包含应用生命周期中相关的所有内容，不只局限于开发相关。ALM 结合软件工程和业务管理，Scrum、或其他敏捷框架、流程或方法论都包含在 ALM 中。

随着 2010 版本的发布，微软加大了对 ALM 的支持。产品中增加了 Test Manager 模块，允许团队创建和管理测试方面的工作。分层的工作项体系支持将计划工作灵活分解。PBI 能够链接多个子任务工作项。通过实验室管理功能，团队能够配置虚拟机环境并基于复杂环境进行自动化构建、部署和测试的循环。在 2010 版本中，微软第一次官方提供 Scrum 过程模板，正式接受并支持 Scrum。同样在 2010 版本中，微软开发部门开始基于 Team Foundation Server 进行软件即服务（SaaS）版本的开发。

2012 版本继续增强 ALM 方面的能力，尤其在敏捷（Scrum）计划和管理方面的能力。反馈也是优先考虑的范围，2012 版本推出了 Feedback Manager 和故事板。微软也继续把桌面客户端的能力向浏览器端迁移，如 Team Explore。Team Web

Access 这个网页版的门户包含了团队项目登录页面和一个初步的仪表板。团队的概念得到了加强，允许每个项目中有多个团队，每个团队拥有自己的成员、积压列表和迭代。Scrum 团队拥有一个可拖动的任务版，在冲刺中对任务进行计划和跟踪。微软推出了基于云的 Team Foundation Service 预览版，公开宣布开始提供 Team Foundation Service 的想法。

2013 版本中，微软推出了新的协作特性，例如组合管理（分层的 Backlog）、看板能力、工作项图表和团队聊天室。测试管理和执行功能，继续从微软 Test Manager 的桌面客户端向浏览器迁移，包含创建测试计划，测试套件和测试用例的能力。微软也看到了 Git 的前景并开始在 Visual Studio 客户端和 Team Foundation Server 上提供对 Git 的支持，这揭示了世界（包括微软）对 Git 的着迷。另外，对于 Team Foundation Server 的版本控制（TFVC）和 Git 版本控制库，你能够同样进行代码的浏览、评论、差异比较和历史查看。微软从 InCycle 软件公司收购了 InRelease 这款产品，发布管理的功能最终也加入了 Team Foundation Server。在云端，微软官方发布了 Visual Studio Online，基于 Azure 的开发服务。微软在之后的几年中对这款产品进行了几次名称变更。

2015 版本继续增强团队体验，允许有多个、可定制的仪表板并增强了看板能力。另外，越来越多的功能，从 Visual Studio IDE（Team Explore）和微软 Test Manager，移动或至少复制到网页门户。这很清楚地说明微软看到了浏览器代表着 ALM 工具的未来。开发人员也得到了一个全新架构的构建系统，新的架构没有基于 XAML。Team Foundation Server 的插件在 Visual Studio 市场上开始陆续出现。为了消除 Visual Studio Online 是一款 IDE 还是一系列开发服务的困扰，微软将 Visual Studio Online 更名为 Visual Studio Team Services——VSTS 重现江湖——至少首字母缩写和以前是一样的。

到了 2017 年，微软已经完全停止使用 ALM 这个词汇，取而代之的是时髦的术语 DevOps。微软继续加大对更多工程特性的投入，如代码搜索、包管理、Git、构建和发布等方面的改进。微软继续为敏捷团队提供支持，增加了一项新的工作项"用户体验"，跟踪工作项的能力、看板实时更新、仪表板和窗口小部件也进行了增强。微软提供的扩展机制代表着社区能够为我们提供一些很棒的扩展。微软继续每三周更新云版本 Visual Studio Team Service，每三四个月更新本地版 Team Foundation Server 的节奏，更新包括新的特性和缺陷的修复。

2018 年的版本中，我们可以看到许多新的特性从桌面客户端迁移到网页门户上。在这个版本中，修复了更多的问题，也有了一些增强敏捷体验的小改进，包括为移动设备定制的视觉提升和感受的一种全新的工作项表单。然而，更多的改进是关于工程领域的，在代码库、构建、测试和发布领域，你可以看到许多改进。在这个版本中也看到移除了一些过时的或不相关，或不符合微软路线图的特性。同时，这也是 Team Foundation Server 第一次没有伴随 Visual Studio 的新版本一起发布。这不是什么大事，只是让人觉得有些奇怪而已。

微软在 2019 年对产品再次更名。云版本的 Visual Studio Team Services 更名为 Azure DevOps Services，本地版本的 Team Foundation Server 更名为 Azure DevOps Server。虽然业界还没有准备好接受另外一个名字，但尘埃落定后，无论是云版本还是本地版可以统称为 Azure DevOps 还是不错的一件事情。最终的产品名称中包含 DevOps 让微软更容易展示给业界一条信息：是的，微软确实有 DevOps 方案。同时，微软为产品中包含的各个 DevOps 服务命名为 Azure Boards，Azure Test Plans，Azure Repos，Azure Pipelines 和 Azure Artifacts。

过去 15 年，先是 SDLC，再是 ALM，现在是 DevOps，这些工具足以证明能够帮助组织管理应用开发的整个生命周期，减少周期时间，消除浪费。为了实现持续交付业务价值的目标，Azure DevOps 整合了不同的团队、平台和活动，包括应用生命周期的每一个方面，从起初的一个想法或需要，直到应用的退役。这个生命周期包括项目启动、定义和需求梳理、设计、编码、测试、打包、发布、部署和包括监控在内的运维。

当今的快节奏、初创公司、开源项目、手机移动、应用商店的生态背景下，软件想法的生命周期可能非常短暂。Scrum 可以通过快速启动和增量交付的方式实现愿景，Azure DevOps 可以用来保护产品的工作和质量，两者均可以减少风险和浪费。另一方面，一些组织和产品有着非常长的生命周期，例如业务线（LOB）系统。这些系统更多需要强调的是治理和运营，而不是按时上市。不管怎样，Azure DevOps 对两种类型的场景都是支持的。

本章中，我将详细介绍 Azure DevOps 中的各种服务，聚焦于这些服务如何帮助 Scrum 团队持续交付价值。我将在第 3 章中专门介绍 Azure Boards，在第 7 章中介绍 Azure Test Plans。

2.2 持续交付价值

对于业界的大部分公司，已经构建了一层、二层以及多层体系架构的组织内部管理应用。总体来说，通过一些持续服务的支持，我们现在能够构建一些更丰富、沉浸式体验更逼真的应用。这些应用通过广泛连接的系统进行交付，从移动设备到传统笔记本和台式机。跟随这种趋势，追求价值持续流动的软件开发实践也陆续出现。

说明

> 术语"流"代表客户价值的移动和交付，通过一个过程来完成。不管潜在的目标和动力是什么，团队希望通过快速的、顺畅的流快速创建价值，同时减少风险和避免延迟交付的成本，并以可预测的方式进行交付。

坏味道

> 当管理层期望依靠一个工具本身就能够彻底缩短发布周期或增强价值的持续交付，这是一种坏味道。要做到这一点，需要改进现有的流程和实践，外加一个很棒的工具。事实上，有时也不得不放弃某些工具。前些年，有个客户问我如何在 Team Foundation Server 中建立一个独特的分支策略帮助他们把交付周期从 47 天缩短到 7 天。我告诉他那是不可能的，如果他追求这种方式，很可能还会增加交付周期。对于他们来说，要达到如此极端的改进目标，可行的方案（通常是有效的）是彻底改变他们的流程、实践和文化（通常是最重要的部分）。

　　商业条件要求越来越短的发布周期，要求快速实现概念，快速发布到市场。这样的要求给组织和团队施加了很大的压力，团队必须在不降低质量和产生技术债的情况下快速持续地交付价值。如果你所在的组织和团队还没有经历这些，可能很快或已经在为竞争对手工作了。为了增强竞争力，公司必须拓宽专注点，从仅仅关注改进开发实践到改进整个价值流。这种现实就是 DevOps 运动蓬勃发展的动力，同样也是 Azure DevOps 工具不断改进的动力。

　　下面列出了 Azure DevOps 这款工具中的主题。

- 敏捷软件开发　敏捷技术和方法，如 Scrum，已经帮助软件开发团队在过去 20 年取得了很大的进步。它们已经从根本上改变了行业对软件开发正确方法的认知，即检视、调整和缩短反馈周期。Azure DevOps 持续增加和改进工具以支持敏捷开发，并不在意你正在遵循的框架、方法论或过程。
- 质量保证　从传统的质量控制方式（开发完成后进行测试）转向确保质量像需求一样优先定义和交付，甚至在编码开始前就开始。
- DevOps　开发和运维过程的集成，目的是加快反馈循环，降低修复缺陷和服务中断的时间，专注于更频繁地把小的功能包持续加入产品之中。
- 持续交付（CD）　通过整个技术价值流实现新增业务价值的快速流动。敏捷方法、质量保证、正确的工具和其他的实践使持续交付成为可能。

价值的持续交付需要人、实践和工具使用的默契配合，这远远超过了使用版本控制去管理代码变更的范畴。只有在工作项、版本控制、测试和发布等功能都正确使用，Azure DevOps 的完整价值才能够得到体现。换句话说，你的团队应该考虑完整地使用 Azure DevOps 的全部功能，而非部分使用。这种默契配合，促进了价值的持续交付，如图 2-1 所示。

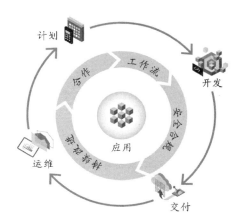

图 2-1　价值的持续交付

当人们看到图 2-1 这样的图时，通常不会考虑后续的循环，他们会认真浏览图片一次，理解图中每一个阶段的含义，然后就把图片放置一边。现实中，团队很少能有机会从零开始。初创团队可能例外，但新项目也会很快变成老项目。当可工作的软件部署后，它会影响循环的每一个部分。维护类的工作、一些新的特性和想法会一起混入产品 Backlog。毫无疑问，在现有技术基础上构建一个反应灵敏的现代化应用程序，管理运维，并且保持现有应用正常运行的同时努力交付价值，是一个巨大的挑战。

让我们把软件交付分解为三个部分：计划、开发和交付。Scrum 框架在计划部分指导我们如何计划和管理工作。使用现代化工具和实践的那些聪明的开发人员也能够成功地开发产品。但是，价值流的交付部分总是充满挑战，主要是因为有些障碍不是受团队控制的。举例来说，团队成员希望交付一个潜在可发布的产品增量，但是运维团队很难及时把它部署和运行。这只是很多潜在障碍中的一个。

当今的敏捷和精益概念已经帮助团队改进了交付软件的方式。从行业的角度看来，我们正在变得更好，但是仍存在许多差距。幸运的是，只要专业 Scrum 团队使用 Azure DevOps 这款工具，就能够填补这些差距。

为了交付一个拥有很多功能的产品，需要小心地进行产品集成。举例来说，许多组织仍在采用事后诸葛亮的方式考虑质量，产品开发完成后再进行测试。这种最后时刻"拧螺栓"的方式不但不会提升质量，反而会产生次品，更糟糕的是，会产生未来需要连本带息偿还的技术债。

一系列的阻碍使团队离成功进行持续交付越来越远。对团队来说，唯一的方案就是有规律地对障碍进行检视，一次消除一个障碍。团队必须坚持不懈地抓住改进自身实践的每一个机会，进而改进整个价值流。要解决的障碍并不限于团队内部存在的障碍。组织必须给予团队自由和授权，确保团队能够做出改变并把改变坚持下去。

　　专业 Scrum 团队与 Azure DevOps 相得益彰。高效率 Scrum 团队知道如何使用工具应用敏捷实践，以至于取得明显的最终效果。通过持续的检视和调整，识别并消除浪费，这可能代表着开始使用工具中的一项新特性或者停止使用产生浪费的特性。如果团队没有经过思考和实验就盲目使用新工具，那么团队的产能就会下降。同时，团队如果认为使用所有的计划和管理工具都是浪费时间，那团队也会走上歧途。对于那些仅使用白板和便利贴的团队，我希望他们永远不需要"回滚"白板或从灾难中进行恢复，比如一个新人偶然清空了白板。另外，这些团队无法将工作项与代码和发布进行跟踪，更无法获得和流动相关的任何度量数据。

2.3　Azure DevOps Service

　　2018 年 9 月，微软把 Visual Studio Team Services 和 Team Foundation Server 相应地更名为 Azure DevOps Services 和 Azure DevOps Server。随着采用新的 Azure DevOps 这个名字，微软现在有了一个官方的 DevOps 工具或工具套件，虽然一直都是这样做的，但现在它官方地以 DevOps 出现在工具的名字之中。同时，开发出单独的服务，如在图 2-2 中看到的那样。例如，人们现在提到敏捷工具，就会说到"Azure Boards"，而不是"Visual Studio Team Services 敏捷工具"。这种方式下，和现有用户以及正在市场上寻找 DevOps 工具的用户就会更容易沟通。

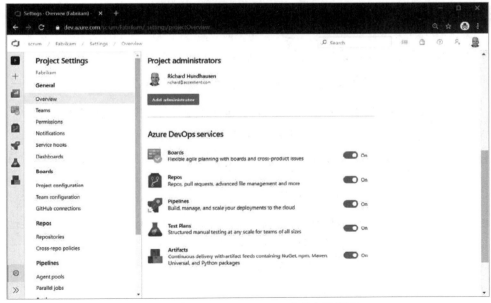

图 2-2　打开 Azure DevOps 中的各种服务

　　Azure DevOps 的各种服务综合起来就成为一个集成的 DevOps 方案，能够帮助各种规模的软件开发团队快速交付可持续的、高质量的价值。它能够为开发人员、整个 Scrum 团队或者多 Scrum 团队提供能力，使其能够在任意平台上使用任意的开发语言开发面向业务和消费者的应用。

　　Azure DevOps 帮助团队中的每个人更有效的协作、构建和分享知识。另外，来自每一项服务的数据和工件被聚合、存储，并且可以基于这些数据进行查询和制作报表。Azure DevOps 的数据分析能力提供了简洁的数据模型和报表平台，使你能够回答关于产品或过程的现在以及过去状态的定量问题。这些查询和报表提供实时的透明性和可跟踪性，以及产品和过程的进度及质量的历史趋势。

　　软件产品是由人开发和交付的，而不是由流程、实践和工具。流程和实践需要适应范围和文化的变化而进行调整和演变。Azure DevOps 提供了能够适应 Scrum 团队独特性的环境，并通过经过验证的敏捷实践提升团队的独特性，团队可以使用任意节奏采用这些敏捷实践。假设文化允许的情况下，随着时间的积累，团队和组织通过使用这些工具而变得更加富有效能。如果没有特别的努力保护和维护这些改进，之前提到的"组织重力"就会轻易地把团队拉回非正常工作的瀑布模式。我喜欢称呼采用瀑布模式开发复杂产品的组织为"瀑布组织"。

说明

> Nexus 是一种实现规模化的轻量级框架，支持多团队共同交付一个独立的集成产品。Nexus 能够应用到 3-9 个 Scrum 团队，这些团队在一个共同的开发环境下工作，每个冲刺中最小化团队之间的依赖，专注于生产一个可集成的产品增量。可以从 www.scrum.org/resources/scaling-scrum 下载和阅读 Nexus 指南。我将在第 11 章中更详细地介绍 Nexus。

　　专业 Scrum 包含的内容不只是编码，它包含计划、测试和管理在内的全套活动。Azure DevOps 具备开箱即用的轻量级的需求管理、Backlog、任务面板、代码审查、持续集成和部署以及持续反馈等敏捷实践，Scrum 团队可以增量式地采用这些经过验证的实践。

　　这些工具帮助连接了 Scrum 团队和干系人，同时优化了开发过程并减少了风险。Scrum 团队能够聚焦于交付价值和获取干系人的反馈。这些工具能够直接或间接地促进协作，最大化透明度和满足期望。

　　现在，我将快速介绍一下组成 Azure DevOps 的各个服务。

2.3.1　Azure Boards

Azure Boards 是帮助团队和组织进行计划、跟踪和管理工作的服务。换句话说，它是团队用来可视化和管理软件开发工作的服务。Azure Boards 提供了一系列丰富的能力，包括对 Scrum 和看板的原生支持，可定制化的仪表板和集成的报表能力。

Azure Boards 服务提供的工作项访问的能力和特性如下。

- 产品 Backlog　采用排序的方式查看和管理 Scrum 团队的 PBI，如图 2-3 所示。
- 冲刺规划　将工作项从产品 Backlog 拖动到冲刺 Backlog，创建预测工作和冲刺计划。
- 冲刺 Backlog　查看和管理当前冲刺的预测工作和计划。
- 任务面板　查看和管理任务工作项，任务工作项组成了交付已预测 PBI 的计划。
- 看板　可视化和管理团队的工作流程
- 查询和图表　为报表或批量编辑创建工作项查询和图表。

第 3 章将进行深入的介绍。

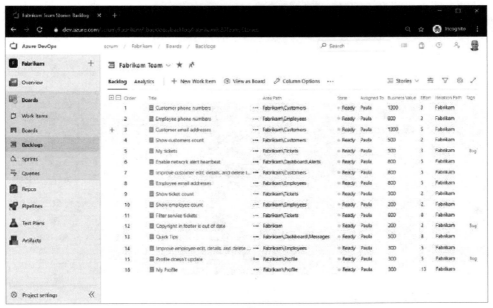

图 2-3　Azure Boards 服务中的 Backlog 页面

2.3.2　Azure Repos

Azure Repos 是提供版本控制工具的服务，团队使用这项服务协作并管理代码和文件的变更。Azure Repos 支持标准 Git，因此团队可以选用任何客户端和工具，如 Git for Windows、Git for Mac、第三方 Git 服务以及 Visual Studio 和 Visual Studio Code。

Azure Repos 服务提供如下的特性。

- 基于浏览器　直接在浏览器中方便地可视化和管理存储库、Branches（分支）、Commits（提交）、Pushes（推送）和 Tags（标记），如图 2-4 所示。
- 多存储库　为每个项目创建、导入并且管理一个或多个存储库。
- 拉取请求　在变更合并分支前，对变更代码进行评审、添加评论和投票。
- 分支策略　要求建立拉取请求、确定代码评审的最小人数要求、关联工作项、进行构建验证以及其他质量实践，保证低质量的变更不会合并进入分支。
- Team Foundation Version Control（TFVC）　在准备好迁移到 Git 之前，使用 TFVC 管理历史资产或作为集中式的版本管理工具。

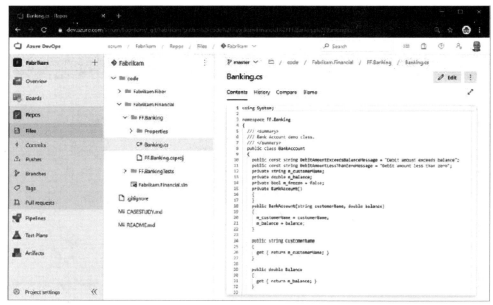

图 2-4　Azure Repos 服务中的文件页面

2.3.3　Azure Pipelines

Azure Pipelines 是团队用来自动化构建、测试和部署的服务。Azure Pipelines 可以从许多不同的存储库拉取代码，几乎可以构建任何代码编写的任何类型的应用，并几乎可以部署在任何目标平台上。通过使用可视化的设计工具或者直接编码的方式，团队可以创建复杂的流水线，通过自动化的方式永久性取代以往单调乏味的苦差事。

Azure Pipelines 服务提供的构建和发布的特性如下。

- 强健的流水线　如图 2-5 所示，从 Azure Pipelines 和 Azure DevOps 市场上提供的数以百计的任务中进行挑选，完成构建、测试、打包、部署或执行定制化的功能。

图 2-5　Azure Pipelines 服务中的流水线页面

- 托管代理　使用简单易用的、微软自有的托管代理，在 Windows、Unix 或 macOS 上按需构建、测试和部署应用。
- 持续集成　当识别到代码变更时，自动触发流水线，进行代码构建。
- 持续交付　当构建成功执行时，自动触发流水线，创建和部署一个产品发布。
- 配置即代码　使用 YAML 文件配置流水线，将文件像代码一样进行版本控制。
- 查询和图表　使用分析方法查看流水线报告和仪表板小控件，如持续时间，测试失败和通过率报告。

本书不会深入介绍 Azure Pipelines。

2.3.4　Azure Test Plans

Azure Test Plans 是帮助组织和团队计划、管理和执行与测试相关的工作。它支持各种规模和类型的团队，无论他们是实践手工测试、自动化测试或探索性测试都能推动协作和质量。Azure Test Plans 基于浏览器，能够定义和执行测试，并将团队的测试结果图表化。

Azure Test Plans 服务能够访问测试相关的工作项，相关特性如下。

- 测试用例管理　如图 2-6 所示，使用 Test Plans（测试计划），Test Suites（测试套件）和 Test Cases（测试用例）来组织测试。

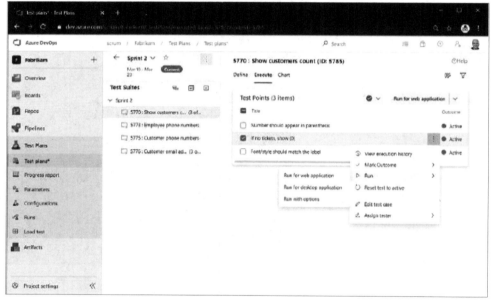

图 2-6　在 Azure Test Plans 服务中执行人工测试

- 手工测试　按照测试用例中的步骤和期望结果执行测试，并收集测试运行相关的工件和 telemetry（性能测试框架）。
- 自动化测试　选择一个流水线和测试集合，自动运行和测试用例关联的自动化测试。
- 探索性测试　使用基于浏览器的插件跟踪探索性测试，收集测试运行相关的工件和 telemetry（性能测试框架）。
- 图表和报表　使用图表、运行报告和进度报告跟踪与测试相关的质量度量。

第 7 章将深入介绍 Azure Test Plans。

2.3.5　Azure Artifacts

　　Azure Artifacts 是团队用来创建和共享 Maven、npm、NuGet 和 Python 包的服务，这些包来自公有或私有源。以前这个服务的名称是包管理，Azure Artifacts 能够和 Azure Pipelines 充分集成，进行包拉取或包发布的操作，最大化可重用性。通过分享二进制包，而不是源代码，团队限制了复杂度和依赖的数量。

　　Azure Artifacts 提供了如下有用的特性。

- 上游源　创建一个单独的源，存储团队产生的包和团队使用的来自于组织中其他源或者来自于"远端源"的包，比如 npmjs.com、nuget.org、Maven Central 和 PyPl，如图 2-7 所示。
- 发布视图　通过过滤源，得到符合视图定义标准的子集包。
- 通用包　把一个或多个文件存储在一个拥有名字和版本的独立单元中。

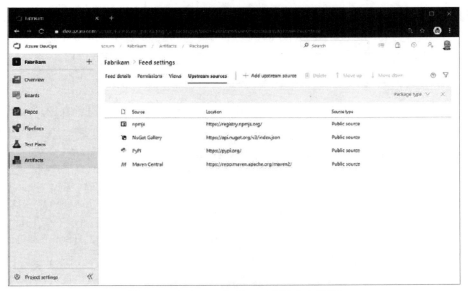

图 2-7　在 Azure Artifacts 中指定上游源

- 不可变性　当一个包的特定版本被发布到源后，版本号会永久保留。

　　本书不会深入介绍 Azure Artifacts。

2.4　Azure DevOps Server

　　当微软在 2019 年将 Visual Studio Team Services 更名为 Azure DevOps Services 时，把 Team Foundation Server 更名为 Azure DevOps Server。Azure DevOps Server 是云

托管的 Azure DevOps Service 的本地版本，会定期更新，包括每年或每两年的重大更新。两个产品都提供了同样棒的集成的、协作化的工作环境，支持一些重要服务，例如工作计划和跟踪的敏捷工具，Git，持续集成，持续交付，测试计划和执行，包源。

Azure DevOps Services 是一个 Azure 云托管的 SaaS 产品，Azure DevOps Server 是构建在 SQL Server 上本地部署的产品。如果公司希望数据保存在本地的话，通常都会选择 Azure DevOps Server。

提示

虽然两款 Azure DevOps 产品提供了同样重要的服务，但推荐团队和组织采用云托管的 Azure DevOps Services。不仅因为云托管的产品提供了可扩展的、可靠的和全球可使用的服务，而且因为它具备了 99.9% 的可用性服务级别协议（SLA），由微软 7*24 小时运维团队监控，并且在全球各地都有本地数据中心。组织可以将资本支出（服务器和使用许可）转换为运维支出（订阅）。同时，可以将你的管理员从持续的升级、配置和备份本地实例的事务中解放出来。关于 Azure DevOps Services 数据保护的更多细节，访问 http://aka.ms/AzureDevOpsSecurity。只有当数据不允许存放在外网的时候——因为合规性要求或 SLA 的原因——才应该考虑 Azure DevOps Server。

关于本书中的例子和指导，都会使用 Azure DevOps Services 进行介绍。如果你的组织或团队正在使用 Azure DevOps Server 的当前版本，本书中的指导也同样适用。如果你正在使用老版本的 Team Foundation Server，是时候进行升级了，当然这不只是为了使用本书中的例子。

迁移到 Azure DevOps Services

如果组织正在使用本地部署的 Azure DevOps Server 或以前的 Team Foundation Server，你可能希望迁移到云上的 Azure DevOps Services。我个人认为，应该尽快进行，不需要任何的工作量，就可以很快得到产品的新特性和缺陷修复。

当决定迁移到云服务时，有下面两个选择。

- 手工　从头开始创建一个新的组织和新的项目，从现有环境，手工导入相关的工作项、代码和流水线定义。
- 使用数据迁移工具　使用微软提供的迁移工具，对项目集合进行整体迁移。

迁移到 Azure DevOps Services 比较灵活的方式是手工拷贝最重要的资产，然后以相对较新的方式开始使用。你可以挑选将要迁移的项目以及项目中的资产。遗憾的是，这种方式对正在进行的大型项目来说会比较困难，提前计划会很有帮助。一些开源工具或 Azure DevOps 市场上的工具，或借助公开的 API 同样也会有所帮助。

提示

当通过人工或者借助工具迁移到 Azure DevOps Services 之后，团队应该考虑放弃 Team Foundation Version Control（TFVC），开始使用 Git。也许你还没有听说过，但 Git 已经是行业中标准的版本控制工具了。微软内部已经在使用 Git，你和你的团队也应该使用 Git。同时，很明确的信息是 Azure Repos 和 Azure Pipelines 的革新将聚焦于 Git，而 TFVS 进入了生命周期的支持阶段。

另一个选项是使用由微软 Azure DevOps 产品团队创建和维护的整体数据迁移工具。这款工具直接操作 SQL Server 数据库，因此能整体迁移数据到 Azure DevOps Services。换句话说，所有内容都可以进行迁移。如果希望把本地部署的实例整体迁移到云端，那么这就是最佳的选择。在使用这款工具前，可能不得不把 Team Foundation Server 或者 Azure DevOps Server 实例升级到最新版本。可以在 https://aka.ms/AzureDevOpsImport 下载迁移指南，从中发现要求和更多的细节。

2.5　Visual Studio

许多不同的客户端应用和工具都可以和 Azure DevOps 进行连接和交互，这些工具大多由微软、微软的合作伙伴和社区提供，使用 Azure DevOps 公共 API 可以创建出更多的工具。由微软提供的最受欢迎的客户端有 Visual Studio，Visual Studio Code 和 Excel。我将在第 5 章中介绍 Excel。

许多不同的群体使用 Visual Studio。他们的区别取决于团队的组成，正在构建的软件产品，交付和维护产品的速度。为了支持各种不同的群体，Visual Studio 提供了不同的版本。版本的价格范围从免费（社区版）到几千美元（企业版）。要想了解不同版本间的详细对比，可以访问 https://visualstudio.microsoft.com/vs/compare。

坏味道

我看到过专业软件开发团队的成员使用社区版的 Visual Studio，这是一种坏味道。虽然社区版在功能上和专业版是一样的，并且免费的价格对管理层也是一种诱惑，但也反映了管理层并不重视团队所做的工作或团队如何进行工作。更不用说的事实是，社区版的最终用户协议不允许企业用户使用它进行开发或测试，除了极少数的情况下。社区版只能暂时安装使用在评估、培训和实验等方面，这些是认可的场景。

Visual Studio 的所有版本都包含编码和测试工具，大多数团队都需要使用它们进行多语言开发、分析、调试、测试、协作和针对多平台部署现代化应用。Visual Studio 的每一个安装包都带有 Team Explorer，它是连接 Visual Studio 和 Azure

DevOps Services（或者 Azure DevOps Server）的插件。它可以帮助你管理源代码、工作项和其他工件。你可以使用的功能取决于使用的版本控制系统——Git 或者 TFVC——创建项目时做的选择。在图 2-8 中，可以看到 Team Explore。

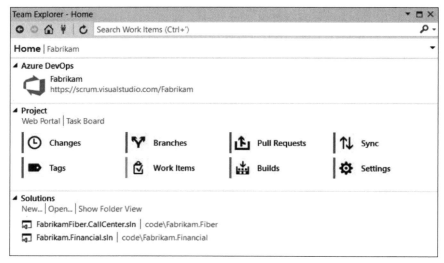

图 2-8　Visual Studio Team Explore 连接了 Fabrikam 项目

案例研究

> Fabrikam Fiber 项目的 Scrum 团队拥有 Visual Studio 专业版订阅，团队可以使用它们在冲刺中进行开发、调试和测试。有两个开发人员拥有 Visual Studio 企业版订阅，他们需要更高级的特性，例如 IntelliTrace、微软 Fakes 和实时单元测试。因为产品负责人 Paula 和 Scott（Scrum Master）不进行实际的开发工作，他们不需要使用 Visual Studio。他们选择使用浏览器、Excel 和 Power BI 客户端与 Azure DevOps 进行交互。

Visual Studio 不是唯一的能够连接 Azure DevOps 的集成开发环境（IDE）。许多其他的 IDE 也能够通过插件和 Azure DevOps 交互，比如下面这几个。

- Visual Studio Code　使用 Azure DevOps 扩展连接 Azure DevOps Services，监控构建、管理拉取请求和工作项。
- Team Explorer Everywhere　在 Eclipse 上安装插件，连接 Azure DevOps Services 或 Azure DevOps Server 并进行互动。

- Android Studio　在 Android Studio 上安装插件，访问和管理 Azure DevOps Services 或 Azure DevOps Server 的 Git 仓库。
- IntelliJ　在 IntelliJ IDEA 上安装插件，访问和管理 Azure DevOps Services 或 Azure DevOps Server 的 Git 仓库。
- Visual Studio for Mac　不需要插件就可以访问和管理 Azure DevOps Services 或 Azure DevOps Server 的 Git 仓库。

Visual Studio 订阅

获取 Visual Studio 和访问 Azure DevOps 的首选方式是通过 Visual Studio 订阅，以前被称作 MSDN 订阅。它们提供了非常全面的资源，支持在大多数平台和设备上创建、部署和管理应用，包括 Android、iOS、Linux、macOS、Windows、Web 和 Cloud，增加了组织或团队的投资回报。订阅为组织提供了一种性价比很高的获取软件、服务、培训和其他资源的方式来满足开发和测试的需要。

Visual Studio 订阅选项如下。

- 云订阅　允许租用 Visual Studio、Azure DevOps，这种订阅方式不需要签署一个长期的协议
- 标准订阅　最熟悉的订阅模式，通过这种订阅购买了 Visual Studio，而不是像云订阅那样租用。
- 独立许可　一次性购买 Visual Studio，不能访问主要版本升级和 Azure DevOps。

对大多数组织而言，购买专业版或企业版的标准订阅是最合适的。两者都提供了最新版的 Visual Studio，只要订阅还有效，就可以进行产品升级。两者都可以访问 Azure DevOps Services 和 Azure DevOps Server。专业版可以访问 Azure Test Plans 之外的所有基本特性。企业版可以使用所有功能。可以访问 https://visualstudio.microsoft.com/vs/pricing-details 获取各种订阅模式的更多信息。

云订阅是一种非常有趣的模式，它允许你按月租用 Visual Studio 和 Azure DevOps。组织和团队现在能够按需要随时开始和停止项目，开发工具的费用和其他微软 Azure 云服务如虚机和存储的费用合并在一张账单上，具有灵活性和便利性。虽然一个年度云订阅的费用低于永久性用户许可，但当你停止为订阅付费时，用户许可使用权就停止了。换句话说，你并不拥有用户许可的永久使用权，当取消订阅后，就不能再继续使用 Visual Studio 了。

说明

对于按需使用的订阅，微软提供了 Visual Studio Online，一款为短期和长期项目提供的基于云的开发环境。你可以使用 Visual Studio、Visual Studio Code 或一个基于浏览器的编辑器结合 Visual Studio Online 环境进行工作。环境支持 Git 存储库、扩展和自带的命令行界面，你可以从任何设备上编辑、构建和调试应用。更多关于 Visual Studio Online 的信息，请访问 https://online.visualstudio.com。

2.6　Azure DevOps 访问级别

访问级别在 web 门户上授予或限制了对选定特性的访问权。所拥有的访问级别和购买的许可类型直接相关。管理员添加用户的方式决定谁可以访问 Azure DevOps Services（或 Azure DevOps Server），然后选择访问级别和权限。

下面列出支持的访问级别。

- 干系人　提供部分特性的访问权。不需要订阅或许可就可以授予的级别，人数不限。
- 基本　提供大多数特性的访问权。权限授予拥有基本许可或 Visual Studio 专业版许可的用户。
- 基本 +Test Plans　提供所有基本特性和 Azure Test Plans 的访问权。权限授予拥有基本 +Test Plans 许可或 Visual Studio 企业版、Visual Studio 测试专业版，或 MSDN 平台订阅的用户。

Visual Studio 订阅也有不同的访问级别，基于用户的订阅类型，访问级别会自动选择正确的特性。系统能够识别用户订阅的类型——Visual Studio 企业版、Visual Studio 专业版、Visual Studio 测试专业版或 MSDN 平台——并生效和订阅匹配的特性。这些访问级别将应用在每一个 Azure DevOps 组织中，在这个组织中，用户是一个成员，无论他们是组织的创建者或者是被别人添加进组织的。

说明

访问级别不等同于访问权或者权限。访问代表一个特定用户能够登录进入 Azure DevOps，并至少能够查看信息。访问级别允许或严格限制对选定的特性的访问。权限，由安全部门负责，允许或限制用户在 Azure DevOps 中执行特性的任务。管理员需要理解每一个术语的含义以及它们之间的关系。

案例研究

> Fabrikam Fiber 项目的 Scrum 团队中的所有开发人员都有一个 Visual Studio 订阅，当他们登录 Azure DevOps Services 的时候，他们被自动授予了一系列特性的访问权。使用 Visual Studio 专业订阅的人员，会被授予基本访问权限。使用企业版的人员，能够使用 Azure Test Plans 以及其他的特性，例如自托管的流水线。产品负责人 Paula 和 Scott（Scrum Master）将使用 5 个免费的基本许可访问 Azure DevOps Services。如果他们开始更多地介入到测试工作并准备使用 Azure Test Plans，就可以把许可升级到 Test Plans 许可。

每个使用 Azure DevOps Services 的组织拥有 5 个免费的基本许可，意味着这 5 个用户不需要购买许可就能够使用 Azure Boards、Azure Repos、Azure Pipelines 和 Azure Artifacts。举例来说，如果一个组织有 5 个开发人员使用 Visual Studio 专业订阅，有 5 个开发人员使用 Visual Studio Code（免费），那么这 5 个使用 Visual Studio Code 的编程人员就可以使用免费的基本许可。

干系人访问权

干系人是使用免费许可的用户，只能访问有限的 Azure DevOps 特性。干系人访问级别允许用户增加和修改工作项，管理构建和发布流水线，查看仪表板。他们也能够检查项目状态，提供方向、反馈、特性想法，并且要和团队保持业务方向上的一致。

如果干系人需要访问支持 Scrum 团队每日工作的特性，则他们需要基本 +Test Plans 许可，或至少要拥有基本许可。干系人可能需要改变积压列表中工作项的优先级，或创建查询或图表，如果干系人需要执行这些任务，或甚至访问代码、测试、构建和发布，那么按照 Scrum 的定义，就会成为 Scrum 团队的成员而不再是干系人。不管怎样，他们在这时都需要一个正确的许可和合适的访问级别。

案例研究

> 产品负责人 Paula 选择给一些特定用户和管理层干系人的访问级别。其中一些人属于只读权限组，不能修改任何信息。另外一些人，由于曾经有过良好的合作和信任关系，这些人被加入参与者权限组，允许直接添加和修改工作项。Paula 知道让干系人（用户）创建和更新自己的产品 Backlog 是一种能够实际分担 Scrum 团队压力的工作方式。

2.7 Github 和未来

微软在 2018 年以 75 亿美元收购了 GitHub 这个全球领先的软件开发平台。GitHub 当时拥有 4 000 万用户，它是开源社区的核心。GitHub 和 Azure DevOps 相互配合的场景有很多，GitHub 和 Azure DevOps 在一起，能够为开发团队提供一个端到端的体验，帮助开发团队很容易地进行协作、构建和发布。

微软很明显希望 GitHub 成为每一个开发者的归宿，而不只限于开源开发人员。因此，整合 GitHub 的意愿属于第一优先级。为了达到这个目标，在微软内部，Azure DevOps 和 GitHub 共享同样的领导、见解和工具。显而易见，微软在 GitHub 上的投资和革新速度要超过 Azure DevOps。

这次收购引发了几个问题，微软拥有两个独立但功能重叠的类似产品，他们的未来会是怎样呢？举个例子，我们应该用 Azure Repos 还是 GitHub 存储库？今天，两个平台在功能上还不完全相同，所以传递的信息是进行集成，而不是迁移。我怀疑未来会发生变化。

有一点是确定的，所有的专业软件开发人员需要学习 Git，无论是否计划使用 GitHub。

术语回顾

本章介绍了以下关键术语。

1. DevOps 结合人、流程和产品，为最终用户持续交付价值。Scrum 是一个过程框架，和 DevOps 一样都具备很好的通用性，能够和 DevOps 进行融合。高效的 Scrum 团队知道如何平衡 Scrum 和 DevOps 实践，更高效地交付复杂的软件产品。

2. Azure DevOps 微软的一整套开发者服务，支持团队计划工作、代码开发协作，以及构建、测试和部署应用。

3. Azure DevOps Services 微软云版本的 Azure DevOps，以前叫作 Team Foundation Services、Visual Studio Online 以及 Visual Studio Team Services。

4. Azure DevOps Server 微软本地版的 Azure DevOps，以前叫 Team Foundation Server。

5. Azure Board Azure DevOps 中的一项服务，帮助团队和组织进行计划、跟踪和工作管理。

6.　Azure Repos　Azure DevOps 中的一项服务，提供版本控制工具，团队使用它协作和管理代码和文件的变更。

7.　Azure Pipelines　Azure DevOps 中的一项服务，团队使用它进行自动化构建、测试和部署代码。

8.　Azure Test Plans　Azure DevOps 中的一项服务，帮助团队和组织计划、管理和执行测试任务。

9.　Azure Artifacts　Azure DevOps 中的一项服务，团队使用它从公共源或私有源创建和共享 Maven、npm、NuGet 和 Python 包。

10.　Visual Studio 订阅　获取 Visual Studio 许可和 Azure DevOps 访问的建议方式。

11.　访问级别　在 web 门户授予或限制对选定特性的访问权。访问级别在访问内容和权限上是不同的，它限制了用户能够访问的特性和能够执行的任务。

12.　干系人访问　使用免费但是许可访问受限的 Azure DevOps 特性的用户。合适的情况下，干系人（在 Scrum 中）能够利用免费的干系人访问级别来增加透明性。

第 3 章　Azure Boards

正如在之前的章节中提到的，Azure DevOps Service 中的 Azure Boards 用来帮助团队计划和跟踪工作，提供了工作项、积压工作、版块、查询和图表服务，这些功能模块帮助团队可视化并管理团队的工作。

创建项目时选择的"过程"一定程度上决定了 Azure Board 的外观以及功能。这个过程定义了工作项跟踪系统的功能模块。同时它还可以作为团队流程模型定制的基础。

本章将深入讨论 Azure Boards 中可以选择的各种过程，重点是 Scrum 过程。同时会展示如何通过创建一个"继承过程"来自定义 Azure Boards 的行为。在本书的第 II 部分中，会更加深入地探讨积压工作和看板这两个功能模块是如何完美地与 Scrum 契合的。

3.1　选择一个"过程"

Azure DevOps 提供了一些开箱即用的"过程"。这些设计的系统过程符合大多数的团队的需求。更加正式以及传统的团队会喜欢能力成熟度模型（CMMI）过程，轻量级团队会喜欢基础过程，而对于尝试采用《Scrum 指南》的团队往往会喜欢 Scrum 过程。

以下是创建新项目时可用的系统过程。

- 敏捷（Agile）　提供给使用敏捷计划方法及用户故事来跟踪开发及测试活动的团队。
- 基础（Basic）　提供给仅使用问题、任务和史诗故事来简单跟踪工作的团队。
- CMMI　提供给遵循传统项目管理框架，需要进行过程改进以及可审计的决策记录的团队。
- Scrum　提供给实践 Scrum 并且通过在 Backlog 和看板上跟踪 PBI 的团队。

这些系统过程的主要区别是：为计划和跟踪工作提供了不同的工作项类型。基础（Basic）是最轻量级的且更加贴近于 GitHub 的工作项类型。Scrum 是下一个最轻量级的。敏捷（Agile）过程有点"重"但是支持多种敏捷方法术语。CMMI 对传统流程及变更管理支持得最好。

从创建团队项目时，过程是必选项。创建团队项目后，选择的过程就会定义好团队项目中的工作项类型、状态工作流以及 Backlog 配置等。

说明

> 过程与过程模板是不同的。过程定义了工作项跟踪系统中的功能模块，支持继承过程模式并可以通过页面进行定制化。 这种模式在 Azure DevOps Service 和 Azure DevOps Server 中都是可用的，但是在之前的 Team Foundation Server 版本中是不支持的。过程模板是一种传统的定义工作项跟踪系统中的功能模块的方法。过程模板通过修改和导入 XML 脚本的方式进行定制化。

工作项类型

工作项是 Azure DevOps 中用来计划和跟踪的核心元素，定义和描述了需求、任务、Bug 和测试用例等概念。工作项跟踪了团队和团队成员必须要完成的工作，以及已经完成的工作。工作项和通过其产生的度量可以在各种查询、图表、仪表盘和分析视图中展示。

通过工作项可以跟踪团队想追溯的任何内容。每个工作项都代表了一个在工作项数据存储空间中存储的对象。当前组织（在 Azure DevOps Server 中是项目集合）会为每个基于指定工作项类型创建的工作项对象分配一个唯一标志。创建团队项目时选择的"过程"类型决定了可用的工作项类型，详细内容请见表 3-1。

表 3-1　不同过程中可用的工作项类型

	Scrum	敏捷	CMMI	Basic
工作项类型				
需求	产品 Backlog	用户故事	需求	问题
史诗故事	史诗故事	史诗故事	史诗故事	史诗故事
特性	特性	特性	特性	无
Bug	Bug	Bug	Bug	问题
任务	任务	任务	任务	任务
测试用例	测试用例	测试用例	测试用例	测试用例
问题	障碍	问题	问题	无
更改请求	无	无	更改请求	无
评审	无	无	评审	无
风险	无	无	风险	无

正如看到的，敏捷过程与 Scrum 过程最为相似。就工作项类型而言，只有需求
（Requirement）和问题（Issue）这两种工作项类别的类型命名有差异。Agile 过程
中两种类型分别是用户故事（Story）和问题（Issue），而 Scrum 过程中则是 PBI
和障碍（Impediment）。

说明

> 微软在 Team Foundation Server 2010 版本中开始采用工作项类别。类别本质上
> 是一种元类型，在不破坏 Azure Boards 功能的情况下，允许不同的"过程"拥
> 有自己的工作项类型的命名和行为。例如需求、bug 和问题这些工作项类型在
> 不同的"过程"中，有着不同的类别名称。

同时也可以看到，CMMI 过程相对来说就很重很传统，它包含了很正式的工作
项类型：更改请求（即变更请求）、评审和风险以及过时的需求工作项类型。我已
经帮助了数百个团队安装、分析和使用 Azure DevOps/Team Foundation Server，其
中使用 CMMI 项目的团队一只手就可以数过来。 相反，Basic 流程只有少数几个工
作项类型，勉强足以跟踪工作，且更接近于在 GitHub 上管理工作的方式。同时基
础（Basic）也是默认流程，以至于存在很多 Basic 过程项目，有时候只是没有注意
选择了这个流程。

不同"流程"的另一个显著特征是需求类别工作项类型的工作流状态。工作流
状态定义了一个工作项从创建到关闭的过程。可以在表 3-2 中看到不同流程中的这
些标准过程。每个状态都属于一个状态类别，状态类别使得 Azure Boards 中的敏捷
工具能够以一种标准的方式运作，而不受项目过程的影响。

表 3-2　不同过程的需求工作流状态

Scrum	敏捷	CMMI	基础
新建	新建	已建议	待处理
已批准	活动	活动	正在进行
已提交	已解决	已解决	完成
完成	已关闭	已关闭	
已删除	已删除		

隐藏的工作项类型

Team Foundation Server 2012 引入了隐藏工作项类型的概念。这种类别的工作
项类型无法在标准的用户界面中创建，例如：在 Azure Boards 中的新建工作项的下

拉列表中。这样做的原因是有专门的工具可以创建和管理这些类型的工作项。此外，在工具之外以特殊的方式创建这些类型的工作项是没有任何意义的。

所有流程包括基础（Basic）都支持这些隐藏工作项类型。

- 共享参数、共享步骤、测试计划和测试套件　通过 Azure Test Plans 工具创建并管理这些隐藏工作项。第 7 章将详细介绍这些测试工作项类型。
- 反馈请求和反馈响应　使用 Test & Feedback 扩展请求和响应干系人的反馈。
- 代码评审请求和代码评审响应　用于在之前的 Team Foundation Version Control（TFVC）中，使用 Visual Studio 的团队资源管理器"我的工作"界面提交代码评审时的交互信息。不要将这里的代码评审与 Git 的拉取请求中的代码评审混淆。

微软清楚团队通常不会在专用工具之外创建这些工作项类型，所以在创建和管理工作项的用户界面中将它们隐藏了起来（引导用户在工具界面上下文场景中创建它们）。注意，这里没有列出所有隐藏的工作项类型。

3.2　Scrum 过程

在微软发布了 Team Foundation Server 2010 后不久，就与 Scrum.org 和专业 Scrum 社区合作推出了 Microsoft Visual Studio 的 Scrum 过程模板 1.0 版本供用户下载。新设计的模板包含《Scrum 指南》中定义的敏捷规则。所有人都知道 Scrum 已经成为软件开发领域中占主导地位的敏捷框架。微软也意识到了这一点，并且认识到同时使用 Team Foundation Server 和 Scrum 的那些团队希望获得更加轻量、流畅的使用体验。在发布新模板的开始几年里就超过了 10 万次下载。

多年以来，微软通过与专业 Scrum 社区的持续合作逐渐了解 Scrum 过程和社区使用的一些情况。最主要的是，他们了解到很多团队都喜欢 Scrum 过程！这些团队对它的简洁和直观大加赞扬。正如表 3-1 所示，除了使用 Scrum 计划和跟踪项目所需的工作项类型外，并没有太多多余的工作项类型。事实上，Scrum 过程比敏捷过程还要轻量。

许多当前在使用白板和便签跟踪工作的团队，正在对 Azure Boards 进行评估。由于很难做到比白板和便签更轻量，所以任何可能使用的工具都应该尽可能地轻量。在创建 Scrum 过程中，我们始终牢记这一指导原则，当然在写这本书时，我也如此。

3.2.1　Scrum 工作项类型

这里再次特别阐述 Scrum 过程中的工作项类型，以及 Scrum 团队应该如何使用它们。这部分将聚焦于与工作计划和执行相关的这些工作项，Azure Test Plans 相关工作项（测试计划、测试套件、测试用例等）将在第 7 章中阐述。

1. 产品 Backlog

在 Scrum 中，产品 Backlog 是一个有序（按优先级排序）列表，列出了为实现产品愿景所必须要实现的所有工作。这个列表包含未实现的功能和那些需要修复的缺陷。在 Azure Boards 中，PBI 的工作项类型帮助团队跟踪不同的需求，而无需进行大量的文档编写工作。事实上，只有 PBI 的标题是必须填写的。

之后，随着更多细节的浮现，可以更新补充 PBI，包括业务价值、验收条件和工作量的评估。

当创建和编辑 PBI 工作项并将数据输入相关字段时，请遵循以下专业 Scrum 指导。

- 标题（Title 必填）　输入一个 PBI 的简短的关键描述。
- 指派给（Assigned To）　选择产品负责人或者留空，但是不要指派给开发人员。这样可以更加强调是整个团队负责这个 PBI 的工作。
- 标记（Tags）　标记是可选的，可以帮助你查找、筛选和识别 PBI。例如：有些 Scrum 团队选择不使用 Bug 工作项类型，而是使用带有"Bug"标记的 PBI 来替代。
- 状态（State）　为 PBI 选择适当的状态。状态相关的内容会在下面详细阐述。
- 区域（Area）　为 PBI 选择最佳的区域路径。区域必须提前设置，可以使用区域代表产品的功能、逻辑、物理区域或者特性。如果 PBI 适用于团队包含的所有区域或者不确定应该选择哪个区域，那么保留默认值设置即可。对于执行 Nexus 的团队，团队项目中的每个团队都可以拥有团队自己的区域作为默认区域。第 11 章将详细阐述 Nexus。
- 迭代（Iteration）　设置为开发人员关注的、将要被实现的 PBI 所处的冲刺。如果团队还没有开始预测 PBI，保留默认（根）设置即可。
- 说明（Description）　提供更加详细的必要描述，以便其他团队成员或干系人可以理解 PBI 要实现的目的。用户故事的描述格式（作为一个 < 用户类型 >，我想要 < 功能 >，以便于 < 商业价值 >）可以更好地确认谁，做什么，为什么，还有其为什么被提出。应该避免把这个字段作为一个需求说明书、规格说明书或者设计说明来使用。

- 验收条件（Acceptance Criteria）　描述用于验证团队是否根据预期开发了 PBI 的条件。验收条件应该清晰、简洁并且可测试。应该避免将其作为一个详细的需求说明来使用。推荐使用项目符号列举条目。Gherkin（given-when-then）表达格式会更好。

- 讨论（Discussion）　添加或整理 PBI 的富文本注释。可以在注释中提及某个人、组、工作项或者拉取请求。专业 Scrum 团队更喜欢面对面深入地交流。

- 工作量（Effort）　输入一个整数来描述完成 PBI 需要的相对开发工作量。数值越大表明需要越大的工作量。这里推荐使用斐波那契数列（故事点）。不要使用 T 恤尺码（S，M，L，XL），因为这是个整形字段。工作量在这里可以被认为是投资回报率（ROI）中的投入。

- 业务价值（Business Value）　用一个固定的或者相对的数值描述 PBI 的交付价值。数值越大表明业务价值越高。这里推荐使用斐波那契数组。业务价值可以被认为是投资回报率（ROI）中的回报。

- 链接（Links）　使用链接关联一个或多个工作项以及其他资源（生成制品、代码分支、提交、拉取请求、Git 标记、GitHub 提交、GitHub 问题、GitHub 拉取请求、测试制品、WIKI 页面、超链接、文档和已进行版本控制项）。将一个 PBI 和一个 wiki 页面关联。应该避免在工作项的链接页签中使用链接将其他的 PBI、特性或者史诗故事关联到当前 PBI 上。应该在 Backlog 页面使用拖拽建立继承式关联关系，第 5 章将阐述这个操作。

- 附件（Attachments）　添加描述 PBI 详细信息的一个或多个文件。一些团队喜欢将说明、白板照片或者产品 Backlog 梳理和冲刺规划会议的音频 / 视频作为附件添加到工作项。

- 历史（History）　Azure Boards 会追踪团队成员对工作项的每一次更新，能够追踪到工作项是由哪个团队成员修改以及修改的字段。这个标签页显示了所有更改的历史记录。这些内容都是只读的。

当 PBI "准备好"开始冲刺规划时，唯一需要考虑和完成的就是上面列表中的这些字段。如果 PBI 工作项表单上还有其他字段，团队应该讨论和确定是否应该使用它们，因为跟踪这些字段中的数据很可能是浪费。当预测 PBI 准备开发时，额外的字段和链接将开始出现，包括与任务和测试用例工作项、测试结果、提交和构建的链接。

坏味道

> 在冲刺规划之前把 PBI 分解成多个任务的做法是一种坏味道。也许 Scrum 团队清楚确切的计划及相关内容，但是如果计划改变了呢？那么创建和管理这些任务就是在浪费时间，比这更糟糕的就是一些固执的程序员可能想要坚持他们过时的计划，即使情况可能已经改变。想要避免这种痛苦和浪费，就必须在冲刺规划后或者在冲刺执行中再创建任务。

PBI 工作项的状态可以处于下面 5 种状态之一：新建（New）、已批准（Approved）、已提交（Committed）、完成（Done）或者已删除（Removed）。典型的工作流程是 新建⇒已批准⇒已提交⇒完成。在创建 PBI 时状态会设置为"新建"状态。当产品负责人确认 PBI 有效时，应该将状态从"新建"修改为"已批准"。当开发人员预测 PBI 在当前冲刺开发时，状态应该修改为"已提交"。最后，基于 DoD 确定 PBI 完成后，其状态应该修改为"完成"。当产品负责人判定 PBI 无效时，可以将状态设置为"已删除"。无论原因是什么，即便 PBI 已经在产品 Backlog 中、已经开发、已经过时或一个完全荒谬的 PBI，在这种情况下也可以直接删除工作项（数据删除，而非状态调整）。

2. Bug

Bug（缺陷）用来跟踪产品中已存在的或潜在的问题。缺陷可以来自自已部署到生产环境的产品、上个冲刺中已经完成的产品增量或者当前冲刺中开发完成的内容。缺陷不是一个失败的测试。失败的测试仅仅表明当前团队未完成工作而已。这将在第 7 章中进行详细阐述。

通过定义和管理一个 Bug 工作项，Scrum 团队可以跟踪问题、确定它们的优先级以及预估修复工作量。缺陷可以是很小的错误：如数据输入表单中的一个错别字；也可以是很大的错误：如信用卡数据泄漏的漏洞。

当创建一个 Bug 工作项时，希望能够准确地报告问题，以此帮助查看者理解其产生的所有影响。同时，应该列出缺陷的重现步骤，帮助开发人员重现缺陷。还可能需要对缺陷进行额外的分析（鉴别），以确认是一个实际的缺陷而不是产品本身的设计问题。通过定义和管理 Bug 工作项，团队可以跟踪产品中的缺陷，以便对它们的解决方案进行评估和排序。一般来说，应该移除缺陷而不是管理缺陷。

说明

在 Scrum 中，Bug 只是一种特定类型的 PBI，但 Azure Boards 定义了一个独立的工作项类型来跟踪缺陷。原因是想通过 Bug 工作项类型追踪缺陷的相关信息，例如严重性、重现步骤、系统信息和生成编号。然而，Bug 和 PBI 工作项类型在少数例外情况下是很类似的。Bug 工作项没有业务价值字段，但是有剩余工作字段。剩余工作字段允许 Bug 工作项像任务工作项一样工作，并同样也在任务面板上进行管理。默认情况下，Backlog 列表中包含 PBI 和 Bug，任务面板（按照我的指导使用时）仅包含任务。

当创建和编辑 Bug 工作项并将数据录入到相关字段时，请遵循以下专业 Scrum 指南。

- 标题（Title 必填）　输入一个 Bug 的简短的关键描述。
- 指派给（Assigned To）　选择产品负责人或者留空，但是不要指派给开发人员。这样可以更加强调是整个团队负责这个 PBI 的工作。
- 标记（Tags）　标记是可选添加的，有助于查找、筛选和确认缺陷。
- 状态（State）　为 Bug 选择适当的状态。状态相关内容会在下面详细阐述。
- 区域（Area）　为 Bug 选择最佳的区域路径。必须优先设置区域，可以使用区域代表产品的功能、逻辑、物理区域或者特性。如果缺陷适用于团队包含的所有区域或者不确定应该选择哪个区域，那么保留默认值设置即可。对于执行 Nexus 的团队，团队项目中的每个团队都可以拥有团队自己的区域作为默认区域。
- 迭代（Iteration）　设置为开发人员关注的将要修复的 Bug 所处的冲刺。如果团队还没有开始预测缺陷，保留默认（根）设置即可。
- 重现步骤（Repro Steps）　为团队成员提供更加详细的必要信息，使他们可以重现缺陷并可以更好地理解这些必须修复的问题。
- 系统信息（System Info）　描述发现缺陷的系统环境信息。如果使用 Test & Feedback 扩展创建缺陷，可以帮助你在测试中自动收集这些信息。
- 验收条件（Acceptance Criteria）　描述用于验证团队是否根据预期修复了缺陷的条件。验收条件应该清晰、简洁并且可测试。可以考虑在这个字段中输入预期结果，不要输入实际结果。
- 讨论（Discussion）　添加或整理缺陷的富文本注释。可以在注释中提及某个人、组、工作项或者拉取请求。专业 Scrum 团队更喜欢面对面深入地交流。

- 严重级别（Severity） 由于 Bug 工作项类型不包含业务价值字段，需要选择一个用于标识缺陷对产品或干系人产生影响大小的值。值的范围是从 1（严重）到 4（低）。越低的数值代表越高的严重程度。默认严重级别是 3（中）。

- 工作量（Effort） 输入一个整数来描述修复 Bug 需要的相对的工作量。数值越大表明需要越大的工作量。这里推荐使用斐波那契数列（故事点）。不要使用 T 恤尺码，因为这是个整型字段。工作量在这里可以被认为是 ROI 中的投入。

- 发现版本（Found In Build） 可选设置，选择一个发现缺陷的生成。

- 集成版本（Integrated In Build） 可选设置，选择一个包含缺陷修复的生成。

- 链接（Links） 使用链接关联一个或多个工作项或其他资源（生成制品、代码分支、提交、拉取请求、Git 标记、GitHub 提交、GitHub 问题、GitHub 拉取请求、测试制品、WIKI 页面、超链接、文档和已进行版本管理的项）。可以将缺陷与其他缺陷、一个阐述根本原因的文档或者发现错误的原始 PBI 工作项上，甚至链接到一个父 PBI 作为用来统一管理"修复"这些缺陷的用户故事。

- 附件（Attachments） 添加描述缺陷详细信息的一个或多个文件。一些团队喜欢将说明、白板照片或者产品 Backlog 梳理和冲刺规划会议的音频 / 视频作为附件添加到工作项。

- 历史（History） Azure Boards 会追踪团队成员对工作项的每一次更新，能够追踪到工作项是由哪个团队成员修改以及修改的字段。这个标签页显示了所有更改的历史记录。这些内容都是只读的。

与 PBI 类似，一个 Bug"准备好"开始冲刺规划，唯一需要考虑和完成的就是前面列表中的这些字段。如果 Bug 工作项表单上还包含其他字段，团队就应该讨论确定是否应该使用它们，因为跟踪这些字段很可能是浪费。当预测缺陷准备修复时，额外的字段和链接将开始出现，包括与任务和测试用例工作项、测试结果、提交和构建的链接。

Bug 工作项如同 PBI 工作项，可以处于下面五种状态之一：新建（New）、已批准（Approved）、已提交（Committed）、完成（Done）或者已删除（Removed）。典型的工作流程是"新建⇒已批准⇒已提交⇒完成"。当发现一个真正的缺陷（不是一个功能、重复缺陷或者培训问题），创建一个新的 Bug 工作项时状态会设置为"新建"。当产品负责人确认缺陷有效时，应该将缺陷状态从"新建"修改为"已批准"。当开发人员预测缺陷将在当前冲刺中修复时，其状态应该修改为"已提交"。最后，基于 DoD 确定 Bug 修复完毕，其状态应该修改为"完成"。产品负责人可以以任何理由将无效的 Bug 工作项修改为"已删除"状态，即便缺陷在产品 Backlog 中已经是一个功能、一个培训问题、不需要解决或者已经修复了。在这种情况下，也可以直接删除工作项（数据删除，而非状态调整）。

案例研究

> 因为 Bug 工作项类型没有业务价值（Business Value）字段，还有一些无关字段。产品负责人 Paula 决定不使用这个工作项类型。这并不是说 Backlog 中就不包含缺陷，而是 Scrum 团队使用 PBI 工作项类型来追踪缺陷。他们会在 PBI 上打标记，并将重现步骤和系统信息输入到说明（Description）字段中。这种做法使 Backlog 只包含拥有业务价值（Business Value）和大小（Size）字段的 PBI，并且可以使用这两个字段来计算 ROI。

3. 史诗故事

在 Scrum 中，一个产品只有一个产品 Backlog，并且产品 Backlog 只包含 PBI。有一些 PBI 很小，可以在一个冲刺内交付；还有一些 PBI 很大，可能需要一个以上的冲刺才能完成。另外，更大的一些 PBI 可能需要很多冲刺才能完成，甚至可能需要一年或多年才能完成。在 Scrum 中，无论大小，每一个条目简单地称为 PBI。

组织和团队都更喜欢用一些特定的术语，也喜欢为这些不同大小的条目配置独立的 Backlog，这也是 Azure Boards 提供了分层的 Backlog 的原因。在分层的 Backlog 中，一个组织或者团队可以将一个"大的愿景"叫史诗故事（Epic），然后将其分解成多个可发布粒度大小的特性（Feature），最后将特性分解为更小粒度、更容易执行的条目。

史诗故事代表了要实现的业务方案，如下所示：

- 提高客户参与度
- 提升并简化用户体验
- 通过采用微服务架构来提高敏捷性
- 与 SAP 系统集成
- 原生 iPhone 应用

说明

> 史诗故事和特性都有自己的 Backlog。在 Azure Boards 中，每个团队都可以设置自己希望使用的 Backlog 级别。例如，Scrum 团队可能想聚焦于产品 Backlog 和更高级别的特性 Backlog。领导者可能只希望关注史诗故事或者基于史诗故事分解的特性。默认情况下，史诗故事 Backlog 在 Azure Boards 中是不可见的。必须经过团队管理员启用后才可以在 Backlog 中查看和管理史诗故事。

Epic 工作项与 PBI 工作项类似。当创建和编辑史诗故事工作项并将数据录入相关字段时，请遵循以下专业 Scrum 指导。

- 标题（Title 必填）　输入一个史诗故事的简短的关键描述。
- 指派给（Assigned To）　选择产品负责人或者留空，或者分配给提出史诗故事的干系人。
- 标记（Tags）　标记是可选添加的，可以帮你查找、筛选和确认史诗故事。
- 状态（State）　为史诗故事选择适当的状态。状态相关内容会在后面详细阐述。
- 区域（Area）　为史诗故事选择最佳的区域路径。区域必须优先设置，可以使用区域代表产品的功能、逻辑、物理区域或者特性。如果其适用于团队包含的所有区域或者你不确定应该选择哪个区域，那么保留默认值设置即可。对于执行 Nexus 的团队，团队项目中的每个团队都可以拥有团队自己的区域作为默认区域。
- 迭代（Iteration）　可选设置，但是可以设置为开发人员关注的将要开始或者完成史诗故事的冲刺。如果还没有开始工作，保留默认（根）设置即可。
- 说明（Description）　提供更加详细的必要描述，以便其他团队成员或干系人可以理解史诗故事要实现的目的。
- 验收条件（Acceptance Criteria）　描述用于验证团队是否根据预期开发了史诗故事的条件。
- 讨论（Discussion）　添加或整理史诗故事的富文本注释。可以在注释中提及某个人、组、工作项或者拉取请求。专业 Scrum 团队更喜欢深入地面对面交流。
- 开始日期（Start Date）　可选设置，可以设置为史诗故事启动的日期。这个日期可以是史诗故事分解的第一个开始开发的 PBI 所在冲刺的开始日期。这个字段是使用交付计划（Delivery Plan）功能的关键字。

- 目标日期（Target Date）　可选设置，可以设置为史诗故事应该被交付的日期。这个字段是使用交付计划（Delivery Plan）功能的关键字。
- 工作量（Effort）　输入一个整数来描述开发史诗故事需要的相对的工作量。数值越大表明需要更大的工作量。这里推荐使用斐波那契数组（故事点）。不要使用 T 恤尺码，因为这是个整形字段。工作量在这里可以被认为是 ROI 中的投入。
- 业务价值（Business Value）　用一个固定的或者相对的数值描述史诗故事的交付价值。数值越大表明业务价值越高。这里推荐使用斐波那契数组。业务价值可以被认为是 ROI 中的回报。
- 链接（Links）　使用链接关联一个、多个工作项或其他资源（生成制品、代码分支、提交、拉取请求、Git 标记、GitHub 提交、GitHub 问题、GitHub 拉取请求、测试制品、wiki 页面、超链接、文档和已进行版本管理的项）。应该避免在工作项的链接页签中将史诗故事连接到其他的史诗故事、特性或者PBI。应该打开 Backlog 页面的映射（Mapping）窗格，使用拖拽建立继承式关联关系。
- 附件（Attachments）　添加描述史诗故事详细信息的一个或多个文件作为附件。一些团队喜欢将说明、白板照片或者音频 / 视频记录作为附件添加到工作项。
- 历史（History）　Azure Boards 会追踪团队成员对工作项的每一次更新，能够追踪到工作项是由哪个团队成员修改以及修改的字段。这个标签页显示了所有更改的历史记录。这些内容都是只读的。

史诗故事工作项的状态可以处于下面 4 种状态之一：新建（New）、正在进行（In-Progress）、完成（Done）或者已删除（Removed）。典型的工作流程是"新建⇒正在进行⇒完成"。在创建史诗故事时会设置为"新建"状态。当工作启动时，应该将状态从"新建"修改为"正在进行"。最后，当史诗故事的所有特性都完成后，状态应该修改为"完成"。产品负责人可以以任何理由将史诗故事状态修改为"已删除"。在这种情况下，也可以直接删除工作项（数据删除，而非状态调整）。

梳理史诗故事就是将其分解为一个或者多个特性。创建的特性工作项会以父级链接关系关联到史诗故事。这个操作也可以在工作项表单的链接标签页手动添加，使用 Mapping（映射）功能来添加。梳理是一个持续进行的过程，随着 Scrum 团队进一步了解领域、产品和干系人，特性也会不断变化、合并和拆分。

4. 特性

无论是否计划使用史诗故事工作项，团队依然可能希望能够对特性跟踪进行。特性通常是由干系人提出请求并期望交付的内容。如果一个特性的粒度过大以至于不能在一个冲刺中交付，那么一定要将它分解成多个特性，或者分解成能够以 Backlog 级别进行跟踪和管理的可执行条目。与我一起工作的大多数团队将这些最低层级的叶子节点条目称为用户故事，或者简单一点称作故事。

通常，一个特性代表软件中的一个可发布组件，如下所示。

- 在仪表板上查看技术人员详细信息。
- 重新分配单据的能力。
- 支持文本提醒。
- 查找和筛选单据。

特性工作项与史诗故事工作项类似。创建和编辑特性工作项并将数据录入相关字段时，请遵循以下专业 Scrum 指导。

- 标题（Title 必填）　输入一个特性的简短的关键描述
- 指派给（Assigned To）　选择产品负责人或者留空，但是不要分配给其他人。这样可以更加强调这些是整个团队所需要完成的特性。
- 标记（Tags）　标记是可选添加的，可以帮助查找、筛选和确认特性。
- 状态（State）　为特性选择适当的状态。状态相关内容会在后面详细阐述。
- 区域（Area）　为特性选择最佳的区域路径。区域必须优先设置，可以使用区域代表功能、逻辑、物理区域或者产品的特性。如果其适用于团队包含的所有区域或者不确定应该选择哪个区域，那么保留默认值设置即可。对于执行 Nexus 的团队，团队项目中的每个团队都可以拥有团队自己的区域作为默认区域。
- 迭代（Iteration）　可选设置，但是可以设置为开发人员关注的将要开始或者完成功能的冲刺。如果还没有开始开发，保留默认（根）设置即可。
- 说明（Description）　提供更加详细的必要描述，以便其他团队成员或干系人可以理解特性要实现的目标。
- 验收条件（Acceptance Criteria）　描述用于验证团队是否根据预期开发了特性的条件。
- 讨论（Discussion）　添加或整理功能的富文本注释。可以在注释中提及某个人、组、工作项或者拉取请求。专业 Scrum 团队更喜欢面对面深入地交流。

- 开始日期（Start Date）　可选设置，可以设置为特性启动的日期。这个日期可以是特性分解的第一个已预测开发的 PBI 所在冲刺的开始日期。如果使用史诗故事，那么史诗故事的开始日期可能与关联的第一个特性的开始日期重合。这个字段是使用交付计划（Delivery Plan）功能的关键字。

- 目标日期（Target Date）　可选设置，可以设置为特性应该被交付的日期。如果使用史诗故事，那史诗故事的目标日期可能与关联的最后一个特性的目标日期重合。这个字段是使用交付计划（Delivery Plan）功能的关键字。

- 工作量（Effort）　输入一个整数来描述开发功能需要的相对的工作量。数值越大表明工作量越大。这里推荐使用斐波那契数列（故事点）。不要使用 T 恤尺码，因为这是个整型字段。工作量在这里可以被认为是 ROI 中的投入。

- 业务价值（Business Value）　用一个固定的或者相对的数值描述功能的交付价值。数值越大表明业务价值越高。这里推荐使用斐波那契数组。业务价值可以被认为是 ROI 中的回报。

- 链接（Links）　使用链接关联一个、多个工作项或其他资源（生成制品、代码分支、提交、拉取请求、Git 标记、GitHub 提交、GitHub 问题、GitHub 拉取请求、测试制品、WIKI 页面、超链接、文档和已进行版本管理的项）。应该避免在工作项的链接页签中将特性连接到其他的特性、史诗故事或者 PBI。应该打开 Backlog 页面的映射（Mapping）窗格，使用拖拽建立继承式关联关系。

- 附件（Attachments）　添加描述特性详细信息的一个或多个文件。一些团队喜欢将说明，白板照片或者音频 / 视频记录作为附件添加到工作项。

- 历史（History）　Azure Boards 会追踪团队成员对工作项的每一次更新，能够追踪到工作项是由哪个团队成员修改以及修改的字段。这个标签页显示了所有更改的历史记录。这些内容都是只读的。

特性工作项的状态可以处于下面四种状态之一：新建（New）、正在进行（In-Progress）、完成（Done）或者已删除（Removed）。典型的工作流程是新建⇒正在进行⇒完成。在创建特性时状态会设置为"新建"。当工作启动时，将状态从"新建"修改为"正在进行"。最后，当特性的所有 PBI 都完成后，状态应该修改为"完成"。产品负责人可以以任何理由将不需要的特性状态修改为"已删除"。在这种情况下也可以直接删除工作项（数据删除，而非状态调整）。

梳理一个特性就是将其分解为一个或者多个 PBI 工作项。然后创建 PBI 工作项，链接到父级特性。这个操作可以在工作项表单的链接标签页手动添加或者使用 Mapping（映射）功能添加。梳理是一个持续进行的过程，随着 Scrum 团队对领域、产品和干系人的了解加深，PBI 也会不断变化、合并和拆分。

提示

> Azure Boards 提供了一些可以在分层的 Backlog 列表中可视化和筛选父级工作项的方法。一种是在 Backlog 中显示只读的嵌套父级行。在这种方式下，没有父级的工作项会显示在一个 unparented（没有父级）区域下。这些额外的行（虽然也是有效信息）会让 Backlog 看起来十分混乱，尤其是在有很多包含父级的行时。另一种方式是在 Column Options 中添加 Parent 列，这样会在这一列中显示工作项的标题。

5. 任务

任务（Task）工作项表示开发人员在开发 PBI 时必须完成的一项细致的工作。为了实现冲刺目标，所有的任务构成了冲刺计划。这些任务以及 PBI 构成了冲刺 Backlog。

一个任务本质上可以是分析、设计、开发、测试、文档、部署或者运维。例如，团队可以识别并创建专注于开发的任务工作项，例如实现一个接口或创建一个数据库表。当然也可以创建一个专注于测试的任务，例如创建测试计划和运行测试。而一个关注部署的任务可能是，为要部署地应用程序提供一组虚拟机。

创建和编辑任务工作项并将数据录入相关字段时，请遵循以下专业 Scrum 指导。

- 标题（Title 必填）　输入一个简要描述任务的概述。标题应该简短且描述清楚并可以让团队快速理解要执行的工作。一些团队的惯例是使用一些简单动名词表述，例如创建测试，编写代码，部署应用等。
- 指派给（Assigned To）　选择负责完成任务的团队成员。一个任务只能指派给一个人，如果一个任务需要指派给两个人或者整个团队，只需选择其中一个人作为所有者。
- 标记（Tags）　标记是可选添加的，可以帮你查找、筛选和确认任务。
- 状态（State）　为功能选择适当的状态。状态相关内容会在后面详细阐述。
- 区域（Area，可选）　一般来说会与关联的 PBI 保持一致。在任务面板创建任务后，任务的区域会自动设置为父级 PBI 区域。
- 迭代（Iteration）　选择团队开始处理任务的冲刺。冲刺应该与 PBI 保持一致。在任务面板创建任务后，任务的迭代会自动设置为父级 PBI 迭代。

- 说明（Description，可选）　尽量多提供必要细节，以便其他团队成员能够理解处理任务的工作内容。一个明确的标题可能就足够了。一些团队喜欢使用这个字段追踪特别复杂任务的任务级别验收条件。避免将使用此字段记录详细需求、规格或设计的相关内容。
- 讨论（Discussion）　添加或整理功能的富文本注释。可以在注释中提及某个人、组、工作项或者拉取请求。专业 Scrum 团队更喜欢深入地面对面交流。
- 剩余工作（Remaining Work）　完成工作还需要投入的剩余小时数。

提示

> 在冲刺计划初期，剩余工作的值应该由整个团队估算。当团队成员开始处理任务后，应该由最了解任务情况的人来更新。在理想情况下，任务的时间应该小于 8 小时。如果一个任务超过 8 小时，就应该将其分解为多个更小粒度的任务，这样可以降低风险并且提升团队协作。剩余工作需要每天重新估计。

- 已阻止（Blocked）　用来提示任务是否受阻导致不能完成。需要立即识别并缓解受阻的工作。有些团队会使用"已阻止"标记来替代已阻止（Blocked）字段。
- 链接（Links）　使用链接关联一个、多个工作项或其他资源（生成制品、代码分支、提交、拉取请求、Git 标记、GitHub 提交、GitHub 问题、GitHub 拉取请求、测试制品、WIKI 页面、超链接、文档和已进行版本管理的项）。一般来说，应该避免在工作项的链接页签中将任务手动连接到其他的 PBI，可以在冲刺 Backlog 视图或者任务面板上操作。将任务与其他任务关联可以可视化依赖关系，但是这样也会导致工作分解结构看起来像命令与控制。
- 附件（Attachments）　添加描述任务详细信息的一个或多个文件。一些团队喜欢将说明、白板照片或者音频 / 视频记录作为附件添加到工作项。
- 历史（History）　Azure Boards 会追踪团队成员对工作项的每一次更新，能够追踪到工作项是由哪个团队成员修改以及修改的字段。这个标签页显示了所有更改的历史记录。这些内容都是只读的。

当团队使用任务来计划、可视化和管理冲刺工作时，唯一需要考虑和完成的就是上面列表中的这些字段。如果任务工作项表单中还包含其他字段，例如优先级（Priority）或者活动（Activity），团队应该讨论确定是否应该使用它们，因为跟踪这些字段很可能是浪费。也就是说，无论团队如何工作以及使用 Azure Boards，都取决于他们自己，这也是自管理的一个体现。

坏味道

团队在任务中使用活动字段就是一个坏味道。专业的 Scrum 团队清楚他们所做的一切都被视为开发活动，因此使用这个字段就是浪费。这样做还有一个风险，就是开发人员会习惯性地找自己喜欢的任务类型。例如，一个有测试背景的人可能只会寻找未分配的测试任务，这样做对团队的产品并非有益，更别提实现冲刺目标了。更令人担忧的是，Scrum 团队之外的其他人将开始使用这种活动类型来进行资源规划或工作分配！

任务工作项的状态可以处于下面四种状态之一：待处理（To Do）、正在进行（In-Progress）、完成（Done）或者已删除（Removed）。典型的工作流程是 新建⇒正在进行⇒完成。在创建任务时状态会设置为"待处理"。当团队成员开始处理任务时，应该将状态修改为"正在进行"。当任务完成时，状态应该修改为"完成"。例如任务不再适用或者重复了，开发人员可以以任何理由将没通过验证的任务状态修改为"已删除"。 在这种情况下也可以直接删除工作项（数据删除，而非状态调整）。

6. 障碍

障碍（Impediment）工作项是用来报告阻碍团队或者阻碍团队成员有效完成工作的情况。通过定义和管理障碍工作项，Scrum 团队能够识别和跟踪阻碍他们的问题。更重要的是，他们有了一个包含改进工作的 Backlog。

可以随时识别和记录障碍。这些障碍至少每天都得以公布，这很可能发生在每日例会的时候。然而，专业 Scrum 团队不会等到每日例会时才提出和 / 或排除障碍。如果障碍是可以立即消除的，那就应该马上将其消除。如果不是，则可以将障碍记录为一个障碍工作项。Scrum 团队还可以在物理板或 wiki 页面上记录障碍。不过，与其跟踪和管理障碍，不如消除障碍。Scrum Master 负责帮助团队解决他们自己无法解决的障碍，提高团队生产力。

提示

让团队拥有一个唾手可得的、透明的、具备优先级的障碍和改进点 Backlog 是非常有益的。当管理层可以提供帮助时，完全可以从这个列表顶部拖拽一个条目进行讨论。即使预算比较紧张，管理层负担不起新的硬件、软件或服务，仍然可以解决一些无须支出的障碍。例如，管理层可能没有经费购买更快的笔记本电脑，但他们可以要求项目管理办公室（PMO）放宽对周报的要求，借此来缓解团队的压力。

当创建或编辑障碍工作项并将数据录入相关字段时，请遵循以下专业 Scrum 指导。

- 标题（Title 必填）　输入障碍准确简洁地描述。
- 指派给（Assigned To）　选择负责解决障碍的团队成员。Scrum Master 不会总是负责或移除障碍。
- 标记（Tags）　标记是可选添加的，可以帮你查找和确认障碍。
- 状态（State）　为障碍选择适当的状态。状态相关内容会在后面详细阐述。
- 区域（Area）　为障碍选择最佳的区域路径。如果其适用于团队包含的所有区域或者不确定应该选择哪个区域，那么保留默认值设置即可。
- 迭代（Iteration）　通常，将障碍的迭代设置为发现障碍所处的迭代，但是也可以设置为移除障碍所处的迭代。也可以保留默认值设置。
- 说明（Description）　尽量多提供必要细节，以便其他团队成员能够理解障碍及其影响。
- 解决（Resolution）　尽量多提供如何解决障碍的详细信息。长此以往，这些解决方案可以总结出一套经验教训。
- 讨论（Discussion）　添加或整理障碍的富文本注释。可以在注释中提及某个人、组、工作项或者拉取请求。专业 Scrum 团队更喜欢面对面深入地交流。
- 优先级（Priority）　按照障碍的重要等级从 1（最重要）到 4（次要）的数值列表中选择一个。默认值为 2。
- 链接（Links）　使用链接关联一个、多个工作项或其他资源（生成制品、代码分支、提交、拉取请求、Git 标记、GitHub 提交、GitHub 问题、GitHub 拉取请求、测试制品、wiki 页面、超链接、文档和已进行版本管理的项）。例如，可能想将障碍链接到一个或多个已组织的任务上，或者与其他的障碍关联。
- 附件（Attachments）　添加描述任务详细信息的一个或多个文件。一些团队喜欢将说明、白板照片或者音频 / 视频记录作为附件添加到工作项。
- 历史（History）　Azure Boards 每次都会追踪工作项由哪个团队成员对哪些字段进行了修改。这个标签页显示了所有更改的历史记录。这些内容都是只读的。

障碍工作项可以设置为"打开"（Open）或"已关闭"（Closed）。当创建一个障碍时，状态为"打开"。当障碍已解决或已移除时，状态应该设置为"已关闭"，也可以在障碍移除后删除障碍工作项。

说明

障碍与任务看起来很相似，反之亦然。在其他过程中障碍称为问题（Issue），而 Basic 流程中的问题表示要完成的工作，这里看起来非常混乱。你的头脑要保持清晰，考虑一下障碍的简单定义：障碍就是任何阻碍你或者你的团队达成冲刺目标的事物。换句话来说，障碍工作项是用来跟踪阻塞工作完成的计划外情况，而任务工作项是用来表示在冲刺 Backlog 中已预测 PBI 和要达成的冲刺目标的开发计划。

通过配置可以将障碍显示在版块（Boards）上，也可以通过查询管理和跟踪障碍。团队管理员可以创建一个工作项类型为障碍，状态为"打开"，并基于优先级排序的共享查询。这个查询可以展示在仪表盘或者 wiki 页面中。

3.2.2　Scrum 工作项查询

通过工作项查询，可以查看和管理工作，运行适当的查询，得到由你或团队来负责的 PBI、任务、障碍、测试用例和其他工作项的列表。通过多种方式对这些条目进行过滤和排序，然后在结果列表中决定要对哪些条目进行操作。查询也可以用来批量更新工作项，例如产品负责人能查询出指定区域的 PBI，然后批量修改"业务价值"字段。

通过查询，可以实现如下功能。

- 评审哪些工作已计划，正在进行或者近期内完成
- 进行批量的更新，例如将新建的 PBI 批量指派给产品负责人
- 创建一个图表展示条目的计数和对字段进行求和
- 创建一个图表并添加到仪表盘中
- 查看以父子关系关联的工作项树形列表

说明

可以在 Microsoft Excel 或其他客户端中执行查询。当有很多工作项需要添加或修改时，Excel 可以帮助节省大量的时间。很简单，创建一个史诗故事、PBI、缺陷或者任务的平铺列表查询并在 Excel 中打开。首先必须安装（免费）Azure DevOps Office 集成插件才能在 Excel 中打开查询，这个插件支持 Microsoft Excel 2010 及以后版本，包括 Microsoft Office Excel 365。

当保存一个查询时，能够将其保存在"我的查询"（My Queries）或者保存到"共享查询"（Shared Queries）中（如果你有权限）。你可能已经猜想到了，位于"我的查询"中的查询只能自己查看和运行。你或者其他人保存到共享查询中的查询可

以被所有具备项目权限的人查看。查询可以通过文件夹目录进行组织，甚至将其添加到收藏夹。

这里有一些专业 Scrum 团队可能希望创建的查询。

- 打开的障碍　Scrum 团队，Scrum Master 尤其应该关注。
- 没有指派给产品负责人的 PBI　在 Scrum 中，产品负责人（不可以是其他人）拥有这些 PBI。也可以保留指派给为空。
- 新建、已批准的 PBI 并包含任务　在冲刺规划前创建任务是一种浪费。
- 没有验收条件的已批准 PBI　团队成员如何知道期望实现什么，或者开发应该什么时候完成？
- 设置为根区域的新建或已批准 PBI　这些条目是否真的跨区域，还是有人忘记设置区域？
- 已经在冲刺中的新建或已批准 PBI　要么是有人输入了错误的迭代，要么就是有人忘记设置状态。
- 已提交或已完成的未设置冲刺的 PBI　要么是有人忘记设置迭代，要么有人弄错了状态。
- 未链接到特性的 PBI　假设在使用特性，它可以帮你查看父级条目。
- 未链接到史诗故事的特性　假设在使用特性和史诗故事，它可以帮你查看父级条目。
- 没有与 PBI 链接的特性　假设在使用特性，它可以帮你查看没有子级的条目。
- 没有与特性链接的史诗故事　假设在使用史诗故事与特性，它可以帮你查看没有子级的条目。

还有下面这些适用于当前冲刺的附加查询。

- 没有任务的已提交 PBI　也许交付这些条目的计划确实简单，不需要分解任务。但看起来更加像是团队忘记创建一个计划，或者一个 PBI 在冲刺规划后就被偷偷地移到了冲刺中。
- 关联其他冲刺任务的已提交 PBI　这些 PBI 要么是从前一个部分未完成计划的冲刺中移过来的，要么迭代价值或者规划实践存在严重问题。
- 没有业务价值的已提交或已完成 PBI　产品负责人如何解释在某些事情上的投入是无价值的？这更加像是有人忘记输入业务价值。
- 没有工作量的已提交或已完成 PBI　这很简单，因为有人忘记了输入工作量。
- 没有验收条件的已提交或已完成 PBI　团队成员如何知道期望什么或者什么时候可以完成研发？

- 当前冲刺之外的待处理或正在进行的任务　看起来像是前一个冲刺没有被正确清理干净。
- 指派给团队成员的待处理任务　最好不要指派待处理任务，这样任何还有容量的团队成员都可以帮忙，这样做可以提高实现冲刺目标的机会。
- 没有剩余工作的待处理或正在进行的任务　假设团队有估算任务工时的工作协议，这个查询能帮助你掌握任务动向。
- 剩余工作大于 8 小时的待处理或正在进行的任务　假设团队达成任务不能超过 8 小时的工作协议，这个查询展示了有待分解的任务。
- 未链接到 PBI 的任务　不是所有冲刺 Backlog 中的工作都需要隶属于开发中的已预测 PBI，但是如果有游离的任务有可能是一个坏味道。
- 设置了活动的任务　假设采用此章节中的建议，并且认为此字段无任何价值，那么它可以帮助查看哪些任务意外地设置了活动。然后将此变成一个学习机会。
- 受阻任务　无论 Scrum 团队是使用"已阻止"字段，还是在标记中设置，或者两种都有，它能帮助你了解哪些任务被阻塞了。
- 没有指派给团队成员的正在进行的任务　谁在做这些工作？
- 同时有多个正在进行任务的团队成员　多任务并行就是个奢望，尝试这种做法会让大脑崩溃。当然，也有可能其中一个任务已经完成或者已阻止。
- 没有任务的团队成员　产品负责人和 Scrum Master 除外（除非他们也是开发人员），每个人都应该致力于解决冲刺 Backlog 中的工作。注意，别让这个查询变成某些人手中的武器。
- 剩余工作大于 0 的已完成任务　你是怎样完成剩余工作任务的？这可能就是一个疏忽。
- 拥有新建或正在进行任务的已完成 PBI　如果关联的任务没完成，那又怎么能完成 PBI 呢？

如果 Scrum 团队正在使用 Azure Test Plans，下面这些查询的建议，特别是与测试相关的，需要认真思考。

- 关联测试用例的新建或已批准 PBI　在冲刺规划前创建测试用例就是一种浪费。
- 没有关联测试用例的已提交 PBI　也许是通过其他方式进行验收，例如探索测试。
- 当前冲刺无测试计划　也许这个冲刺是特例或者不需要任何验收测试，但最有可能的是还没人创建测试计划。

- 没有关联到 PBI 的测试用例　在测试计划中的测试用例没有链接到一个或多个 PBI 的做法也意味着变味了。也许它是一个跨功能验收测试，但也可能是一个疏忽。

3.2.3　与 Scrum 指南差异

2010 年的北美新奥尔良，微软在举办的 TechEd 大会上推出了 Scrum 过程（最早是 Visual Studio Scrum 过程模板），它与《Scrum 指南》完全匹配。然而短短几年后，它们之间有了差异。《Scrum 指南》改进时，Scrum 过程模板并没有随之进行调整。例如，在 2014 年末，微软疯狂地对它所有的过程模板都添加了对规模化敏捷框架（SAFe）的支持，连我们热爱的 Scrum 过程模板都没有放过。虽然这样做很好地为用户提供了额外的 Backlog 分层功能，但它也增加了一些无关的字段。

同样，2014 年《Scrum 指南》从 Scrum.org 中迁移到无商业性的 ScrumGuides.org 上。与此同时，全球所有主要 Scrum 组织都认可它是官方的 Scrum 定义。遗憾的是，微软并不理会。虽然他们一直都有 Scrum 过程，但它不再与《Scrum 指南》相匹配，并且它也不再"恰如其分"。

说明

> 十多年来，一次又一次的调查都证实了敏捷仍然是最流行并且也是指导软件研发最成功的方法。相同的调查中也展示出 Scrum 成了使用最广的框架，在敏捷组织中大约占比 80% ~ 90%。考虑到这一点，微软应该将创建项目的默认过程设置为 Scrum，而之前就是这样做的。

多年来，专业 Scrum 社区一直与微软保持着紧密的关系，我们已经尽力避免 Scrum 过程与《Scrum 指南》产生过大差异。下面将展示当前两者的差别。

1. 工作项类型

Azure DevOps 提供了十几种工作项，大部分与计划和管理工作无关。因此，将只关注之前在 Scrum 过程部分列出的那些工作项类型。

- Bug　《Scrum 指南》根本就没有提到过缺陷。这是因为缺陷本来就是 PBI 的一个类型。令人困惑的是，Scrum 过程不仅包含 PBI，还包含 Bug 的工作项类型。在我看来，Bug 工作项类型存在的唯一原因就是诸如 Test & Feedback 扩展等工具能创建一个包含重现步骤和系统信息的特定的工作项，但这些信息也能在 PBI 的说明字段中跟踪。

- **史诗故事和特性**　再次强调，《Scrum 指南》中只提到了 PBI，其中并没有提到史诗故事与特性。微软在 2014 年为支持 SAFe 框架而特意添加了这些工作项类型。即使 Azure Boards 的这个分层结构可以设计成所有积压工作级别都使用 PBI 工作项类型，但专业 Scrum 团队已经习惯了分层的 Backlog。

2. Backlog 级别

正如之前提到的，微软为了支持规模化敏捷实践，引入了分层的 Backlog。如果在所有 Backlog 级别中都采用 PBI 工作项类型，那么就能与 Scrum 保持一致了。但微软并没这么做，结果就有了现在这个愚蠢的工作项类型术语组合：史诗故事、特性和 PBI。

如果组织和团队想要使用分层的 Backlog（我咨询过的大多数团队都是这样做的），那么也许微软可以将最低级别的 Backlog 重命名为"故事"（这是我看到过更广泛的术语）类似的名称。通过这种方法 Backlog 就更加清晰了，虽然这样的 Backlog 级别命名并不完全满足 Scrum，但更符合行业对于 PBI 类型命名的标准。你和你的组织可以根据需要，参考使用这个最低级别的条目。

3. PBI 工作项字段

多年来，微软对"恰如其分"的 PBI 工作项类型添加了许多新字段。在此节中，将带大家看一下 PBI 工作项类型包含的这些字段，并且给出我自己的专业 Scrum 意见，包括为什么使用一些字段会被认为是一种浪费。

- **指派给（Assigned To）**　听起来有很强的命令与控制的感觉。叫法和字段应该改为听起来像是自管理团队使用的一种工具，比如拥有者（Owned By）。此外，Azure DevOps 应该允许你标记项目的"产品负责人"，并将此字段的默认值设为产品负责人。
- **原因（Reason）**　对于 Scrum 过程，所有原因都是只读的，并且毫无用处。这个字段应该被移除或者从界面中隐藏。
- **迭代（Iteration）**　当添加 PBI 时应该默认设置为根级别节点。Scrum 团队直接将 PBI 添加到现有的冲刺中是罕见的。微软应该将团队默认迭代设置移除。
- **优先级（Priority）**　产品负责人不需要一个优先级字段，PBI 在已排序的产品 Backlog 中所处的位置就代表了其"优先级"。如果产品负责人想跟踪一个特殊 PBI 的优先级，那么使用业务价值字段（Business Value）能更好地表示业务优先级，所有 PBI 能以一个公共字段进行相互比较，并且可以使用一个公共的值范围，例如斐波那契。

- 工作量（Effort）　　引用了指定工时和经典项目管理的思想，应该使用更加抽象，并且适合复杂工作的值，例如斐波那契数组或者故事点。使用大小作为标签和字段名更好一些。

- 价值区域　　PBI 的价值有很多，远远超出了此下拉列表中的两个。另外，团队很少认为架构工作有价值。架构工作的交付价值是干系人所需的，但其本身的直观价值却很小。最好不要使用这个字段，以便所有条目有一个相同横向维度度量值。

- 业务价值（Business Value）　　以我之前所提到的进行推论，我认为价值（Value）应该是一个更好、更简洁的标签和字段名。

4. PBI 工作项工作流状态

2011 年《Scrum 指南》中最具争议的更新之一是，将在冲刺中所有被选定的工作的术语从"提交"（commit）改为"预测"（forecast）。在此更改之前，实践者们习惯说开发团队提交（commit）了 PBI，并且将在冲刺结束完成交付。Scrum 现在把这种选择和实践称为预测，因为它更好地反映了在复杂领域中进行复杂工作的现实情况。

好吧，你应该已经猜到，微软从来没有更新过 Scrum 过程。如图 3-15 所示，Scrum 社区不得继续使用工作流状态：已提交（Committed）。我希望能改为已预测（Forecasted），甚至是改为已计划（Planned）。

图 3-15　工作流状态 Committed（已提交），与《Scrum 指南》相悖的另一个实例

工作流状态的另一个小瑕疵就是"已批准"（Approved）。它还好，但"准备就绪"（Ready）更好一些。虽然"准备就绪"并不是 Scrum 官方术语，它只在老版本的《Scrum 指南》中提及："在一个冲刺中，对于已经在冲刺规划中选择的可以由开发团队在一个冲刺内完成的 PBI 可以被视为'准备就绪'（Ready）。"

3.3　过程定制

　　正如你所了解的，每个 Azure DevOps 项目都是基于一个过程来创建的，该过程确定了构建工作跟踪的模块。在开箱即用的系统过程中，Scrum 过程与《Scrum 指南》最为接近，但并不完全匹配。在过去 10 年中，两者已经存在一些差异。

　　幸运的是，可以定制 Scrum 过程，使其更符合《Scrum 指南》，甚至满足组织或团队自己的特定需求。要实现这个目标，首先要创建一个继承（inherited）过程，然后对其进行定制化改造。任何在继承过程中所做的修改都会应用到基于此过程创建的项目上。系统过程无法修改。

　　主要通过添加或修改工作项类型来定制过程。这个操作可以在门户网页的管理界面中完成。

　　过程定制的步骤如下所示。

- 创建一个继承过程　选择一个系统过程（例如 Scrum），然后基于它创建一个继承过程（比如 Professional Scrum）。
- 定制继承过程　添加或修改工作项类型、工作项字段、工作项状态工作流以及工作项 UI 界面。还可以修改 Backlog 级别设置。

说明

> 此部分针对继承过程模式，此模式在 Azure DevOps Services 和 Azure DevOps Server 均可用。旧版的 Team Foundation Server 实例使用 XML 过程模板，它为项目提供了定制工作跟踪对象和敏捷管理的工具。在旧模式下，则必须更新 XML 定义工作项类型、过程设置、类别等内容。私有部署的 XML 过程配置超出了本书的范围。

- 在项目上应用继承过程　使用继承过程创建一个新的项目，或者将已存在项目的过程修改为新建的继承过程。
- 刷新和验证　刷新门户页面，并查看工作项和 Backlog 的变化。

3.3.1　专业 Scrum 过程

　　如果你的组织或者团队关注《Scrum 指南》，并且希望解决它与系统自有 Scrum 过程间的差异，应该考虑按照本书的介绍创建一个自定义的、继承的专业 Scrum 过程。这样做完全是可选的，但是可能会给 Scrum 团队带来更好的体验。它还将帮助那些刚刚实践 Scrum 的组织和团队，在这些组织和团队中，精确的语言和术语对于建立新的思维模型非常重要。这在 Scrum 中至关重要。

在组织级别进行过程定制（对于本地部署的 Azure DevOps Server 在集合级别），能够基于任意的系统过程创建一个继承过程。

在创建了继承的专业 Scrum 过程并设置其为默认过程后，我禁用了 Bug 工作项类型。这样可以让 Scrum 团队在产品 Backlog 中，使用 PBI 工作项类型进行所有工作。如果团队需要的话，可以在 PBI 上添加 Bug 标记。

接下来，我更新了 PBI 工作项类型，做了如下更改。

- 在界面上隐藏优先级（Priority）和价值分类（Value Type）字段　我想移除这些字段，但在 Azure Boards 中不允许做这种定制。

- 将工作量（Effort）的标签修改为大小（Size）　我也可以在后台创建一个新的大小字段，但是我依然保留了工作量字段。

- 将业务价值（Business Value）标签修改为"价值"　也能在后台创建一个新字段，但依然保留业务价值字段。

- 将详细信息组重命名为"投资回报率"（ROI）　现在此组中只有两个字段与 ROI 有关。如果能包含一个计算 ROI 的字段就太棒了，但是此功能只能通过扩展实现。

接下来，我在工作流状态中添加了两个新状态：映射到"已建议"（Proposed）类别的"准备就绪"（Ready），和映射到"正在进行"（In-Progress）类别的"已预测"（Forecasted）。对于"新建状态（New）"，我保持了默认颜色设置。然后，我隐藏了"已批准"（Approved）和"已提交"（Committed）状态，使用刚刚创建的"准备就绪"（Ready）和"已预测"（Forecasted）替代。

对于使用史诗故事和特性工作项类型的组织和团队，可以通过类似的模板定制化来隐藏那些不使用的额外字段——例如优先级（Priority）、时间紧迫性（Time Criticality）、价值分类（Value Area），甚至是开始时间（Start Date）和目标时间（Target Date）。就像我在 PBI 工作项类型中所做一样，也能重命名标签和规范化工作流状态。

我也在任务工作项类型中将优先级（Priority）和活动（Activity）字段隐藏了。最后，我做的定制化就是将最低级别的 Backlog 从 Backlog items 重命名为"用户故事"（或者改成组织或团队希望称呼的名称）。保持 Backlog items 命名会让人十分困惑，因为实际上，所有的 Backlog 级别都包括 Backlog items。

在做出这些修改后，就可以基于专业 Scrum 过程创建项目了。如果已经有了一些项目，也能将其过程改为新建的专业 Scrum 过程。之后，如果对专业 Scrum 过程做了任何修改，所有基于此过程创建的项目都会立即随之变化。

3.3.2 其他定制化

除了使 Scrum 过程和《Scrum 指南》相匹配以外,组织和团队可能还想对工作项和 Backlog 做一些额外定制。以下是一些我从不同团队和其他顾问那里收集的例子。

- 在 PBI 工作项类型中添加一个团队字段,以显示哪个团队拥有它,而不是选择使用区域这样的花招。
- 在史诗故事 Backlog 级别上添加一个顶级级别,并在其中添加一个价值流(Value Stream)工作项类型。
- 在障碍(Impediment)工作项类型中添加"已计划的冲刺"(Planned Sprint)字段,以便在计划障碍(Impediment)将在哪个冲刺被解决时进行指定。系统迭代字段可以用来指定发现障碍的冲刺。
- 在障碍工作项类型(Impediment)中添加一个新的工作流状态,以便显示哪个改进现在"正在进行"(in-progress)。
- 添加一个改进(Improvement)工作项类型,以便计划和跟踪正在执行的任何改进实验。
- 在 PBI 工作项类型上添加一个"剩余工作"(Remaining Work)字段,以存储所有子项的"剩余工作"(Remaining Work)字段值的总和,需要外部自动化(如扩展)来进行汇总。
- 在 PBI 工作项类型的"说明"(Description)字段上添加"用户故事"(user story)描述格式的默认文本(作为一个 < 用户类型 >,我希望 < 目标 >,以便能 < 原因 >)。

提示

在进行任何定制化修改前,需要先使用既有的 Scrum 或者专业 Scrum 过程经历几个冲刺。我见过一些团队希望立即对项目进行修改,以便使其的样子和行为更加像之前的项目或文化。例如,在你读完这本书后希望放弃敏捷(Agile)过程项目,转而创建新的专业 Scrum 项目。不要立即在原来的项目上添加那些字段,例如,在任务(Task)工作项类型上添加"初始估计"(Original Estimate)和"已完成"(Completed)字段,从 Scrum 过程中移除这些字段是有原因的;跟踪初始估计和实际发生的工时通常就是浪费。在做任何改进前,要知道在做什么,为什么这样做,并且要权衡一下好处和潜在的浪费及错误。不要通过定制化来不经思考地改变 Scrum 规则!

- 在 PBI 工作项类型的"验收条件"（Acceptance Criteria）字段上添加默认文本，建议改为一个行为驱动开发格式 given-when-then（给定 - 当 - 那么），或者 given-when-then-fail（给定 - 当 - 那么 - 失败）格式。
- 添加一个假设（Hypothesis）工作类型，以支持假设驱动开发。

案例研究

Scrum 团队决定遵循本章的指导，创建和使用从 Scrum 过程继承的专业 Scrum 过程。他们将在已创建的 Fabrikam 项目中应用这个新的过程。这就是在接下来的章节中引用的过程。基于此，最好花些时间自己创建一个专业 Scrum 过程，以便能更好地学习。

术语回顾

本章介绍了以下关键术语。

1. 过程　创建项目时，需要选择一个过程。微软提供了一些开箱即用的过程，这些过程被称为系统过程。

2. Scrum 过程　微软和专业 Scrum 社区合作创建了一个以 Scrum 为核心的过程。

3. 工作项类型　虽然 Azure DevOps 有十几个工作项类型，包括一些隐藏类型，但是用来计划和管理工作的只有 PBI（Product Backlog Item）、缺陷（Bug）、史诗故事（Epic）、特性（Feature）、任务（Task）和障碍（Impediment）。任务和测试用例工作项应该在冲刺期间通过正在处理的 PBI 创建出来。

4. 查询　Scrum 团队可以创建和分享一些查询，通过其跟踪和管理 Scrum 开发工作。

5. 《Scrum 指南》偏差　多年来，《Scrum 指南》一直在演进，但是 Scrum 过程并没有。这个问题可以通过定制化继承过程来解决。

6. 继承过程　系统过程的一个子过程，可以通过结构化方法进行定制化，继承过程可以用来创建新的项目，也可以应用在现有的项目上。对继承过程的修改会立即显示在应用这些过程的项目上。

第 II 部分　实践专业 Scrum

在本书的这一部分，将开始展示如何有效地同时实践专业 Scrum 和 Azure DevOps。在深入之前，需要掌握对三个知识领域的基本理解：Scrum、Azure DevOps 和 Azure Board，这在前面部分的内容已经介绍过。在接下来的几章中，你将看到如何将三者结合在一起，以及团队如何优化他们的方法以保证通过可工作软件的方式交付业务价值。

从产品策划的讨论和活动开始，把我们来到第一个冲刺的开始。我把这些活动称为赛前活动，包括产品的设想、Azure DevOps 环境的配置、项目的建立、团队的组织和产品 Backlog 的梳理，以及为第一个冲刺做准备的所有赛前工作。正如大家所能想象的那样，比赛前期会有很多工作要做，也有很多事情让人分心。我们始终将重点专注于 Scrum 和 Azure DevOps 的交集，产品规划的复杂性可以参见其他书。

在这一部分中，将使用 Azure DevOps 中的相关工具来描述专业 Scrum 团队在冲刺中是如何工作的。有时，将专注于使用板来规划和跟踪冲刺，管理日常工作。深入探讨其他 Azure DevOps 服务，演示团队成员如何有效协作、最大化流动和确保产品质量。同时，将继续使用 Fabrikam Fiber 的案例研究来说明一个团队在面对多种可用的选项时应该如何抉择。

提示

> 高效率 Scrum 团队会认真对待"让团队来决定"这句话，他们不会滥用这句话。这些团队已经学会了如何在增加产品价值和减少过程中的浪费之间保持有效的平衡。简而言之，他们不会被诱人的功能所分心，而是采取实验的方法来面对任何新的工具或实践。

第4章　赛前准备

在橄榄球运动或其他专业性的运动开始之前，都需要做一些赛前准备：比如分析以往的比赛，拉赞助，获取干系人的建议，制定和澄清规则，选择比赛场地，商定比赛日程，组建球队以及确定球员位置。Scrum 开发模式同样需要有类似的准备阶段，从软件应用的愿景建立好之后直到团队开始第一个冲刺之前的这段时间都可以称作 Scrum 准备阶段。准备阶段不需要采用时间盒原则，同时也可以在准备阶段开始部分开发工作。

下面列出了很多需要在准备阶段执行的一些重要活动（排序不分先后）：

- 建立产品愿景、范围以及目标
- 确定发起人以及干系人
- 组建 Scrum 团队（产品负责人、Scrum Master 以及开发人员）
- 搭建软件开发环境（例如：搭建 Azure DevOps 初始化项目、搭建流水线代理、搭建应用部署环境等）
- 对团队成员进行 Scrum 培训
- 对团队成员进行 Azure DevOps 培训
- 对产品需求进行概要性定义
- 创建产品 Backlog 的初始版本

本章列出的一些活动事项，可能会被认为应该是实际执行阶段的任务而不是准备阶段应该做的。例如初始化 Azure DevOps 这个任务。一些 Scrum 团队可能倾向于将这些活动在实际的冲刺中（受时间盒控制的）与对应的产品负责人一起完成。我的考虑是，由于本章列出的大部分活动都是只需要配置一次并且必须要在使用 Azure DevOps 开发开始之前配置，所以索性将它们统一汇总到准备阶段中。

坏味道

> 团队花费大量的时间来配置 / 搭建环境，就表明变味了。开发人员不需要在第一个冲刺开始之前就把工具配置得尽善尽美。事实上，直到团队真正开始工作的时候他们才会知道真正需要的是什么。正如软件产品的演变一样，工具及其实践也将不断演进。如果团队一直拖延，不能开展新的开发工作，可以考虑在冲刺 1 中执行这些活动。时间盒原则将会迫使团队在冲刺内增加一个可工作的功能的同时，快速完成环境的配置。换句话说，他们的工具将勉强够用。

说明

《Scrum 指南》中并没有提出准备阶段的概念（有时也称为"冲刺 0"）。无论团队怎么命名它，它的定义就是团队还没有开始 Scrum 之前的一些工作，这里列出的大多数准备阶段的活动都超出了本章的范围，因此我会将重点放在与 Azure DevOps 环境初始化相关的一些活动上。

4.1　搭建开发环境

在 Scrum 团队开始使用 Azure Boards 践行 Scrum 之前，需要有人先初始化 Azure DevOps，对于云端版本的 Azure DevOps Service 来说，只需要注册一个微软的账号，创建组织并输入付款信息即可。对于本地私有化部署的 Azure DevOps Server 来说，这里就需要涉及系统的安装以及配置了。

在该部分中，假设你已经初始化好了 Azure DevOps Service 并且创建好了供团队使用的组织。同时，你也拥有组织所有者以及项目集合管理员的权限，可以满足 Scrum 团队的需求。这个管理员角色可能是你，如果不是的话，希望至少是团队中的某一位成员。以我的经验来看，这个管理员最好能有软件开发经验，如果还了解 Scrum 那就太棒了，但如果这位管理员仅仅有 IT 或者运维背景，那么请做好心理准备，后面可能会发生一些小摩擦。

提示

让一个 Scrum 团队成员同时做 Azure DevOps 的管理员并不是最佳的选择。Scrum 团队成员应该专注在构建出色的产品，而不是管理以及配置 DevOps 工具链。高效率的 Scrum 团队需要避免一切与"交付客户价值"无关的活动。

4.1.1　创建 Azure DevOps 组织

Azure DevOps 组织是用来组织和连接一组相关项目的机制（译者注：可以理解为逻辑组或者逻辑单元），组织可以按照业务部门、地域分布或者其他的组织架构等方式划分。整个公司可以使用一个 Azure DevOps 组织，也可以按照业务部门甚至是团队拆分为多个独立的 Azure DevOps 组织。换言之，企业的组织架构可以作为在 Azure DevOps 中需要创建多少组织的参考依据。

在使用 Azure DevOps Services 之前，组织中的某个人或团队需要在 Azure DevOps Service 中注册并创建一个 Azure DevOps 组织。可以使用 Azure Active Directory（AAD）、Microsoft Account （MSA）或者 GitHub 账号作为登录账号。如果没有这些账号的话，可以很方便地创建一个。即便组织还没有 AAD 服务，也可以很方便地在 Azure 门户上免费创建一个。但是在创建之前，建议与团队仔细确认这些账号，因为公司在使用 Azure 或者 Microsoft 365（早期的 Office 365 的前身）的时候应该已经拥有 AAD 账户了。

强烈建议选择 AAD 作为支撑 Azure DevOps Services 身份认证的方式，因为这样可以避免记忆各种 live.com、hotmail.com、outlook.com、Gmail 的账号来源，可以很方便地通过名字的方式直接选择或添加用户。连接到 AAD，将会映射组织中存在的 Azure DevOps 用户在 AAD 中他们对应的身份。

Azure DevOps Services 组织的名称将会作为用户访问域名的一部分，组织的 URL 格式为 https://dev.azure.com/{organization}。例如，我的组织名称为 Scrum，访问域名就是 https://dev.azure.com/scrum，所以，如果你的公司名称是 Fabrikam Fiber and Cable Management Limited，那么把这个名字精简为 Fabrikam 是一个不错的选择。与选择网站域名类似，建议找一个没有被占用的并且非常简单易记的组织名称。当然，如果觉得域名不够简洁好记，组织管理员可以随时更改组织的名称。

说明

在注册 Azure DevOps Services 的时候，系统已经为你创建了一个默认的团队项目集合。不同于私有化本地部署版的 Azure DevOps Server（或者早期的 Team Foundation Server），团队项目集合的概念已经从网址以及界面中抽离出来。换言之，不需要再关心这个概念。基于云端 Azure DevOps Services 的域名会更短，根本意识不到团队项目集合的存在。

对于大型企业来说，可以创建多个组织。例如 Fabrikam 公司可以分别创建 Fabrikam-Marketing（市场）、Fabrikam-Engineering（工程）和 Fabrikam-Sales（销售）。所有的组织同属于一个企业，但各个组织之间又相对比较独立。每一个组织都会有各自独立的域名、独立的用户以及独立的订阅。并非一定要为其配置这样的边界，但在特定情况下，这是必要且有意义的。

创建组织时，用户可以选择将其托管在 Azure 哪个区域的数据中心。可以根据所在地或者网络延迟情况选择一个合理的区域，也可以基于对数据存放地点的管控要求选择。如图 4-1 所示，Azure DevOps 会自动根据与微软 Azure 数据中心的距离选择一个默认区域。

图 4-1　为将要创建的 Azure DevOps 组织选择合适的区域

说明

Azure DevOps Services 会将数据存储到所选的 Azure 区域的数据中心，这些数据包括工作项、源代码以及测试结果等信息，Azure 所提供的地理冗余和异地备份也会存储在该区域内。实际上，Azure DevOps Services 对于一些全局类数据会采用全球化存储策略，比如用户身份以及用户信息会存储到美国的数据中心（对于美国用户）或者欧洲数据中心（对于欧洲用户），而其他国家的用户信息数据都会存储到美国数据中心。

4.1.2　访问授权

当使用最合适的名称以及最合理的区域创建好组织以后，就可以做一些其他的配置，以便团队、团队成员以及干系人可以访问此组织。这里涉及将他们添加为用户，指定他们对应的 AAD 或者 MSA 凭据，为用户选择许可类型，添加一个或多个项目的访问权限等等。还需要配置用于支付用户许可、自托管代理以及附加的流水线作业等其他服务的相关信息。

可以将以下类型的用户免费加入组织：

- 5 个基础用户（拥有基础特性使用权限）

- 无人数限制的 Visual Studio 订阅者用户（这些用户可以使用基础功能，或者基础＋测试管理功能，甚至更多的并行流水线作业）
- 无人数限制的干系人用户（拥有干系人相关权限）

不在以上用户列表范围内的用户则必须要为他们单独购买"基础"或者"基础＋测试"用户许可。你可以使用基于用户分配模式的方式（对用户分配特定类型的访问级别）来支付账单。这样一旦移除了用户，Azure DevOps Services 就会停止计费。你也可以将组织设置为默认使用干系人的访问授权模式，这样一旦添加的用户数量超过了可用的许可数量，则会自动将新用户分配为免费的干系人许可级别。采用这种方式就不会产生某些用户无法分配到访问许可的问题，每个新用户至少可以访问到 Azure DevOps 的某些功能。如图 4-2 所示，可以看到用户许可的分配情况。

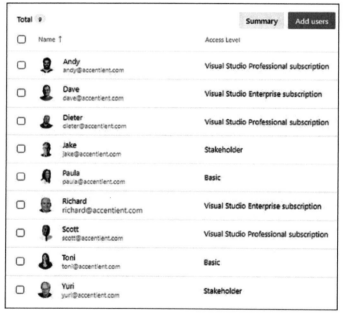

图 4-2　可以在团队组织上添加用户并为用户分配对应的授权许可

提示

> 尽管可以直接在组织级别添加用户，但其实在项目创建完成后再添加用户会更有意义，因为在项目级别能够以角色的方式添加用户。实际上，很多与 Scrum 团队相关的有趣配置都是在项目级别完成的，详见后文描述。

用户必须在购买"基础"或者"基础＋测试"用户许可或其他付费服务之前配置好付款信息。所有的 Azure DevOps Services 账单都是通过 Azure 云整体计费，因此你需要为组织配置并关联一个 Azure 云订阅。即使你可能从来没有使用过 Azure 云或其他的 Azure 云服务，但这就是 Azure DevOps Services 的计费机制。支付的方式可以是信用卡、企业协议、云解决方案提供商或其他模式。Azure 云账单是按照月度来进行结算的。你除了拥有 Azure DevOps Services 的组织所有者或者集合管理员权限，也必须分配为 Azure 云订阅的所有者或者参与者权限，以便可以查看以及使用账单信息。

微软提供了多组织账单的支付方式，这样对于一个用户同时属于多个组织的情况则可以统一支付。对于多组织账单来说，就是将用户按照订阅级别的模式进行计费，所以多个组织必须共用同一个 Azure 订阅才可共同计费。

可以通过 Azure 云费用计算器来预测 Azure DevOps 每个月的费用消耗情况。这样可以帮助管理人员理解费用明细以及帮助他们做预算决策。云费用计算器访问地址：https://azure.microsoft.com/pricing/calculator。

多组织的账单模式并非适用于所有的客户，例如每个组织都会提供 5 个免费基础用户，这是 Azure 云订阅级别的计费而不是组织级别的计费。如果大部分用户只访问一个组织，那么 5 个免费用户会更划算。但如果大部分用户都访问多个组织，那么多组织账单计费将会是更好的选择。

当我看到仅仅为一个专业软件开发团队的成员分配干系人级别的授权，这就是一个坏味道。虽然对于某些干系人来说确实够用，但是我认为每个 Scrum 团队的成员都应该至少使用"基本"授权级别，当然最好能够使用"基础＋测试"级别的授权。干系人级别的授权是免费的，这确实很诱人，但这样做会大大限制成员了解团队的状态和进展的能力。

4.1.3　其他组织级配置

团队组织的创建以及账单的配置是初始化 Azure DevOps Services 的主要事项，当然还有一些其他需要持续处理的事项，比如当团队成员加入或者离开项目，又或者新的干系人需要访问授权等情况。

以下列出了一些与 Azure DevOps 环境初始化相关的其他配置项以及管理事项。

- 审计　导入、导出以及过滤发生在组织里的所有审计日志。当用户或者服务账号编辑或修改对象状态时会记录相应的日志（比如修改权限，删除资源，修改分支策略，等等）。

- 全局通知　通过配置默认订阅以及订阅者等配置，来启用整个组织级别的通知提醒。
- 用量统计　对你自己或者其他人的使用场景进行分析，针对高用量的场景进行查询和分析。
- 扩展和插件　针对各种扩展和插件的安装情况、安装请求或者共享情况进行查看和管理。会在后续章节详细讨论扩展和插件的话题。
- 安全—策略　针对应用连接，安全性和用户策略进行查看和管理。
- 安全—权限　针对组织级别的安全组和权限进行查看和管理，比如确定哪些用户可以使用组织或者集合级别的管理权限。

提示

> 创建 Azure DevOps 组织的用户默认会被指定为组织的所有者，并且自动添加到项目集合管理员的权限组里，而且此权限是无法移除的。但是组织所有者是可以变更的，所以为了避免丢失管理员权限的风险，应该添加一个额外的用户到项目集合管理员权限组里。这样当角色或职责发生变更时，可以方便地切换组织所有者。

- Boards—进程　针对系统过程模板和继承的过程模板查看和管理。第 3 章将覆盖到此部分内容。
- Pipelines—代理池　针对代理池进行查看和管理，比如，决定如何在组织范围内通过逻辑组（代理池）来管理一个或多个代理。
- Pipelines—设置　针对流水线的各种设置进行查看，打开或者关闭特定配置项，比如，控制哪些变量可以在流水线排队启动的时候进行赋值操作。
- Pipelines—部署池　管理以及查看部署池，部署池是包含一个或多个部署目标的逻辑组。比如，测试环境中的多台服务器。
- Pipelines—并行作业　管理以及查看正在进行中的作业数量以及最大可用并行作业数量。

说明

> 一个并发作业配额允许同时运行一个独立的作业。微软云托管的配额和自托管的配额是独立的。免费套餐包含了一个云托管的并发作业配额和一个自托管的并发作业配额（无小时数限制）。如果需要更多的云托管或者自托管配额，都需要单独付费。

- Pipelines—OAuth 配置　管理以及查看基于 OAuth 服务连接的第三方服务，
  比如 GihHub、GitHub Enterprise Server 以及 Bitbucket 云服务等。
- Artifacts—存储　管理以及查看流水线制品的使用量以及 Azure 制品库的存
  储量。

4.1.4　Azure DevOps 插件市场

　　微软其实很早就意识到了完全依靠自己的力量来满足社区对于 Azure DevOps 功能和定制化的需求是不可能的，因此在微软内部一直都有一些小组在创建一些工具并通过博客分享给社区免费下载。甚至微软研究院也开发了一些工具，其中的一些已经被集成到 Visual Studio 企业版中。还有 CodePlex 和 GitHub，他们都是非常出色的分享开源插件和扩展的途径。以上这些其实都很有帮助，但是确实一直缺少一个类似 Visual Studio 插件库的专门服务于 Azure DevOps 的插件市场。

　　在看到了 Eclipse 插件市场以及大量应用商店取得成功之后，微软也决定提供一个类似的插件平台。在 2015 年 11 月的 Connect 大会上，微软发布了 Visual Studio 插件市场用来替代早期的 Visual Studio 插件库。同时也发布了 Visual Studio Team Service 的插件市场，并在 2016 年春天开始支持 Team Foundation Service 本地私有部署版的插件。从此以后，在这个统一的插件市场平台上陆续看到了来自微软、微软合作伙伴以及社区的大量优秀插件。

　　如今 Azure DevOps 插件市场提供的插件数量已经迅速增长至超过 1200 个插件，涉及各类服务：Azure Artifacts、Azure Boards、Azure Pipelines、Azure Repos 和 Azure Test Plans。可以根据云端版本 Azure DevOps Service 或者本地部署版本 Azure DevOps Server 进行插件搜索，或者通过其他条件搜索，比如价格以及认证情况。举个例子，图 4-3 展示了插件市场上根据安装数量排序的 Azure Board 类第一页的插件列表。

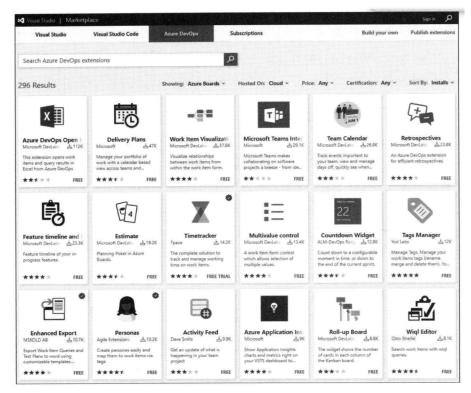

图 4-3   Azure DevOps 插件市场上拥有很多优秀的 Azure Board 插件

专业 Scrum 团队必备插件

一个 Scrum 团队最终要使用哪些插件呢？这应该由团队自行决定。本着实验、检视和适应的精神，团队应该自行决定安装和评估一个插件，并至少使用 1 到 3 轮冲刺，这样团队才能对插件的价值做出判断。在下一轮冲刺的回顾会议上，团队应该分享他们的感受并决定是否要继续使用这个插件，改进具体的使用方式或者干脆卸载掉。虽然我们这里主要讨论的是插件，但这个做法其实适用于任何 Scrum 团队需要引入的工具和实践。

通过过去几年的培训、咨询以及担任 Scrum 团队教练的经验，我汇总了一些经过证实的比较有价值的插件。并不是说你就可以直接使用提供的这些插件了，因为你有可能会认为它们对于你来说没有那么好用，你可能会找到一些你认为对于团队更好用的插件。这都没有关系，只需要确保能正视插件的价值以及合理地使用插件就可以了。

下面列出部分经过证实对可视化以及管理 Scrum 工作比较有价值的插件（排序不分先后）。

- Azure DevOps Open In Excel　在 Azure DevOps 平台中以 Excel 的方式打开工作项以及工作项查询结果，需要安装 Excel 以及 Azure DevOps Office 集成插件。
- CatLight　通过系统通知的方式提醒开发人员相关事项，比如拉取请求、构建、缺陷以及任务等。
- Decompose　允许快速地将工作项从史诗故事拆解到特性、特性拆解到 PBI、PBI 拆解到任务。使用快捷键可以快速地调整工作项的层级结构，比如提升一个层级或降低一个层级，请参考图 4-4。

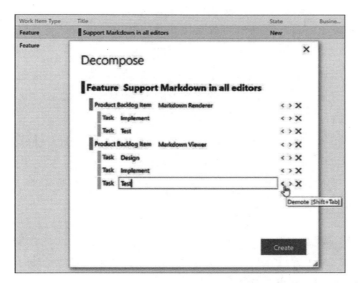

图 4-4　使用 Decompose 插件快速完成工作项层级结构的创建

- Definition of Done　此扩展可以查看以及修改团队的 DoD 标准。可视化每一条 PBI 的 DoD 标准，甚至将此标准作为工作项状态变更为 Done 的前置确认条件。
- Feature timeline and Epic Roadmap　此扩展提供可视化的冲刺日历视图方便团队计划或者跟踪正在进行中的工作项。允许团队以可视化方式来管理跨冲刺的组合 Backlog（史诗以及特性）。微软将不会继续维护此扩展，特别是在 Delivery Plan2.0 扩展发布以后。

- **Product Vision**   通过此扩展产品负责人可以轻松地设置产品愿景并开放给团队成员以及干系人查看。
- **Retrospectives**   通过此扩展可以对迭代回顾会议中获取的反馈进行收集、归类、投票以及可视化展示。
- **SpecMap**   通过此扩展团队可以直接通过 Azure Boards 中的工作项创建有趣的故事地图，方便团队使用故事地图可视化用户旅程、梳理 PBI 以及计划发布。
- **Sprint Goal**   通过此扩展 Scrum 团队可以在冲刺界面中配置以及查看迭代目标。
- **Tags Manager**   通过此扩展团队可以在统一的界面管理工作项标签（例如查看、重命名、合并、删除工作项标签）。
- **Team Calendar**   通过此扩展可以跟踪团队内的重要活动，管理以及查看休息日，快速查看冲刺的开始结束日期等。
- **ActionableAgile Analytics**   此扩展可以帮助团队从多个方面进行团队研发流程的分析以及展示。基于团队自身的数据预测特定产品 Backlog 的完成时间、发布时间以及发布中包含的 PBI。
- **Test & Feedback**   此浏览器扩展支持执行手工或者探索性测试。扩展支持捕获注释、标注截屏、录制屏幕、记录用户操作行为（以图片日志的方式）、记录页面加载数据以及其他系统信息。这些丰富的数据可以与现有的问题、任务和反馈等工作项关联。

说明

> 只有组织所有者以及项目集合管理员可以安装扩展。团队成员如果没有对应的权限可以通过发起扩展请求的方式进行安装。只有组织参与者才能发起扩展请求。在扩展页面的"已请求"页签可以查看以及跟踪团队成员发起的扩展请求。管理员可以通过批准扩展安装请求来完成扩展的安装。这里希望团队尽可能地最小化请求到审批的时间，因为通过这个过程其实可以反映出组织是否足够敏捷。

前面主要列出了与 Azure Boards 以及 Azure Test Plans 相关的扩展，其实还有很多其他可用扩展。并不是说 Scrum 团队不需要使用其他类别的扩展，只是想让大家将焦点放在与管理跟踪工作相关的扩展上，而不是那些与开发或者工程实践相关的扩展。

案例研究

> Scrum 团队综合考虑了插件市场上很多的扩展并且希望安装并使用本小节里提到的一些扩展。由于 Scott（Scrum Master）已经是项目集合管理员，所以他可以及时地安装并配置这些扩展。

4.2 产品开发配置

本部分探索了一些需要在 Azure DevOps 上进行的与软件产品开发配置相关的活动。有一些活动事项是一次性的，有一些则是随着项目推进持续进行的，比如区域以及迭代的配置。在继续下一步之前，我们假设下列活动事项已经完成。

- 产品已经有明确的目标以及干系人。
- Scrum 团队已经组建完毕并且有明确的职责划分。
- 团队成员拥有公司的 AAD 账户或者微软账户。
- 基于 AAD 身份认证的 Azure DevOps Services 组织已经创建好，并且完成了付款信息的配置。
- 已经为团队成员购买好适当的用户许可。
- 已经安装好所需的 Azure DevOps 扩展。
- 已经安装好所需的客户端软件，例如 Visual Studio、Visual Studio Code 以及 Microsoft Office。

4.2.1 创建项目

Azure DevOps 项目是一个管理软件产品开发生命周期的容器。所有的工作项、源代码以及其他版本控制的制品、测试用例、测试结果、流水线、构建和发布都存储在项目里。技术地说，最终都会存储到 Azure SQL 数据库表或 Blob 存储里。从 Scrum 的视角来看，Azure DevOps 项目代表某个正在开发的产品以及存储产品开发过程中持续产生的产品 Backlog、冲刺 Backlog、源代码和测试相关数据的容器。项目里还包含查询、图表以及其他可以帮助团队评估工作进度以及质量的可视化视图。

说明

> 你可能已经注意到我并没有使用"团队项目"而是直接使用"项目"，不管基于什么原因，"团队"这个前缀在过去几年的时间里已经逐步消失。你仍然可以在一些产品以及文档里看到"团队项目"以及"团队项目集合"，但在大部分情况下，我们可以忽略掉"团队"这个前缀。如果你发现原因，记得通知我。

　　可以通过"组织设置"里的"项目"页面创建新的项目。创建项目需要提供项目名称、描述、可访问性、版本控制系统类型和工作项过程类型。如图 4-5 所示，默认情况下只有组织所有者以及项目集合管理员可以创建新的项目。

图 4-5　使用自定义过程模板 Professional Scrum 创建项目 Fabrikam

　　项目的名称应该尽量简短并且与所开发的产品相关。名称中不需要包含版本、发布、冲刺、团队、特性集、区域或者组件。所有的这些内容都可以在项目内使用区域、迭代、团队和代码仓库进行跟踪。例如，如果创建一个项目用来计划以及跟踪 Fabrikam 应用的开发过程，将考虑将项目命名为 Fabrikam，而不是 FabrikamV1、FabrikamBeta、FabrikamSprint1、FabrikamDev 和 FabrikamWeb 等名称。

　　项目的创建比较简单，但是项目规划是一个复杂的过程。必须要了解团队将要开发的这个大型产品是一个什么样的产品以及组件。如果产品有名字可以使用产品名称来命名项目。如果产品还没有名字或者有一个类似于"依赖于金融伙伴 Web 服务的 Web 应用"的名字，需要先给产品起一个真实的名字，这是产品化的第一步。这听起来有点琐碎，但拥有一个清晰且有意义的产品名称可以让我们更关注于应该做的事情而不是软件的运转方式。如果比较迷茫，可以参考维基百科提供的虚拟计算机名称来找一些灵感：https://en.wikipedia.org/wiki/List_of_ fictional_computers。

坏味道

> 如果开发人员还不知道正在开发的产品的名字或者产品本身没有名字，这是一种坏味道。又或者说开发人员根本不关心产品的名字，不管以上哪种情况，这都是一种缺乏"产品思维"的想法。如果想要成功地践行 Scrum 开发模式，这种想法必须转变。Scrum Master 以及产品负责人会逐步帮助团队改变这种思维模式。

4.2.2　如何决定需要多少个项目

答案几乎都是一个，正如下面的解释：

Azure DevOps 项目的范围取决于所开发的软件产品、相关的组件、开发人员的数量以及开发人员是否都专注于同一个软件产品的开发。开发人员包括所有涉及产品分析、设计、编码、测试、部署、运维和其他能够帮助到 PBI 完成的任何人员。一个不超过 10 人的 Scrum 团队并且整个团队专注于单个产品的开发工作是最理想的团队组建方式。这就需要一个项目既要支持产品 Backlog 管理又要支持工程相关的事项，例如代码仓库、流水线以及镜像源等。

遗憾的是，这并不常见。我遇到的更多是一些超小型的团队、超大型的团队或者需要在多个产品以及领域中频繁切换的团队。好消息是 Azure DevOps 可以支持以上所有的场景。

对于只有一两个开发人员的微型团队来说没有必要实践 Scrum，但是依然可以使用 Azure DevOps 管理项目。我希望他们可以充分利用产品 Backlog（即 Product Backlog）所提供的能力，但是没有必要在冲刺中进行任务的计划以及跟踪。对于 10 个或 10 个以上开发人员的中大型团队来说，通常希望拆解成合适大小的 Scrum 团队并且遵循 Scrum 的规范来提高效率。Azure DevOps 同时也能支持多个 Scrum 团队在同一个项目里进行项目管理。表 4-1 展示了详情。

表 4-1　基于团队以及产品的 Azure Devops 项目使用规划

开发人员（人）	产品（个）	Azure DevOps 项目（个）	说明
1 ～ 2	1	1	• 不使用 Scrum • 使用 Backlog 进行需求管理
	多于 1	1	• 不使用 Scrum • 使用统一 Backlog 视图进行多个产品的需求管理 • 可以使用独立的代码仓库以及流水线
3 ～ 9	1 多于 1	1 1	• 理想的 Scrum 团队 • 使用 Scrum • 使用统一 Backlog 视图进行多个产品的需求管理 • 可以使用独立的代码仓库以及流水线
10 ～ 18	1	1	• 2 个 Scrum 团队 • 使用统一 Backlog 视图进行多个产品的需求管理，按照团队进行分区 • 可以使用独立的代码仓库以及流水线
10 以上	多于 1	多于或等于 1	• 每一个 Scrum 团队可以负责部分产品工作，其他部分参考上方内容 • 可能需要重新对产品进行定义
19 以上	1	1	• 理想的 Nexus 规模化 Scrum 框架

　　我见到过 80 人以上的研发团队使用一个 Azure DevOps 团队项目的单一 Backlog 管理需求。虽然这种情况下，团队必须借助区域路径来区分不同子团队的工作项、通过特殊命名的方式来区分代码库和流水线，这些都增加了操作的复杂度。但无论如何，借助这些能力，即使对于那些不得不同时开发或支持多个产品的开发人员来说，使用一个 Azure DevOps 团队项目并使用单一的 Backlog 管理工作计划以及优先级排序都是可行的。

　　我作为咨询顾问的角色帮助过某组织导入 Scrum。这个组织有很多产品经理，每个人都在争抢团队资源。不言而喻，工作永远满满的，而且总是变化，优先级也总是调整，进而导致专注度极低，一度陷入混沌状态。曾有一个产品经理想要改善他们系统的一些问题并找到 IT 主管咨询交付时间，IT 主管做了一些概要性的分析后提供了一个粗略的评估，并告知产品经理大约会在 9 个月以后开始，开始后大约 1 个月内就可以完成。这让产品经理非常不爽，便提出团队能否早点开始开发他们的需求并在其他任务间隙开发它的特性。IT 主管则如此霸气回应："我们可以这样做，但这可能一共需要耗费 12 个月的时间才能完成你的需求，而且工作的质量可能不会让你满意。"

Scott 基于自定义的继承式过程模板 Professional Scrum process 创建了一个名为 Fabrikam 的 Azure DevOps 私有团队项目并选择使用 Git 作为版本控制系统。

如果开发组织是分散的而且不容易调整，不用担心，Azure DevOps 可以支持任何非常规流程。对于小型团队必须服从大量产品，并以优先级和按时交付的方式的情况，建议他们了解下看板。看板是一种注重快速交付的软件开发模式。通过看板，开发人员可以通过使用可视化板查看在制品的进度情况，并按照有序的队列进行拉动式生产。同时看板可以更好地支持计划外工作。

这个 IT 主管刚刚的描述就是"利特尔定律"的基本结果，对于给定的流程，通常来说在给定时间（平均而言），做的事情越多，每个事情花费的平均时间会越长（平均而言）。IT 主管意识到产品经理以及组织都有些异想天开，他们天真地认为团队可以高效地并行在多个事务上工作；只要组织需要，就能够以不可持续的节奏完成工作；并且能够对未知的复杂问题给出精确的估算。最终，IT 主管成了产品负责人，并按照团队专注的方式进行工作的协调以及安排，让团队可以集中精力将时间花费在产品负责人决定的最重要的工作上，而不是管理层来决定。

4.2.3　添加项目成员

项目创建完成后，默认只有项目的创建者会被自动添加为项目组成员，还需要将其他的项目组成员添加到此项目中。在组织的用户界面可以一步完成新的 Azure DevOps 用户的添加操作。对于已经存在的用户，项目管理员（例如项目的创建人）可以直接将他们添加到项目成员中。

在权限界面可以将项目成员添加并分配到内置的权限组，图 4-6 列出了这些权限组。也可以将成员添加到团队里（团队也是权限组的成员），团队的概念会在后面介绍。对于首次添加的 Azure DevOps 用户，需要首先将他们添加到组织用户中。

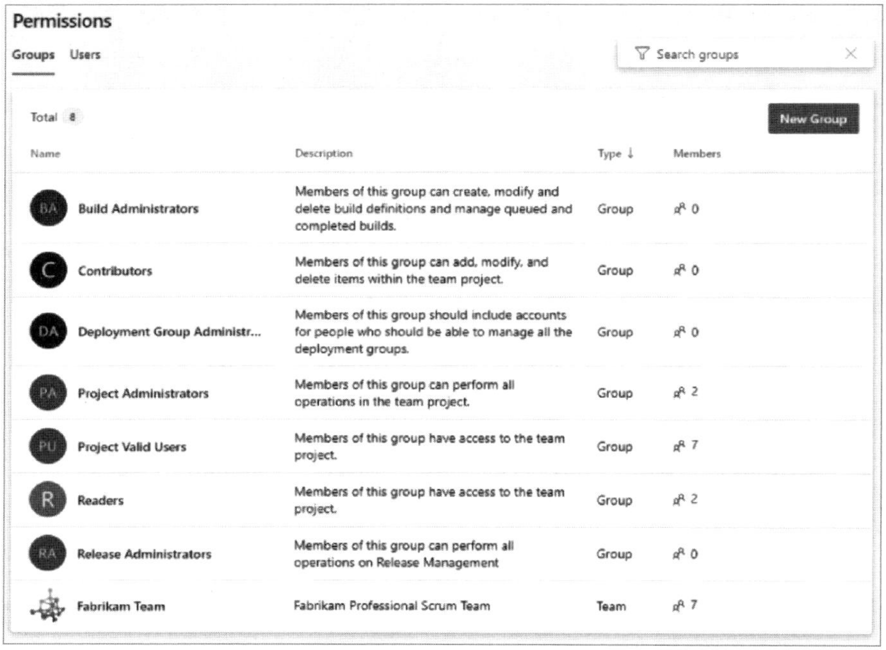

图 4-6　权限界面展示了 Fabrikam 项目下的权限组

项目默认包含了一些项目级的权限组，每个权限组都有默认的权限配置。这些权限组在项目创建后就已经存在了，除了项目创建人已经在项目管理员以及项目有效用户这两个权限组里，其他权限组里还没有用户。项目创建人本身也是项目集合管理员。项目管理员需要决定哪些成员需要访问这个项目并为其分配相应的权限。

内置权限组的详细介绍如下。

- 生成管理员　此权限组的成员可以管理当前项目的构建资源以及构建权限，同时也支持测试配置 / 环境的管理、创建测试运行以及管理构建。
- 参与者　此权限组的成员具有工作项、代码和流水线等功能的参与权限，但是参与者没有管理资源的权限。
- 部署组管理员　此权限组的用户可以管理部署组以及代理。
- 项目管理员　此权限组的用户可以管理项目以及团队相关的所有事务。
- 项目有效用户　此组包含了项目内的所有组以及用户。可以直接调整组成员身份。
- 读取器　此权限组的用户可以查看项目信息、工作项、代码以及其他相关工件，但是没有修改权限。

- 发布管理员　此权限组的用户可以管理所有发布相关配置。
- <项目 > 团队　项目默认提供的团队也可以认为是一个权限组。团队与其他权限组一样也具备成员身份管理以及分配权限的能力，详见后文对团队的进一步讨论。

> Scott 完成 Fabrikam 项目的创建后，将默认的 Fabrikam 团队组添加到了项目管理员权限组，并将 Fabrikam 团队从参与者权限组里移除。然后再将 Scrum 团队成员都添加到了 Fabrikam 团队，随后将两名干系人（Jack 和 Yuri）添加到了读取器权限组里。团队会在接下来的冲刺回顾会议中讨论是否需要针对团队成员或者干系人进行权限调整。

　　根据微软的产品设计和文档，显然首选是将所有 Scrum 团队成员（包括产品负责人以及 Scrum Master）都添加到参与者权限组，干系人添加到只读者权限组，并且添加几个成员到项目管理员权限组。尽管我承认这样做没有什么问题，但是我认为这样可能会导致冲刺开发中会遇到一些障碍。例如：如果项目管理员不在或者没空，团队成员就无法创建工作项区域、共享查询以及添加其他团队成员。这听起来微不足道，但这会造成冲刺过程中产生大量的损耗。

　　我相信，如果团队对工具都很熟悉并且团队之间彼此也很信任，那么可以把所有成员都添加为项目管理员。这也是 Scrum 团队自管理质量的象征。可以通过将团队（例如 Fabrikam Team）添加为项目管理员权限组的成员，并将团队从参与者权限组中移除来很容易地做到这一点。可以参考图 4-7。

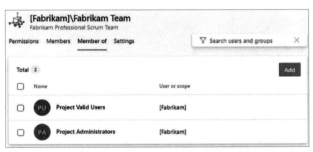

图 4-7　将 Fabrikam 团队添加为项目管理员权限组的成员

团队

　　团队类似于权限组，但是团队增强了使用 Azure Board 敏捷规划工具时的能力。可以通过组或者团队将参与产品相似领域工作的团队成员们组织在一起。团队与权限组的不同之处就是团队允许成员可以访问和使用敏捷规划工具，来定义和管理产品 Backlog、看板、冲刺 Backlog 以及任务板。默认情况下，一个新建的团队与参与者权限组的权限是一样的。

　　项目创建完成后（例如 Fabrikam）会创建一个默认与项目名称同名的团队。可以将团队成员添加到这个团队中，在不需要做任何配置的情况下，可以直接使用 Azure DevOps 提供的敏捷规划功能。在规模化产品开发的场景下，比如 Nexus Scaled Scrum 框架，项目管理员可以创建多个团队并可以给不同的团队配置不同的产品 Backlog 视图。第 11 章将详细介绍规模化专业 Scrum 开发。

　　Azure DevOps 允许一个用户归属于多个团队，但建议尽量避免这样设置。团队成员通常很少属于多个 Scrum 团队，特别是对于同一个产品。如果一个团队成员是多个团队共享的，那么这可能是有意义的，但还是需要再三考虑是否有必要这样。从承诺和专注的角度考虑，忽略 Azure DevOps 是否支持这个功能。让一个成员在多个团队以及不同环境中频繁切换真的能达到最高的时间效益吗？第 8 章将进一步讨论高效协作。或许应该在下一轮冲刺回顾会议中考虑其他的替代方案。无需将产品负责人以及 Scrum Master 同时添加到多个团队，因为默认团队已经实现了你想达到的目的了，默认团队的成员可以看到整个产品 Backlog 里的所有内容。第 11 章将进一步介绍这些内容。

说明

当创建团队的时候，Azure DevOps 会自动创建一个与团队名称同名的区域路径。这样一来团队与区域路径就建立了强关联关系，如图 4-8 所示。可以取消选中"Create An Area Path With The Name Of The Team"（使用团队名称创建区域路径）复选框来避免创建区域路径。但需要注意的是，更改团队的名称不会自动更改区域路径的名称，所以必须手工更新。默认的团队区域路径是团队管理以及查看所有产品 Backlog 的根路径。

图 4-8　创建团队时可以创建对应的区域路径

团队创建完成后可以为团队指定迭代（冲刺）以及区域。团队选择的迭代将会以冲刺的形式显示在 Backlog 中，以便进行预测以及计划。团队指定的区域决定了哪些工作项可以在团队 Backlog 显示。团队可以设置一个默认区域路径，这样一来，之后创建的工作项将会自动创建到默认的区域路径下。

团队的创建者会自动分配为团队管理员。团队管理员可以管理团队、团队成员以及配置敏捷工具。团队管理员可对团队进行配置、定制以及管理与团队相关的活动事项。为了保障每一个团队至少有一个团队管理员，在移除团队管理员之前必须添加另一位团队管理员。

下面列出团队管理员可以执行的一些相关事项：

- 创建以及管理团队通知
- 选择团队区域路径
- 选择团队冲刺
- 配置团队 Backlog
- 定制看板
- 管理团队仪表盘
- 配置休息日
- 在 Backlog 以及看板上展示缺陷

案例研究

为了进一步避免障碍以及加强自管理，Scott 为 Scrum 团队的每一位成员都分配了项目管理员以及 Fabrikam 团队的管理员权限，如图 4-9 所示。在接下来的冲刺回顾会议中团队将会讨论是否需要对团队成员以及干系人的权限级别进行适当调整。

图 4-9　Fabrikam Scrum 团队中的每一位团队成员都配置为团队管理员

说明

项目管理员以及团队管理员两者很容易让人产生困惑，项目管理员是拥有一系列权限的权限组，团队管理员是被指派的用于管理团队相关资产的角色。可以同时为一个成员分配团队管理员以及项目管理员角色，正如上面建议的可以把 Scrum 团队的每一位成员都设置为项目管理员。

4.2.4 项目其他配置

Azure DevOps 的项目创建、权限配置以及成员添加是初始化项目最重要的步骤。有一些活动是需要随着项目进行而持续进行的，比如成员的加入、离开或者新的干系人需要访问授权。然而如非必要，不应该去调整组和权限。还有一些与项目初始化相关的其他配置管理等事务。

下面列出一些与初始化项目相关的其他配置管理活动。

- Azure DevOps 服务　默认情况下 Azure DevOps 所有的服务（Boards、Repos、Pipelines、Test Plans 和 Artifacts）都是启用状态。项目管理员可以根据开发工作的实际需求情况禁用或者重新启用某些服务。
- 通知　通过启用或禁用订阅控制项目级别通知，添加新的订阅或者更改发送设置。
- 服务挂钩　管理以及查看 Azure DevOps 与微软其他服务或第三方服务的集成，比如 App Center、Azure、Teams、Microsoft 365 或 UserVoice.
- Boards—项目配置　管理以及查看项目迭代（冲刺）、区域。图 4-10 展示了当前项目的冲刺配置，图 4-11 展示了当前项目的区域配置。由于当前项目只有一个名为 Fabrikam 的团队，团队会使用所有的迭代和区域。

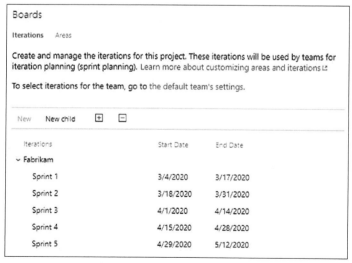

图 4-10　已经创建好了前 5 个冲刺，每个冲刺的时间周期为 2 周

- Boards – 团队配置　管理查看以及配置团队积压工作使用方式、工作日、Bug 使用方式、迭代、区域以及模板。

- Boards—GitHub 连接　管理以及配置 GitHub 与 Azure Boards 的集成。
- Repos—存储库　管理以及查看项目内的存储库权限、配置选项以及配置策略。

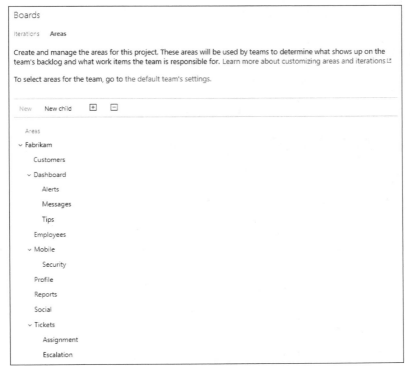

图 4-11　区域路径反映的是产品的逻辑区域或者功能区域

- Repos—跨存储库策略　管理以及配置与特定模式匹配的所有分支对应的拉取请求完成要求。
- Pipelines—代理池　管理以及查看项目内的代理池，代理池是一个包含一个或多个构建、发布流水线代理的逻辑组。
- Pipelines—并行作业　管理以及查看正在进行的作业数量以及并行作业的最大可用数量。
- Pipelines—设置　启用或者禁用各类流水线配置，例如"限制可在排队时间设置的变量"以及配置管道保留策略。
- Pipelines—测试管理　管理以及查看 Flaky Test 检测配置，Flaky Test 是指在被测的源代码或者测试环境不变的情况下，会产出不同的测试结果。比如测试结果有时候成功有时候失败。

- Pipelines—发布保留　管理以及查看发布保留策略。
- Pipelines—服务连接　管理配置以及查看各类第三方服务的连接和认证相关信息。例如 Azure、Chef、Docker、GitHub、Jenkins、Kubernetes、Nuget、Npm 等。
- Test—保留　管理以及查看自动化测试和手工测试相关信息的保留策略。

4.2.5　建立信息发射源

信息发射源是一个通用术语：指的是任何一种显示——物理的或电子的——放置在一个高度可见的位置，以显示进展或产品信息。信息发射源可以提供给 Scrum 团队和 / 或干系人使用。Azure DevOps 提供几类信息发射源方案。每一个 Azure DevOps 项目都拥有一个概述页面：包含摘要页面、一个或多个仪表板以及支持多页面的 wiki。即使禁用掉 Azure DevOps 所有的服务（Azure Boards 和 Azure Repos 等），概述及其页面依然存在。起初，概述页提供的内容并不吸引人。具体要添加哪些有趣或者有价值的内容到概述页中，这取决于团队。

以下是对每一个页面的快速介绍。

- 摘要　项目欢迎界面，用于展示项目统计信息、团队成员等概要信息。
- 仪表板　通过可定制地交互式布告板提供项目实时信息的展示。仪表板可以与团队关联并展示可配置的图表以及小组件。
- wiki　团队可以通过创建以及分享 wiki 页面帮助团队更好地理解并参与项目工作。

1. 摘要界面

摘要页面提供的信息并不是很吸引人并且不支持定制以及拓展。但是它确实有存在的意义。这是项目的默认首页，所以需要有效地传达项目目的以及开发工作情况。

可以通过两种方式对摘要页面进行定制。第一种方式是，如果启用了 Azure Boards 服务，可以直接添加项目描述信息。第二种方式是，如果启用了 Azure Repos 服务，可以将摘要页面指定到 wiki 首页或者某个 Markdown 格式的 readme 文件，如图 4-12 所示。

图 4-12　此摘要页面指向了某个代码仓库的 Markdown 格式文件 readme

2. 仪表板

仪表板可以有效地帮助团队或者干系人可视化地查看项目进展的实时情况。仪表板具有视觉吸引力、互动性且可定制，一个项目中可以有多个仪表板并且每一个仪表板可以有特定的用途。

每一个仪表板都可以放置一系列的小组件。小组件可以展示特定的信息：比如查询结果、图表、团队成员、统计数据、快捷入口、**Markdown** 内容甚至嵌入网页，如图 4-13 所示。小组件支持大小调整以及其他相关配置。

图 4-13　可以添加小组件到概述仪表板

系统默认提供了 20 多个开箱即用的小组件，Azure DevOps 插件市场上也提供了上百个小组件扩展。仪表盘页面可以支持内容定时刷新，以保障数据的时效性。

说明

小组件可以自动适配 Azure DevOps 相关服务的启用或者禁用，例如：如果 Azure Boards 服务被禁用，那么与工作跟踪相关的小组件都会被禁用并且处于不可选状态。

当创建仪表板的时候可以选择将它设置为项目仪表板还是属于特定团队的仪表板。项目仪表板展示项目相关信息以及统计，可以针对项目仪表板进行权限配置。团队仪表板提供团队关注的相关信息。对于只有一个默认团队的 Azure DevOps 项目来说直接使用项目仪表板就可以。对于类似使用 Nexus 规模化 Scrum 框架的情况来说，为每一个团队分别创建属于团队自己的仪表板并展示团队自己的信息会更有意义。

以下列出了一些专业 Scrum 团队可能会感兴趣的一些小组件。

- 燃尽图（Burndown）　按积压工作（Backlog）或指定工作项类型的工作项数量、业务价值总和、工作量总和、剩余工作总和展示燃尽图。支持时间区间统计及其他配置条件。

- 燃耗图（Burnup）　按积压工作（Backlog）或指定工作项类型的工作项数量、业务价值总和、工作量总和、剩余工作总和展示燃耗图。支持时间区间统计及其他配置条件。

- 测试计划图表　跟踪某个测试计划下的测试用例设计进展情况或者测试用例执行进展情况。默认提供几种类型的图表以及相关配置。这个小组件适用于使用 Azure Test Plans 服务的团队。

- 工作项图表　基于共享查询数据统计以及展示工作进度以及趋势图表，例如按照产品领域展示投入情况。系统默认提供几类图表类型以及配置。

- 累计流图　根据特定团队、积压工作类型以及时间范围展示工作流转情况。主要是针对看板团队的，但是由于 Scrum 团队同样可以应用看板实践所以这个小组件可以很好地帮助团队可视化以及提高团队工作流动。可以为其配置团队、积压工作、泳道以及时间区间。第 9 章将介绍加速流动。

案例研究

产品负责人 Paula 决定仅在概述仪表板上展示产品愿景。她安装了由 Agile Extensions 提供的 Product Vision 扩展。通过此扩展，她可以方便地录入产品愿景并对页面大小以及配色方案进行配置。在 Boards 菜单下的 Product Vision 页面，可以查看产品愿景。

- 周期时间　通过计算团队完成 PBI 实际耗费了多长时间来监控系统工作流转的情况。主要是针对看板团队的，但是由于 Scrum 团队同样可以应用看板实践，所以这个小组件可以很好地帮助提高团队可视化以及团队工作流动。可以为其配置团队、积压工作、泳道以及时间区间，详情参见第 9 章。
- Markdown　支持 Markdown 格式的文本、连接和图片等信息的展示。此组件支持直接指向到特定代码仓库的某个文件来展示其内容。
- 冲刺燃尽图　统计一个冲刺内，按积压工作（backlog）级别或工作项类型的工作项数量、业务价值总和、工作量总和、剩余工作总和展示燃尽图。支持时间区间统计及其他配置。
- 速率图　工作项完成数量、业务价值总和、剩余工作总和或工作量总和统计团队速率并根据团队速率进行趋势预测。可以通过团队、积压工作、工作项类型、时间区间以及其他条件进行组件配置。

3. wiki

每个 Azure DevOps 项目都拥有独立的 wiki，这里的 wiki 与你用过的其他 wiki 产品很类似。可以使用它分享信息以及加强团队的协作。甚至有权限的干系人也可以查看 wiki 中的信息。在使用之前需要先为项目创建 wiki。

每一个 wiki 都是使用一个 GIT 仓库来支持的。当创建一个项目的 wiki 时会自动提供一个隐藏的 Git 仓库用来存储对应的 Markdown 文件以及相关的制品，即便项目使用的是 TFVC 源代码管理模式，系统依然会创建一个隐藏的 Git 仓库来支撑 wiki。这就是干系人为什么不能创建以及编辑 wiki 的原因，因为他们没有 Azure Repos 的权限。

下面列出了专业 Scrum 团队可能会考虑发布到 wiki 上的相关内容：

- 冲刺目标
- 冲刺回顾会议纪要
- DoD、就绪定义、BUG 定义等
- 开发标准以及研发实践
- 干系人联系列表
- 技术文档或者相关纪要

对于以上提到的部分内容，可能通过便利贴或者直接记录到白板上就很好，而且甚至可能会更容易引起注意。但是对于需要更广泛的可见性、内容搜索、高容错能力（例如晚上有人把白板内容擦掉了），物理看板就无法支持了。如果想跟踪变化或者控制权限，电子看板可能会更合适。

提示

> 团队不应该隐瞒冲刺目标以及相关定义标准，因为透明化对团队非常重要。建议配置为全局可见，这样所有的干系人都可以了解团队正在做的事情以及相关定义标准，特别是 DoD 标准。另外团队还可以通过发布一些度量指标来加强团队的透明性，例如燃尽图、速率图、周期时间、累积流图以及其他可视化视图。为了将透明化发展到极致以及激励团队成员，甚至可以在休息室或者茶水间的大屏上展示这些指标，这是团队自信的表现。

使用 wiki 来记录团队定义的标准是一个不错的选择，比如 DoD 的标准，如图 4-14 所示。将这些定义配置为高度可见，可以提高 Scrum 团队的透明性，同时可以对 Scrum 团队正在执行的工作达成共识。下次开发人员说他们完成或者未完成相关工作时，熟悉团队 DoD 标准的干系人就可以有据可依了。wiki 上提供可供所有人查看的检查列表，其中描述了"完成"的定义及标准。

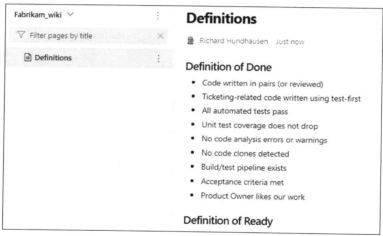

图 4-14　使用 wiki 在团队之间分享 DoD 标准

案例研究

> Scrum 团队已经决定要使用 wiki 进行团队之间以及干系人的信息分享。团队已经创建了一个 wiki 入口用来跟踪 DoD 标准。另外，团队还会为冲刺目标以及冲刺回顾创建独立的 wiki 入口。

4.3　准备阶段检查清单

每一个团队以及组织需要准备的事项各不相同。对于刚刚开始实践 Scrum 或者刚刚开始使用 Azure DevOps 的团队来说需要做比较多的准备工作；对于其他团队来说基本上可以直接开始第一个冲刺工作了。不管团队当前处于什么状态，这个检查表对于团队准备第一个冲刺的相关环境来说会很有帮助。

Scrum

- 确立产品
- 建立产品愿景、范围以及商业目标
- 确立产品发起人以及干系人
- 对产品需求进行概要性定义
- 组建 Scrum 团队（产品负责人、Scrum Master 以及开发人员）
- 对团队进行 Scrum 培训（如有必要）
- 查找产品 Backlog（如果存在）

Azure DevOps Organization

- 创建 Azure DevOps 组织
- 关联 Azure Action Directory（如有必要）
- 配置 Azure 账单信息
- 获取用户许可
- 添加用户到组织
- 添加备用集合管理员
- 配置全局通知
- 安装 Azure DevOps 扩展市场上提供的扩展
- 创建自定义继承式的专业 Scrum 过程（模板）
- 购买额外的并行作业以及自托管流水线作业
- 创建 Azure DevOps 项目

Azure DevOps 项目

- 启用或禁用特定的 Azure DevOps 服务
- 配置通知
- 创建额外的团队（如果在一个规模化的环境当中）
- 将干系人分配到读取器权限组（或者可以选择配置为参与者权限）
- 至少完成前三个冲刺的配置（迭代保持相同的时间区间以及间隔）
- 配置区域路径

Azure DevOps 团队

- 将每一个团队成员添加到项目管理员组
- 将团队从默认参与者权限组里移除
- 将用户添加到对应的团队
- 将所有用户设置为团队管理员
- 为团队选择一个图片或头像
- 为团队配置需要用到的积压工作级别（史诗故事和特性等）
- 为团队配置工作日
- 为团队配置迭代（至少完成前 3 个迭代的配置）
- 为团队配置默认迭代以及将积压工作（backlog）迭代配置为根路径
- 为团队配置默认的区域路径（只有一个团队的项目可以配置为根路径）
- 为团队选择区域路径（如果只有一个团队则配置为根路径并包含子区域）

Azure DevOps 用户

- 在用户个人资料页面配置用户名称、电子邮件
- 选择一个合适的头像
- 配置时间以及区域信息
- 配置通知
- 选择配色模板（浅色或者深色）

术语回顾

本章介绍了以下关键术语。

1. *初始化 Azure DevOps Services*　在开始使用云端托管的 Azure DevOps 之前，需要创建组织、配置账单信息以及获取用户许可。

2. *Azure Active Directory*　可以将 Azure DevOps Services 连接到 Azure Active Directory，从而简化组织用户的管理。

3. *扩展*　向 Azure DevOps 添加额外的功能。可以通过 Azure DevOps 插件市场上获取社区提供的扩展来增强 Azure DevOps 的功能。

4. *Azure DevOps 项目*　作为管理产品开发生命周期的容器，一个项目可以支持多个产品模块、团队、冲刺以及发布。

5. Azure DevOps 团队　类似于 Azure DevOps 项目中的权限组，但是具有额外的上下文并支持使用敏捷规划工具。

6. 区域　通过层级结构将产品不同逻辑或者不同领域的工作进行划分。区域可以帮助团队组织工作项。对于规模化开发场景，每一个 Azure DevOps 团队都可以关联一个或多个区域。第 11 章将详细介绍相关内容。

7. 迭代　与冲刺同一个概念，迭代拥有迭代名称、开始日期、结束日期等相关属性，可以帮助团队进行工作计划。

8. 概述页面　Azure DevOps 项目的首页。默认概述页面包含了一些项目基础的信息。可以通过指定 readme 文件或者 wiki 进行自定义配置。

9. 仪表板　交互式的布告板可以展示配置好的一系列的静态以及动态组件。系统提供了一些开箱即用的组件。Azure DevOps 插件市场提供了更多的小组件扩展。

10. wiki　通过对团队创建的一个或多个页面加强团队协作、信息共享以及加强团队对开发工作的理解。wiki 使用的是文本格式的轻量级标记语言"Markdown 语言"，背后使用的是 Git 代码仓库。

第 5 章　产品 Backlog

　　产品 Backlog 是一个包含所有产品需求相关内容的有序列表，这是所有产品变更以及需求的唯一源头，包括新增特性、产品变更以及缺陷修复。产品 Backlog 中的每一个条目称作产品待办工作项（简称 PBI）。PBI 的范围包括极其重要以及紧急的需求，甚至一些琐碎的任务。

　　产品负责人需要对产品 Backlog 负责。但是，产品负责人可能会允许其他成员创建或者更新一些工作事项。不管怎样，产品负责人的职责是确保产品 Backlog 中的工作事项具有清晰明确的定义；团队成员都能理解；对业务价值作出合理评估以及正确的优先级排序。在产品 Backlog 梳理、冲刺规划以及冲刺评审期间，开发人员需要与产品负责人以及必要的干系人（例如某个领域专家）共同协作以便理解产品 Backlog 中的条目并估算其大小。

　　本章将关注如何使用 Azure Boards 创建以及梳理产品 Backlog。将介绍如何建立健康的产品 Backlog、如何进行预测和发布计划以及如何使用这些工具完成这些工作。如果对产品 Backlog 的概念更感兴趣，而对于 Azure DevOps Boards 与产品 Backlog 的配合使用兴趣不大的话。可以重新读一下第 1 章。

说明

> 本章使用的是自定义 Professional Scrum 模板，而不是开箱即用的 Scrum 模板。请参考第 3 章，进一步了解自定义过程模板和如何创建自定义过程模板。

5.1　创建产品 Backlog

　　可以通过添加工作项的方式创建产品 Backlog，工作项支持单个或批量创建。在默认的 Scrum 模板中 PBI 以及 Bug 工作项类型都会显示在 Backlog 视图中。在自定义的 Professional Scrum 模板中，已经禁用了 Bug 工作项类型。

　　默认只需要输入标题就可以将新建的工作项保存到产品 Backlog。产品负责人可能会需要更多的信息以便可以进行业务价值的评估，并且参考其他相关工作事项进行优先级的排序。开发人员肯定也会需要除标题以外的更多信息，以便对 PBI 进行大小评估并确保 PBI 达到冲刺规划以及开发前的就绪要求。不过标题是一个很好的开始。

　　根据《Scrum 指南》，产品负责人需要对产品 Backlog 负责。但这并不代表产品负责人就一定是这些数据的录入人员。只是说产品负责人要确保每一个 PBI 具有清晰明确的定义并且易于理解。在第 3 章中，演示过在 Azure Boards 中任何拥有适当权限的成员都可以创建工作项。项目管理员可以在项目设置界面为其分配对应的权限。

如上所述，我认为至少 Scrum 团队中的每个成员都应该能够参与产品 Backlog 的管理工作。产品负责人可能也想让其他的干系人（例如业务分析人员、客户或者用户）具有创建工作项的能力。何乐而不为呢？毕竟沟通过程中参与的人越少，用户故事越不明确。即便如此，如果产品负责人以外的人创建了一个工作项，那么就需要召开一个需求澄清会，请创建人对需求的背景、目的和业务价值做出解释。如果可以的话这个澄清会最好是面对面的交流或者电话交流，而不是使用讨论工具。

当某个人创建 PBI 时，他们应该关注的是 PBI 的价值（what），而且尽量避免描述工作项应该如何开发（how）。产品负责人可以基于每一个 PBI 的价值、风险、优先级、依赖情况、学习成本、必要性、投票情况以及任何其他产品负责人期望的标准对 PBI 列表排序。

随着产品业务需求以及其他各种情况的变化，产品 Backlog 将会快速演变。为了最小化浪费，除了那些最高优先级的工作项（Backlog 中最上面的条目），应该尽量避免要求其他工作项提供详尽的信息。工作项只要提供了足够的信息即可对其进行工作量估算。我参与过的一个团队倾向于在他们的产品 Backlog 顶部有已梳理好的两到三轮冲刺的 PBI。

坏味道

团队将任务、测试、障碍、声明、抱怨或者指导建议等相关数据放入到产品 Backlog，这是一种坏味道。比如某个标题为"我们应该每天晚上备份数据库"或者"找一个更好的地方开每日例会"的 PBI。产品 Backlog 应该仅包含那些与所开发产品潜在变更有关的事项。但这并不是说一个有效的 PBI 不应该附加对应的目标、指导建议或者抱怨等相关数据。

5.1.1　在 Azure Boards 中创建产品 Backlog

正如之前提到的，Azure Boards 是 Azure DevOps 平台中的一个服务。Azure Board 是一个提供工作计划、跟踪、可视化以及管理的服务。Scrum 团队可以通过 Azure Boards 管理多个级别的 Backlog，例如史诗故事、特性以及用户故事。开发人员可以使用冲刺 Backlog 和相关的任务面板创建冲刺计划以及规划冲刺工作。

Azure Boards 允许 Scrum 团队执行以下与产品 Backlog 相关的活动：

- 添加工作项到产品 Backlog
- 导入工作项到产品 Backlog
- 建立针对特性工作项的树形积压工作结构
- 将 PBI 映射到特性工作项
- 建立针对史诗故事的树形积压工作结构
- 将特性工作项映射到史诗故事工作项
- 报告缺陷
- 管理以及梳理产品 Backlog 中的工作项
- 在产品 Backlog 中批量修改工作项
- 对产品 Backlog 进行重新排序
- 使用速率图进行趋势预测
- 预测可能会在下一个冲刺交付多少 PBI
- 使用燃尽图、燃耗图以及其他数据分析跟踪项目进展
- 将冲刺中未完成的 PBI 移动到 Product Backlog
- 通过累积流图、周期时间、前置时间等度量指标计算工作流动情况。第 9 章在介绍加速流动时将进一步介绍流动指标的相关内容。

Scrum 团队通常会使用 Backlog 页面进行 PBI 的添加以及管理。当然，使用 Board 页面也能够添加以及管理，但是 Board 可以更好地帮助团队实践看板。你可以使用查询、Microsoft Excel 或者其他客户端来管理 Backlog，但是 Backlog 页面应该作为 Scrum 团队管理积压工作的主要操作界面。无论积压工作是如何创建以及管理的，Product Backlog 都代表着软件产品的愿景、产品目标以及发布规划。这是唯一的可靠来源。

当查看产品 Backlog 时，只有处于新建、就绪状态和已预测的 PBI 显示在产品 Backlog 中。已完成和已移除的 PBI 不会显示在界面中，需要创建并运行工作项查询或者使用搜索功能才能查询已完成或者已移除的 PBI。当 PBI 处于已预测状态同时被分配到了冲刺中，也不会显示在产品 Backlog 中。通过在视图选项里开启"进行中的项目"可以显示这些 PBI，或者在对应的冲刺 Backlog 中查看。这样设计的目的是通过在产品 Backlog 中移除额外的干扰，从而实现产品 Backlog 的精益生产。

提示

尽管用户可以通过干系人的授权级别（免费的）进行工作项的添加、查看以及编辑等操作，但是我还是建议所有参与管理产品 Backlog 的成员都拥有基础授权级别。干系人级别无法对积压工作进行优先级的排序、不能将工作项分配到迭代、不能使用映射面板以及预测工具。在版块页面中尽管干系人可以通过拖拽的方式更新工作项的状态，但是干系人不能添加工作项或者更新工作项卡片上的字段。基础授权级别提供了所有积压工作（backlog）以及冲刺规划工具的访问权限。

如果组织中多个 Scrum 团队同时进行同一个产品的开发工作，那么在这种规模化的情况下，应该考虑使用 Nexus 规模化敏捷框架。当 Azure Boards 完成多团队的配置后，就只能看到那些分配到所属团队区域路径下的 PBI。例如：假设红队有自己的区域 R1，R2 以及 R3，蓝队有自己的区域 B1，B2。如果红队的团队成员将他们的 PBI 改到 B1 区域，那么红队的产品 Backlog 里将不再显示这个工作项，而是显示在蓝队的产品 Backlog 列表里。之后，红队的成员只能通过搜索功能或者创建自定义查询来查找那些工作项。默认情况下，默认团队中的成员将会看到所有产品 Backlog 中的工作项。第 11 章将深入介绍大规划专业 Scrum 以及如何使用 Azure Boards 来支持多个团队。

1. 快捷键

微软提供了一些省时的快捷键可以快速地在 Boards 模块提供的页面间快速导航以及管理工作项。只要焦点不是在输入控件上，就可以使用快捷键，而且快捷键不区分大小写。如果感觉快捷键有干扰的话，可以把它禁用掉。无论何时何地都可以通过按下键盘上的"问号"按键列出全局以及页面级快捷键。表 5-1 列出了专业 Scrum 团队可能会感兴趣的一些快捷键。

表 5-1　Azure DevOps 快捷键

范围	快捷键	描述
通用以及项目导航	[g][h]	转到组织首页（列出项目列表）
	[g][w]	转到 Board
	[g][c]	转到 Repo
	[g][b]	转到 Pipelines

范围	快捷键	描述
	[g][t]	转到 Test Plans
	[g][s]	转到项目设置页面
	[s]	转到搜索
Boards	[w]	打开工作项页面
	[l]	打开积压工作页面
	[b]	打开板页面
	[i]	打开冲刺页面
	[q]	打开查询页面
	[z]	切换全屏模式
Backlog 页面	Ctrl+Shift+F	过滤结果
	[m][b]	将待办工作项移到 Bbacklog 中
	[m][i]	将项移到当前迭代
	[m][n]	将项移动到下一个迭代
	[ins]	添加子级
	[del]	删除 PBI

Azure DevOps 同时为 Boards、Repos、Pipelines、Test Plans、Artifacts 以及 wiki 提供了页面级快捷键。页面快捷键仅在对应的页面上才能正常工作。

5.1.2 添加 PBI

在 Azure Boards 中的每一个 Backlog 都允许创建新的工作项。这是最方便地将 PBI 创建到产品 Backlog 中的方式，如果使用的是自定义 Professional Scrum 模板，则是创建到故事 Backlog。特性以及史诗故事 Backlog 提供同样的能力。可以将新项添加到当前选择项的上方、列表顶部或者底部，如图 5-1 所示。因为只需要提供一个简短有意义的标题，所以通过这种方式可以快速地创建 PBI。这种方式允许连续快速地添加一些工作项，冲刺评审会议当中提出的一些反馈或者脑海中浮现出的一些想法，通过这种方式就可以快速连续地创建一些工作项。

图 5-1　可以快速添加 PBI 到 Azure Boards 中的产品 Backlog

不输入标题的情况下直接点击添加按钮将会弹出工作项表单。此技巧允许你在添加 PBI 到产品 Backlog 时可以为工作项指定除标题以外的更多信息。

将 PBI 分配给团队成员，而非产品负责人，这是一种坏味道。这意味着团队不理解 Scrum，不理解 Scrum 角色之间"做什么"和"如何做"的完美分离，或者是团队没有作为一个整体进行协作，团队中的个体计划"占有"那个 PBI 并且完成对应的所有开发工作。

即便是将 PBI 分配给了产品负责人，如果在冲刺 Backlog 中一个已预测 PBI 通过更改指派给字段来代表某个团队成员负责这个工作项的开发，也是一个误区。在专业 Scrum 中，PBI 应该属于团队的工作，而非个体。个体的工作应该是与 PBI 关联的任务，但是在整个周期中要把 PBI 留给产品负责人或者干脆留空。

在未来的 Azure DevOps 版本中。我希望可以指定更多与 Scrum 团队相关的信息。我希望能够标示哪个成员是产品负责人或者 Scrum Master。这样配置后 Azure Boards 可以自动将 PBI 分配给产品负责人，甚至是自动将障碍工作项分配给 Scrum Master。我希望这些需求能够进入到微软的 Backlog。但是如果没有的话或许你可以帮我提交一个特性请求。打开 https://developercommunity. visualstudio.com，选择 Azure DevOps Services，选择"建议一个特性"，然后再添加特性的说明以及想法。

　　除了标题之外，其他的字段都会分配默认值。有一些字段可能需要立即更新，比如指派给字段。大部分 Scrum 团队喜欢将 PBI 指派给产品负责人，因为他们是这些条目的所有者。指派给字段默认为空（未指派），这也是有效值。随着时间的推移，更多与 PBI 有关的信息将会出现，比如区域、描述、价值、验收标准、大小等字段。有一些信息在创建时可能就知道，还有一些信息可能永远无法明确，特别是产品负责人认为没有价值的工作条目。系统提供了多种打开工作项的方式，最简单的方式就是直接通过点击工作项标题的方式打开。

　　如果发现 PBI 中的迭代值默认为当前冲刺（例如 Fabrikam\Sprint 1）。这表明团队将默认迭代设置为 @CurrentIteration 或者特定迭代了。可以通过导航到项目 > 设置 > 团队配置 > 迭代，并更改默认迭代为根迭代（例如 Fabrikam）。这样一来，任何 PBI 在添加到产品 Backlog 时就不会被分配到特定冲刺了。

　　PBI 初始的显示位置是根据在页面中执行添加操作的位置或者移动到的位置决定的。PBI 在产品 Backlog 中的位置是依靠后台"积压工作优先级"字段实现的（在 Agile、CMMI 模板中使用的是"堆栈级别"字段）。当在产品 Backlog 中添加或拖拽条目时，后台进程会自动地更新这个字段的值，Azure Boards 使用这个字段跟踪 Backlog 中条目的排序。默认情况下，这个字段不会显示在工作项表单界面上。

案例研究

> 由于产品 Backlog 中仅包含 PBI，产品负责人 Paula 决定在 Backlog 中移除掉"工作项类型"列以及"价值分类"这两列，因为在 Scrum 中只存在由干系人决定的业务价值。然后，添加了区域路径以及业务价值字段。这个列的最小集合确保聚焦于要点之上，包括投资回报率（业务价值 / 工作量）。

　　这个隐藏的数字并不是简单地类似于 $1\cdots n$ 的整数，而是一个非常大的整数而且数字之间差距也很大。这个区间不是通过二等分法计算的，因为这样的话，同时添加多个条目时可能会引起一些问题。其实这个区间是通过一个优化的稀疏算法计算的，从当前条目开始上下浮动直到找到一个区间。然后，为新的待办条目创建区间，在不影响其他条目的情况下，重新分配该范围内的所有条目。如果好奇的话，可以查看一下"Backlog 优先级"列并检查下这些整数以及它们的区间。

提示

> 不要尝试手工篡改"积压工作优先级"字段。如果直接在 Excel 里为这个字段赋值，一旦在积压工作页面添加新的 Backlog 或者对原始 Backlog 进行优先级调整，这个稀疏算法就会起效并设置一个很大的数字来引入一个大的区间。这样做是为了提高产品性能而设计的。"积压工作优先级"字段是一个系统字段，微软建议不要直接更新这个字段。所以，如果你想通过 Excel 来设置这个字段，尽量避免与稀疏算法冲突。建议使用积压工作页面。

　　如果在 Backlog 最上面添加 PBI，"Backlog 优先级"字段的值将会比第二行工作项的字段值小。如果在 Backlog 最下面添加 PBI，"Backlog 优先级"字段的值将会比倒数第二行的工作项的字段值大。如果是通过其他方式添加的 PBI（例如，在工作项页面、通过其他客户端如 Excel 或者 Visual Studio、REST API 等）那么"Backlog 优先级"字段的值会为空。没有设置"积压工作优先级"字段的 PBI 会显示在产品 Backlog 的最下面，如图 5-2 所示。

图 5-2　使用 Backlog 页面视图之外的方式添加的 PBI 的 Backlog Priority
（Backlog 优先级）字段为空

　　直接将新条目添加到产品 Backlog 的最底部会触发稀疏算法器（执行稀疏算法的逻辑）对其他 PBI 的 Backlog Priority（积压工作优先级）字段值赋。同样，如果拖拽一个新的条目或者其他条目到最底部，将会分配积压工作优先级。

　　如果感兴趣，可以分析下被稀疏算法器更改的"积压工作优先级"字段值。通过打开历史记录页签可以查看什么时间对工作项进行过变更以及查阅变更历史，比较当前与之前的字段值，如图 5-3 所示。

图 5-3　工作项历史记录展示了当前以及之前"Backlog 优先级"字段值

说明

> 每次在产品 Backlog 中拖拽 PBI 时都会生成历史记录，并且不只影响这一条数据的历史记录，所以当在 Backlog 中排序的时候要注意。

　　由于产品 Backlog 的顺序被持久化到了一个静态字段中，其他列表以及查询都可以基于它进行排序。例如，当开发人员将 PBI 计划到了某个冲刺，那么在冲刺 Backlog 中的排序是一样的。这样的好处是，比如产品负责人已经将"双重身份认证"

这个条目标记为产品 Backlog 中最重要的工作条目，那么团队在冲刺 Backlog 中也应该看到此条目在列表的最上方，这样团队就可以考虑优先处理这项工作。

处理史诗级 Backlog

史诗级 PBI 是那些非常大的并且在一个冲刺内无法完成的 PBI。例如：如果团队的开发速率是 18 个故事点，那么团队不应该将一个 PBI 的故事点评估到 21。即使开发人员不使用速率作为预测工具，团队也永远不要把认为在一个冲刺内不可能完成的工作放到冲刺中。另外一种情况，这个 PBI 是一个史诗故事且必须进一步拆分，建议按照垂直领域拆分（按照验收标准）而不是横向领域拆分（按照技术层）。可以这样说，拆分 PBI 是一个集科学、艺术、魔法以及带着一点运气的工作。

让我们回过头来看一下史诗故事 Backlog 中的"史诗级 PBI"以及"史诗故事工作项"的区别。当我说"史诗级 PBI"时，我指的是敏捷社区中使用的术语"史诗"，并不是微软里的概念。史诗级 PBI 是对大型 PBI 描述的通用术语，与史诗故事工作项不同，史诗故事工作项是工作项里在特性之上的层级组合积压工作。史诗故事工作项可以作为史诗级 PBI 使用，但是使用特性工作项可能会更好。这取决于这个史诗级 Backlog 到底有多大！

坏味道

> 将史诗级 PBI 排在产品 Backlog 的最上面，这是一种坏味道。其实它还没有达到冲刺规划的就绪要求。它应该在冲刺开始之前被拆分成更小的 PBI，以便进行开发预测。

讨论到史诗故事以及特性，并不是所有的组织以及团队都会从最"顶层"的史诗故事工作项拆解并关联"中层"特性工作项，然后根据特性工作项拆解并关联"最低层"的 PBI。尽管这看起来是一个合乎逻辑的工作计划方式，但是基本没有组织以及团队是这样工作的。在实际工作中经常直接将 PBI 添加到了最底层的故事 Backlog。在梳理过程中，如果团队意识到 PBI 实际上是一个非常大的工作（也可以称为史诗故事 PBI），团队或者把它拆分成几个，或者把它提升到特性工作项级别再把它拆分成几个小的 PBI。

除了将史诗故事拆分成多个 PBI 以外，产品负责人应该决定是否需要在特性 Backlog 创建特性工作项并将特性工作项与拆分的 PBI 关联，以便建立层级关系。假设有一个史诗级 PBI：Improve mobile UX（提升移动端用户体验），如图 5-4 所示。由于这个 PBI 的工作量大于团队的速率 18，所以必须对它进行拆解。

Order	Title	Area Path	State	Business Value	Effort
1	Show customers count	Fabrikam\Customers	● Ready	500	2
2	Use corporate email to authenticate	Fabrikam\Mobile\Security	● Ready	500	13
3	Customer phone numbers	Fabrikam\Customers	● Ready	1300	3
4	Improve customer edit links	Fabrikam\Customers	● Ready	800	5
5	Employee email addresses	Fabrikam\Employees	● Ready	800	5
6	Improve mobile UX	Fabrikam\Mobile	● New	1300	21

图 5-4　史诗级 PBI 是指一个需要很大工作量的需求，导致无法进行预测以及在冲刺内开发

　　第一步必须将每一个史诗级 PBI 拆分成 2 个或更多的 PBI，每一个项应该小到可以在单个冲刺中完成。理想情况下可以通过对标题的描述来建立不同项之间的逻辑引用关系以及与原始史诗级 PBI 的关联关系。例如：史诗级 PBI 的标题是"提升移动端用户体验"可以拆分成 3 个更小的 PBI："提升移动端仪表盘用户体验""提升移动端票务系统用户体验"和"提升移动端报告用户体验"。同时，可以使用区域或者标签字段帮助去查询这些关联关系。

　　如何处理原始的史诗级 PBI 呢？有如下 3 个选项：

- 移除或删除
- 重新命名，并将它变成一个新的或小的 PBI
- 将它提升为新项的父级——特性工作项

　　我想要重点解释最后一个选项，这里说的"提升"是将工作项的类型从 PBI 改为特性。如图 5-5 所示，本质上就是把工作项提升一个级别，以便可以作为新拆解 PBI 的父级工作项使用。开发人员永远不要直接使用特性工作项来进行预测或者基于特性工作项进行开发；特性工作项仅仅是用来进行组织以及计划的。当特性下所有的子 PBI 都完成后，特性工作项的状态可以手工更改为已完成状态。这种方法的好处是建立了可视的层级结构以及附加的上下文。在下面的链接中可以看到如何更改工作项的类型：https://aka.ms/change-work-item-type。

图 5-5　可以将 PBI 更改为特性工作项

提示

尽量避免在同类别工作项之间创建链接关系。相同类型的工作项之间可以创建父子级链接关系，比如 PBI 之间。在 Azure Boards 中，当 Backlog 包含同类别工作项的嵌套关系时，系统将不能正常地对工作项进行重新排序。系统会禁用掉拖拽排序功能，而且在这种情况下并不是所有的条目都会显示在列表中，甚至可能会抛出一些错误信息。

相对于在故事 Backlog 中使用嵌套 PBI 的管理方式，微软更推荐使用扁平化的列表来管理产品 Backlog。换言之，只能在不同类别的工作项之间创建单层级的父子级链接。比如使用特性类型的工作项来组织 PBI，以及使用史诗故事类型的工作项来组织特性工作项。

PBI 改为特性工作项之后，需要刷新一下 Backlog 并打开映射面板，将子 PBI 拖动到新的特性上。这个动作将会创建父子级关系。层级结构有几种展示方式，如在第 3 章里介绍的。对于我个人而言，我喜欢将"父级"列显示出来，这样就可以看到父项的标题并可以通过点击查看父级工作项。如图 5-6 所示。

Order	Title	Parent	Area Path	State	Business Value	Effort
1	Show customers count		Fabrikam\Customers	Ready	500	2
2	Use corporate email to authenticate		Fabrikam\Mobile\Security	Ready	500	13
3	Customer phone numbers		Fabrikam\Customers	Ready	1300	3
4	Improve customer edit links		Fabrikam\Customers	Ready	800	5
5	Employee email addresses		Fabrikam\Employees	Ready	800	5
6	Improve mobile dashboard UX	Improve mobile UX	Fabrikam	Ready	500	13
7	Improve mobile ticketing UX	Improve mobile UX	Fabrikam	Ready	500	5
8	Improve mobile reporting UX	Improve mobile UX	Fabrikam	Ready	300	3

图 5-6　可以显示刚被拆解并链接到 PBI 的父级特性

使用批量更改的功能可以将多个 PBI 一次性批量关联到特性。选择要关联的PBI，在选择的位置单击右键，并点击更改父级（如图 5-7 所示）。然后选择要关联的父级特性，如果在特性 Backlog 页面，则选择的是特性对应的父级工作项"史诗故事"。

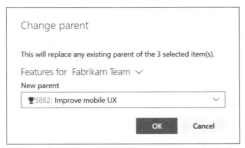

图 5-7　Azure Boards 支持一次性为多个 PBI 设置父级

通过建立特性到 PBI 的层级结构，可以保持产品 Backlog 的扁平化结构。没有占位行让人分心。这种方式支持各个条目之间可以相对独立地进行重新排序。换言之，不会强制要求你同时开发所有关联的工作，例如：产品负责人想立即提升"移动端仪表盘"以及"移动端售票"功能的用户体验。但是对于提升"移动端报表"功能的用户体验可能需要再等几个冲刺。

所以怎样才是处理史诗级 PBI 的最佳方式呢？你可能已经猜到答案，让产品负责人来决定。有一些产品负责人不喜欢创建层级结构以及使用组合积压工作进行工作管理，也有一些产品负责人喜欢这种管理方式。还有一些产品负责人会通过命名规范、区域、标签等方式来对工作事项进行分组。

如果不同的干系人想看不同的视图以及不同级别的产品 Backlog，这种情况下建立层级结构对他们是有益的。这样做可以让所有成员理解工作的拆分情况，并且可以可视化地计划工作以及查看不同级别工作的进度情况。这种做法可以帮助干系人更直接地了解到产品开发的实际复杂程度以及团队为什么要做出取舍，比如，当团队说我们无法在这个迭代完成这个功能的所有内容的时候。

案例研究

产品负责人 Paula 决定如果有新的史诗级 PBI 出现在产品 Backlog 中，他们将会把这个史诗级的 PBI 拆分成更小的 PBI 并使用特性工作项作为它们的父级。Paula 建议每一个团队成员在自己的 Backlog 中添加父级列，以便方便可视化地查看层级结构。

5.1.3　导入 PBI

在团队使用 Azure Boards 维护产品 Backlog 之前，在你的组织中很可能会维护一个或多个工作列表。一个列表用于跟踪概要性需求；另一个列表用于记录用户提出的功能需求；还有一个列表用于跟踪缺陷。这些列表可能是来自外部的便利贴、

Excel 表单或者 Microsoft SharePoint 列表，甚至一个专业的工单管理系统。

将所有的数据都并入共同的产品 Backlog 中可能会比较困难，这个困难不仅是人、政策、权限之间的问题，还包括数据的处理。数据必须经过抽取、转换以及加载这几个过程才会变成有用的数据。另外还需要补充信息差异以及处理重复数据。幸运的是，Azure Boards 提供了几种导入以及批量更新工作项的方式。

尽管可以继续使用 Excel 批量导入以及更新 PBI，但是原生的方式是直接使用 CSV 文件的方式导入工作项。CSV 文件必须至少包含工作项类型、标题字段两个字段。根据需要可以添加更多的字段。如图 5-8 所示，CSV 导入文件示例。所有导入的工作项都会创建为新建状态。这个规则表示不能为其他字段设置不符合新建状态规范要求的值。

```
Import.csv - Notepad
File  Edit  Format  View  Help
Work Item Type,Title,Area Path,Assigned To,Business Value,Effort,Tags
Product Backlog Item,Enable network alert heartbeat,Fabrikam\Dashboard\Alerts,Paula <paula@accentient.com>,800,5,
Product Backlog Item,Quick Tips,Fabrikam\Dashboard\Messages,Paula <paula@accentient.com>,500,8,
Product Backlog Item,Show customers count,Fabrikam\Customers,Paula <paula@accentient.com>,500,2,
Product Backlog Item,"Improve customer edit, details, and delete links",Fabrikam\Customers,Paula <paula@accentient.com>,800,5,
Product Backlog Item,Employee phone numbers,Fabrikam\Employees,Paula <paula@accentient.com>,800,3,
Product Backlog Item,Employee email addresses,Fabrikam\Employees,Paula <paula@accentient.com>,800,5,
Product Backlog Item,Customer phone numbers,Fabrikam\Customers,Paula <paula@accentient.com>,1300,8,
Product Backlog Item,Customer email addresses,Fabrikam\Customers,Paula <paula@accentient.com>,1300,5,
Product Backlog Item,My tickets,Fabrikam\Tickets,Paula <paula@accentient.com>,500,3,Bug
Product Backlog Item,Use corporate email to authenticate,Fabrikam\Mobile\Security,Paula <paula@accentient.com>,500,13,
Product Backlog Item,Enable two-factor authentication,Fabrikam\Mobile\Security,Paula <paula@accentient.com>,800,8,
Product Backlog Item,Manage user access,Fabrikam\Mobile\Security,Paula <paula@accentient.com>,500,3,
                                              Ln 1, Col 1          100%    Windows (CRLF)    UTF-8 with BOM
```

图 5-8　使用 CSV 文件导入 PBI 示例

坏味道

在产品 Backlog 创建完成之后，持续地导入工作项到产品 Backlog，这是一种坏味道。一旦冲刺开始并且通过定期的反馈不断产生新的 PBI，那么这些数据应该直接添加到产品 Backlog 中，而不是将其添加到其他列表中。产品负责人以及干系人应该避免将这些数据先存储到其他位置，然后再批量导入到 Backlog 中。这种情况可能是产品边界的拓展或者出现了新的工作范围。这也可能是 Scrum 团队依赖于组织中的其他的团队或者个人，这些其他的团队或个人采用的也是批量处理工作的方式。与所有依赖一样，应该识别出这些依赖并想办法减少依赖。

导入工作项的功能可以在"工作项"页面以及"查询"页面看到。直接选择 CSV 文件并导入即可。系统会加载导入的工作项并以查询样式的视图显示。导入的工作项默认处于未保存的状态，允许在保存之前对数据进行验证以及处理。任何导入过程中遇到的问题都会高亮提示出来，以便修复。通过直接打开工作项的方式可以处理这些问题或者直接使用批量编辑的方式修复有同类问题的工作项。

Azure Boards 支持将工作项导出为 CSV 文件。基于一个已经存在的并且包含了所有所需列信息的查询，可以直接运行查询并导出 CSV 文件。导出文件的格式与导入文件格式类似。如果导出的文件至少包含 ID、工作项类型、标题以及状态字段，那么可以对工作项内容进行更新并重新导入，以实现对 Azure Boards 工作项的更新。

2. 使用 Excel

大家都知道 Excel 非常好用，组织中的每个人也都安装了 Excel。在过去几年，我基于 Excel 创建了很多产品 Backlog。很多人可能不知道 Excel 也可以作为数据抽取、转换、加载（ETL）的工具。虽然这不是 Excel 的核心功能，但是它确实提供了 ETL 的能力。

使用 Excel 可以通过复制粘贴，数据获取功能，或者其他自动化的形式来获取数据。接下来，数据可以被转换（数据标准化）以及装载（发布）到 Azure DevOps 中。Excel 绝对是数据处理中的瑞士军刀。

有很多种通过 Excel 导入现有 Backlog 的方式。下面列出一些概要性的操作步骤。

1. 下载并安装免费 Azure DevOps Office 集成插件。

2. 打开 Excel。

3. 打开一个空的工作表单。

4. 将工作表单 Sheet1 改名为"源数据"。

5. 添加第二张工作表单，并命名为"目标数据"。

6. 使用剪贴板或者"获取数据"功能将数据导入到"源数据"工作表。

7. 选择"目标数据"工作表。

8. 在"团队"功能区，单击选中"新建列表"，连接到 Azure DevOps 项目，并单击选中需要导入的列表。

9. 在"团队"工作区，单击选中"选择列"。

10. 选择 PBI 类型，添加额外关注的列并删除无关的列，如图 5-9 所示，可以考虑添加这几个字段：区域路径、描述、业务价值、工作项和标签。

11. 在源数据表单中，复制相关的列并粘贴到对应的目标表单中。可能需要手工设置一些列的值（例如工作项类型和产品负责人）。也可以在导入后，通过 Azure Boards 中的批量编辑功能设置这些字段的值。

12. 处理数据，特别是在导入区域路径、状态或者其他数字型的数据字段时。

13. 在团队工作区，单击选中"发布"。如果遇到错误，需要先修复问题数据，然后重新发布。

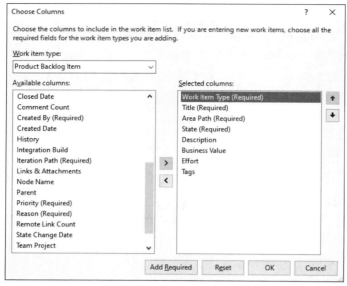

图 5-9　使用 Excel 导入工作项时，选择需要导入的工作项列。

　　正常的 PBI 状态流转过程是新建（New）⇒ 已批准（Approved）⇒ 已提交（Committed）⇒完成（Done）。对于我们自定义的 Professional Scrum 过程模板，我将状态调整为了新建（New）⇒已就绪（Ready）⇒已预测（Forecasted）⇒完成（Done）。导入历史数据的时候，必须先将工作项导入为新建状态，在这之后就可以切换到任何状态了。例如，尽管正常的工作流程是新建（New）⇒已就绪（Ready）⇒已预测（Forecasted）⇒完成（Done），但是你可以先将工作项导入为新建状态，随后直接更改为完成状态。这种方式避免了必须按照固定的工作流程逐个经过工作项的每一个中间状态，并且每次都要保存到 Azure Boards 上。

　　工作项发布完成后，仍然可以使用 Excel 表单批量修改这些工作项。如果以后想这么操作的话，那么可以为这个表单起一个有意义的名字，并存储起来。如果这就是一次性的工作，并且导入结果已经满足需求，那么就可以丢弃这个工作表单。如果有需要，可以在任何时间创建一个工作项查询并通过 Excel 打开这个查询。

　　由此推理，微软肯定支持在产品 Backlog 中快速创建一个查询，用来返回产品 Backlog 中的数据。在任何 Backlog 中，都可以通过点击创建查询来创建用来返回产品 Backlog 数据的个人或者共享查询，包括当前显示的所有列信息。这个查询可以在 Excel 中打开以及查看，可以生成图表并且支持批量编辑。注意，不要修改积压工作优先级字段，因为稀疏算法器会重写这些值而带来麻烦。

提示

建议安装并使用 Azure DevOps 扩展"Open in Excel"。通过此插件可以方便地在 Excel 中打开多个工作项以及打开整个查询的内容。相对于必须单击"团队"工作区，连接到 Azure DevOps，选择项目等操作，只需要在 Azure Boards 中单击一下就可以完成所有的操作。

3. 批量修改工作项

Excel 并不是批量编辑工作项的唯一方式。Azure Boards 提供了原生的批量修改工作项的能力，可以帮助你快速对一批工作项完成相同的变更。通过此功能可以编辑字段、添加或删除标签、重新分配工作或者将工作分配到特定的冲刺。同时也支持批量修改工作项的类型或者批量将工作项移到其他项目中去。

在 Backlog 页面或查询结果页面中，可以使用 Windows 中多选的方式来完成工作项的多选。按住 Shift 键并选择第一个到最后一个工作项来选择一个范围的工作项列表，或者通过按住 Ctrl 键并逐个点击工作项完成多选，直到完成选择。或者可以将两种方式组合起来完成工作项的选取。

工作项选择完成后，可以在选择区域单击右键（或者点击任意行的上下文菜单），选择其中一个批量操作。可以直接将工作项分配给一个新的团队成员、为选择的工作项添加一个链接、移动到其他冲刺、将工作项从迭代中移除（放回到 Backlog）或者其他操作。同时，可以单击"编辑"，通过这种方式可以对工作项中的任何字段进行批量更新。

批量编辑工作项的操作界面与工作项表单的界面完全不同。当打开一个工作项时，可以查看并对工作项中的任何字段进行更改；当批量编辑工作项时，可以为一个或多个字段设置对应的值并将更改应用到所有选择的工作项，如图 5-10 所示。同时，还可以添加一个说明以便增强透明性以及可跟踪性。

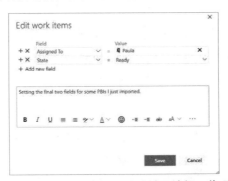

图 5-10　Azure Boards 支持批量编辑工作项

如果计划频繁地导入工作项并且导入过程中涉及很多复杂的数据处理操作，可能需要一些定制化的解决方案。Azure DevOps 提供了 API 以及详细的接口文档。API 基于 Rest、OAuth、JSON 以及服务挂钩，包含业界广泛支持的所有标准 Web 技术。

通过定制化解决方案可以读取源数据，并根据需要对数据进行处理以及加工，然后使用 Azure DevOps API 连接到项目并创建或修改工作项。可以直接基于 API 编写代码，或者使用客户端类库：.NET、Go、Nodejs、Python、Swagger 以及 Web 扩展。有关 Azure DevOps 扩展的更多信息，可以访问 https://docs.microsoft.com/en-us/azure/devops/integrate。

提示

> Scrum 开发者培训教练马丁·辛舍伍德在 GitHub 提供并维护了一个 Azure DevOps 迁移工具集。通过这些工具可以将某个项目的工作项以及其他相关工件迁移到另外一个项目，甚至可以在不同组织之间进行迁移。这些工具不仅提供了批量处理的能力，同时还提供了更多强大的功能以及可参考的样例代码。详情可以查看 https://github.com/nkdAgility/azure-devops-migration-tools。

5.1.4 移除 PBI

有时，可能想要在产品 Backlog 或者 Azure Boards 中的其他页面中移除某个工作项。这些工作项可能是误创建的工作项；是创建到了错误的项目中；重复创建的等等。Azure DevOps 提供了几种删除工作项的方式。具体选择哪种方式主要是要看组织对于工作项变更以及删除的审计要求。

第一种方式是直接删除工作项。删除后的工作项将不会在 Backlog、Boards 以及查询页面中显示。删除后的工作项会被移动到工作项页面中的回收站，如果有需要，可以在回收站恢复这些数据。在回收站的工作项是无法打开的。也可以永久删除回收站中的工作项，一旦永久删除后工作项就彻底消失了，任何相关的记录都不会存在了。

可以通过在工作项表单上删除工作项，或者在 Backlog 页面、查询页面、Boards 页面甚至是任务面板上通过单击右键方式删除工作项，也可以参照前面提到的通过批量操作的方式批量删除工作项。

说明

> Azure Test Plans 相关工件，比如测试计划、测试套件、测试用例等也都是工作项。这些工作项的删除方式与非测试相关的工作项删除方式不太一样。第 7 章在介绍测试计划时会讨论如何删除测试相关的工作项。

另一个删除 PBI 的方式是直接将工作项的状态更新为"已移除"状态。通过这种方式可以高效地将工作项在所有的 Backlog 以及 Boards 视图中移除。这样一来，工作项还是存在的，但 Azure Boards 不会显示这些工作项，除了在查询结果中可以看到这些工作项。

如果想要强制在查询结果中不显示这些工作项，可以通过添加一个基于状态字段的查询条件来过滤这些数据。工作项移除相对于工作项删除来说可以更好地满足严格的组织级审计要求。

提示

> 当将 PBI 的状态变更到"已移除"时，应该通过讨论的方式添加一个备注用来解释移除工作项的原因。通过这种方式，可以增加透明度及可跟踪性。

5.1.5　建立有效的产品 Backlog

写一本融合 Scrum、工具以及实践的书是非常困难的，我必须持续在所有我所提供的指导建议与团队自管理的指导建议之间作出平衡。当然，我甚至可以直接在书中的每一页都写上"让团队自行决定"，但这样看起来会很老套。我的很多建议都是提供给一些刚刚开始实践 Scrum 以及刚刚开始使用 Azure DevOps 的团队。我完全能理解团队可以靠自己逐步建立起属于自己的管理模式。我只期望这些管理模式都是健康的。表 5-2 中列出了一些创建产品 Backlog 的最佳实践。

表 5-2　创建产品 Backlog 的最佳实践

提示	原因
PBI 的标题尽量简单明了	有时用户只会根据标题来对需求或者问题作出判断，并且 Azure Boards 中如果标题过长可能会导致标题溢出，屏幕无法完全显示标题的内容
给缺陷 PBI，打上 Bug 标签	可以方便地通过查询或者过滤的方式鉴别哪些 PBI 是缺陷
将 PBI 留在根迭代	在 PBI 开发预测完成之前，不要为 PBI 设置迭代路径，因为可能会因为各种情况的变化导致期望不能如期实现。可以考虑使用预测工具或者故事地图插件来进行发布计划
不要为 PBI 创建或者链接任务或测试用例	需要等到 PBI 被预测到冲刺开发时，再为其创建任务以及测试用例。因为各种情况的变化，可能会导致计划工作量的浪费，或者更糟糕的是可能会导致不正确的或者过时的计划被执行

（续表）

提示	原因
PBI 应该指派给产品负责人或者留空	毕竟产品负责人是产品 Backlog 的负责人。所以指派给他是更有意义的
根据工作的不同来选择合适的工具	使用 Backlog 页面对工作项进行添加，优先级排序，批量编辑，以及趋势预测。使用 Excel 批量导入或者批量编辑工作项
尽量使用链接的方式关联文档，而不是将文档作为附件挂到 PBI	可以将外部文档链接到工作项，并且可以独立地查找以及更新文档。查找文档附件可能比较困难，但是对于开发工作的归档比较有用

5.2　报告缺陷

在 Scrum 中，并没有区分特性与缺陷，它们都代表软件产品中需要开发的工作事项。两者都可以产出价值，也都会消耗成本。默认在 Azure DevOps 平台中两者存在一些区别。正如在第 3 章里提到的，Azure Boards 中的缺陷工作项类型相对于 PBI 类型可以跟踪一些额外的信息，比如重现步骤、严重级别、系统信息、构建编号（发现缺陷以及修复缺陷的构建编号），尽管缺陷的修复肯定会产生价值，但是缺陷工作项中没有提供业务价值字段。除了以上不同，其他方面缺陷与 PBI 基本一致。就 Scrum 而言，缺陷经过梳理、大小评估、预测以及拆解到计划中，然后根据 DoD 标准进行开发，与其他 PBI 的处理过程类似。

案例研究

由于 Scrum 团队使用的是定制化的 Professional Scrum 模板，缺陷工作项类型在此模板中已经被禁用掉了。即使没有禁用掉，产品负责人 Paula 也不打算使用缺陷工作项类型。因为这个工作项类型中没有提供业务价值字段，并且有一些无关紧要的字段。并不是说产品 Backlog 中不应该包含缺陷，而是说 Fabrikam 这个 Scrum 团队将会使用 PBI 工作项类型来跟踪缺陷。他们会有针对性地对 PBI 打标签，并且用描述字段来存放重现步骤和系统信息。

坏味道

不管团队是否使用缺陷类型的工作项，如果在产品 Backlog 中看不到缺陷，就可以觉察出坏味道。第一个令人担心的问题是，团队没有对产品进行测试，也可能是干系人没有反馈缺陷。从计划的角度上来看此问题，我更担心的是把缺陷报告以及记录到了其他系统中。可能由其他的团队（比如：QA）或者子团队使用的其他相对独立的测试以及跟踪工具。

另外，大型组织一般倾向使用集中的故障管理系统或者问题跟踪系统进行统一管理。对于生产环境中发现的软件缺陷一般会先流转到这些系统，虽然这些问题最终不应在这些系统里结束。这些缺陷应该首先被判定，如果是有效的缺陷则将其加入产品 Backlog。如果缺陷没有与产品 Backlog 中的特性放在一起，那么产品负责人就不能有效的对这些项统一进行排序，以便可以最大化团队的工作效率以及产品的价值。同时奉劝大家不要同时使用两个系统跟踪缺陷，这样会非常混乱并且产生浪费。

每一个 Scrum 团队都有自己处理"缺陷发现"以及"缺陷分类"的方式。在报告缺陷之前，需要有人对其有效性进行认定。因为有些人碰到的产品异常行为可能是产品本身的设计，或者是培训问题，或者是已经报告过或修复过的缺陷。这个识别以及整理的过程，也叫作缺陷判定以及缺陷重现。

缺陷判定还包括识别缺陷的严重级别、出现频率、风险等级以及其他相关因素。判定缺陷有时需要 Scrum 团队与干系人（比如领域专家以及业务分析师）共同协作。他们的参与可以更好地阐述特定领域的一些问题以及风险。

与所有 PBI 一样，任何人都可以报告缺陷。缺陷与产品 Backlog 中的其他工作事项一样，需要经过验证、评估、排序以及最终针对修复做出预测。产品负责人有处理缺陷的特权：批准缺陷修复；保留缺陷处于当前状态（新建）；将缺陷流转到就绪状态；在产品 Backlog 中移除缺陷。

案例研究

产品负责人 Paula 本着"尊重"以及"开放"的 Scrum 价值观，让所有的干系人以及用户都可以直接地反馈问题和缺陷。他们通过发送邮件的方式将缺陷反馈给 Paula；Paula 会对缺陷进行判定，如果是有效缺陷那么会将缺陷创建为一个 PBI 并为其添加"缺陷"标签。最终她希望团队可以在产品中提供直接反馈问题的能力，不仅包括像问题这样的负面反馈，还包括一些像特性请求这样的正向反馈。

5.2.1 如何提交一份高质量的缺陷报告

缺陷报告其实就是报告一个缺陷或者软件产品中发生的一些非预期行为。为了确保写出一份高质量的缺陷报告以及高质量的 PBI，必须在缺陷报告中包含足够的信息，以便 Scrum 团队可以理解这个缺陷，同时有效地评估业务影响范围以及决定缺陷是否值得修复。

标题必须清晰明了，团队成员应该可以通过缺陷的标题就能领会到缺陷的本质。如果产品 Backlog 中包含很多工作项，清晰明了的标题可以帮助开发人员快速对缺陷进行梳理、预测以及开发。这也避免了干系人还必须通过查看整个工作项中的内容来理解问题的上下文。

提示

当我指导 Scrum 团队时，我会鼓励他们进行头脑风暴，然后试图在此过程中了解他们对于缺陷的定义（实际过程要比听起来困难很多）。有一个清晰明确的定义对于包括干系人在内的所有人来说都很重要，在公开场合使用这个术语之前需要理解并遵守这个定义。当团队建立了对 bug 定义的共识之后，各种容易产生误解的叫法就会明显减少，也可以有效提升对于低质量软件的洞察力。

每一个 PBI 只应报告一个缺陷。如果记录了不止一个缺陷，其中有些缺陷可能就会被忽略掉。原子缺陷跟踪与原子测试的效果是一样的，他们都为"功能是否运行正常"提供了精准的定义。

另外通过一张图片来描述缺陷可以胜过千言万语。有一些问题通过文字很难解释清楚，但是通过一个带注解的图片就可以非常清晰直观地解释清楚。团队成员将会特别感激这些附加的信息，因为他们需要在最短的时间内定位到问题。任何有帮助的文档都可以通过链接或者附件的形式关联到工作项上。

说明

应该描述清楚观测结果（缺陷的重现步骤），可以通过 PBI 的 Description（描述）字段来记录这个信息。另外也应该考虑使用 Acceptance Criteria（验收条件）字段来跟踪期望结果（怎样才算运行正常？），如图 5-11 所示。团队了解预期结果后可以帮助团队创建更有效的测试。如果还有额外的验收条件，都可以在这里列出来。注意，尽量避免通过添加一个新的"特性"来修复一个缺陷。如果你想对产品做一些与缺陷不相关的改进，可以考虑创建独立的 PBI，并对其进行梳理以及计划。即使是修复缺陷时，也要注意避免"镀金"，添加一些超出预期或者无关的特性导致浪费。

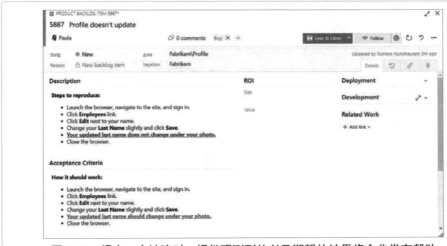

图 5-11　提交一个缺陷时，提供观测到的以及期望的结果将会非常有帮助

　　提供系统信息也是非常有帮助的，包括故障产生对应的构建编号。构建编号可以是由 Azure Pipeline 自动生成，也可以是程序集或产品版本号。有一个精确的构建编号或者版本号可以提供给团队更多的信息，帮助团队识别有问题的构建或者发布。否则，如果团队使用了当前的构建或者发布版本进行测试，但是却可能在一个已经修复的版本中查找问题，或者在一个问题不是那么明显的版本中查找问题。如果他们使用了更早的构建或者发布版本，那么有问题的代码可能还没有集成进去。所有的这些信息都可以通过 PBI 中的描述字段来跟踪。

　　缺陷工作项应该始终都要包含重现步骤和预期结果。这个实践非常有用，因为有时候开发人员不认为这是一个真正的缺陷，或者说会辩称"在我的机器上运行正常啊！"他们并不清楚"运行正常"真正的含义。反过来说也同样成立，预期结果可以在他们的环境上正常运行，但是无法在生产环境中正常运行。通过预期结果以及重现步骤的差异可以帮助我们证明缺陷确实真实存在。另外使用类似"这是一个缺陷"或者"应该能工作"的一般性描述没有什么价值，因为这个缺陷可能不会立即显现出来，让其他人看到。

　　报告缺陷的时候尽量专业点。不要将标题写为"求助""崩溃了""出错了""什么情况？"或者"嘿，兄弟！"这种类型的标题是最没有营养也是最令人恼火的。标题应该尽量简明了，将更多的解释以及说明填写到描述以及验收条件字段中。团队成员并不会读心术，所以不要在说明里使用类似于"明白我的意思了吗？"这样的信息，尽可能地解释清楚问题。并且，不要玩弄政治手段！使用缺陷报告来谋取政绩，严重损坏了团队和产品的健康，也违背了 Scrum 价值观中的尊重原则。

你可能亲身经历过这样的问题：有时你没有记录下重现问题的具体步骤，然后很快就忘记了重现步骤。所以应该在不带来浪费的基础上，尽量将问题描述清楚。在保存缺陷工作项之前，需要先校对下缺陷的相关字段。经过校对的缺陷报告会更容易得到其他人理解，并得到修复。表 5-3 列出了一些反馈缺陷的最佳实践。

表 5-3　反馈缺陷的最佳实践

实践	原因
缺陷判定	为了判断是否为有效的缺陷，并且不是功能、培训问题或者产品本身的设计
保持标题简单明了	为了避免用户需要通过阅读整个 PBI 工作项中的内容来了解上下文
每个工作项只反馈一个缺陷	为了对每一个缺陷独立地进行评估、排序以及预测
通过在 PBI 上打标签的方式来表示缺陷	为了更方便地通过查询以及过滤区分缺陷或功能请求
包含带注解的截屏	为了高效地反馈缺陷
列出可以重现缺陷的步骤	通过描述字段提供给团队尽可能多的缺陷上下文信息，以便团队可以快速鉴别以及修复缺陷。
提供期望结果和观测结果	通过验收条件字段让团队了解运行成功应该的样子，以便团队可以修复缺陷。
包括系统信息、构建编号和 / 或版本号	通过描述字段提供给团队尽可能多的缺陷上下文信息，以便团队可以快速鉴别以及修复缺陷
使用合适的语法、措辞以及语气	保持专业性

5.2.2　缺陷来源

缺陷可能会以任何形式出现在软件产品中。产生缺陷的原因有很多，所以，试图找到缺陷责任人并责怪他们让他们感到羞愧是没有任何意义的。Scrum 团队应共同承担包括缺陷在内的所有事项。在专业 Scrum 团队中不会存在责怪以及羞辱的情况，因为它们违背了 Scrum 价值观的尊重原则。

调研并清楚"缺陷产生原因"的工作量通常可能是"修复缺陷"的 2 到 3 倍。所以需要确保团队花费在原因分析的时间可以对产品和流程产生价值。在冲刺回顾会议中讨论任何调查发现以及未来可能会采取的修复方案是一个不错的选择。不管最终的调查发现怎样，记住团队要共同对产品的质量负责（不管质量高低）。

下面列出一些软件产品中缺陷产生的原因：

- 特性蔓延
- 使用了不恰当的流程
- 使用了不恰当的工具
- 开发人员经验不足
- 代码质量较低
- 测试覆盖率较低
- 需求理解不充分

真正的虫子，比如那些微小的爬行生物，根据它们所属的物种，也有明确的生命周期。它们的蜕变就是对于软件缺陷的很好的比喻。通常始于一个简单的观测结果：可能引起客户不满的源头（虫卵）；下一个阶段是针对观测到的症状，整理出具有明确定义的报告，然后进入重现以及技术调研阶段（幼虫）；接下来进入到修复问题的阶段（蝶蛹）；然后到一个经过测试的构建（成虫）；最终部署修复版本（死亡）。就像真正的虫子那样，并不是所有的软件缺陷都可以幸存到成体。当然，与真正的虫子不同的是，如果缺陷修复失败，软件缺陷会回滚到它们的幼体状态。这就是所谓的缺陷重开，后面的章节将要介绍一些相关的内容。

提示

> 我经常碰到一些开发人员，他们认为有必要通过新发现的缺陷追溯回原始 PBI。尽管这可以在 Azure Boards 中很容易实现，但是我总会问"为什么"？如果是想参考原始的验收标准（在 Azure DevOps 界面中是"验收条件"）是怎样定义的，倒是可以说得通。开发人员应该考虑复制并粘贴一些适用的验收条件并对其稍加调整，放到新的 PBI 中。反而，如果他们想定位问题产生的原因，那么应该是从代码以及测试入手。如果是想找出原始 PBI 的大小（如故事点），然后将其从速率中扣除掉，这是有问题的，更别说还会浪费时间。将时间花费在研究过去的错误上，就无法利用这些时间进行冲刺 Backlog 的开发以及达成冲刺目标。在冲刺回顾会议中应该讨论这些发现。记住，软件开发是复杂的，也是非常困难和充满风险的。我们不可能总是做对，而更应该关注在下一轮冲刺中如何改进。

5.2.3　冲刺内缺陷与冲刺外缺陷

缺陷不都是一样的，对于不同的缺陷应该采用不同的处理方式。在生产环境中发现的缺陷或者在准备投产的增量交付中发现的缺陷，并不在开发人员冲刺预测的工作范围内，对于这类缺陷应该按照特性请求的方式去处理。让产品负责人将缺陷添加到产品 Backlog，由 Scrum 团队完成梳理，并预估放入到将来的冲刺中。

如果产品负责人认为缺陷比较紧急并要求立即修复，那么团队应该放下手上的工作尽快修复缺陷。缺陷的修复可能需要团队投入部分或全部资源容量。尽管所有人都清楚这样做可能会导致冲刺预测不能按期完成或者使团队无法达成冲刺目标，但是产品负责人需要权衡风险，并与团队和干系人讨论后做出决策。

我将团队在冲刺开发过程中发现的代码问题称之为冲刺内缺陷。在团队的正式定义中，这可能不是一个缺陷，而是代码还并没有完成。毕竟大多数团队的 DoD 标准都会包括某些形式的"代码编译成功""应用没有报错"或者"所有测试通过"。在这些情况下，这并不是一个真正的缺陷只是团队还没有完成而已。

说明

> 计划外工作就是无法在冲刺开始的时候计划的工作。如果团队计划投入 100% 的时间在某些具体的工作上（比如开发任务），那么团队将没有剩余的资源容量来处理计划外的工作，比如缺陷的修复。一旦有紧急情况发生就会导致团队不能按期完成他们的预测，如果团队关注并跟踪速率的话，还会导致他们的速率下降。由于速率或者其他类似的度量是冲刺计划的参考依据，所以速率的下降将会给下一轮冲刺提供富裕的时间来解决一些紧急问题以及计划外的工作。高效率 Scrum 团队会在最大化团队工作产出价值的同时关注他们的资源容量。

坏味道

> 通过失败的测试结果创建缺陷，这是一种坏味道。比如验收测试。我经常看到类似的问题，特别是当有其他团队存在时，比如 QA 团队，他们会做一些 Scrum 中不存在的验收测试，而且倾向于直接通过创建工作项的方式来反馈缺陷，而不是面对面地沟通讨论。失败的测试并不是一个缺陷，仅仅代表团队还没有完成而已。大部分情况下团队应该更新他们的计划，比如添加一个任务到冲刺 Backlog 中，然后修复代码并通过测试。

举一个冲刺内缺陷的例子，比如，团队正在开发一个新的功能"添加一张新的票务汇总报表"，但受阻于上一轮冲刺的"如何编写一个控制器"的问题。幸运的是，这个控制器的问题并没有影响到任何生产环境的功能，但是它确实阻塞了当前冲刺的 PBI 的进展。如果团队已经断定控制器问题会影响到当前生产环境的功能，产品负责人将希望尽快修复掉此缺陷。这种情况下，团队就不得不快速修复缺陷，以便可以完成这张新报表的开发工作。

对于冲刺内缺陷的目标就是修复它们，而不是管理它们。理想的情况是修复所有在冲刺中发现的缺陷。如果不修复，则可能会影响到开发人员完成冲刺预测以及达成冲刺目标。Scrum 团队如何应对冲刺内的缺陷呢？以下是我给出的一些指导建议。

- 如果是一个较小的缺陷（修复时长 < n 小时），并且不会影响开发人员完成冲刺预测以及达到冲刺目标，那么这种情况就可以把缺陷作为计划的一部分并在冲刺内修复掉缺陷即可。由开发人员自己来决定 n 的大小，也可以在冲刺回顾会议中对这个大小进行调整。在我看来对于小型团队 2 个小时是一个不错的开始。

- 如果是一个较大的缺陷（修复时长 > n 小时），并且不会影响开发人员完成冲刺预测以及达成冲刺目标，那么可以创建一个 PBI 添加到冲刺预测中，并关联一个任务工作项（如果团队使用任务工作项的话），然后开发人员在冲刺内定位缺陷。通过 PBI 可以提升透明度以及解释过程中出现任何问题的原因。

- 如果是一个较大的缺陷（修复时长 > n 小时），并且会影响到开发人员完成冲刺预测以及达成冲刺目标，那么需要创建一个 PBI 并与产品负责人沟通讨论。产品负责人可能会认为缺陷修复的价值要高于当前冲刺预测的其他 PBI。如果产品负责人不这么认为那么缺陷对应的代码就会留在当前冲刺中，缺陷 PBI 会被 Scrum 团队重新梳理并预测到将来的冲刺中。

但如果创建一个缺陷 PBI 仅仅作为一个简单的提醒呢？假设一个团队成员发现了一个很小的缺陷，但是不能立即动身修复。与其创建一个额外的 PBI，我更建议更新一下冲刺计划，比如在被缺陷阻塞的 PBI 上创建另一个任务。如果团队不使用任务，那么也可以选择在冲刺预测中添加一个 PBI 来代表缺陷，让团队自行决定吧。不管怎样，像这样的问题应该尽早提出来，即使可能无法立即修复，也要让其他开发人员都知道。开发人员必须决定是否要在当前冲刺内修复还是要放到将来的冲刺修复。如果将缺陷保留在代码里，那么需要与产品负责人沟通确认。所有成员都需要清楚可能无法按期交付冲刺预测并达成冲刺目标。更重要的是，你正在向产品以及代码里添加技术债务。

相反，在生产环境中发现的缺陷，或者是准备投产的增量交付中发现的缺陷，我将其称之为冲刺外缺陷。通常这些缺陷不会影响团队正在进行的预测工作以及相关代码。如果有影响，那么就称为冲刺内缺陷，否则的话，可以参考我提供的 Scrum 团队冲刺外缺陷处理指南。

- 如果产品负责人认为缺陷是非常紧急的，那么团队应该想尽所有办法尽快修复缺陷，同时创建并发布修复版本。所有成员都应该意识到冲刺预测可能不能按期交付以及冲刺目标也可能无法达成。

- 如果缺陷不是很紧急，那么创建一个 PBI。让产品负责人决定是否需要重新梳理缺陷以及具体将缺陷放到哪个冲刺计划中修复。

- 如果出现的紧急缺陷数量很大或者呈增长趋势，那么可以考虑调整下团队容量或者设置专员来支持此类问题。Scrum 团队同时应该找到这些紧急缺陷问题产生的根本原因并尝试一些解决方案。如果产品质量较低，那么 Scrum 团队应该放慢脚步，并严格按照团队定义的标准来完成工作，并因此而提高产品质量。

说明

如果怀疑有缺陷存在，可以通过编写一个失败的测试来验证这个猜测。这个测试可以是自动化测试（比如单元测试）或者手工测试（比如测试用例工作项）。我知道之前提到过在产品 Backlog 中不应该将计划外工作与任何任务和测试用例关联。这条指导建议的原因是为了减少浪费，比如过早地定义任务和测试用例。对于这条指导建议的一种例外情况是测试用例工作项的存在早于缺陷 PBI。如果出现这种情况不要废弃测试用例，当团队修复缺陷时，测试用例仍然可以在将来的冲刺中体现价值。

举一个冲刺外缺陷的例子，假设团队正在开发一个新的功能"添加一张新的票务汇总报表"，在评审控制器代码的时候，发现控制器的逻辑有点问题。这个问题没有阻塞团队完成当前冲刺中 PBI 的开发工作，但是团队清楚缺陷已经部署至生产环境中了。尽管还没有用户反馈这个问题,但此时团队应该通知产品负责人，因为产品负责人可能想尽快修复掉这个缺陷。在这种情况下，团队可能无法按期完成冲刺预测，以及达成冲刺目标。

5.2.4　缺陷重开

缺陷重开指的是之前已经修复过的缺陷再次出现。这可能是因为环境变化的原因：比如基础设施的升级，执行了新的部署，或者是过早地关闭了缺陷。有时人们会在还未从根源上修复缺陷时，就将缺陷标记为已完成状态。当这种情况发生时，就会在修复过程中产生浪费。团队成员不得不编写测试用例、执行测试用例以及重新打开缺陷 PBI。原始代码很可能需要进行重构或者废弃掉这些代码，然后重新测试。缺陷重开至少导致了两倍的上下文切换，通常完成所有的缺陷修复相关的工作量投入可不止两倍。频繁地重开缺陷是一个非常严重的问题。

观察缺陷的重开率是非常重要的。一点点浪费是可以接受的，但是缺陷重开率如果处于中高或者持续增长的状态则是一个严重的问题，此时需要提醒团队诊断缺陷发生的根源并修复缺陷。尽管粗心的开发实践是最明显的原因，当然也存在其他潜在的原因包括：低质量的缺陷报告、不恰当的测试管理以及过于苛刻的鉴定标准等。在冲刺回顾会议上讨论这些问题是一个很好的选择。

案例研究

> 产品负责人 Paula 创建了一个共享查询"活动的缺陷"，查询将会返回所有的带有"缺陷"标签的 PBI，包括新建、就绪和已预测状态，不包含已移除以及完成状态的缺陷。Paula 同时在团队仪表板上添加了一个查询平铺小组件用来实时展示处于活动中的缺陷数量。同时为查询平铺小组件配置了"条件格式"，以便缺陷数量超出特定数量后组件的背景颜色可以变化，从而引起团队成员的注意。如图 5-12 所示。通过点击查询平铺小组件可以显示当前处于活动的缺陷 PBI。

FIGURE 5-12 Query dashboard widgets show work item counts at a glance.

图 5-12　通过 Query Tile（查询平铺）仪表盘小组件来查看工作项的数量

5.3　梳理产品 Backlog

　　产品 Backlog 的梳理是一个持续的、非正式的活动，可以帮助 Scrum 团队更好地理解产品 Backlog 中即将开展的 PBI。在适当的时间，团队会对这些 PBI 进行估算并确定这些条目是否达到可以放入冲刺规划活动的"就绪"状态。Scrum 团队具体是否要开会（if）、何时开会（when）以及在哪里开会（where）梳理 Backlog，由它们自行决定。《Scrum 指南》中只是推荐团队梳理产品 Backlog，并建议在冲刺过程中不要投入超过 10% 的团队容量来做此事。因为这不是一个正式的活动，而是完全可选的。

提示

尽管产品 Backlog 的梳理是一个可选的活动，但它确实非常重要。这个活动给团队提供了一个定期优化改进产品 Backlog 的机会。建议 Scrum 团队建立一个有规律的节奏进行产品 Backlog 的梳理。团队可以根据实际需求调整这个频率。专业 Scrum 培训教练 Simon Reindl 的建议是，对 PBI 完成 3 轮梳理之后，再对 PBI 进行预测以及开发。

最初，仅拥有标题的 PBI 就可以将其添加进产品 Backlog 中，其他的相关字段会随着 PBI 的预测逐步显现。在预测以及开发之后，有些字段的值可能会发生变更。在预测 PBI 之前，Scrum 团队需要对需求有深入地理解，包括需求对于客户的价值，需求开发完成后应该呈现的样子，需求的粒度以及开发需求所需要的工作量。PBI 字段的演变过程可能会在冲刺规划、冲刺评审或者产品 Backlog 梳理会议中发生。

提示

Scrum 团队通常会自上而下地对产品 Backlog 中的 PBI 进行梳理，首先需要确保团队对于最高优先级的工作项有清晰的理解并且在团队内达成共识。然而有时候，团队可能想对一个并非靠近顶部的特定 PBI 进行梳理。在一个庞大的产品 Backlog 中查找某个工作项时，我建议使用 Azure DevOps 顶部的搜索功能，搜索将会跳转到工作项页面并显示查询结果，与执行一个工作项查询类似。如图 5-13 所示，通过搜索关键词 links 来查询一些感兴趣的工作项。

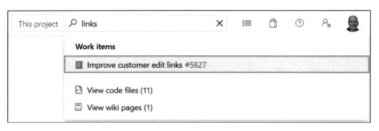

图 5-13　可以通过多种方式搜索 Azure DevOps 项目中的工件

随着更多信息的浮现以及共识的形成，你应该编辑并更新工作项。更新可以发生在冲刺中的任何时间点，最好是在梳理产品 Backlog 的时候。下面列出一些可能会在梳理产品 Backlog 时产生的工作项更新。

● 添加或优化说明　说明用来解释提出需求的用户、需求的描述以及需求产生的原因。

● 确定业务价值　产品负责人为其确定业务价值。

- 关联文档　团队将相应的支持文档通过链接或者附件的方式关联到 PBI。
- 添加验收条件　通过与客户、用户以及领域专家在内的干系人协作，将整理后的验收标准添加到 PBI。
- 大小　在对 DoD 有了一致的基本理解之后，团队参考产品 Backlog 中的其他已经完成或者已经进行大小估算的 PBI 进行估算。

提示

> 业务价值是一个抽象的数字，并不需要将其直接映射到任何度量指标（销售额、收益、新增用户、已售产品等等）。也就是说与 PBI 的大小或工作量类似，可以通过在 PBI 之间比较评估其对应的业务价值。对于产品负责人该如何评估业务价值，我通常教他们使用斐波那契数列的方式进行评估，与故事点的评估方法类似。不同的是我将故事点的数字乘以 100，以便看起来更明显，更突出。我推荐给团队使用的业务价值数列为 100，200，300，500，800，1300 以及 2100。

- 拆分　Scrum 团队认为 PBI 太大以至于不能在单个冲刺中完成。
- 状态设置为就绪　Scrum 团队认为 PBI 已经达到可以进行冲刺计划的就绪状态。
- 状态设置为已移除　产品负责人确定 PBI 是否重复或者没有必要。

　　我准备拿出几页的内容专门讨论在产品 Backlog 梳理过程中的一些特定活动：定义验收标准、大小的估算以及 PBI 的拆分。尽管这不是什么新鲜话题，也有很多其他的相关书籍，但我想讨论的是在专业 Scrum 中的具体实践方法。

5.3.1　定义验收标准

　　专业 Scrum 开发者在还未确定需求完成后的展现形式之前，不会预测任何工作。例如有一个 PBI 除了提供了简单的标题"月度工单报表"，并没有提供更多的信息。即便这个 PBI 提供了一个不错的描述"作为技术支持人员，我想要按月查看我提供支持的工单信息以便可以为将来做更好的准备"，团队依然可能根据这个模糊的需求设计出上百种不同的需求报表。团队应该采取更加慎重的方式了解开发的具体内容以及开发完成后的展现形式，而不是匆忙地分享信息并构建出错误的结果并企图通过反馈来逐步完善。

　　通过与干系人协作并确认验收标准，能够提高需求描述的准确性。这个任务可以交给 Scrum 团队中的任何一个人，但这通常应该是产品负责人的职责。在高效的 Scrum 组织中干系人自身（比如用户）也可以撰写 PBI 以及验收标准。

　　正在使用的验收标准是一种轻量、敏捷地建立需求并定义 PBI 成功因素的方法。

可以把它看作是特殊的工作项 DoD 标准。验收标准应该定义的是"什么"而不是"怎样"。团队应该具有如何实现验收标准的自主权，只要团队最终的交付符合验收标准以及 DoD 标准就可以。图 5-14 展示了一个含有成熟验收标准的 PBI。

　　每一条验收标准都应该是可测试的。换句话说就是可以创建并执行一个手工或者自动化测试来验证每一项是否完成。有时可能需要执行多个测试来验证一个标准；也可能会是一个测试同时验证多个标准。第 7 章将更深入地介绍相关内容。

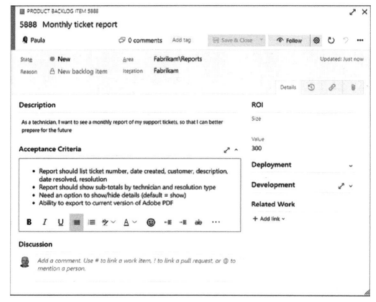

FIGURE 5-14 Each PBI should have adequate acceptance criteria.

图 5-14　每一个 PBI 都应该具有适当的验收标准

需求范围蔓延

　　敏捷开发的其中一条核心价值是"响应变化胜过遵循计划"，所以，如果产品负责人需要更改验收标准的话，会怎样？如果 PBI 还没有预测，那么问题不大。需要有人更新对应的验收标准，开发人员在下一次梳理 PBI 时，需要重新估算 PBI 的大小。

　　如果开发人员已经预测了 PBI，甚至是已经在当前冲刺开始了对应的工作，那么开发人员的本能反应会非常排斥这个变更。无论如何，难道 Scrum 的各种规则不是为了让团队联合起来一起抵制需求变更吗？很多人同意这个说法，而实际不是这样。产品负责人的责任是最大化产品的价值以及团队的工作。有时两者会有冲突，特别在业务以及市场的驱动下要求立即响应变化时。这并不是说不会产生浪费。

正确的做法应该是整个 Scrum 团队共同协作并通过拥抱变化来不断地产生产品价值。这是在第 1 章里提到过的 INVEST 原则中的 N（negotiable）也就是可协商的。是的，这可能会导致冲刺预测无法按期完成以及无法达成冲刺目标，并在过程中产生浪费。但是从产品负责人的角度上来看，快速响应产品变更对于避免最终可能会产生更大的风险和浪费来说是值得的。团队有必要通过冲刺回顾会议更好地理解问题出现的原因以及如何避免问题再次发生。

案例研究

> 因为冲刺只有两周的时间，所以需求范围的蔓延并不是什么大的问题。如果这种情况发生了，团队需要保持专业并与产品负责人 Paula 共同协作，从而最大化产品的价值。正如 Paula 已经学会了信任团队的能力，团队也需要学会相信 Paula 的判断。

5.3.2 PBI 大小估算

产品 Backlog 中高优先级的工作项通常比低优先级的工作项更清晰，并且包含更多的信息。由于信息更加清晰明了，所以大小的估算相对会更准确一点。产品 Backlog 中越接近底部的工作项所能提供的信息就越匮乏，这就是为什么团队应该在产品 Backlog 中自上而下地进行大小估算，而不是从中间或者底部开始估算。对于团队来说，从产品 Backlog 的底部来估算工作项大小是在浪费团队的时间，尤其是那些产品负责人不想优先处理的 PBI。我在第 1 章中讨论过这个概念以及"产品 Backlog 冰山"的概念。

产品 Backlog 中每一个 PBI 都是独一无二的，所以对于评估第一次开发，或者是之前从来没有开发过类似的场景的需求是非常困难的。传统的评估方式并不适用。对于一些粒度较小的事物，使用精确的估算方式没什么问题，比如冲刺中的任务（创建一个 web 页面，更新一个存储过程，创建一个压力测试等）。每一个任务都可以按小时相对精确地估算出来。对于一些粒度较大的工作项，比如 PBI，你可以使用一个精确度较小的测量方式，比如 T 恤衫的号（S，M，L，XL）或者是斐波那契数列（1，2，3，5，8，13，21，等等）。

在 Scrum 中，团队负责所有的评估工作。由团队中的分析人员、设计人员、测试人员和开发人员等进行最终的评估。在小型团队中，产品负责人和 Scrum Master 也属于团队成员，他们也需要参与评估工作。永远不要低估做好评估工作所消耗的时间，但是也要清楚，花费过多时间在分析以及评估上反而会降低时间的投资回报率。

提示

Scrum 中提供了三种正式的梳理产品 Backlog 的时机：冲刺规划期间，产品 Backlog 梳理期间以及冲刺评审期间。最好是在产品 Backlog 梳理期间批量完成 PBI 的评估。这样开发人员就可以在下一轮冲刺规划中花费更少的时间在工作大小评估以及预测工作上了。

越晚对 PBI 进行大小评估越好。因为越早评估往往越不准确。毕竟今天获取的信息永远比昨天多。合理的产品 Backlog 的排序可以在评估时有效地减少浪费。产品负责人应该了解接下来要进行的工作，并关注那些工作。产品负责人应该等待明显大型的 PBI（比如史诗级的）得到拆分。

不过，有时这是一个先有鸡还是先有蛋的问题，产品负责人在对 PBI 排序之前需要先对其大小或者工作量有一个基本概念。有一种可以优化评估流程价值的方案是：团队先提供给产品负责人一个粗略的评估，比如，按照 T 恤衫尺码（S，M，L，XL）的方式进行评估，这种方式可以提供给产品负责人足够的信息，以便产品负责人可以高效地完成 PBI 的排序，甚至可以通过这个信息决定是否接受 PBI。团队可以在将来的 PBI 梳理期间使用更精准的方式对 PBI 进行更全面的评估。

《Scrum 指南》中并没有针对大小 / 工作量的评估提供任何特定的评估方式以及估量单位。团队可以使用任何自己喜欢的实践或者度量单位。计划扑克就是一种非常受欢迎的评估方式。故事点也是非常受欢迎的评估方式，尽管有些团队喜欢把它称作"复杂点"或者使用非常抽象的"橡果"。我曾参与指导的一个做制药软件的团队甚至将其命名为"维柯丁"（维柯丁是一种处方止痛药，用来描述让他们痛苦的用户故事非常合适），不管团队使用什么术语，对于复杂工作还是最好使用类似于故事点的抽象评估方式。使用抽象的数值评估相对于按照时间方式评估（小时、人天、周）更有优势，因为这种用法并不意味着承诺、计划或者感觉上像是一个日程安排，例如如果之前使用人天的方式进行评估，干系人可能会对 PBI 有特定的预期并将其记录到日程中。

说明

敏捷评估方式并不是一种银弹。实际上这是一种比较糟糕的评估方式，除非已经尝试过其他所有的评估方式。敏捷评估方式不会降低早期评估的不确定性，但是也不会浪费不必要的时间。随着时间变化评估会变得越来越准确。这是因为敏捷评估方式中的经验主义结合了实际的工作经验。敏捷评估实践中更重要的产出是沟通以及共识，而不是具体的数字。共识建立完成后（团队对 PBI 的大小评估达成一致），产品 Backlog 梳理完成。

提示

> 经常有人问我"大小"是否与"工作量"一样，答案是肯定的，两者都是抽象
> 的评估单位，并不是按照时间的方式评估，而是相对于其他 PBI 的比较。经常
> 也有人问我"大小"是否与"复杂度"一样。答案也是肯定的。它们不是计算
> 机科学中针对复杂度的度量（比如功能点），两者也都是抽象的评估单位并且
> 都是相对于其他 PBI 的比较。也就是说如果估量单位是抽象的，那么大小就意
> 味着工作量或者复杂度。由于这里比较令人困惑，所以在专业 Scrum 团队中
> 使用了更为通用的术语"大小"。不管怎么命名，PBI 中的"工作量"字段都
> 将用来记录这个值。

默认 PBI 中有一个"工作量"字段用来记录这个评估。在自定义的专业 Scrum
模板中，保留了此字段并将此字段的标签改成了大小。这个数值字段表示实现 PBI
所需要的工作量或者复杂度的相对等级。数值越大，表示工作量越大或者 Backlog
越复杂。

1. 计划扑克

计划扑克是一个用于评估复杂工作的工具，比如软件开发工作的评估。评估的
具体方式是每个团队成员选择一张评估卡片，并且不能让团队其他成员看到自己选
择的卡片。当所有的团队成员都选好卡片后，所有的团队成员同时亮出自己的卡片。
产品负责人以及 Scrum Master 不要参与到这个评估过程中，除非他们也是团队成员。
如果有必要的话，可以让 Scrum Master 来协助完成这个流程。产品负责人在这个过
程中应该提供一些帮助，比如回答一些具体问题。其他的干系人或领域专家应该参
与到梳理工作中以便为团队提供帮助，但是不要参与到评估工作中。

卡片中的单位通常就是斐波那契数列中的故事点（0，1，2，3，5，8，13，
21，等等）。卡片通过这些数列来表示评估的大小，数值越大表示包含越高的不确
定性以及风险越高。在我的经验中虽然数值标记为 0 的卡片很少使用到，但是它可
以让其他人知道 PBI 是无效的或者已经实现了。记住这个活动的重点是一个交流、
学习以及达成共识的过程，而不是卡片上的具体的数字。

我是这样推进计划扑克活动的。

- 选择一个基准 PBI　开发人员挑选一个最近开发的中等规模的 PBI 并使用
  此工作项作为参考。然后，将此 PBI 的大小设置为 5，并以此工作项作为
  比较基准。这个参考项并不需要与被评估的项类似，当然如果类似的话会
  更有益于评估。随着团队成员之间的不断协作以及对这个领域和评估方法

更深入地理解，团队可以再选择一个新的基准 PBI 并在产品 Backlog 中重新分配大小。

- 阅读 PBI　通常资深的开发人员以及领域专家会针对选出的 PBI 提供一些简要的概述。也可以由产品负责人来做。

- 讨论 PBI　提供给开发人员一定的时间来提出并讨论问题以及澄清假设和风险，需要注意控制好时间盒。并且，最好能够记录下讨论的结果。

- 评估 PBI　开发人员通过将此工作项与基准 PBI 进行比较，然后对这个 PBI 的大小来一个初始评估（1，3，5，8，13 或者 21）。所有人在同一时间翻开卡片以避免有些开发人员影响或者锚定了其他的团队成员的意见。例如，如果团队成员最初通过与基准 PBI 的比较，认为当前 PBI 的大小应该评估为 3，然而考虑到不确定性技术负债、使用新技术带来的风险、缺乏测试以及诸如此类问题等，可以考虑将这个数值评估为 5。

说明

如果团队成员在翻开卡片之前提示或者暗示他们的评估结果那就会出现锚定效应。一个跨职能的团队通常会包含一些保守的以及激进的评估者。有一些开发人员可能会带有一些目的，比如把他们要做的事情的时间评估得长一点。相反对应的产品负责人则更希望需求可以尽快地完成。此刻尤为重要的是要通过协作达成一个彼此接受的折中方案。

当产品负责人或者资深的开发人员提出类似"这应该很简单"或者"我可以一天之内完成"，那么评估就会被锚定。当有些人提出一些消极的话，那么锚定可能会走向另一个方向，比如"那个组件岂不是会产出很多技术债？"或者"等下，那个代码没有写任何单元测试"。不管是谁开启了类似的声明"那将需要消耗整个冲刺来完成"，这个声明会立马影响到其他开发人员的想法。此时他们的评估已经被那个声明给锚定了，甚至是从潜意识里锚定。其他团队成员此时将会从潜意识里参考那个意见，比如当时那些认为 5 个故事点可以完成的人，现在可能会考虑增加评估的大小。

如果一个有影响力的团队成员首先对 PBI 作出了描述，那么就会产生锚定效应。因为团队中的其他成员已经被锚定，所以他们很可能有意或无意地无法表达他们最初的想法。事实上他们可能都没有发现自己也曾思考过同样的事情。评估的结果被日程、态度、alpha 版本以及受开发工作完成（交付可工作的产品）无关的意见影响是非常危险的。

- 讨论异常值　让给出最高以及最低评估值的开发人员解释给出异常值的原因。如果没有异常值出现，那么团队就对大小的评估达成了共识，之后就可以记录下这个值并进行下一个 PBI 的评估了。

- 重复评估直到达成共识　团队应该重复进行这个评估流程，直到达成共识。然后将大小记录到 PBI 中。如果经过几轮评估后团队仍然无法达成共识，那么就应该暂缓这个 PBI 的评估，把它延期到下一次梳理活动（由于本次评估无法达成折中方案），毕竟越往后获取的信息就越多。对于很难达成共识的情况，我会让那些给出异常评估的人员去做一些线下调研并证明这个工作为什么非常难或者非常简单。这个线下调研的结果将会在下一次梳理会议中展示。

虽然网上有一些评估工具，甚至有部分还可以与 Azure DevOps 集成，但我更倾向于这种在现场使用物理卡片的模式，因为这种模式可以提供高质量的交流以及学习。对于分布式的团队或者远程的开发人员可能有必要使用一些工具。

2. 墙面评估

Scrum 团队可以采用多种方式对 PBI 的大小进行评估。虽然计划扑克是最出名的评估方式，但有一些专业 Scrum 教练会用一种类似的评估实践称之为"墙面评估"（wall estimation），也称作"白象评估"（elephant sizing）。起源于白象礼物交换（White Elephant Gift Exchange）的想法以及流程。如果你从来没有听说过的话，可以查一下。下面列出我是如何推进墙面评估活动的。

- 创建白板　团队首先围成半圈并面对一个拆分成 7 列的白板，每一列代表了一个斐波那契数列（1，2，3，5，8，13，21）。将计时器以及需要被评估的 PBI 放置在旁边的桌子上。

- 选择基准 PBI　开发人员挑选一个最近开发的中等规模 PBI 并使用此工作项作为参考依据。然后将此 PBI 的大小设置为 5，并以此工作项作为基准。随着团队成员之间的不断协作以及掌握此领域对应的评估方法，团队可以再选择一个新的基准 PBI 并在产品 Backlog 中重新分配大小。

- 准备 PBI　可以使用索引卡或者便利贴来表示 PBI 卡片。卡片上需要包含将要评估的 PBI 的标题以及概述。

- 评估 PBI　第一个团队成员将打开计时器并从顶部选择一张卡片，把卡片内容大声地读出来，然后贴到白板其中一列并说出选择此列的原因，最后停止计时器。我会让团队自己来控制计时器。有些团队倾向跳过解释环节，使用更快速的“沉默”（silent）版本。

- **调整大小**　接下来团队成员可以选择一个新的 PBI 按照上面的方法进行大小评估，或者像白象礼物交换一样调整（偷走）之前 PBI 的大小。如果是要调整 PBI 的大小，那么需要将 PBI 移动到其他列并解释调整的原因。

- **重复直到完成**　后面的团队成员按照上面的步骤重复执行（对新的 PBI 进行大小评估或者对已经在板上的 PBI 进行大小的调整）。直到所有的 PBI 都被评估或者时间盒超时。之后将评估的大小记录到 PBI 上。一旦完成所有新 PBI 的大小评估—仅剩下一些有分歧的 PBI—开发人员就可以跳过本回合。跳过回合的意思是团队成员认可板上 PBI 大小的评估。

所有人都应该集中精力关注评估者的选择以及仔细聆听评估者选择的原因。在这个过程不要讨论、评判以及表示不满。如果评估者没有在有效的时间内完成 PBI 的大小评估，那么需要将这个 PBI 卡片放回到卡片最底部。如果团队无法对某个特定的 PBI 达成共识并且无法找到折中方案，那么应该暂缓这个 PBI 的评估，延期到下一个梳理周期等到可以获取到更多信息时再进行评估。对于很难达成共识的情况，我会让那些给出异常评估的人员去做一些线下调研并证明这个工作为什么非常难或者非常简单。这个线下调研的结果将会在下一次梳理会议中展示。

案例研究

> 团队决定使用计划扑克的方式对产品 Backlog 中的 Backlog 进行大小评估。评估通常是在每周五早上的产品 Backlog 梳理会议中进行。由于团队已经在同一领域使用熟悉的工具和技术共同工作一段时间了，所以已经充分确立并理解了团队的基准。评估会议进展一般比较顺利并且可以很快可以达成共识。

5.3.3　PBI 拆分

在本章的前面，介绍过关于将史诗级 PBI 拆分为两个或更多 PBI。现在我们将讨论产品 Backlog 的梳理，让我们来回顾下这个指导建议。当 PBI 太大导致团队无法在一个冲刺中完成时，那么必须要对 PBI 进行拆分。对于有些团队而言，即使是这样风险也太大，所以在他们的工作章程里明确定义了 PBI 的大小不应该超过几天的工作量。

不管团队对于“太大”的定义是怎样，总会有一些时候需要对 PBI 进行拆分。例如，如果团队通过跟踪速率并计算出下一轮冲刺的速率大概为 16 到 20 之间，那么就需要将大于 13 个故事点的 PBI 进行拆分。如果团队想要更好地控制风险，那么应该有一个工作章程：故事点大于速率一半的 PBI 都应该被拆分，所以大于 8 个故事点的 PBI 都应该进一步拆分。

　　有几种推荐的拆分 PBI 的方式，它们都有一个共同点——垂直地对 PBI 进行拆分。也就是说在解决方案中包含所有架构层或者组件层的垂直功能切片。例如，如果你的应用程序是 MVC 架构（模型、视图、控制器），那么每一个 PBI 都应该可以实现 MVC 组件中的各个层的相关工作，并且包含持久化存储（比如数据库）以及用户界面（UI）。这样一来，每一个 PBI 都可以被检视，因为它包含用户界面以及整个功能。图 5-15 展示了我如何通过验收标准对大型 PBI 进行拆分。

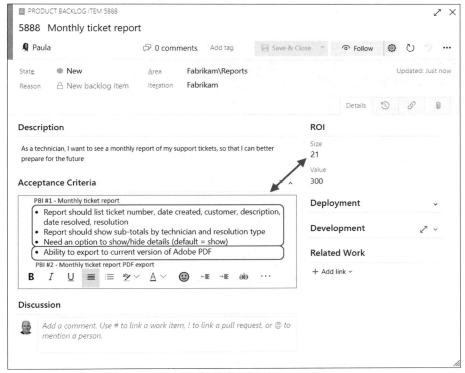

图 5-15　可以考虑按照验收标准来对 PBI 进行拆分

　　拆分 PBI 时，团队应该避免横向拆分—按照架构或者组件层拆分（数据、服务、控制器、用户界面等）。这样看起来似乎很合理，但是这样会导致工作在冲刺结束时没有完成。即使 PBI 可以构建以及测试可以通过，但是最终没有产生一些潜在可交付的价值并且无法在冲刺评审会议中进行评审。干系人想要看到的不是原型、示意图、代码或者测试通过的结果。在 Scrum 中，特别是专业 Scrum 中每一个 PBI 都应该提供独立的价值，而且发布后这个价值可以在冲刺评审会议中进行检视。

5.3.4　就绪定义

PBI 创建完成后默认处于"新建"状态。一旦 PBI 为冲刺规划准备就绪，就应该将它的状态修改为"已就绪"。当开发人员计划将 PBI 放入当前冲刺中时，就可以将 PBI 的状态变更为"已预测"。最终当 PBI 根据完成标准里的定义完成后，就可以将 PBI 的状态变更为"完成"。遗憾的是，在"新建"和"已就绪"状态之间可能会有很多其他的状态，默认 Azure Boards 是不支持的。

越来越多的团队正在通过就绪定义的方式来避免直接开始一些定义不明的 PBI，比如那些没有清晰定义验收标准的工作项。尽管团队可以私下进行这些工作，有些团队则期望通过正式的定义与产品负责人以及干系人达成工作协议。还有一些团队甚至希望使这个定义是可以执行的并且是可视化的，比如使用看板来移动 PBI 的方式管理其从新建到就绪的整个过程。

坏味道

> 团队以就绪定义为门禁拒绝那些更有价值的、最新的工作项，而是倾向于更容易理解的、就绪的工作项，就表明变味了。对于开发人员认为 PBI 太大以至于无法预测这种情况，我并不反对。但是使用就绪定义作为应付产品负责人的手段是有问题的。记住，敏捷起源于应对快速变化的能力，不恰当地使用就绪定义会降低敏捷的能力。如果产品负责人想要添加一些新的 PBI 到冲刺规划中，即使这些项还未就绪也应该允许将其添加进去。

在产品 Backlog 梳理期间，每一个 PBI 的详细信息、排序和评估信息都会逐步添加和完善直到 PBI 达到就绪状态。实际上产品 Backlog 的梳理可以降低冲刺规划会议以及产品开发的风险。通过观察就绪定义，Scrum 团队可以降低团队在冲刺规划会议和开发中准备不充分的风险。通过这个工作章程，开发人员不会开始，甚至不会预测那些描述以及理解不清晰的工作项。

"就绪定义"并不是正式的 Scrum 工件或者实践。甚至在《Scrum 指南》中都没有提起过。也就是说它并不像 DoD 那样重要，但并不是说它没有用。如果不滥用的话，就绪定义还是非常有用的。Scrum 是一个很好的可以用来实验这些实践的框架，比如就绪定义。

就绪定义的创建以及使用应该是包括产品负责人在内的团队级别的决策。可以将其写入到工作章程中。并将工作章程应用到产品 Backlog 的梳理，或者是任何 Scrum 团队为冲刺规划准备就绪 PBI 的时候。

就绪定义一般基于第 1 章中提到的 INVEST 原则。INVEST 原则是由比尔·韦克（Bill Wake）在 2003 年提出的，用于提醒敏捷社区拟定高质量的用户故事。以下是对 INVST 原则的回顾。

- I　（独立的）　PBI 应该是独立的。可以不需要依赖于任何其他 PBI 或者外部资源情况下将单独的 PBI 放入到冲刺中。
- N　（可协商的）　需要为 PBI 的最佳实施方案留有讨论空间。
- V　（有价值的）　PBI 应该对干系人具有价值。
- E　（可估算的）　PBI 需要进行大小评估，评估最好是相对其他 PBI 的。
- S　（小的）　PBI 应该尽可能地小，以便可以在冲刺内被预测以及开发。
- T　（可测试的）　PBI 应该具有清晰的可测试的对于工作项完成的验收标准。

建议团队不要直接使用 INVEST 原则作为自己的就绪定义，而是对其进行调整，让它更突出以及更适配 Scrum。另外针对特定的组织、团队以及文化可以添加一些额外的步骤。这些步骤也可以更好地可视化 PBI 到就绪状态的演进过程。以下是基于 INVEST 原则整理的就绪定义示例。

- 新建　PBI 刚刚被添加到产品 Backlog。可能只有标题信息。
- 感兴趣　产品负责人对 PBI 感兴趣。
- 描述　PBI 包含简洁且有意义的描述。用户故事描述最好是（作为……我想要……以便……）这样的格式。
- 价值　已经为 PBI 评估了价值——评估尽可能是相对于其他 PBI。
- 验收标准　已经为 PBI 定义验收标准，用来描述 PBI 完成后应该呈现的样子。
- 依赖　已经为 PBI 定义其相关依赖（相关技术、领域和人员）。
- 大小 / 评估　已经通过比较其他 PBI 对 PBI 做出大小评估。
- 就绪　如果 PBI 已经很容易理解且拆分得足够小。那么 PBI 就达到了可以进行冲刺规划以及开发的就绪状态。

实施就绪定义

Scrum 团队如果想要创建可视化以及可执行的就绪定义，那么推荐大家使用看板。相对于通过更改已经定制化过的专业 Scrum 过程模板并添加额外的工作流程状态，通过定制看板的列会更简单方便。Scrum 团队可以通过在"新建"（New）以及"已就绪"（Ready）状态之间添加一些新的列来制定他们在 PBI 工作项类型里定义的就绪定义。

默认看板的列与 PBI 类型的工作流程状态是对应的。在我们的案例中使用了 Professional Scrum 过程模板，模板中包含 New、Ready、Forecasted、Done。我将在"新建"以及"已就绪"状态之间添加一些额外的列用来表示我们的就绪定义。操作方式如下：进入到 Boards 页面下的 Team Settings，找到 Board Columns 配置，然后添加新列，注意将新创建的列映射到新建状态。由于 Scrum 团队在梳理产品 Backlog 时并不会真正地实践看板方法，所以将 WIP limit（WIP 限制）设置为 0。最后，在卡片上添加 Business Value（业务价值）字段。如图 5-16 所示，两个截图分别展示了板从左到右的情况。

注意，如图 5-16 所示，PBI 卡片会随着从左至右逐步移动的过程包含越来越多的信息。例如卡片在没有对 Business Value（业务价值）字段赋值时，不会进入到 Value（价值）列。卡片在没有评估好工作量（大小）前，不会进入到 Sized（大小）列。卡片太大（例如大小为 21 个故事点），那么不要将其放入到 Ready（已就绪）列。

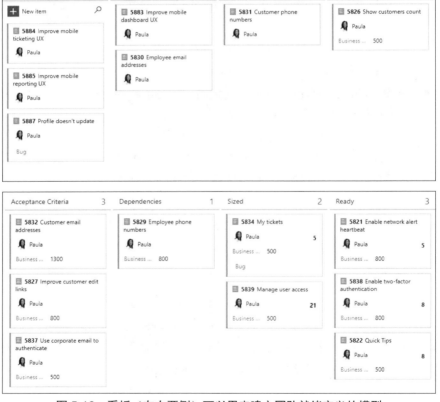

图 5-16   看板（左右两侧）可以用来建立团队就绪定义的模型

如果将更多的字段添加到卡片上，可以看到 Description 以及 Acceptance Criteria 字段会出现在对应的列上。但它们不会有对应的 State 变化。从第一列到"大小"列卡片始终保持为"新建"状态，这个流转过程仅限于板上，工作项状态不会发生变更。

一旦卡片进入到 Ready 列，那么工作流状态就会自动变更为"就绪"状态。如果在故事 Backlog 中添加 Board Column 字段，就可以看到状态与板列的对应关系，如图 5-17 所示。

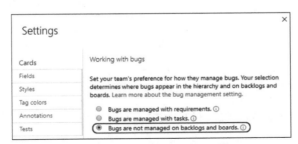

图 5-17　在故事 Backlog 中，可以看到 PBI 处于哪一板列中

提示

尽管在自定义专业 Scrum 过程模板中已经禁用掉了缺陷工作项类型，在 Azure Boards 中可能还会有一些界面元素与缺陷有关。为了提升用户体现，应该在 Team Settings 页面中的 Working with bugs 选项配置为 Bugs are not managed on backlogs and boards，如图 5-18 所示。

图 5-18　配置 Azure Boards，不在 Backlog 和 Boards 上管理 bug

5.3.5 产品 Backlog 排序

产品负责人需要对产品 Backlog 进行排序以便最大化所开发产品的价值。影响排序的因素有很多：投入产出比（ROI）、价值、风险、工作量、业务优先级、依赖、技术债、学习价值、投票量和必要性。产品负责人对于排序有最终决定权。

优先级越高的工作项（位于产品 Backlog 顶部的工作项）相对于优先级较低的工作项（位于产品 Backlog 底部的工作项）会更清晰以及带有更多详细信息。越靠近顶部的工作项，距离冲刺规划和开发就越近，并做好了准备。优先级越高的 PBI 越是经过慎重考虑的并且对大小的估算也基本达成了共识。

坏味道

> 由开发人员对产品 Backlog 进行排序，这是一种坏味道。因为这应该是产品负责人的责任。有可能是产品负责人要求开发人员去做的，也有可能是为了最小化相关工作项之间的技术依赖。如果产品负责人对排序没意见的话也是可以的。主要担心的是 Scrum 团队中的产品负责人并不是很负责，直接将"做什么"以及"什么时间做"的决策权交给了开发人员。

在 Azure Boards 中，可以通过上下拖拽的方式对产品 Backlog 中的工作项进行排序。点选工作项并拖拽工作项到其他工作项的上方或者下方，然后松开鼠标。如图 5-19 所示，Monthly sales report 这个 PBI 被拖拽到了产品 Backlog 的顶部。当松开鼠标时，此工作项将变为产品 Backlog 中的最高优先级项。此排序功能需要至少拥有基础访问授权。干系人权限不支持在产品 Backlog 中进行拖拽排序。

Order	Title	Area Path	State	Board Column	Business Value	Effort	Tags
1	Enable network alert heartbeat	Fabrikam\Dashboard\Alerts	● Ready	Ready	800	5	
2	Enable two-factor Authentication	Fabrikam\Mobile\Security	● Ready	Ready	800	8	
3	Quick Tips	Fabrikam\Dashboard\Mes...	● Ready	Ready	500	8	
4	My tickets	Fabrikam\Tickets	● Ready	Ready	500	5	Bug
5	Manage user access	Fabrikam\Mobile\Security	● New	Sized	500	21	
6	Employee phone numbers	Fabrikam\Employees	● New	Dependencies	800		
7	Customer email addresses	Fabrikam\Customers	● New	Acceptance Criteria	1300		
8	Improve customer edit links	Fabrikam\Customers	● New	Acceptance Criteria	800		
9	Use corporate email to authenticate	Fabrikam\Mobile\Security	● New	Acceptance Criteria	500		
10	Show customers count	Fabrikam\Customers	● New	Value	500		

图 5-19   产品负责人可通过拖拽的方式对产品 Backlog 中的工作项进行排序

随着产品 Backlog 的不断增长，可能会发现自己要面对数百个 PBI。尽管在 Azure Boards 中每一个 Backlog 可以最多显示 10 000 个工作项，但是如果在数百条工作项之间进行拖拽、滚动等操作那将会是个噩梦。这就是为什么需要有一个专业、专职的产品负责人持续地关注产品 Backlog，使产品 Backlog 保持良好的状态并持续地对其进行排序。越重要、越受关注的工作项越要排在产品 Backlog 的顶部，同时应该将"已就绪"状态的工作项放置在最顶部。

　　对一个包含大量工作项的产品 Backlog 进行排序是非常枯燥麻烦的，可能需要上下拖拽几个"屏"来完成工作项的排序。当处于这样的困境时，产品负责人可能会发现可以使用更快捷的方式来进行排序（通过在工作项上单机右键，选择移到位置）。注意，如果已经到了必须经常使用这个功能对 PBI 进行排序的地步，那说明产品 Backlog 可能已经失控。

提示

> 可以将比较陈旧的 PBI 从 Backlog 中移除或者删除。可能是那些永远沉在 Backlog 底部，基本不会被实施的 PBI。这应该由产品负责人来决定，并且可能会受制于组织的政策与方针。如果删除掉的特性确实存在价值，那么这个特性必然会在某个时间点再次出现在 Backlog 中。

5.4　发布计划

　　每个组织都会做一定程度的发布计划。专业 Scrum 产品负责人可以在任何时间预测以及计划出不同可靠度的发布。发布计划依赖于经过梳理的以及合理排序的产品 Backlog。同时也要求开发人员对过去每个冲刺的交付能力有所了解。通常会通过速率或者吞吐量指标对其进行量化。第 9 章会进一步介绍流动性指标，比如吞吐量。

　　在 Scrum 中，产品负责人负责管理干系人的预期。这是通过对产品 Backlog 的管理来控制的（梳理以及排序），并对一个或一些 PBI 的发布时间进行预测—或者哪些 PBI 可以在特定的日期发布。发布计划通常是一个独立的可视化视图，比如一个查询结果或一张报表。当然也可以通过观察产品 Backlog 进行推测。

　　产品负责人、开发人员或者干系人可以直接在经过梳理的产品 Backlog 中使用预测工具实时地查看他们的发布计划。通过配置开发速率，预测工具就可以展示出产品 Backlog 中的哪些 Backlog 可以在未来的冲刺中完成，如图 5-20 所示。随着对产品 Backlog 的持续梳理、重新排序以及速率从持续变化到趋于稳定，可以重复使用预测工具进行预测。

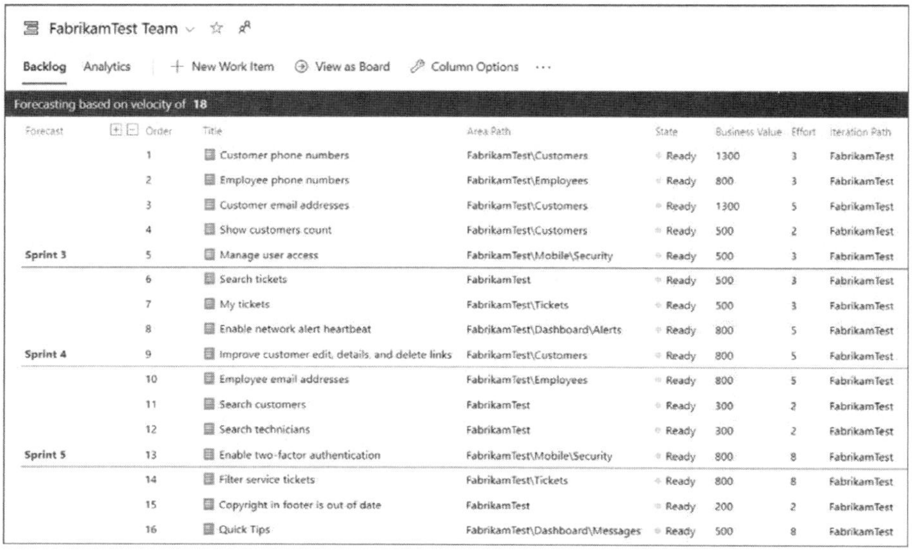

图 5-20　团队可以使用预测工具查看哪些 PBI 可以在接下来的冲刺中完成

在产品 Backlog 上下文之外，生成一份独立的发布计划所带来的风险是干系人可能会对范围、日程以及成本有一定的预期。需要让干系人意识到任何发布计划仅仅是一个预测。在一个涵盖各种工作类型的复杂环境中，特别是那些软件开发过程中不可预见的 IT 相关工作，事情随时可能会变化，特别是计划。

> 尽管发布计划是一个非常受欢迎的补充实践，但是发布计划并不属于 Scrum 中的正式内容。对于任何类型以及范围的发布计划，保持产品 Backlog 的健康（经过梳理以及排序）是对于发布计划最好的输入。

发布计划确立了本次发布的目标以及所包含的最高优先级的 PBI、发布中包含的主要风险以及本次发布中将要包含的所有特性和功能。同时确立了可能的交付日期/功能集，以及在没有发生任何变化的情况下应该保持的成本。组织可以在逐个冲刺中检视进度并对发布计划进行调整。

发布计划刚开始可能会有很大的误差，除非开发人员已经积累了大量团队级别的经验主义实践（包括在执行、评估 PBI、失败、学习、成功等方面）。久而久之，持续增长的经验数据将会成为一个稳定的速率或吞吐量。随着开发的持续进行以及经验数据的积累，发布计划将会越来越精炼（和准确）。注意，发布计划的关键在于保持一个良好状态的产品 Backlog，这是产品负责人以及整个 Scrum 团队不断完善的结果。

在传统的组织管理当中，他们的计划过程在工作开始之初就完成了，并且后续基本上不会产生变动。在一个实践专业 Scrum 的组织中，检视、适应、透明是神圣不可侵犯的。产品负责人与干系人共同定义总体目标，并与开发人员一起定义可能的产出。与传统的发布计划相比，这种计划方式所需要的时间相对会少一些。

传统的发布计划工作是预先"推测"，基本上很少被证实是准确的。Scrum 这种即时计划的方式是在所有的 Scrum 活动过程中持续进行的，因此敏捷发布计划实践相对于传统发布计划实践需要消耗更多的精力。经验性方法通常比推测需要更长的时间，然而 Scrum 方法带来了更多的价值以及成功的可能性，因为动态规划比静态规划更有价值。

Scrum 中的发布计划支持三种类型的发布模式。

- 按日期　以日期为目标的计划模型是一种必须在特定日期发布增量的模型。发布范围（特性以及缺陷修复）必须是可协商的。有一个精炼的产品 Backlog 将会帮助 Scrum 团队以及干系人确定发布范围。

- 按特性　以特性为目标的计划模型是一种一旦增量包含最小特性集以及缺陷修复内容（由产品负责人来进行定义）就发布。发布日期必须经过协商。有一个精炼的产品 Backlog 可以帮助 Scrum 团队以及干系人确定发布日期。

- 持续　持续交付（按需交付）发布模型是每一个 PBI，特性或者缺陷在修复完成之后都可以发布至生产环境。如果符合 DoD 的标准，那么可以在冲刺内的任何时间进行发布。这个模型在服务器 / 云托管的软件开发中非常受欢迎。有一个精炼的产品 Backlog 将会帮助 Scrum 团队以及干系人清楚接下来将要发布的内容。

发布计划工作将伴随着产品的整个生命周期，不仅是在产品开始之初。发布计划通常对应着软件产品的增量版本。随着开发人员经过多个冲刺的磨合，可以将产出的经验数据（比如速率）应用到产品 Backlog 中，用于评估发布计划和实际情况之间的差异。如果维护了发布燃尽图，它将包含过去几个冲刺的数据并提供一个进度视图。这对于发布计划也是一项非常重要的输入。

案例研究

之前 Fabrikam Fiber 站点是按照季度进行生产环境的发布。在采用了 Scrum 实践以及使用 Azure DevOps 平台之后提升到了按月进行发布，随后又逐步提升到了每 2 周发布。最终目标是在达到更多的自动化测试能力之后，转为持续交付。

5.5 用户故事地图

一个不可避免的事实是，想要在一个复杂的产品中开发出期望的功能往往需要投入更多的时间以及预算。Scrum 团队可以基于对进度的评估，在保证质量的前提下对发布计划作出调整。最有效的做法就是对范围作出调整，其中就包括通过延期一些 PBI 来减少当前发布的范围。

即便如此，当干系人因为他们的需求被移出冲刺而感到沮丧时，团队不采取行动，而是引用《Scrum 指南》中的内容或者干脆直接扔给他们这本书是没有任何效果的—当然你这样做我也没什么意见。Scrum 的这些规则确实可以一定程度上防止需求蔓延。但是，敏捷的价值观和原则远比这些 Scrum 的既定规则重要。换句话说 PBI 包括冲刺中的条目都应该是"可协商"的，这是很重要的，因此可以通过调整产品实现的复杂程度来达到干系人所期望的结果，也就是说通过可工作的软件的形式来交付业务价值要比遵循计划更重要。我确信，之前在哪里读到过这句话！

接下来，我们来看下故事地图。产品 Backlog 是一维的，可以很方便地查看项与项之间的排序关系，而故事地图是二维的。浏览一个大型"扁平"的产品 Backlog 是非常困难的，干系人可能会不知所措。故事地图可以通过多种排列方式来可视化发布计划，甚至是产品目标或愿景。故事地图的目标是关注用户以及用户体验，从而产生更好的交流以及共识。

故事映射是一个创建故事地图的过程。故事映射从选择一些 PBI（通常是用户故事）并且将这些项编排到板上开始。这个编排（这些项在板上的排列方式）将代表新功能的交付顺序，并且可以用于规划未来的冲刺。通过可视化地将 PBI 布置到故事地图上，团队就将用户旅程拆解成了几个易于理解的部分。干系人的参与将会确保需求可以得到正确的表达，并确保团队不会错过任何有效信息。同时也可以帮助干系人理解发布计划的实际情况以及过程中对发布计划做出的权衡。比如，如果干系人希望将一个中型的 PBI 放入到发布中，那么他们首先需要在发布中移除掉另一个中型的 PBI。故事地图可以很直观地反映出这些问题。

用户故事映射包含两个维度的 PBI 排序。横轴是按照用户活动以及功能进行排序的，用来描述产品的行为（可能是用户旅程）。纵轴表示随着时间推移不断增加的产品复杂度。图 5-21 展示了一个故事地图草图以及对应的两个维度。

即便只有两个维度，也可以将故事地图创建为多种形态。PBI 可以在横轴上按照多种方式进行分组，比如，可以按照特性、史诗故事、旅程或人物角色等。PBI 也可以在纵轴上按照多种方式进行分组，按照冲刺、发布或者日期。

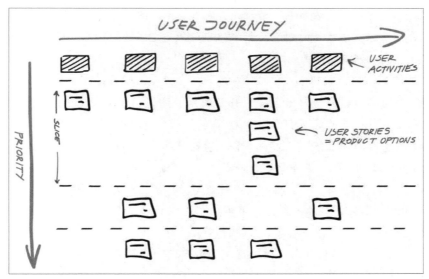

图 5-21　故事地图关注用户和用户体验，以促进获得更好的交流和共识
（图片来自 SpecFlow）

提示

由于故事地图涉及整个产品，所以整个 Scrum 团队和干系人都应该参与到故事地图的创建以及演进过程中。这些更新或许是在产品 Backlog 梳理过程中完成的、或许是在冲刺规划过程中完成的，甚至是在冲刺评审过程中完成的。让团队自己来决定何时何地吧。在公共区域有一个可以让干系人可见的物理故事地图是一个非常有用的信息发射源。

　　传统的故事地图是通过在墙上或者白板上贴工作便签来实现的。这些物理地图并非没有缺陷。由于墙是不可移动的，这就意味着故事地图只能是暂时的。对于远程的干系人来说也很难实时地查看这些故事地图。同时别忘了物理板或物理地图可能会被保洁人员给破坏掉。我将在下面的小节里带大家探索一些电子化的替代工具。

SpecMap

　　SpecMap 是 Tricentis 提供的一个 Azure DevOps 扩展，为 Azure Boards 提供了故事映射的能力。SpecMap 允许 Scrum 团队通过工作项构建故事地图，并为讨论干系人的需求提供了可视化视图和依据。这些讨论内容可以最大程度地影响产品负责人对于产品 Backlog 的排序。

　　SpecMap 模仿了使用便利贴的传统故事地图。团队可以将用户旅程描述为一系列的活动，通过将 PBI 放置在地图上，并创建一些切片（slice）。这些工件是通过工作项，甚至是冲刺来表示的。将 PBI 分配到特定的活动时会在两者之间自动创建父子级链接关系。也就是说通过 SpecMap 创建故事地图的同时可以帮助团队进行产品 Backlog 的梳理以及冲刺规划。

下面是 SpecMap 提供的一些核心特性。

- 通过拖拽建立用户活动与 PBI 的映射　通过将产品 Backlog 中的 Backlog 拖动到故事地图上可以建立 PBI 与特性或史诗故事工作项的映射关系。
- 构建产品 Backlog　新建的工作项会被自动地添加到 Azure Boards 的积压工作层级列表中。并建立与对应特性的父子级关系。
- 通过切片规划发布　通过对故事地图进行切分来表示冲刺或者发布。此时 PBI 可以不用分配到将来的冲刺。
- 通过在 PBI 上创建任务来跟踪进展　在冲刺期间使用 SpecMap 扩展直接在 PBI 卡片上添加任务。可以直观地看到相关子任务的完成状态，帮助团队跟踪开发进度。

提示

专业 Scrum 团队不会将 PBI 预分配到将来的冲刺。另外，应该将不在当前冲刺中的未完成 PBI 的迭代路径设置为根路径，以此来表示它们在产品 Backlog 中。基于以上原因不建议将 SpecMap 扩展的切片与迭代路径建立关联，因为这会导致你提前把工作放入到将来的冲刺中。好消息是你不必这样做。SpecMap 将切片维护到了地图中，而不是工作项中。

与 SpecMap 扩展不同的是微软的"交付计划"扩展要求工作项要预先配置好迭代路径，以便可以将工作项编排在对应的发布中。这种预先分配工作的方式是一种浪费，因为事情总是在变化。新的 PBI 可能引入或者现有的计划可能会有变更，这就需要有人对之前已经分配到将来冲刺的条目进行更改。还有更大的风险是干系人或其他相关人员并不理解这仅仅是一个预测，他们可能会直接通过观察工作项（看到有些项已经被分配到了将来的冲刺中）来推断范围、日程以及成本。

SpecMap 扩展安装完成后就会显示在 Boards 主菜单下。首先需要为当前项目创建一个新的地图并为地图设置一个名称。接下来需要从左到右地将用户旅程或特性集描述为一系列的概要性活动。这些活动可以选择性地关联工作项（比如特性或者史诗故事）。还可以跟踪活动完成后的预期成果。

接下来，可以通过从左侧 Backlog 中选择相应的 PBI 分配到对应的活动中。可以通过上下拖动来改变 PBI 的优先级，也可以通过横向拖动将 PBI 放置到不同的用户旅程或者活动中。产品负责人可以在冲刺评审会议、与其他干系人的会议或产品 Backlog 梳理会议之前完成这些配置。

接下来可以横向地对 PBI 进行分组来规划冲刺或者发布。可以通过上下拖动 PBI 的方式将他们放置在不同的切片中。这些切片可以与迭代路径或者冲刺路径关联，那么当 PBI 拖动对应的切片时会自动为他们分配冲刺或迭代。图 5-22 展示了一个正在构建的 SpecMap 故事地图。

图 5-22　SpecMap 是一个可以快速创建故事地图的 Azure DevOps 扩展

5.6 产品 Backlog 检查表

每个 Scrum 团队以及产品负责人都会以不同的方式创建和管理产品 Backlog。对于刚刚开始实践 Scrum 或者使用 Azure DevOps 的团队来说，他们要花费更多的时间和精力来导入和梳理产品 Backlog。其他一些团队以及产品负责人可能仅会有非常少量的新 PBI，所以他们的产品 Backlog 可以保持良好的状态。不管是哪种情况，可以肯定的是，你的产品 Backlog 都会经历暴风雨的洗礼。例如，在一个大的发布之后，可能会有大量的反馈被捕获到产品 Backlog 之中。

不管你或者你的团队处于以上什么样的情景，这个检查表都可以帮助你更好地准备产品 Backlog，并保持产品 Backlog 的健康与精炼。

Scrum

- 与干系人确认是否需要使用史诗故事或特性 Backlog。
- 识别组织中现有可以用来构建产品 Backlog 的清单。
- 判断哪些项应该放入史诗故事、特性或者故事 Backlog。

Azure DevOps

- 将现有的清单导入，另存为 PBI、特性或史诗故事工作项。
- 确保所有 PBI 有简洁、有意义的标题。
- 合理地为 PBI 添加标签（缺陷及高风险等）。
- 将 PBI 分配给产品负责人（或者不分配给任何人）。
- 合理地为 PBI 设置状态（新建或者已就绪）。
- 确保为所有的 PBI 配置了合理的区域路径。
- 确保将不在当前冲刺的 PBI 的迭代路径设置为根路径。
- 确保所有的 PBI 有简洁、有意义的描述。
- 确保所有的 PBI 都有充足的验收标准。
- 确保为所有的 PBI 设置业务价值。
- 确保为所有的 PBI 评估大小。
- 将粒度较大的 PBI 提升为特性工作项这一类型。
- 将粒度较大的特性工作项提升为史诗故事工作项类型。
- 建立 PBI 与特性以及特性与史诗故事工作项的映射关系。
- 将就绪状态的 PBI 放置在产品 Backlog 顶部。
- 考虑使用投入产出比（业务价值 / 大小）进行排序。
- 避免在 PBI 之间建立链接关系。
- 避免将 PBI 分配到将来的冲刺。
- 避免在冲刺规划之前为 PBI 拆分任务。
- 避免在冲刺规划之前为 PBI 创建关联的测试用例。

术语回顾

本章介绍了以下关键术语。

1. Backlog 页面　可以通过此页面创建或以扁平化的方式来管理产品 Backlog（一维模式）。

2. 导入工作项　可以使用 Azure Boards 原生的功能，通过 CSV 文件格式导入工作项。

3. Microsoft Excel　可以使用 Excel 查询或者批量更新多个字段，并支持为不同的字段设置不同的值。

4. 批量修改　Azure Boards 提供批量编辑工作项的能力。可以在查询结果或者 Backlog 界面中进行批量编辑。

5. 史诗（Epic） 史诗级工作项是那些因为粒度太大以至于无法在单个冲刺中完成的 PBI。注意，这里不要把它与史诗故事 Backlog（Epic Backlog）混淆了。

6. 特性 Backlog 这是 Azure Boards 中一个位于故事 Backlog 之上的层级 Backlog。特性工作项可以是 PBI 的父级。

7. 史诗故事 Backlog（Epic Backlog） 这是 Azure Boards 中一个位于特性 Backlog 之上的层级 Backlog。史诗故事工作项可以是特性 Backlog 的父级。

8. 移除 vs. 删除 当工作项的状态设置为移除时，工作项将在各类 Backlog 以及板中消失，但仍然可以通过查询找到。删除的工作项是被放置到了回收站，在回收站里的工作项可以恢复也可以永久删除。

9. 报告缺陷 需要将冲刺中发现的缺陷修复或者通过创建一个 PBI 来方式来报告这个缺陷。可以为这 PBI 添加一个缺陷标签。将截屏以及预期结果作为标注记录到缺陷中是一个不错的主意。注意失败的测试并不是缺陷。

10. 梳理 这是一个可选的活动用来帮助 Scrum 团队对产品 Backlog 中的工作进行理解以及评估，确保这些积压工作事项都达到冲刺计划的就绪标准。

11. 大小评估 通过经验以及低精度的实践，比如使用 T 恤衫的尺寸来对 PBI 进行大小评估并在团队间建立对 PBI 的复杂度的共识。有很多敏捷评估技巧可选，比如计划扑克。

12. 就绪定义 这是一个可选的实践，Scrum 团队可以可视化地展示出 PBI 流转到冲刺规划就绪状态的各个环节。使用板页面跟踪 PBI 流入就绪的整个旅程。

13. 产品 Backlog 排序 通过拖拽的方式在 Backlog 页面对产品 Backlog 进行排序。有很多对产品 Backlog 的排序方式，比如按照投入产出比、风险、依赖情况、学习成本或者产品负责人自己拍脑袋决定。

14. 速率 使用内置的分析视图实时地查看开发人员的速率，并可以通过速率来进行预测。

15. 预测 使用预测工具以及开发速率来查看哪些 PBI 可能会在接下来的几个冲刺中开发。

16. 发布计划 通过经过梳理的产品 Backlog 来预测哪些 PBI 可以在特定的日期发布，或者特定的功能集将会在什么时间发布。专业 Scrum 更重视计划的过程而不是计划本身。

17. 故事地图 故事地图是一个可以通过二维视图来方式来表现可以与干系人建立共识的产品 Backlog，SpecMap 是一个支持创建故事地图的 Azure DevOps 扩展。

第 6 章　冲刺

  Scrum 的核心是冲刺，冲刺是一个时间周期为一个月或更短的时间盒，并且可以在时间盒内创建一个已完成的可用可发布的产品增量。冲刺的时间区间在整个开发工作过程中应该是一致的。当上一轮冲刺结束后马上就会开始新一轮的冲刺。冲刺由冲刺规划、每日例会、开发工作、产品 Backlog 梳理、冲刺评审以及冲刺回顾所组成。

  冲刺须限制在一个自然月之内。当冲刺的时间跨度太长时，定义的工作内容就可能会发生变化，比如复杂度可能会提升，风险也可能会增大。通过冲刺可以确保至少每个自然月对冲刺目标进度进行检视和适应来提高可预测性。同时，冲刺还将风险成本控制在一个自然月以内。反馈频率、开发人员的经验和技术卓越度以及组织和产品负责人对敏捷度的需求都是决定冲刺时间长短的关键因素。

  冲刺中的第一个活动是冲刺规划。整个 Scrum 团队都会参与到冲刺规划这个活动中。如果干系人的出席可以帮助团队更好地澄清 PBI 的有关细节，为冲刺规划带来更多的价值，那么干系人也可以参加这个活动。本章首先涵盖冲刺规划的输入和输出相关内容，以及 Azure DevOps 是如何通过捕获冲刺目标和冲刺 Backlog 来支持冲刺规划的。

  冲刺开始后的每一天，开发人员都要参加每日例会。这是一个有严格时间盒控制的会议，最长不要超过 15 分钟。开发人员可以利用这个机会彼此同步一些日常工作以及接下来 24 小时的计划。开发人员应该至少每天更新他们的剩余工作，这样就可以检视已预测工作的进展情况。除此之外，开发人员每天的工作内容主要取决于完成已预测工作以及达成冲刺目标所需做的工作。专业 Scrum 开发者需要确保执行的工作总是可以对组织产生价值。本章会介绍开发人员在 Azure Boards 上执行的日常活动。

  总结，本章关注的是如何使用 Azure DevOps 中提供的不同工具，特别是使用 Azure Boards 来计划以及管理冲刺 Backlog 中的工作。如果对冲刺以及冲刺 Backlog 的概念更感兴趣，而非如何使用 Azure Boards 来对它们进行管理，建议阅读第 1 章。

说明

> 本章中，使用了自定义的 Professional Scrum 过程模板，并不是开箱即用的 Scrum 过程模板。关于此自定义过程模板的更多信息，以及如何自行创建这个自定义过程模板，请参考第 3 章对 Azure Boards 的介绍。

6.1　冲刺规划

在冲刺开始之初，Scrum 团队会参与冲刺规划并对所有要在冲刺期间执行的工作进行计划。这是一个有严格时间盒控制的会议，建议对于时间周期为一个自然月的冲刺，会议的时间盒控制在 8 个小时以内。对于时间区间更短的冲刺，通常会议时间也会更短。对于实践 2 周冲刺长度的团队来说，建议将时间盒控制在 4 个小时或更短的时间。起初团队可能会消耗掉整个时间盒的时间，但是随着团队经过几轮冲刺的磨合后，团队应该会熟悉并掌握这个活动，同时花费的时间也会随之减少。另外通过定期地梳理产品 Backlog，冲刺规划所需要的时间也会减少。

冲刺规划从概念上可以分为 3 个主题：要做什么？（what）如何做？（how）以及为什么做？（why）。第一个主题，开发人员预测冲刺期间将要开发哪些（what）功能（PBI）？产品负责人论述冲刺中要达成的具体目标以及达成目标所需要完成的 PBI。冲刺目标为开发人员创建预测提供了方向。整个 Scrum 团队共同协作，就冲刺中的工作内容达成一致的理解。

提示

> 在冲刺规划期间，并不要求开发人员生成完整的冲刺 Backlog。有些工作可能需要先搁置并在后续进行中探索。至少要对冲刺前几天的工作进行计划，这是非常重要的。另外，专业 Scrum 开发者在冲刺规划期间不会百分之百地规划满他们的容量，因为他们会为其他的活动事项留出一些缓冲时间。

第二个主题，开发人员决定如何（how）在冲刺中将这些功能构建成一个符合 DoD 的产品增量。这称为计划，计划可以用很多种方式来表示。为冲刺选择的已预测 PBI、连同交付这些 PBI 对应的计划以及冲刺目标就组成了冲刺 Backlog。

冲刺规划过程中议题的安排完全由 Scrum 团队决定。在早期的冲刺中，团队可能将 75% 的时间用于预测，25% 的时间用于创建一份不完整的计划。后面随着团队拥有更多的 Scrum 实践经验，团队可能会平衡各个议题所需要花费的时间。在定期地梳理产品 Backlog 一段时间后，冲刺规划会议所需要的时间将会变短，各个议题投入的时间也会有所变化，大约 25% 的时间用于预测，另外 75% 的时间用于创建计划。

冲刺规划包含以下输入。

- 产品 Backlog　经过梳理的产品 Backlog，希望顶部至少包含一些已就绪的 PBI。
- 目的　由产品负责人提供，冲刺应该实现的目的。这最终可能会成为冲刺目标或者说至少有助于冲刺目标的形成。

- 增量 掌握增量的内容及增量的健康情况，如果是软件产品，应该包含代码的质量、技术债以及测试缺陷等内容。
- 完成定义 团队对工作完成标准有共同的理解，以确保透明度。一般来说如果 DoD 标准越严格可以预测的工作就越少。
- 过去效能 开发人员最近几个冲刺的效能情况。可以是速率或是类似吞吐量这样的流动性指标。第 9 章中介绍流动指标时要介绍这些内容。
- 可用性 对开发人员在冲刺期间的可用性以及容量的共同理解。这里需要考虑到一些培训、旅游，休假和度假等情况。不必过于详细，也无需进行传统容量规划。实际上，使用"可用性"这个词来代替"容量"，就是希望能使开发人员远离"命令与控制"（C&C）风格的瀑布实践。
- 回顾承诺 实施一个或多个在上一轮回顾会议中确定的过程改进。这会占用一些开发时间。

在冲刺规划中，Scrum 团队还会制定一个冲刺目标，用来表示为什么做（why）。这个冲刺目标是通过在冲刺中实现 PBI 来达成的一个目标，并且它为开发人员对于为什么构建增量提供了指引。产品目标和产品负责人的目标可能会影响冲刺目标或者直接成为冲刺目标。

冲刺规划包含以下输出。

- 预测 开发人员选择的他们认为可以在冲刺期间完成的 PBI。冲刺 Backlog 中包含了这个预测。
- 计划 开发人员如何开发以及交付已预测 PBI。计划可以使用多种方式表示，包括使用任务、测试以及各类示意图。冲刺 Backlog 中包含了这个计划。
- 冲刺目标 通过在冲刺中实施已预测 PBI 来实现的目标。冲刺目标在冲刺期间为开发人员提供了指引。冲刺 Backlog 中包含了这个冲刺目标。

在冲刺规划结束时，开发人员应该可以向产品负责人以及 Scrum Master 阐述他们将如何通过自管理方式来完成冲刺目标并创建出期望的增量。

6.2 使用 Azure Boards 进行冲刺

Scrum 团队使用 Azure Boards 来规划冲刺，创建冲刺 Backlog 并管理团队的日常工作。开发人员通过在看板或任务面板上跟踪工作的方式，或通过查看内置分析视图的方式，检视冲刺目标的进展情况。

Azure Boards 允许 Scrum 团队进行以下冲刺和冲刺 Backlog 相关的活动事项：

- 捕获冲刺目标

- 通过创建预测和计划的方式来规划一个冲刺
- 展示以及更新冲刺计划（使用任务工作项）
- 认领任务
- 使用任务面板跟踪进度
- 展示受阻工作
- 使用燃尽图或任务面板跟踪进度
- 将未完成的 PBI 移回到产品 Backlog

6.3　创建冲刺 Backlog

　　冲刺 Backlog 是一个 Scrum 工件。冲刺 Backlog 中包含了已预测 PBI 以及交付它们对应的计划。虽然冲刺 Backlog 是在冲刺规划期间创建的，但是在冲刺的整个过程中会持续地开展计划活动。在 Azure Boards 中，冲刺 Backlog 包含迭代路径设为当前冲刺的 PBI 以及所有相关联的用来表示计划的任务工作项。

说明

> 开发人员可以使用很多方式来制定自己的冲刺计划。《Scrum 指南》并没有给出特定的方法。任务是一种非常流行的计划表示方式，同时还有失败的验收测试、看板工作流状态模型、各类图表甚至是会话。本章将展示如何使用任务（任务工作项）的方式来表示冲刺计划。第 7 章将介绍开发人员如何以及为什么想要使用失败的验收测试来表示他们的计划（使用测试用例工作项）。

　　本小节将演示如何使用通过 Azure Boards 中提供的各种工具来创建冲刺 Backlog。

6.3.1　创建预测

　　假设开发人员已经对工作量达成了共识，那么使用 Azure Boards 对 PBI 进行预测会非常简单。实际上，只需要做 2 个配置就可以完成对 PBI 的预测：

- 将迭代路径设置为当前冲刺
- 将状态设置为已预测

　　最简单的迭代设置方式是，将产品 Backlog 中的 PBI 工作项拖到 Planning（规划）面板中的当前冲刺，如图 6-1 所示。拖动完成后，迭代路径会自动更新。通过手动设置迭代路径字段的方式也可以达到同样的效果，这对只有干系人访问授权的用户来说帮助很大。

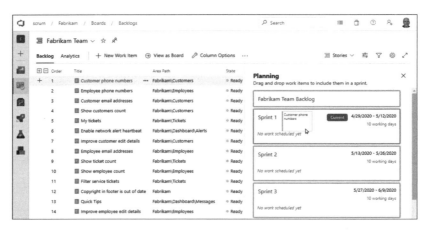

图 6-1   通过将一个 PBI 拖动到 Planning 面板中的 Sprint 1 来完成预测

说明

> 如果当前冲刺在 Planning 面板中不可见，原因是还没有创建冲刺或者团队还没有选择对应的冲刺。相比进入到项目配置页面进行冲刺配置的方式，可以使用 Planning 面板中提供的快捷操作添加一轮新的冲刺或者选择现有的冲刺。不管是否使用这个快捷操作，只选择团队想要的冲刺是一个不错的功能，在 Planning 面板保持一个简短且易于管理的冲刺列表。

一旦将 PBI 的迭代路径设置到某个冲刺，PBI 就可以显示在对应的冲刺 Backlog 视图中。另外当 PBI 的状态更改为已预测时，这个工作项就会在产品 Backlog 视图中消失。通过开启或关闭 In Progress Items（进行中的项目）选项来对其进行配置，如图 6-2 所示。

图 6-2   正在禁用产品 Backlog 视图中的"进行中的项目"选项

由于我不希望在产品 Backlog 视图中看到正在进行的项，所以我将 In Progress Items（进行中的项目）选项给关闭了。可以根据自己的需要进行配置。

提示

通过将工作项拖动到 Planning 面板（侧窗格）最顶部节点的方式可以将 PBI 从预测中移除（也称为取消选择或取消范围）。此节点代表当前团队的产品 Backlog 视图（例如 Fabrikam 团队 Backlog）。拖动完成后系统会自动将 PBI 的迭代路径设置为根路径，用来表示当前项不再是已预测。当然，也可以手工设置迭代路径。同时，需要重新配置工作项的状态字段。尽管可以在任何时间（甚至是冲刺规划之后）将 PBI 从冲刺中移除，但理想的情况是所有已预测 PBI 将会按照 DoD 的标准被完成，并且永远不会再回到产品 Backlog，因为那时团队会将它们的状态字段设置为完成。

预测 PBI 的另一个步骤是将状态设置为已预测。这将向 Azure Boards 发出 PBI 已经被规划的信号以供分析视图使用。将 PBI 拖动到当前冲刺时，系统不会自动地更新 PBI 的状态。其实这是个好事，因为有时开发人员会将很多（或者特别多）PBI 放入到冲刺中，所以讨论需要哪些条目后将这些条目改为已预测状态，并从冲刺中移出其他不需要的条目。并且，需要手动打开每一个 PBI 并将状态设置为已预测。如果有大量的条目，可以使用批量修改的功能一次性完成多个工作项的状态修改。

从 Azure Boards 的角度来看，一旦为 PBI 设置迭代路径以及状态字段，那么 PBI 就被预测到了对应的冲刺。接下来，主要使用冲刺 Backlog 视图来查看以及管理这些条目。

案例研究

通常情况下，由产品负责人 Paula 来负责编辑产品 Backlog 视图中的条目，设置对应的"迭代路径"以及"状态"字段。这些更改是在冲刺规划期间完成的。其他 Scrum 团队成员过去也负责过这项工作，并且他们都有能力做这项工作。

1. 基于过去的效能进行预测

如果开发人员已经完成了多轮冲刺，那么就可以开始使用一些经验数据来提升预测。也就是说，开发人员可以回顾过去的冲刺中基于 DoD 标准完成了多少 PBI。这个度量称为"速率"，并且速率可以作为冲刺规划的一项输入。

说明

经常有人问我，当使用如此粗略的精度以及抽象的故事点来估算 PBI 时，速率能有多大的意义？幸运的是，确实很有意义。归功于群体、大数定律以及相对估算的智慧，从大量实验（冲刺）中获得的平均结果应该接近预期值，并且随着实验越多越趋于接近。记住估算的目标并不是数字本身，而是随之而来的交流与学习。

速率是一个补充实践，并且是 Scrum 团队用于度量效能的最流行的方式。速率与开发人员在单个冲刺内可以开发并交付多少 PBI 的工作量或大小相关。速率是对一个或多个冲刺依据 DoD 所完成 PBI 工作量或大小的合计。数据一旦建立起来，就可以使用开发人员的速率预测冲刺以及计划发布。当团队结构、冲刺时间、DoD、领域和评估实践保持不变时，速率是最准确的。

维持一个既可靠又一致的速率的关键是要有一个稳定的 DoD 标准并坚持下去。这可能看起来并不起眼，但是 DoD 是用来建立工作是否完成的检验标准，如果没有一致的"完成"含义，那么就无法度量速率。

DoD 标准也有助于产出高质量的增量以及最小化缺陷的产生。专业 Scrum 团队将会逐步拓展他们的 DoD 标准。团队清楚这个变化将会在短时间内影响到他们的速率，但是相对于提高质量也是值得的。基于对 DoD 作出的不同类型的调整（比如添加自动化测试），生产率得到提升，同时必然地，速率也会得到提升。第 10 章将介绍这些内容。

坏味道

开发人员仅使用速率这一项指标作为预测的依据，这是一种坏味道。同样，开发人员仅使用可用性／容量作为预测依据也是有问题的。专业 Scrum 开发者使用所有的冲刺规划输入作为数据点，从而就"正确"的工作量预测进行充分的讨论。

有几个实践，如果采用的话可以提升开发人员的产能，进而提高他们的速率。以下是部分清单。

- 建立适当规模的以及跨职能的开发团队。
- 保持团队成员的稳定性。
- 保持冲刺时长的一致性。
- 移除已识别的障碍。
- 保持一个精炼的产品 Backlog。
- 以团队的方式工作／执行（蜂拥式、结对式、Mob 式等）。

- 尽早创建以及执行测试（测试左移和质量左移）。
- 持续构建、部署以及测试。
- 避免产生技术债。
- 避开超出 Scrum 定义范围内的会议。
- 避免在一个工作还没有完成时，开始一个新的 PBI。
- 避免同时处理多个任务以及被打断或打扰。
- 持续地检视、适应以及改进。
- 从错误中学习。

对于刚刚开始实践 Scrum 的开发人员来说，当团队完成几轮冲刺后，平均速率将会趋于稳定也会更有价值。在 Azure Boards 中，可以在分析视图中找到团队的速率。图 6-3 所示为根据之前 9 轮冲刺生成的 Velocity（速率图）。速率图可以配置为按照工作项计数、业务价值总和、大小总和或者剩余工作总和进行统计。

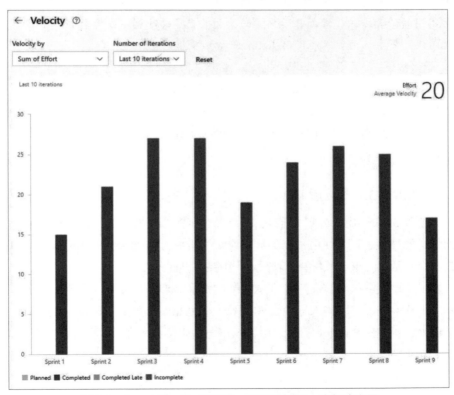

图 6-3　Azure Boards 提供了一些分析视图，比如速率图

速率图上的柱状条颜色表示冲刺中工作的状态。

- 深绿色　表示已完成的工作（冲刺结束日期之前将 PBI 的状态设置为已完成）
- 浅绿色　表示已完成的工作（冲刺结束日期之后将 PBI 的状态设置为已完成），团队应该针对这个问题展开讨论。
- 深蓝色　表示未完成的工作（PBI 状态仍然处于已预测状态）。理想情况下专业的 Scrum 团队不会出现任何未完成的工作，因为冲刺结束后，他们会通过将迭代路径设置为根路径的方式将未完成的 PBI 移回到产品 Backlog 视图。
- 浅蓝色　表示已计划的工作（冲刺开始日期之前将 PBI 分配到了冲刺）。这包括了那些冲刺开始以后被移动到不同冲刺的工作，专业 Scrum 团队不会让图表显示任何已计划的工作，因为他们不会提前预测工作到将来的冲刺。

提示

速率图基于当前显示的冲刺提供了一个平均速率供团队参考。团队可能希望使用不同的计算方式，比如基于更少的冲刺或更多的冲刺，去掉高 / 低值等。也就是说，不要认为你只能使用 Azure Boards 提供的平均速率。

案例研究

团队速率看起来已经基本稳定在 21 左右。这是团队过去几轮冲刺的平均值。当团队与干系人讨论各种可能性时，将会使用 17 到 25 这个速率区间。团队也刚刚开始使用看板作为补充实践。再过一段时间后，团队将会考虑使用流动分析，比如吞吐量来帮助他们进行预测。

2. 使用预测工具进行预测

正如第 5 章介绍的，通过预测工具可以直接在产品 Backlog 中实时地可视化发布计划。同样，也可以使用预测工具来辅助进行冲刺规划。通过配置团队速率，预测工具会展示 Backlog 列表中可以在冲刺中完成哪些条目。

可以通过视图选项窗口开启预测工具。预测工具开启后，需要提供一个速率值。如图 6-4 所示，在速率输入框中输入 21。Azure Boards 会在 Backlog 列表页面中添加 Forecast 列并在 Backlog 列表之中显示出一条水平线。预测列显示此工具预测出哪些 PBI 将要在哪个冲刺中开发。

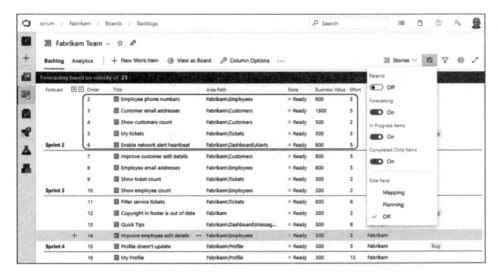

图 6-4　预测工具可以帮助识别哪些 PBI 可以选入当前冲刺以及将来冲刺

预测工具只会显示将来的冲刺。通常位于 Backlog 顶部的一些 PBI 不会被预测进入到某个冲刺。这是因为预测工具认为这些项应该是当前冲刺的候选项。介于两条预测线之间的 PBI 被视为特定冲刺（冲刺名称位于顶部线的左上角）的候选项。另外，预测工具会忽略掉状态为"已预测"的 PBI。为了避免混淆，当使用预测工具时应该将"进行中的项目"隐藏掉。

坏味道

> 团队盲目地遵从预测工具提供的建议，这是一种坏味道。我从来没有在微软开发者社区看到任何有关于"通过预测工具自动将 PBI 放入到对应的冲刺"的功能请求。注意，速率只是众多冲刺规划输入项中的其中一项。

预测工具并没有什么神奇之处，事实上它的算法非常简单。预测工具会遍历经过排序的产品 Backlog 并将每一个条目的大小 / 工作量累加，一旦总和超过了提供的速率值，就会累加水平线上的冲刺编号。当超出"工作项列表范围"或超出"团队冲刺列表"时停止。

在使用预测工具时可能会遇到一个问题：当预测工具检测到某个 PBI 的大小比提供的速率值大时，预测工具不会跳过、标记或者将其转换为特性工作项，而是假定开发人员将会在某个冲刺开始这项工作并将它延续到下一个冲刺来完成。例如当速率为 15 时，如果有一个 PBI 的大小为 21，那么工具会将 6 个点的工作量 / 大小计入到下一个冲刺。专业 Scrum 开发者不会开始那些他们认为自己无法完成的工作，比如还没有就绪并且需要在预测之前进行拆分的大型 PBI。这个拆分通常发生在产品 Backlog 梳理期间。

提示

使用预测工具分别运行低速率、中速率和高速率，以便了解可以作为冲刺预测的 PBI 范围。以"Fabrikam Fiber 案例研究"为例，这意味着将分别使用速率 17，21 到最后的 25 来进行预测。低速率与高速率预测出的差异，可能导致要考虑的 PBI 数量发生很大的变化。所有的这些 PBI 都应该在冲刺规划会议期间展开讨论。

案例研究

当团队刚开始学习 Scrum 时，速率意味着一切。这是团队唯一的度量标准，并且团队非常信奉它。团队会在每个冲刺中尽力提升速率。随着团队的进步，他们了解到速率是对输出的度量，而不是对成果的度量。通过可工作的产品来交付业务价值是最重要的度量标准。现在，团队仍然使用速率，但仅作为众多冲刺规划输入项中的一项输入来使用。现在他们只依赖于这些数据点来预测可接受工作量范围的 PBI 数量。产品负责人 Paula 仍然使用速率结合预测工具来做发布计划。

3. 使用容量工具进行预测

冲刺规划中的其中一个输入项，是冲刺期间开发人员的预计可用性。基于不同的因素每个冲刺会有所不同，比如培训、旅游、度假和假期等。可用性仅仅是开发人员在决定需要预测多少 PBI 时应该考虑到的另一个数据点。换句话说，如果可用性较低，那么开发人员应该预测比正常情况更少的 PBI，反之亦然。

尽管希望开发人员可以对他们的可用性有集体共识，但是新团队可能需要一些工具来帮助他们可视化这些数据。这些团队可以使用 Azure Boards 中提供的容量页面来更好地确定团队可用性。Capacity（容量）页面允许个体开发人员跟踪他们的休息日以及每日容量。容量也支持团队休息日的配置，这个配置将应用到所有的开发人员，如图 6-5 底部所示。

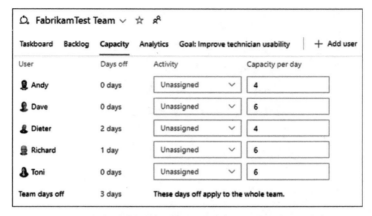

图 6-5　团队可以通过容量页面跟进每日可用性以及休息日

提示

如果团队决定使用这个工具，那么在使用时不要在活动类型这个配置上浪费时间。相比将活动配置为部署、设计、开发、文档、需求或测试，不如直接将其留为未指派。这样既节省了时间，也避免了限定某些人只能做某类工作。专业 Scrum 团队努力让所有的开发人员成为 T 型人才（可以做很多非自己专业领域事情的人）。第 8 章将进一步介绍何为 T 型人才。

可用性以及容量配置完成后，Work details 面板就会随着冲刺 Backlog 的创建而显示。Work details 面板以可视化的方式展示出"已计划工作的总工时"与团队容量和个体开发人员容量的比较情况。Work details 面板可以按照整个团队、活动或个体方式进行展示。由于专业 Scrum 团队并不会按照活动或预分配给开发人员的任务来跟踪容量，所以可能只有位于顶部的团队级别可视化统计才会有意义。其他部分可以忽略或者直接将其折叠起来，如图 6-6 所示。

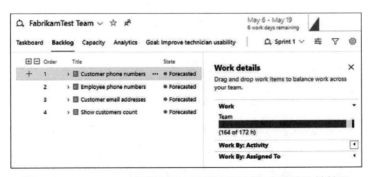

图 6-6　Work details 面板展示了已计划工时与容量的比较情况

坏味道

当我看到团队使用任何容量规划工具，这是一种坏味道。虽然对于刚开始实践 Scrum 的团队来说，避免预测太多工作对他们来说是有帮助的，但专业 Scrum 团队将传统容量计划视为一种浪费以及潜在的机能障碍。团队已经知道自己每天的可用性以及即将到来的休息日，他们将以此作为输入，为冲刺预测出适当的工作量。按照个体或者活动类型计划容量是与团队的自管理属性是相违背的。让开发人员决定合适的工作量是多少；下一步的工作内容以及谁应该做什么类型的工作。让他们在冲刺期间尽可能晚地完成这件事情才是负责任的。

6.3.2　捕获冲刺目标

冲刺目标是冲刺规划的其中一项输出。冲刺目标也可能已经是一项输入了，但假设不是的话，Scrum 团队则需要共同协作为冲刺制定一个冲刺目标。冲刺目标是一个为冲刺设立的，可以通过实现已预测 PBI 达成的一个目标。冲刺目标为开发人员为什么要构建增量提供了指引，同时为冲刺中的功能实现提供了灵活性。选定的 PBI 交付了一个连贯的功能，这可能就是冲刺目标。冲刺目标是鼓励团队共同协作而非单独行动的凝聚力。

遗憾的是，在 Azure DevOps 中并没有提供很好的开箱即用的功能来支持捕获冲刺目标。之前版本的 Scrum 过程模板中包含一个冲刺工作项类型，这个工作项中提供了"冲刺目标"以及"冲刺回顾"相关字段，但是这个工作项类型在现有的 Scrum 过程模板中已经不存在了。使用 wiki 来记录冲刺目标是一个不错的选择。Scrum 团队可以为所有的冲刺目标创建一个专用页面，也可以为每一个冲刺创建单独的页面。但使用 wiki 的问题就是冲刺目标与 Board 菜单中的 Backlog 以及 Taskboard 距离太远了（不在同一个功能区，不方便查看）。

坏味道

如果 Scrum 团队没有冲刺目标，这是一种坏味道。要制定出一个理想的冲刺目标的确比较困难，特别是当已预测 PBI 跨多个领域、功能甚至还包含一两个缺陷修复时。然而，拥有一个目标可以让开发人员专注于目标并作出承诺。而且，有目标对人来说也是件好事。专业 Scrum 团队深知冲刺目标所带来的精神价值，向着目标努力工作并达成目标。

说明

冲刺目标并不一定要通过电子化的方式捕获，也可以将目标写到团队所在区域或其他公共区域的白板上。使用电子化方式的好处是这个目标可以与办公室之外的团队成员以及干系人共享。同时，可以将过去的冲刺目标维护到 wiki 中，以供参考。

　　Scrum 团队也可以安装并使用由 Kees Schollaart 提供的 Sprint Goal（冲刺目标）
扩展。此扩展允许 Scrum 团队捕获冲刺目标并使其在 Azure Boards 中始终可见，以
便让团队持续地专注于目标。使用 Sprint Goal 扩展可以为每个冲刺配置独立的冲
刺目标并在冲刺内的 Goal（目标）标签页上展示，如图 6-7 所示。当开发人员使用
Backlog 以及 Taskboard 时，冲刺目标始终保持可见。除了 wiki 以外，还可以使用
此扩展来管理冲刺目标。

图 6-7　在冲刺期间，冲刺目标扩展将目标始终展示在首要位置

案例研究

> 产品负责人 Paula 与开发人员共同制定冲刺目标。她在冲刺规划会议之前脑海
> 中通常会有一个业务目标，但有些冲刺目标是围绕着已预测 PBI 制定的。不
> 管怎样，冲刺目标都已经记录到 wiki 对应的冲刺页面中了。Andy（开发人员）
> 刚刚安装了冲刺目标扩展，所以以后也会通过 Sprint 页面来展示冲刺目标。

6.3.3　创建计划

　　预测以及冲刺目标仅是冲刺规划三项输出中的其中两项。同时，开发人员还必
须确定实现已预测条目对应的计划。尽管计划应该在冲刺规划期间创建，但它将在
整个冲刺期间持续出现。

　　对一些团队来说，计划可能在冲刺规划之前的几周（产品 Backlog 的梳理期间）

就已经开始出现。这些想法应该通过一些简单、低精度的方式捕获，比如笔记或者白板照片，而不是将其记录为任何类型的工作项。在冲刺规划期间变更计划或创建可执行计划才是负责任的。这样做不仅可以让开发人员创建一个带有最新信息的计划，同时也减少了浪费。

　　在 Azure Boards 中，计划通常用任务工作项来表示。在 Backlog 以及 Taskboard 上可以查看并管理这个逐渐形成的工作项层级结构。如图 6-8 所示，可以在 Backlog 中为 PBI 创建并关联任务工作项。新建的任务工作项将会默认继承父级 PBI 的区域以及迭代配置。同时，开发人员应至少为任务工作项提供一个简洁且有意义的标题以及可选的剩余工作（以小时为单位）。最后可以将一些额外的信息记录到说明字段中。

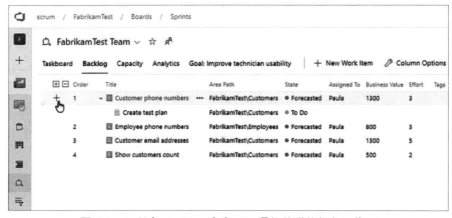

图 6-8　可以在 Backlog 中为 PBI 添加关联的任务工作项

提示

> 开发人员可以选择是否要对完成任务所需要花费的时间进行估算。如果开发人员确定要估算，那么应该作为一个团队进行估算。估算完成后，不要假设任何特定的开发人员将会从事任何特定的工作。也就是说，不要让最擅长某个任务的开发人员来对这个任务进行估算。因为在开发期间，可能是其他人最终完成这项工作。一旦开发人员负责这个任务，那么他们就应该定期地对剩余工作重新估算，直到任务开发完成。让专家参与工作量的估算过程其实是一种浪费，因为这些估算也一样会忽高忽低。

　　当开发人员制定计划时，最好是将 Assingned To 字段留空。由于所有的工作都是在冲刺规划之后才会完成，因此很难知道哪些开发人员将会执行哪些任务。一些团队可能倾向于在冲刺规划期间让每一位开发人员都拥有至少一个任务，以便启动工作。第 8 章将更详细地介绍这部分内容。

提示

在冲刺规划期间可以考虑先不使用 Azure DevOps，不使用任何电子化产品或者工具，这样可以提升团队的专注度。键盘以及鼠标的敲击声可能会打断一个高效的会话。在冲刺规划会议结束后，可以将白板上便利贴中的内容转换为工作项。

案例研究

团队喜欢在冲刺规划期间使用便利贴或白板工作。通过这种方式，可以快速轻松地调整计划。在会议接近尾声时，团队会将这些笔记转换为任务工作项。

说明

有些开发人员提出了抗议，他们认为，创建任务工作项是一种浪费。在我与他们的团队分享一些见解之前，会深入了解他们的团队。如果是一个高效率的团队（基本一两天就可以完成 PBI），那么或许他们不需要拆分以及跟踪单个任务。他们可以实时地决定如何拆分、执行、跟踪工作以及评估进度。

我向他们解释了创建以及跟踪工作项所带来的诸多好处。当开发人员开始工作时，他们提交的代码以及其他工件可以与这些工作项建立关联，从而建立从需求到代码到构建甚至到发布的全流程跟踪能力。这对于产品负责人、干系人以及开发同事（那些希望跟踪哪些工作是通过哪些提交来实现的、包含在哪个构建中甚至是在哪个发布中部署的开发人员）都是非常重要的。Azure DevOps 中的可追溯性是双向的，因此发布中的变更可以反向追踪到对应的工作项，用来解释变更的原因。刚刚实践 Scrum 的开发人员可以使用这些信息来了解他们的实际能力以及提升他们在下一轮冲刺的信心。

应该在冲刺规划结束前定义开发人员在冲刺前几天的工作计划，通常是以一天或更小的单位来制定。在冲刺规划中，通常只识别总体计划的 50%~80% 的工作。剩余部分应该至少先"搁置"以便后续获取更多的信息，或者提供一个粗略的估算并在后续的冲刺中进行拆解。工作拆解的行为意味着开发人员对于如何完成工作达成了共识。专业 Scrum 开发者非常善于达成共识，因为他们遵循 Scrum 的价值观，特别是在这种情况下所表现出来的"勇气"和"开放"。

当为 PBI 制订计划时，做对开发人员有用的事情：考虑按照设计模块进行任务拆分，目标是尽可能地达到任务之间的独立。也就是说应该尽量避免因为任务之间相互依赖，导致任务堵塞的情况。最初的受阻任务是那些必须首先完成的任务，通常是由一两个开发人员完成，这些任务在完成之前会阻塞大量的工作。理想情况是每个（每对）开发人员都可以并行地处理不同的任务，并在任务完成后取得有意义的进展。

以下是一些开发人员创建计划时需要考虑的一些问题。

- 任务是否为完成 PBI 提供了有意义的步骤？
- 任务是否有显性或隐性的完成标准？
- 任务可以由一对开发人员（结对式编程）有效地完成吗？
- 任务可以由所有开发人员（Mob 式编程）有效地完成吗？
- 当前任务是否有前置依赖任务？
- 当前任务是否为其他任务的前置依赖？
- 任务是否能够在一天以内完成？
- 其他成员是否已经创建了当前任务？
- 任务是否已完成？

记住，任务是必须要在冲刺期间做的实实在在的事情。这包括所有领域的工作：分析、设计、编码、数据库设计、测试、文档、部署、安全和运维等任何事情。这些任务必须从完成 PBI 的角度（根据 DoD 标准）、产品质量需求角度以及人员实践角度等方面出发，将所有需求汇集在一起。也就是说所有的任务都完成以后，就应该满足了 PBI 对应的 DoD 标准。可以在图 6-9 中看到这样一个计划示例。

图 6-9　这个计划示例通过 Sprint Backlog 页面下的 Taskboard 视图中的任务来表示

案例研究

> 开发人员已经非常擅长在产品 Backlog 梳理会议上构建计划，在冲刺规划期间完成计划，并使用任务工作项来表示计划。随着计划的演进以及变化，新的任务工作项会在冲刺期间创建。

6.4　冲刺活动事项

在《Scrum 指南》中，有意地模糊了开发人员在冲刺规划和冲刺评审之间具体应该做什么，甚至都没有给出一个正式的名称，只是将其简单地称之为"开发"。其实，这里是有意而为之的。Scrum 仅仅是一个框架。除了每日例会以及确保进度得到检视，开发人员需要每天自己管理以及执行自己的工作——这就是自管理的工作方式。

一旦对冲刺进行了计划，开发人员就应该开始执行他们的计划。如果是使用任务工作项的方式来表示计划，那么开发人员就应该着手这些任务工作。每天取得一些冲刺目标进展是非常重要的，以便在冲刺结束时，开发人员能够完成自己的既定目标。Azure Boards 提供了一些可以帮助开发人员管理冲刺和跟进冲刺进度的工具。

开发人员可以使用任务面板来可视化地查看正在进行的工作、已完成的工作以及剩余工作。由于每个人员都会跟踪自己的工作以及团队的整体工作，所以他们可以集体或单独地使用任务面板跟进任务进度。开发人员还可以使用燃尽图和其他图表来查看进度状态以及速率，所有的这些分析视图都是 Azure DevOps 自动计算生成的。随着冲刺的推进，这些统计和工具可以辅助团队作出一些决策，比如是否要对计划进行调整、引入更多的工作或做一些有助于交付产品完成增量的调整。

本章的其余部分将包括开发人员在冲刺的整个开发期间需要执行的 Scrum 相关活动。同时，会将这些活动事项与 Azure DevOps 中对应的工具结合起来介绍。

6.4.1　每日例会

正如在第 1 章中提到的，每日例会是一个时间盒限定在 15 分钟以内的会议，开发人员在会议中同步彼此的活动，并制定下一个 24 小时的计划。通过会议，开发人员可以了解其他人已经完成的事项和将要进行的事项。这个会议可以增强意识、加强协作甚至是提高责任心。开发人员在这个会议中制订计划，这些计划以及对应的产出将在 24 小时之后进行检视。

开发人员应该在每日例会期间通过对话来评估工作的进度。通过倾听每天完成以及未完成的工作，开发人员可以确定他们是否在向着冲刺目标前进。随着开发人员在协作中的改进，这种氛围将变得更加明显，即使在每日例会之外。高效率的团队甚至可能不再需要使用诸如燃尽图这样的工具来评估进度，仅仅通过团队对话以及直觉就可以了解团队的情况。不管采用何种方式，对于团队都需要保持透明。

处理障碍

在每日例会期间，有人可能会提出障碍。障碍是指阻止或减缓团队实现冲刺目标进度的任何事物，并且难以移除。障碍与挑战不同，挑战往往较小也比较容易解决。在复杂的环境中工作时，挑战只是日常工作的一部分。

障碍通常来源于外部，需要与组织中的其他团队或者个体进行协作。这种情况下，可能需要专业 Scrum Master 来解决。在任何情况下，都必须先清除障碍以恢复团队的生产力。在 Scrum 中有两个正式的时机来识别障碍：每日例会以及冲刺回顾会议。也就是说，障碍可能会在任何时间点出现，Scrum 团队应该随时做好迎接和缓解障碍的准备。

提示

> 要消除障碍，而不是管理障碍！复杂产品开发的成功取决于检视和适应的能力。如果障碍被识别但是没有移除，Scrum Master 必须更加积极地介入，同时可能还需要一些额外的授权。

如果开发人员工作受阻并且无法自行消除障碍，那么其他开发人员应该为其提供帮助。如果有必要的话，Scrum Master 应该推进和确保移除障碍。最后万不得已时，让 Scrum Maser 接管障碍并将其移除。

在每日例会期间，暴露的障碍要简要进行讨论，解决问题相关的细节讨论，会使每日例会偏离其真正的意图。不论障碍的大小以及复杂程度如何，都应该尽早移除。开发人员不应该等到每日例会时才提出阻碍自己顺利完成工作的问题。记住，要随时保持沟通！

坏味道

> 开发人员一直跟其他人讲自己没有遇到任何障碍，这是一种坏味道。开发一款产品，特别是软件这样的产品，是一个复杂过程，每天都会充满风险以及各种潜在问题，所以像这样的工作经常会产生障碍。根据我的经验来看开发人员一般比较乐观，喜欢独自解决问题并且在他们的观念里没有什么事情能够阻塞他们，因为他们有很多（其他）事情可以做。对于刚刚开始接触 Scrum 的团队来说，这种看法更为常见，他们可能不愿表达 Scrum 价值观中的"开放"以及不愿公开地分享自己遇到的问题。专业 Scrum 团队清楚这应该是团队问题，而非个体问题。专业 Scrum 开发者会尽早寻求帮助，提出障碍并保持进度的透明。这个态度体现的是 Scrum 价值观中的勇气。

如果障碍不能立即得到解决，可以考虑在 Azure　Boards 中创建一个障碍工作项，如图 6-10 中的示例所示。通过这种方式来跟踪障碍不是必需的，特别是当 Scum 团队能够很快地处理这些障碍时。团队可以将新创建的障碍工作项反向关联到受影响的任务或者 PBI，此外可以将任务工作项标记为已阻止或者为其添加一个已阻止标签，让这些任务在任务面板上会凸显出来。尽管这些额外的步骤可以提供一些上下文，但只有当团队认为跟踪这些额外的信息有价值的时候再使用。

正如第 3 章所介绍的，可以通过创建并运行共享查询的方式来跟踪障碍。通过查询来返回所有"打开"状态（表示未解决的障碍）的障碍工作项。障碍解决后，需要将其状态更改为"已关闭"状态，已关闭的障碍将不再显示在查询结果中。

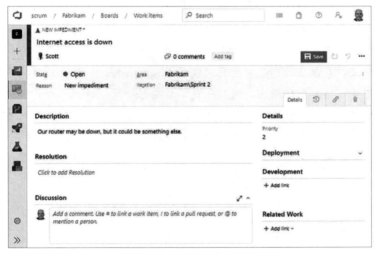

图 6-10　障碍工作项示例

提示

管理人员以及其他负责人应该定期地查询处于"打开"以及"已关闭"状态的障碍清单。让这份清单对适当的人透明是非常重要的。这样做不仅可以看到发生了哪些组织变化（已关闭障碍），还可以看到计划进行哪些改进（打开的障碍），以及哪些改进可能需要他们的干预和授权。看到团队正在改进的迹象与看到产品提升的迹象同样令人鼓舞。

案例研究

Scrum 团队几乎没有处于"打开"状态的障碍。开发人员已经可以很快速地清理障碍了。因此，团队中并没有很多障碍工作项，当前也没有任何阻塞中的特定工作项。团队定期沟通使每个团队成员都能意识到当前的问题和可能受阻的工作。

6.4.2　任务拆解

开发人员计划的工作应该拆分为以天或更小粒度的单位。如果开发人员正在使用任务的方式做计划，那么任务粒度要足够小，小到不管采用个体开发、结对编程或 Mob 式编程都应该可以在一天内完成。通过这个约束可以促使开发人员创建出更具体、粒度更细、更原子性的任务。通过这种任务拆分方式可以降低瓶颈以及风险从而提升效率。通过追求更小粒度的工作单元，开发人员可以将复杂的问题拆解至更容易理解并且实现的详细程度。与此同时，更小的任务还可以提升透明度，提升蜂拥式编码的机会，获得更准确的剩余工作评估。第 8 章将进一步介绍蜂拥并行任务开发。

坏味道

> 如果有人问如何跟踪原始的"史诗级"任务，这是一种坏味道。我理解他们可能是想建立工作的可视化分解视图，这对于刚接触 Scrum 的团队是有帮助的。对于复杂工作来说，计划是可变的。这就是 Scrum 将计划视为一个持续进行的活动而不是一份文档的原因。换句话说，计划行为重于计划本身。如果需要将大粒度的任务拆分为两个或更多小任务，只需要重命名原始的大型任务或者在拆分完成后将其删除。这可以让冲刺 Backlog 保持精简。同时，当冲刺 Backlog 中存在的无效任务越少，燃尽图越准确。记住，冲刺 Backlog 源于开发人员，也用于开发人员，任何其他人员不应该在冲刺期间查看它、更新它或关心工作是如何拆分的。

假设任务的大小限制为一天，可能会在冲刺 Backlog 中发现搁置的"史诗级"任务，尤其是冲刺规划期间创建的占位任务。概念上与史诗故事 Backlog 类似，这些任务太大以至于无法在一天内完成。这样的任务或许应该拆解成多个任务。

刚开始践行 Scrum 的开发人员可能会尝试按照一整天的能力 / 容量（8 小时）来计划任务。这样做是不现实的，而且通常还会导致浪费。因为人需要休息、查看邮件、临时开会并且处理一些无关冲刺 Backlog 工作的事情。考虑到这些因素，专业 Scrum 开发者甚至可能会希望对超过 6 个小时，甚至 4 个小时的任务进行拆解。

随着冲刺的进展以及开发工作的展开，由于"史诗级"任务被剥离，冲刺 Backlog 会变得越来越精确。换句话说，开发人员在工作时应该将大粒度的任务拆解。例如在冲刺接近尾声时，冲刺 Backlog 中就不应该存在任何标题为"开发"并且需要 16 个小时才能完成的任务。

经常有人问我由于相互依赖而产生的任务排序问题。例如"创建验收测试"必须在"运行验收测试"之前完成。任务工作项与 PBI 一样，也有一个隐藏的"积压优先级"字段。任务面板按照这个字段来顺序展示任务工作项。当任务被拖到不同的序列时，后台的稀疏算法进程会为任务分配优先级。

坏味道

> 开发人员在任务排序上耗费时间，这是一种坏味道。这有一些"瀑布"和"命令以及控制"的味道。因为这项工作可能太新颖（初次遇到的工作或技术）或太复杂，从而导致开发人员真的需要将它们按照特定顺序进行整理。希望不会出现这种情况，或者说至少不应该是常态。就我的经验而言，专业 Scrum 团队能够通过沟通以及协作来确定下一步要执行的任务，而无需让其他人对工作进行排序。

6.4.3　任务面板

Azure Boards 中的任务面板是开发人员用来沟通和执行冲刺计划的协同工具。这个功能特别棒。通过任务面板可以很直观地查看哪些工作正在进行中，哪些工作还未开始，哪些工作已经完成。开发人员可以通过查看任务面板快速地评估工作进展。可以把任务面板看做一个"信息发射源"，它始终运行并且定期更新（希望如此）。

说明

> 任务面板并不是一个报告工具。所以并不意味着管理人员可以使用它来对开发人员的工作进展问责。换句话说，不应该把它用成"责备板"。如果这些行为开始在组织中浮现，那么开发人员将不再诚实以及透明地对待他们正在处理的任务。令人担心的是，他们会回到原来的方式，专注于让燃尽图看起来更好看，即使这意味着夸大事实。这就是为什么冲刺 Backlog、开发人员的工作方式、使用的工具只供他们自己查看的原因。

与产品 Backlog（即界面中为 Board 菜单下的 backlog 功能，下文中称为"产品 Backlog 视图"）以及冲刺 Backlog（即界面中为 Board 菜单下的 Sprint 功能中的 Backlog 页签，下文中称为"冲刺 Backlog 视图"）不同，任务面板与看板很像也是二维的。已预测的 PBI 列在左侧，关联的任务工作项列在 PBI 右侧。PBI 关联的任务将会显示在板上三个状态（待处理，正在进行或完成）的其中之一内。任务面板同时会汇总每一列任务的剩余工时总和。

任务面板展示出了分配到当前冲刺的 PBI，同时也可以查看过去冲刺的任务面板。任务面板上展示是"已移除"状态之外其他状态的 PBI，如果是遵循微软或者我提供的指导建议操作的话，那么这些 PBI 主要是以"已预测"或者"完成"状态为主。也就是说，在任务面板中不应该看到任何处于"新建"或"就绪"状态的 PBI。PBI 工作项不是必须要有关联的任务才能展示。实际上，任务面板是开始为 PBI 添加关联任务的一个好位置。

如果将 PBI 分配到了其他冲刺，但是还有一些关联的任务处于当前冲刺，那么仍然可以在当前冲刺中看到这些 PBI 以及任务。未关联 PBI 的任务将会展示在一块名为"没有父级的"区域。希望这种情况不会发生在你们团队身上，因为专业 Scrum 开发者只应该处理已预测的 PBI，以便实现冲刺目标。这个指导建议的一种例外情况是在上一轮冲刺回顾中确定的过程改进，尽管这很重要，但是不必将其可视化为任务工作项。

坏味道

> 如果任务面板中存在任何不属于当前冲刺的 PBI，那么就是一个坏味道。同样，如果任何关联的任务工作项来自其他冲刺也是有问题的。这可能是一次预测失误或者是工作的迁移，但也可能是系统性问题。通常，专业 Scrum 开发者不会将未完成的 PBI 延到下一轮冲刺中进行处理，而是通过改进实践来达成他们的预测。

默认情况下任务卡片会展示工作项的编号、标题、指派给、状态、剩余工作以及标签等信息，可以通过配置任务面板来移除任务卡片上的默认字段，或者添加新的字段到任务卡片上。例如，你可能想要在卡片上移除状态字段，因为可以根据任务所在的列看到任务的状态。

以下是一些对于创建以及管理任务工作项的几点指导建议。

- 标题　提供一个简短且有意义的标题，可以快速概述这个任务所代表的内容。三五个字组成的标题效果最好，比如"创建测试""创建流水线""创建制品源"等。
- 指派给　在开发人员将任务拖动到"正在进行"列之前将任务状态保留为"未指派"。如果未完成的任务被拖回到"待处理"列，就需要将开发人员的名字移除掉。
- 剩余工作　可选，但是需要为这个字段填写值（小时）。可执行的任务的值一般是 8 小时或更短的时间。应该至少每天重新对剩余工作进行评估。如果剩余工作的值增加也没有关系。
- 标记　可选，但是标记有助于可视化任务的元数据（例如，受阻）。还可以根据标记来配置卡片的样式（比如，将受阻的任务展示为红色。）

开发人员可以通过拖拽的方式更新任务面板来直观地反映任务工作项的状态。

任何使用看板的人都可以看到开发人员针对每个 PBI 取得的进展。开发人员可以集中精力，共同协作处理剩余的工作。这个板提高了透明度、诚实度和责任感。

可以在任务面板上执行下面这些活动。

- 查看用于开发已预测工作的计划（任务）。
- 按照 PBI 或开发人员对任务进行分组。
- 按照开发人员、任务类型、状态、标记或者区域对任务面板进行筛选。
- 基于规则配置卡片样式（比如将积压任务设置为橙色，受阻任务设置为红色）。
- 通过多种方式评估进度。
- 为 PBI 添加关联的任务。
- 编辑特定的 PBI 或任务工作项。
- 通过拖拽的方式，重新为任务工作项映射父级 PBI。
- 通过在不同列之间的拖动来更改任务工作项的状态。
- 更新剩余工作字段的值。
- 选择一个历史的冲刺，来查看对应的计划。
- 通过添加列的方式来自定义任务面板。

在 Scrum 过程模板中，任务工作项可以处于待处理、正在进行、完成或已删除状态。在专业 Scrum 过程模板中我没有对其进行调整。默认的流程是"待处理"⇒"正在进行"⇒"完成"。这三个状态对应到了任务面板上的三个列，可以将任务工作项拖动到以上状态列中的其中一列。完成拖动后，任务工作项的"状态"会自动更新。当将任务拖动到完成列时，剩余工作字段的值会自动更新为 0（空）并且这个字段会变为只读。

说明

> 任务面板与看板一样都支持"实时更新"。这意味当发生任何更改时，任务面板会自动地刷新。当其他开发人员在他们任务面板上添加、更新或移动卡片时，任务面板会自动显示这些更新。也就是说不再需要通过持续地按 F5 键刷新页面的方式来获取最新的更新。实时更新使用的是微软的开源库 SignalR，允许服务端代码向客户端 Web 应用程序发送异步通知。

没有对应的列映射到"已移除"状态。如果想在冲刺 Backlog 视图中移除一个任务，那么需要打开工作项并将工作项的状态手工调整为"已移除"。当然，也可以直接将其删除。

坏味道

不管是团队以外的人，还是产品负责人或者 Scrum Master 对冲刺 Backlog 视图做出更改，这是一种坏味道。只有开发人员允许添加、删除或者更新冲刺 Backlog 视图中的内容。任务面板使用起来很有趣，有时 Scrum Master、产品负责人或干系人总想"玩"一下。这倒没什么问题，只要他们做出的调整符合开发人员的意愿并且不会分散他们的注意力即可。

案例研究

开发人员在每个冲刺中都会一定程度地使用任务面板。他们每天参考任务面板来查看还剩下哪些工作要做、他们的同事在做什么以及自己要承担的新工作。Scott 是团队的 Scrum Master，他使用任务面板来关注全局。他在寻找瓶颈的同时查看在制品数量。Scott 的目标是指导开发人员顺利地交付已预测的PBI——理想的情况是可以按照产品负责人 Paula 期望的顺序完成交付。

1. 按开发人员查看任务

任务面板的默认视图是按照 PBI 来对任务进行分组的。这种排列方式为冲刺Backlog 视图中的每一个已预测条目提供了在制品的简单可视化视图。默认所有左侧的 PBI 的边框颜色为蓝色，所有任务工作项的边框颜色为黄色。这些颜色与工作项图标的颜色是一致的。

作为一种替代方案，可以将任务面板配置为查看特定开发人员的任务、自己的任务（@me）或未指派的任务。在 Person（人员）下拉列表中选择开发人员，此时对应的任务卡片会高亮显示，如图 6-11 所示。

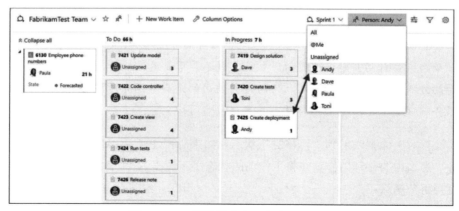

图 6-11 可以按开发人员高亮展示任务

专业 Scrum 团队清楚自管理的力量，这意味着他们不会提前分配工作。开发人员也深知先完成一项工作再进行另一项工作的重要性以及"多任务并行工作"只不过是个神话。因此任何开发人员在任何时间点都不应该拥有一个以上的在制品（进行中的任务工作项）。换句话说，对于实践专业 Scrum 的团队来说，按开发人员的方式查看任务并没有太大帮助。　即使按未指派的方式来高亮任务也是多余的，根据前面的定义，这些任务仅会显示在 To Do 这一列。所以将 Person 这里保留为 All 可能是最好的选择。也就是说，你不需要使用此功能。即便如此，开发人员也可能会认为按开发人员高亮显示所有已完成任务是有一些价值的——特别是对于包含大量任务的计划。

还有另一种按开发人员查看面板上任务的方法：按 Person 进行分组。可以通过切换视图的方式使任务面板按照开发人员来展示任务，而不是按照 PBI 来展示任务。在这个视图中开发人员位于屏幕的左侧，相关的任务水平地展示在右侧，如图 6-12 所示，第一行列出了 Unassigned（未分配）的任务。

当任务面板按照人员进行分组时，卡片排序功能会禁用掉。这意味着，在这个视图中将不能在同一开发人员或未指派区域中纵向地拖动任务卡片。任务可以拖动给另一个开发人员或在状态之间水平地拖动。任务拖动给其他开发人员之后，任务面板会自动将此开发人员设置为任务工作项的所有者。

前面提到的指导建议也适用于这个视图。由于每个开发人员在同一时间只能拥有或开发一个任务工作项，所以对于专业 Scrum 团队来说，这里可能没有很多实用的工具。即便如此，开发人员可能会认为按开发人员分组显示所有完成的任务是有一些价值的——特别是对于包含大量任务的计划。

图 6-12　可以按人员对任务进行分组

2. 添加新的任务

随着开发人员识别新的工作或者想要对大型工作进行拆分时，将会创建新的任务。理想情况下，这应该是在冲刺开始时完成的，主要是冲刺规划的成果。计划（由冲刺规划产出）将在整个冲刺中持续地出现，新任务将会被添加，一些任务将会被更新，一些任务将会被拆解，还有些任务将会被删除。如果在整个冲刺期间没有发生以上变化，那可能是你的工作没有那么复杂。开发人员今天永远比昨天了解的信息更多。

在冲刺早期，随着时间的推移，开发人员将会提升识别以及创建计划的能力——通过任务工作项的方式。也就是说，可能永远不能、也不应该在冲刺规划中确定所有的任务。这里需要记住的很重要的一点是，任务面板应该诚实而精确地反映出此时此刻，每个人所知的冲刺剩余工作。

Azure Boards 提供了多个创建任务工作项的位置，但是如果开发人员每天都定期地使用任务面板的话，那么从这个页面创建任务就不无道理了。在 PBI 旁边的待处理列中有一个很大的图标，可以通过点击这个图标来创建一个新的任务，如图 6-13 所示。当单击选中这个图标之后，会出现一个新的任务卡片并允许输入一个标题。这允许开发人员对计划进行头脑风暴时快速连续地创建任务。任务工作项的字段（区域路径、迭代路径以及相关的工作项链接关系）都默认取自关联 PBI 的值。

任务工作项保存完成后，可以快速更新卡片上的其他可见字段（比如 Assigned To，剩余工作等）。记住，最好是将任务工作项状态保留为 Unassigned，除非你或其他开发人员将会立即开始这项工作。通过点击标题可以打开任务工作项表单，以便对其他字段进行设置，比如"说明"字段。

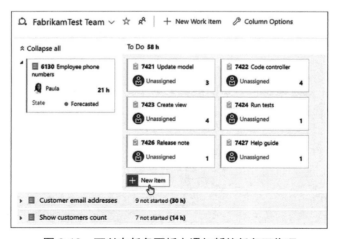

图 6-13　可以在任务面板上添加新的任务工作项

提示

最好在与所有开发人员讨论之后再添加任务，就像在冲刺规划中一样。如果在开发期间是不建议这样操作的，那么很有必要让一两位其他开发人员对新任务或计划变更进行评审。这对于非常复杂的计划尤为重要。开发人员还应该快速协助并评估完成任务所需要的工作量，这些评估可以在后面获取到更多信息时再进行调整。对于计划的变更，应该在下一次每日例会中进行讨论。

3. 认领任务

在冲刺期间，开发人员将通过执行计划来达成冲刺目标。具体方式需要视情况而定，并且会因团队和产品而有所不同。如果开发人员使用任务来表示计划，那么他们会通过开发并交付已预测 PBI 的方式来完成这些任务，从而实现冲刺目标。

专业 Scrum 开发者可能会为前几个 PBI 细化出具体的任务，但也可能会大致为已预测的剩余 PBI 确定任务并在后续拆解。刚开始实践 Scrum 的团队可能会发现自己仍然会充分地制订计划（也就是确定任务）到冲刺中，任何团队都会在一定程度上这么做。能够在开始实际工作之前构想以及捕获计划是一种技能，这种技能来源于相同领域、使用相同工具以及相同实践的团队协作经验。

任务所有权并不是冲刺规划的必要结果。实际上更应该将待处理的任务保留为未指派状态，这样空闲的开发人员就可以选中相关的任务并开始下一步的工作。在 Scrum 中工作不应该是被命令或被分配的。也就是说当创建或更新任务时，不要将任务分配给没有要求处理此任务的人，至少不要将其分配给不希望处理此任务的人。

说明

专业 Scrum 教练 Benjamin Day 认为，预分配一个任务就像是"舔一口饼干后，又将它放回到盘子中"，之后不会有人想要再去碰它。如果冲刺规划中分配给你了大量的任务或者是 PBI，本质上来说你已经舔过这些饼干。全新的任务计划就像是一盘新鲜的饼干，看起来很美味，所以你拿了一块开始吃，你吃完一块饼干后决定再吃一块。但你发现在此期间另外一个人来过并舔了盘子里的一部分饼干，他们只是舔了他们真心想吃的那几块饼干是舔饼干的无赖辩解。然而，你吃到这些被舔到过的饼干的概率有多大呢？可能是零，与你处理别人名下的任务的概率相同。

同时，也要抵抗住提前将任务分配给理想的开发人员的冲动。这样做会降低协作以及减少其他开发人员学习的机会。当时机成熟时，开发人员会决定由谁来承担这项任务。这个决定会考虑到很多因素，包括候选开发人员的背景、经验以及可用性。这种情况下领取任务的开发人员往往是最适合的，其实，这才是产出成功产品的秘籍。专业 Scrum 开发者深知选择以及认领任务不应该基于他们接下来想做什么或者他们感觉哪些任务适合他们，而是哪些任务应该被完成。如果有可能，他们应该认领下一个最重要的任务，这是由团队来决定的，在开始下一个 PBI 之前完成当前 PBI 所需要的。虽然很难，但这是非常重要的原则。

记住，每日例会的目的是确定未来 24 小时的计划。这代表着开发人员至少每天对每位（每对）开发人员将要做的任务进行一次同步，然后开发人员认领那些提及的任务工作项。认领任务以及变更任务所有者可以发生在一天中的任何时间点，甚至是一天多次。

> 在每日例会期间，使用 Azure Boards 的话，不利于开发人员的协作和制订计划。更糟糕的是，它可能会将每日例会变为"白板走查"状态同步会议。此时，应该有人（可能是 Scrum Master）留意此事，甚至可以提议试着关闭设备。如果交流、协作以及计划都能够得到提升，那就说明这样做确实有效。

具有讽刺意味的是，在 Azure Boards 中所有者是通过 Assigned To 字段来跟踪的。时机成熟时，将要处理该工作的开发人员需要将任务的 Assigned To 字段设置为自己的名字。他们也可以让其他开发人员来完成此操作。在任务面板上可以通过点击卡片上的 Assigned To 来认领任务（默认情况下这个区域显示未指派）。在弹出的下拉列表中，选择一个用户或者将任务设置为 Unassigned（未指派），如图 6-14 所示。任务所有者也可以通过直接打开或编辑任务工作项来设置。

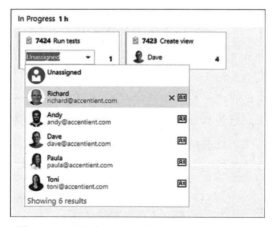

图 6-14   开发人员可以在任务面板上认领任务

当在下拉列表中选择开发人员时，请注意以下内容。

- 工作项只能分配给当前项目中的用户。
- 当在任务面板中选择用户时，下拉列表中只会展示当前团队的成员。
- 可能必须先搜索一个特定的开发人员，然后才能在下拉列表中选择他们。随着时间的推移，下拉列表中会显示出最近选择过的用户（开发人员）。
- 一个工作项在同一时间只能被一个用户所拥有。如果是采用结对编程或 Mob 式编程，那么选择他们中的一位成员作为所有者即可。如果是"史诗级"的任务，那么先对它进行拆分。如果只能设置一个所有者的限制困扰了你，那我只能说这是一种"命令与控制（C&C）"思维模式，或者说更重视产出而不是成果。让我们专注于完成任务、达成冲刺目标和交付价值这些工作，而不是为了管理来跟踪谁做过什么。
- 系统显示的是用户"显示名称"，当出现相同的显示名称时，需要添加用户名来进行澄清。

提示

当认领一项任务时，应该重新评估任务的剩余工作。当前的值可能是由团队评估的或者是其他之前处理这项任务的开发人员评估的。既然将来由你来处理这项任务，那么你就应该对其重新评估。

坏味道

开发人员如果经常性地同时拥有多个正在进行中的任务，这是一种坏味道。有时可能会出现这种情况，比如当不断有任务受阻或者新旧任务不停地纠结在一起的时候。如果是任务受阻，那么应该将此任务拖回到 To Do 列并为其添加适当的备注或标记，或者将此任务放置到一个自定义的列"受阻"。通常开发人员应该尽可能地限制在制品的数量，最理想的情况是将在制品数量限制为 1，这样可以有效地提升他们的专注程度以及产能。

案例研究

大多数情况下，每个开发人员管理着属于自己的任务。有时在每日例会或其他计划会议期间，开发人员中的其中一位成员会将任务面板投到一个大屏上并主持会议。参会成员会按照团队的要求创建以及管理任务。专业 Scrum 团队会定期轮换主持人。

　　经常有一些刚刚开始实践 Scrum 以及使用 Azure Boards 的团队问我，开发人员是否应该亲自设置任务的所有者，还是应该交给类似 Scrum Master 这样的角色来设置。我的答案是让团队自己来决定。对于刚刚组建的 Scrum 团队这可能是一个有用的实践，可以帮助他们摆脱传统的"命令以及控制"（C&C）风格的行为。如果团队中不存在这类行为，那么我建议交给距离键盘最近的人来处理。如果出现疑问、分歧或问题，记住 Azure Boards 会记录是谁添加或更改了工作项，包括具体什么时间更改了什么内容都会记录下来。

4. 受阻任务

在冲刺期间，任务可能会受阻。依赖的出现将会导致现有的任务搁置。在处理一个复杂的工作时，出现这样的情况是很正常的。问题在于如何通知其他成员，让其他成员知道已经出现了阻塞问题。不应该只是将一个新的任务创建或拉取到 To Do 列，而直接忽略掉原始的受阻任务。

同时，如何通过更新计划来对阻塞问题做出反应是非常重要的。当将受阻的任务拖回到"待处理"列并将所有者的名字移除以后，可以执行以下任意可选活动。

- 重新评估剩余工作。
- 在说明字段或讨论字段添加备注。
- 设置 Blocked 字段
- 为任务工作项添加 Blocked 标记。

如果使用"已阻止"字段或标记来标记受阻的任务，那么可以通过样式配置让这些工作项在任务面板上更明显 / 透明。图 6-15 展示了一个创建好的受阻样式规则，在任务面板上将受阻任务卡片显示为淡红色。

图 6-15　可以在任务面板上为受阻任务配置样式

表 6-1 Scrum 团队感兴趣的一些样式规则

规则	示例场景
高 – 业务价值 PBI	业务价值超过 500
高 – 工作量 PBI	工作量超过 5
高 – 工作量任务	剩余工作超过 8
特定区域路径下的 PBI	区域路径是 Fabrikam\Mobile
包含特定标记的 PBI 或任务	标记包含 "Blocked"
陈旧的任务	更改日期 @Today-3
指派给特定开发人员的任务	指派给 = Richard
标题包含特定关键词	标题中包含 "Foo"

另一种可视化以及管理受阻任务工作项的方法是，在任务面板上添加一个自定义列。可以通过点击任务面板顶部的"列选项"按钮来访问此功能。将在下一小节中介绍这部分内容。

5. 定制任务面板

Azure Boards 允许开发人员添加、重命名以及移除任务面板上的列。例如，可以通过在任务面板上添加一个 Blocked 列来放置那些受阻的任务工作项。这种方式可以作为"通过标记或规则来标记受阻任务"的补充替代方案。

与看板类似，任务面板上的每一列都必须映射到一个状态类别。任务工作项类型包含三种状态类别，分别是待处理、正在进行和完成。其中至少有一列需要映射到待处理状态，至少有一列需要映射到完成状态。也就是说 In Progress 列可以移除，这听起来确实有点诡异。

图 6-16 展示了一个添加到 In Progress 以及 Done 列之间的 Blocked 列，并将此列映射到了 In Progress 状态类别。这意味着当任务工作项拖动到此列时，任务工作项的状态仍然是 "In Process"。可以将此列放在任何位置或者为此列选择任何状态类别，但这个位置最符合大多数场景。开发人员可以选择最符合自己要求的状态映射方式以及放置位置。

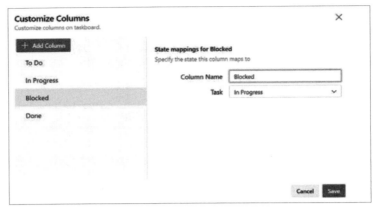

图 6-16 可以将 Blocked 列添加到任务面板上

提示

开发人员可能想在任务面板上多添加一个 Blocked 列。通过这种方式来区分启动时受阻的任务以及处理中受阻的任务。记住，任务面板的列名必须是唯一的。

6. 检视以及更新进度

在冲刺的任何时间点，都可以对冲刺 Backlog 中的剩余工作进行汇总。通过持续跟踪冲刺中的剩余工作，开发人员能够管理进度。专业 Scrum 开发者深知这一点，并且会定期地检视冲刺目标的进展情况和已预测 PBI 的总体完成趋势。

为了帮助团队检视进度，Azure Boards 在任务面板上内嵌了一个实时的冲刺燃尽图。不过这个缩略图太小，不方便查看以及使用。当点击这个缩略图之后，就会弹出一个更大的交互式的燃尽图。还可以更进一步，在分析页面中打开燃尽图，就可以通过图表控件完整操作了，如图 6-17 所示。燃尽图形象化地展示了当前冲刺的剩余工作量。在冲刺期间，使用燃尽图可以方便地检视冲刺 Backlog 中工作的进展情况。这个图表帮我们回答了一个问题：我们的团队能够在冲刺结束时完成所有的已预测 PBI 吗？

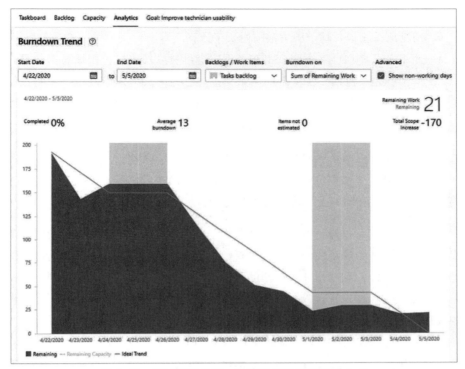

图 6-17　燃尽图提供了一种可视化检视进展的方式

　　燃尽图提供了一种非常简单的方法来检查冲刺期间的进度情况——随着时间的推移不断地展示剩余工作量。纵轴是剩余工作，横轴是时间。剩余工作计算的是所有任务"剩余工作（以小时为单位）"字段的总和，也可以按照剩余任务的数量来计算。作为一种替代方案，燃尽图也可以展示剩余 PBI 的数量以及剩余 PBI 的工作量 / 大小总和。另外燃尽图还可以计算并展示平均燃尽量以及冲刺过程中的范围增加情况。

　　基于历史的"燃尽量"以及"范围增加"，燃尽图会显示出一个预计工作完成日期。使用燃尽图可以让开发人员掌握他们的进度情况，并看到他们所做的工作对已预测工作产生的直接影响。燃尽图提供了以下有用的指标。

- 工作完成百分比　基于原始范围的工作完成百分比。
- 平均燃尽量　每个时间区间或迭代平均完成的工作。
- 总范围增加　冲刺开始之后，向冲刺中添加了多少工作。
- 未估算工作项数量　当前没有指定剩余工作 / 工作量 / 大小字段值（对其合计并用于燃尽）的工作项数量。

- 预测燃尽　基于历史燃尽量，显示开发人员燃尽工作的速度。
- 预测范围增加　基于历史范围增长率计算。
- 预测完成日期　基于剩余工作，历史燃尽量以及历史范围增长率计算。如果预测完成日期早于冲刺的结束日期，会在时间区间中画出一条垂直线用来表示工作应该完成的日期。如果预测完成日期超出了冲刺的结束日期，会显示出还需要多少额外的时间区间或冲刺来完成工作。

说明

在 Scrum 中，"项目"总是准时的。这是因为项目只是冲刺的另外一个名称，冲刺总是会在特定日期准时地结束。是否在冲刺结束时交付了预期范围内的所有工作（已预测 PBI）是个更重要的问题。

　　开发人员不仅可以通过查看燃尽图获得当前的进度信息，还可以了解他们的行为以及节奏。大多数燃尽线都不是一条直线，这是因为开发人员永远不可能以固定的速率前进。因此，燃尽图还可以帮助开发人员可视化发布的风险。如果冲刺结束日期刚好是发布日期，开发人员就可能需要缩小需求范围或者延后发布日期。燃尽图也可以预示出进度快于预期的情况，此时提供了一个极好的机会，可以用来与产品负责人共同协作将新 PBI 添加到冲刺中。

　　尽管使用燃尽图来检视进度是一个不错的选择，但是开发人员也不是必须要使用它。因为也可以通过直接观察任务面板的方式来评估进度。下面列出了一些方法。

- 合计剩余工作　所有待处理以及正在进行任务的剩余工时总和，与开发人员在冲刺中剩余时间的可用性进行比较。
- 计算未完成任务数量　所有待处理和正在进行任务的总数，与完成任务的总数、开发人员在冲刺剩余时间的可用性进行比较。这种方法在任务大小相同的情况下比较有效。
- 合计 PBI 剩余工作量 / 大小　所有剩余的已预测 PBI 工作量 / 大小总数，与完成的 PBI 工作量 / 大小的总数、开发人员在当前剩余时间的可用性进行比较。
- 计算未完成 PBI 数量　所有已预测 PBI 的总数，与已完成 PBI 总数、开发人员在当前剩余时间的可用性进行比较。这种方法在 PBI 大小相同的情况下比较有效。

　　你可能已经注意到，前面列出的每一种方法都可以通过燃尽图中的配置选项来实现。如果查看燃尽图更方便的话直接使用燃尽图即可。否则，只需要知道可以通过查看任务面板来检视进度——毕竟开发人员每天会多次查看任务面板。

如果希望通过任务计数或任务汇总的方式来检视进度的话，那么非常重要的一点是，开发人员需要定期地更新板——至少要每天一次。假设开发人员使用任务评估以及跟踪工时的话，那么开发人员需要确保任务放置到了正确的列，归属于正确的开发人员以及包含准确的剩余工作评估。

开发人员应该至少每天检视他们的进度情况（可能是在每日例会期间），以便预测达成冲刺目标的可能性。专业 Scrum 开发者会在一天中多次更新自己的进度，这样就可以更频繁地对进度进行评估。这意味着开发人员应该定期更新真实的剩余工作，以便能真实地反映出完成任务所需要的时间。

通过单击选中任务卡片上的数字并在弹出的下拉列表中选择一个新值，来快速更新剩余工作字段，如图 6-18 所示。对剩余工作字段作出的更新会立即生效，不需要自己保存。

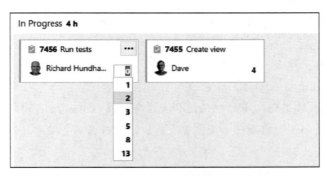

图 6-18　可以直接在卡片上更新剩余工作字段

提示

如果想要填写的数字并没有显示在下拉列表中，那么可以直接将值输入到这个迷你输入框中。这种填写方式对于那些还没有值的新任务来说有点难度，因为你需要猜测这个数字应该显示在卡片的什么位置，并通过点击这个区域填写。如果这些方法都不行的话，可以直接打开任务工作项并更新表单中的剩余工作字段。

下拉列表提供了一些有趣的结果。这个列表填充方案是基于微软内部的研究结果。Azure Boards 团队分析了随着时间的推移而减少的小时变化量，因为每当开发人员更新剩余工作字段时，他们就会跟踪从原始数字到新数字的平均变化。在研究了六个月的数据之后，他们发现大约 80% 的变化量都在当前数字的小范围内。有趣的是，他们还发现大约 2% 的数字开始于 20 个小时以上。不管这些发现如何，也不管下拉控件是如何运行的，开发人员都可以选择一个对他们来说精确的数字。

说明

如果任务没有填写剩余工作（也就是零），那么会在下拉列表中看到一个斐波那契数列（1，2，3，4，8，13）。我认为微软可能搞混了，这里建议的是标准的故事点而不是小时数。不管怎样，这些数字中可能碰巧有你需要的值。如果没有的话，你可以将其改为需要的任何值。

坏味道

开发人员跟踪实际投入工时，这是一种坏味道。在一个复杂的产品开发中，成果远比产出重要。希望 Scrum 团队成员可以意识到这一点。Scrum Master 需要提醒管理人员留意这个事实。同时，Scrum 是一个"团队"工作，跟踪实际工时就变成了收集个体的工作。如果管理人员对团队是领先于日程还是落后于日程确实没有头绪，那么他们可以问产品负责人以及（或者）在冲刺评审会议时检视已完成的可工作产品。如果开发人员在没有任何外界影响的情况下，希望通过跟踪实际投入工时来提升他们的学习能力，也是可以的。

案例研究

每个开发人员至少每天都会更新他们的剩余工作估算。随着开始处理新的任务以及对任务做出新的评估，有时一天会更新多次。由于开发人员倾向在很多 PBI 中使用 MoB 编程，所以他们还会关注即将处理的未指派任务，查看这些任务的评估是否依然准确。如果有更改建议，那么团队会按需讨论，至少每天会在每日例会上讨论一次。

　　当所有关联的任务都完成并且也符合 DoD 的标准时，就认为 PBI 完成了。此时开发人员应该将 PBI 的状态设置为完成状态。这个操作不一定是由产品负责人来做，任何开发人员都可以做。除非在 DoD 里有明确的声明，否则产品负责人对 PBI 是否完成没有发言权。当一个 PBI 完成后，开发人员就应该一拥而上一起做冲刺 Backlog 中的下一个最重要的条目。

　　坏味道

　　通过观察任务面板可以了解到，团队是否在以一个团队的方式进行工作。当然，这是假设团队按照我在本章里推荐的方式使用任务面板，并且定期地更新任务面板，这对团队来说可能会有一些挑战。其实我更倾向于让团队将时间花费在开发出色的产品上，而不是保持任务面板处于良好的状态，但这是一个需要权衡的问题。另外，"观察者效应"也会开始起作用。在物理学中，观察者效应理论是指：仅仅是对一种现象（比如团队行为）的观察就会不可避免地改变这种现象。

作为本章所有指导建议的结尾，看看自己是否能够识别出图 6-19 中的一些问题。

应该及时发现以下问题。

- **Toni 已经填了两次** 在 To Do 列中有两个任务上面是 Toni 的名字，假定 Toni 在执行测试方面最有经验，她很可能会在合适的时间处理那些任务；然而，实际情况是她可能没空，或者有更重要的事情需要她的协助。

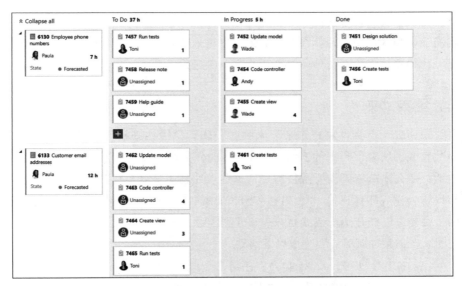

图 6-19　可以看出这个任务面板上存在的问题吗？

- **缺少评估** 一个待处理任务以及两个正在进行中的任务缺少剩余工作的评估，假设开发人员已经同意评估并跟踪剩余工作，那么就应该一致地落实到所有处于待处理以及正在进行列中的任务。这会提高开发人员检视进度的准确性。

- **Wade 一定是半个机械人** 由于人类是无法同时处理多个任务的，Wade 为何有两个正在进行的工作？可能他已经完成了一个任务，或者有一个任务受阻了，但是并没有及时地在任务面板上更新。或者是他合并了这项工作。Wade 应该花些时间修复任务面板。

- **神秘的解决方案设计师** 这项已经完成的 Design solution 任务没有所有者，尽管团队可能知道是谁做这项任务，但是最好还是能在任务上留下开发人员的名字。

- 为什么要冒风险？ 最严重的问题，也是大多数团队会忽略的。Toni 在第一项 PBI 完成之前已经开始了第二项 PBI 的工作。她可能会解释道："我是测试人员啊，因此负责的是测试任务。"记住，在 Scrum 中没有头衔。另外，团队通过完成 PBI 来交付价值的重要性要远比通过完成一堆任务来交付产出更重要。Toni 需要学习更多，争取成为 T 型人才。

提示

> 如果开发人员纠结于这些问题背后的异常行为，可以通过创建一到两个规则来高亮显示那些问题卡片。在本章前面介绍过如何创建卡片样式规则。更重要的是，他们应该在冲刺回顾会议上讨论这个问题并提出一些可以尝试的实验。

6.4.4 结束冲刺

理想情况下，当冲刺评审会议来临时，团队已经达到了冲刺目标。根据 DoD 的标准完成了所有已预测的 PBI，并且所有的任务都被放置到了完成列。如果是这样的话，那么团队将不需要做任何事情来结束冲刺，只需要确保将所有工作项的状态都设置为完成即可。另一种情况，当冲刺 Backlog 中包含未完成的 PBI 时，不管这些条目是否已经开始，都需要一些额外的步骤来结束冲刺。

团队在结束冲刺时，要完成以下活动。

- 将 PBI 移回到产品 Backlog 任何未完成的，也就是没有达到 DoD 标准要求的 PBI 都应该被移回到产品 Backlog。可以通过打开规划面板并将那些未完成的 PBI 拖动回迭代根路径的方式来实现。比如拖回到 Fabrikam Team Backlog。同时还需要对状态进行调整。
- 重新评估 PBI 开发人员已经对这些条目的领域、代码、工具等方面都有所了解了。新的认识可能会导致新的评估。换句话说，基于开发人员在冲刺中所掌握的信息，那些未完成的 PBI 的大小可能会减少，也可能会增加。
- 打捞计划 有部分或全部任务可能仍然与将来的冲刺有关。如果是这种情况的话，团队可以使用 Backlog 中提供的批量编辑功能（批量选择工作项并单击右键，从弹出的快捷菜单中选择"移动到迭代"）更改这些任务的冲刺，以便可以显示在新的冲刺 Backlog 以及任务面板中。注意，这是冲刺 Backlog 中提供的功能，而不是任务面板，如图 6-20 提供的示例所示。应该在新冲刺的冲刺规划开始之后再移动任务，以便可以在最后责任时刻创建计划。

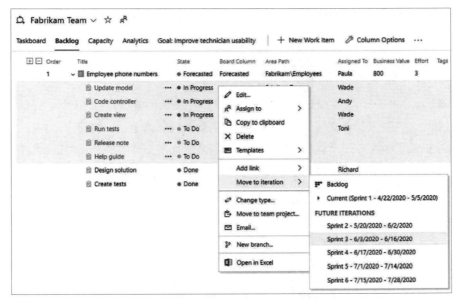

图 6-20　使用批量编辑功能将未完成的任务移到未来冲刺中

Scrum 团队持续地将未完成的工作放入到下一轮冲刺，这是一种坏味道。尽管这样可能会减少浪费，但是这也降低了敏捷性，因为产品负责人可能想在下一轮冲刺中做一些完全不同的工作。相反，这些任务被开发人员需要在上一轮冲刺中完成的"未完成工作"给劫持了。如果这种事情经常发生，那么这就应该是冲刺回顾会议中的常规议题。第 8 章将探索团队应该采用的一些实践以及行为，以降低未完成工作带来的风险。

取消冲刺

冲刺的时间盒结束之前可以取消冲刺。如果冲刺目标过时了，那么就可以取消冲刺，这很可能是组织方向发生了改变，也有可能是业务或者技术条件彻底地改变了。通常，如果冲刺在特定的情况下不再有意义，那么就应该被取消。但是由于冲刺的时间区间比较短，取消冲刺基本上也就没有什么意义了。只有产品负责人有权取消冲刺，尽管他们可能是受到干系人或 Scrum 团队中其他人的影响。

当取消冲刺时，需要评审所有已完成的 PBI。如果产品负责人希望的话，可能依然需要发布这些 PBI。正如之前提到过的，应该重新评估所有未完成的 PBI 并放回到产品 Backlog 中。这取决于冲刺取消的原因，一些 PBI 可能不再需要了，并且可以从产品 Backlog 中将它们移除。

冲刺的取消会对 Scrum 团队造成心理伤害，因为这打乱了他们的节奏。冲刺取消是罕见的，在我的职业生涯中，我只经历过两次。

6.5 冲刺规划检查表

Azure Boards 对跟踪已预测 PBI 还有跟踪交付这些 PBI 对应的计划，提供了完美的支持。开发人员将会按照不同的方式计划以及执行属于他们的工作，并且 Azure Boards 提供了多种方式来协助。例如，冲刺 Backlog 视图支持多种方式的查看检视——所有这些都是为了让开发人员可以更好地管理工作以及评估冲刺目标的进度。

冲刺规划的检查表如下。

Scrum

- 在冲刺规划之前，了解团队的 DoD 标准，可用性/容量，过去效能（速率和吞吐量等）以及在冲刺回顾会议中确定的任何可执行的改进。
- 在冲刺规划之前，确保产品 Backlog 得到梳理，保持整齐有序。并保证 Backlog 顶部包含一些已就绪的 PBI。
- 在冲刺规划之前，产品负责人脑海中应该有一个业务目的（objective）或目标（goal），可能会影响或变为冲刺目标。

Azure DevOps

- 确保位于产品 Backlog 顶部的几个工作项都已就绪。
- 确保为团队创建并选择了当前冲刺。
- 将冲刺中选定的 PBI 的迭代路径设置为当前冲刺，并将状态更改为已预测。
- 为每一个已预测 PBI 添加相关的任务工作项，用来表示对应的交付计划（可选）。
- 如果 PBI 是在早期的冲刺中计划的，将所有仍然可能是计划一部分的较早任务工作项转移到当前冲刺。通过将那些任务工作项的迭代路径字段设置为当前冲刺来实现。
- 如果使用任务工作项来代表 DoD，那么需要确保将它们都添加到对应的已预测 PBI 中。
- 确保所有的任务工作项都填写了由团队评估的剩余工作（可选）。
- 确保所有的任务工作项都处于未指派。
- 确保任何"史诗级"任务，比如大于 8 小时的任务都被拆解为两到三个更小的任务。

- 避免为任务工作项设置"活动"字段，以便加强团队跨职能、自管理以及 T 型行为能力。

术语回顾

本章介绍了以下关键术语。

1. **冲刺** 为期一个月或更短的时间盒活动，在这个时间盒内可以开发并交付出完成的、可用的以及可发布的增量。冲刺是所有其他 Scrum 活动的容器。

2. **冲刺规划** 冲刺中的第一个活动，用于预测以及计划冲刺中将要执行的工作。

3. **冲刺 Backlog** 一个工件，包含一组已预测 PBI 以及为了实现冲刺目标所制定的交付这些 PBI 所对应的计划。

4. **预测** 开发人员认为基于当前条件可以在冲刺期间交付的 PBI。

5. **计划** 开发人员将如何交付已预测的 PBI。这个计划通常使用任务来表示，但是也可以使用失败的测试或其他工件表示。

6. **冲刺目标** 可以通过交付已预测的 PBI 来达到一个冲刺的目标。由于在 Azure Boards 中对冲刺目标并没有提供很好的支持，团队可以考虑使用扩展。

7. **过去效能** 对开发人员过去每个冲刺可以完成的工作量进行度量。速率是一种常见的度量方法，是每个冲刺完成的平均数据点（大小／工作量）。基于流的吞吐量指标是另一个需要考虑的过去效能指标。

8. **可用性** 开发人员在冲刺中的可用时间。可用性是冲刺规划的一项输入，这项输入可以影响到可预测的 PBI 数量。使用"可用性"这个词比使用"容量"更好。

9. **任务** 理想情况下，任务是在冲刺的早期创建的。可以预料的是，在后面的冲刺中还会有一些额外的任务被识别以及创建出来。

10. **拆解** 通常情况下，任务粒度应该足够小，小到可以在一天或更短的时间内被完成。在冲刺规划期间，随着开发人员持续地对计划进行头脑风暴，更大的"史诗级"任务可能会被创建，但这些任务应该在之后的冲刺中进行分解。

11. **障碍** 降低或阻止团队达到冲刺目标的问题。应该移除障碍而不是管理障碍，但是可能会需要 Scrum Master 的介入。把创建障碍工作项作为最后一种选择。

12. **任务面板** 任务面板可以很好地可视化工作进度以及可视化冲刺中尚未完成的工作。任务面板上提供了多种检视进度的方式。

13. **认领任务** 开发人员可以通过将任务工作项的指派给字段设置成自己名字的方式来认领任务。开发人员只在开始处理这项任务时设置。在 Scrum 中，没有工作分配这样的说法。

14. **更改任务的状态** 开发人员可以通过将任务拖拽到对应列的方式来更新任务的状态。任务面板上应该能准确反映出开发人员正在进行的工作。

15. **更新剩余工作** 每一个开发人员应该至少每天重新评估任务的剩余工作。可以使用任务面板来快速更新这些值。

16. **燃尽图** 一个用于展示开发人员完成任务或 PBI 速度的图表。燃尽图是一个很好的用于检视进度的工具，可以根据观察到的进展来更新计划以及预期。

第 7 章　测试计划

传统的软件开发中，需要在漫长的开发周期结束后将编译后的应用程序移交给测试人员。虽然随着工艺改进我们一直在寻求更短的交付周期，但依然是在开发周期结束后将应用程序移交给测试人员。实践 Scrum 时，我们通过组建一个能够执行所有所需活动的跨职能团队来消除工作交接。虽然仍需要交接，但至少是交接给团队内有共同承诺和焦点的人。虽然我们做得越来越好，但仍有改进的余地。

软件开发的物理表象决定了测试人员必须要有一个稳定的、已部分完成的软件才可以进行点击和测试。从表面上看，这听起来像是一个正确的描述。那么为什么要浪费时间测试还没写出来的软件呢？ Scrum 不就是用来识别和消除浪费的吗？是的，Scrum 就是用来干这个的，尤其是要移除延迟测试的工作浪费。这就是DevOps 中"测试左移"原则背后蕴藏的动机。

如前一章所述，冲刺规划的输出之一就是计划本身。很多 Scrum 团队使用任务来制订计划，《Scrum 指南》实际上在这个方面没有相关描述。这意味着 Scrum 团队的开发人员可以尝试不同的方法。一些开发人员使用看板的列，也有人在白板上使用图表，还有人只是将即兴对话作为"计划"。就个人而言，最后一种很难让开发人员检视进度和估计剩余工作。

另一种方式是开发人员使用验收测试来制定计划。这些测试可以是手动的，最好是自动的。它们由开发人员编写并由开发人员运行。无论是针对单个 PBI 还是整个预测，都可以在冲刺中的任何时间点将失败的验收测试数量总和与通过验收测试的数量总和进行比较，并以此来作为检视进度的一种方法。正因为开发人员无论如何都要进行测试，所以为什么不在冲刺开始时就创建这些验收测试并以此来驱动开发呢？

通过创建失败的测试来开始工作，可能会让人觉得非常违背常识，非常怪异，但这样做是有效的。测试驱动开发（TDD）一直都在证明这一点。事实上，这种通过先创建失败的测试来规划和驱动工作的方法是验收测试驱动开发（ATDD）的一部分。TDD 来自开发人员的角度，ATDD 来自干系人或用户的角度。

ATDD 仍然是一个相对少有人知的实践，一种将测试活动逐步前移至冲刺早期甚至冲刺开始的实践。事实上，ATDD 鼓励开发人员与适当的人共同讨论验收标准。这些讨论可以引导团队产出更多有价值的样例，帮助团队理解特性和场景，这些最终都会成为好的验收测试和编码设计的基础。所有这些都可以在程序编码之前完成。

ATDD 的一个好处是，它为开发人员正在开发什么以及过程中每个步骤完成后应有的效果建立了共识。

本章介绍了 ATDD，并展示了如何使用 Azure Boards 和 Azure Test Plans 来实现 ATDD。

说明

> 在本章中，我使用了定制化的专业 Scrum 过程，而非开箱即用的 Scrum 过程。请参考第 3 章中的定制化过程内容自行创建。

7.1　Azure Test Plans

在开始创建和执行一个基于验收测试的计划之前，先花些时间让大家熟悉一下 Azure Test Plans 及与其相关的工件和功能。

Azure DevOps Service 中的 Azure Test Plans 可以帮助团队和组织进行计划、管理和执行测试工作。无论团队实践手动测试、自动化测试还是探索性测试来驱动合作和管理质量，也无论任何规模、任何类型的团队，它都支持。与在其他的 Azure DevOps 服务（如 Azure Boards）一样，团队可以基于浏览器进行定义和执行测试，并以图表形式展示测试结果。

许多团队认为 Azure Test Plans 只是简单地创建和执行测试。这就是微软推广产品以及演示产品的方式。虽然确实是这样的，但 Scrum 团队也非常适合使用它来代表冲刺计划。

开发人员为每个冲刺创建一个新的测试计划。计划名称与冲刺名称相同即可（例如冲刺 2）。这个计划包含所有通过验收条件来验证已预测 PBI 是否已完成的验收测试。例如，在冲刺预测中有 8 个 PBI，每个 PBI 有 5 个验收条件，那么测试计划中就要包含 40 个验收测试。即便只是提供测试名称，这些验收测试也需要在冲刺规划期间创建好。这些测试的设计可能在冲刺规划很早之前就已经开始，可能在梳理期间时就已经开始了。

7.1.1　组织测试

Azure Test Plans 提供了很多组织测试的方法。开发人员可以通过创建和配置一个指定区域路径和冲刺的测试计划工作项来组织整个产品的测试。我建议简单处理，为每个迭代配置一个测试计划。如图 7-1 所示，在 Test Plans 页面创建了一个迭代指定为冲刺 1 的新测试计划 Sprint 1。

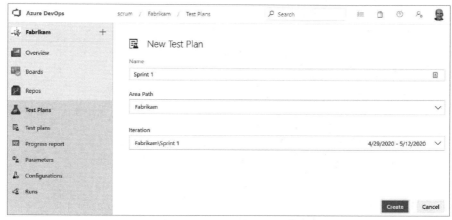

图 7-1　正在为 Sprint 1 创建一个新的测试计划

创建和管理测试计划、测试套件的开发人员需要具有基础和测试计划许可。
Visual Studio Enterprise、Visual Studio Test Professional 和 MSDN 平台订阅的授权都
包含此许可，此许可也可以单独购买。如果无法创建新的测试计划，可能是因为没
有授权导致的。这需要与 Azure DevOps 管理员进行确认。

案例研究

作为创建冲刺计划的一部分，在冲刺规划期间，开发人员还要创建一个与冲刺
同名的测试计划。

测试计划创建好之后，开发人员可以创建测试套件，测试套件本质上就是测试
计划用来保存验收测试的文件夹。测试套件是可选的，但是推荐使用测试套件。虽
然开发人员可以直接将所有验收测试放在测试计划的根目录下，并可以使用约定的
命名规则来标记有问题的测试。但如果有几十个测试直接放在测试计划根目录下，
会显得很乱，这也是为什么推荐使用测试套件。

可以创建以下三种类型的测试套件。

● 静态（Static）　只有名称的简单套件。
● 基于需求（Requirement-based）　映射到指定的 PBI 工作项的套件，这也
　代表着此 PBI 包含验收测试。测试套件的名称来自于工作项的 ID 与标题（例
　如"7476：Twitter feed"）。添加测试用例后，会自动链接到 PBI 工作项。
● 基于查询（Query-based）　一个包含所有满足指定条件测试用例的动态测
　试套件。

当定义测试计划时，开发人员可以使用基于需求的套件来容纳它们的验收测试。
基于需求的套件可以通过冲刺 Backlog 视图中 PBI 相关的命名约定批量生成。通过

简单的操作步骤，就可以将在冲刺 Backlog 视图中的所有 PBI 创建为基于需求的套件，如图 7-2 所示。

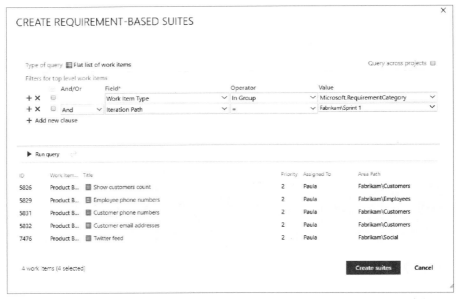

图 7-2　分别为冲刺 Backlog 视图中的每个 PBI 创建一个基于需求的测试套件

在后台，测试计划和测试套件都是以工作项的方式持久化的。与测试用例工作项不同，测试计划和测试套件工作项是特殊的隐藏类型工作项。正如第 3 章所提到的，不可以手动创建隐藏类型的工作项，用户通常也并不想这样做。例如，脱离测试计划的上下文创建独立的测试套件是没有任何意义的。相反地，开发人员会在 Azure Test Plans 中使用专用工具来创建测试计划和测试套件。

对于使用看板跟踪冲刺工作的开发人员来说，每个 PBI 卡片都可以添加关联的测试用例。这样做会创建一个默认测试计划和基于需求的测试套件来存放新建的测试用例工作项。从看板上创建测试不需要用户具备基础＋测试计划许可，这意味着小型团队可以轻松在 Azure Test Plans 中开始测试。如果团队正在使用看板来计划和跟踪冲刺工作，建议体验一下此功能。

测试套件的默认排序有些讨厌。想让测试套件按照一定逻辑顺序进行排序（例如 Backlog 优先级），必须通过手动拖拽方式实现。

在冲刺规划结束时，开发人员已经为每个已预测 PBI 创建了基于需求的测试套件。还有一些人通过拖拽将套件的排序与冲刺 Backlog 视图中的 PBI 排序保持一致。

7.1.2 测试用例

在创建测试计划和测试套件后，就到了创建验收测试本身的时候了。这个操作可以在冲刺规划过程中或在任意开发时间点内进行。在 Azure Test Plans 中，验收测试维护在测试用例工作项中。测试用例工作项类型允许开发人员以手动测试或自动化测试的方式进一步明确 PBI 的验收标准。手动测试用例需要有验证的测试步骤。自动化测试用例最终会关联到一个自动化测试上（例如 MSTest、XUnit 或者 NUnit 测试），并且在 Azure Pipelines 流水线中运行。

对于手动测试，测试用例工作项在最初也许只有一个概要性的定义，可能仅仅包含描述。后期，会有更多的详细步骤添加进来。一旦测试用例执行，测试运行中就会包含对应的测试结果和所有测试附件。

测试用例工作项与其他工作项类似，可以在 Boards 中创建。即便如此，直接在 Test Plans 界面对应的测试套件中创建测试用例会更有意义。这种方式更容易在测试计划中按照一定的逻辑形式组织测试用例。图 7-3 展示了单个测试用例工作项的创建，它也仅仅只是另一种类型的工作项而已。

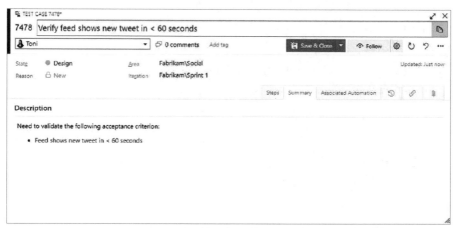

图 7-3 在 Azure DevOps 中的测试用例仅仅是另一种类型的工作项

与其为每个 PBI 创建一个测试用例（例如 Validate Twitter feed），开发人员倒不如基于相关 PBI 的验收条件创建测试用例工作项。这样的话，一个测试用例能覆盖一个验收条件，也可能需要多个测试用例覆盖一个验收条件。在另一些情况下，反而单个测试用例可能会覆盖多个验收条件。一般来说，开发人员应该计划为每个验收条件创建一个独立的测试用例工作项。

坏味道

> 为每个 PBI 只创建一个测试用例的做法，就意味着坏味道。没有任何测试用例就是更坏的味道了。可能是开发人员使用了一些其他自管理方法来测试和验证已预测条目是否可接受，如果是这样那还好。我可能会质疑他们行为的透明性，但归根结底，专业 Scrum 开发者可以使用任何他们确认的能带来价值并减少浪费的工具和实践。
>
> 将测试用例工作项（或者任务工作项）指派给产品负责人也是一个误区。这些类型的工作项存在于冲刺 Backlog 中，并且属于开发人员的工作。如果产品负责人想修改验收条件或提出一些新功能，需要与开发人员讨论，然后评估影响，最后由开发人员修改各自的工作项。如果产品负责人也是开发人员中的一员，那么这就不是问题了，但这样就会出现之前提到的另外一个问题。让产品负责人同时兼任开发人员，这本身就是个问题。

这为什么如此重要？请认真思考之前章节中提到的，为每个 PBI 创建多个足够小粒度的任务以便开发人员更好地协同工作，这同样适用于测试用例。例如，如果开发人员对三个不同的验收条件分别创建对应的验收测试（测试用例），那么就可以同时进行开发、测试和交付 PBI，从而降低风险。

Azure Test Plans 提供了一个非常出色的功能，可以让开发人员快速地基于每个验收条件创建一个测试用例工作项。这个功能就是网格视图，允许开发人员在类似于 Microsoft Excel 的二维表格中快速添加和编辑测试用例。

基于验收条件来快速创建测试用例的步骤如下。

1.　在冲刺 Backlog 视图中打开一个 PBI 工作项。
2.　选择验收条件，复制（快捷键 Ctrl+C）到剪切板。
3.　返回测试计划，点击"新建测试用例"及"使用网格添加测试用例"选项。
4.　将复制的验收条件粘贴（快捷键 Ctrl+V）到 Title（标题）列中，如图 7-4 所示。
5.　整理标题并保存测试用例。
6.　在冲刺 Backlog 视图中的其他 PBI 工作项上重复操作。

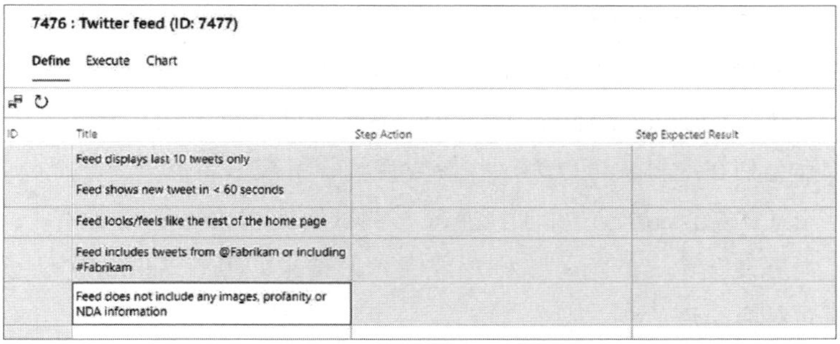

图 7-4　可以通过粘贴 PBI 的验收条件快速创建测试用例

当 PBI 的验收条件以列表的方式组织时，无论是列表符号、编号还是简单地使用换行符分隔，都能很好地使用复制 / 粘贴这种工作方式。对于非结构化的验收条件（例如一些散乱句子组成的段落）不能正确粘贴到网格视图中，那么最终只能创建一个单独的测试用例。

> 提前知道如何基于验收条件创建测试用例工作项，可以让团队改变维护 PBI 验收条件的方法。这样做可以推动团队从创建无序段落到使用简单的列表符号，最终使用 given-when-then 这种带有样例的表达式方式，不断演进和变革。Scrum 团队捕获 PBI 详情（例如验收条件）的最佳方式就是在冲刺回顾会议期间进行探讨、考虑和计划使用新的方法和实验。

提示

在创建和编辑测试用例工作项并向相关字段输入数据时，建议遵循如下专业 Scrum 指导。

- 标题（Title 必填）　输入简短的句子描述测试标准。可以考虑使用"验证【条件】"的命名约定。你可能也希望将 PBI 的 ID 或者简短的标题前缀作为命名约定，以便进一步标记。
- 指派给（Assigned To）　选择负责定义测试并确保测试运行的开发人员。就如任务一样，开始处理前留空。
- 状态（State）　选择测试用例的状态。本节稍后会介绍状态。
- 区域（Area）　为测试用例选择最佳的区域。区域通常与关联的 PBI 工作项一致。
- 迭代（Iteration）　选择测试用例属于以及运行的冲刺。应该为当前冲刺，并且与测试计划和关联的 PBI 工作项保持一致。
- 步骤（Steps）　对于手工测试，这是单独的测试步骤操作以及预期结果。

每个步骤都可以包含一个附件，比如截屏，来提供更多的信息。可以使用共享步骤工作项来简化测试用例的创建和管理。

- 参数值（Parameter values）　对于手动测试，在测试步骤中定义的所有参数都会列在这里。可以为这些参数设置一组或多组值。
- 讨论（Discussion）　添加或整理与测试用例相关的富文本注释。可以在注释中提及某个人、组、工作项或者拉取请求。专业 Scrum 团队更喜欢深入地面对面交流。
- 自动化状态（Automation Status）　对于自动化测试，将其修改为已计划状态。随后，将自动化测试与测试用例工作项相关联时，该字段的值将自动更改为自动化状态，详细信息将会显示在意为关联的自动化的标签页上。对于手工测试，此字段的值应保持为"未自动运行"。在本章的后面，我将讨论如何将自动化与测试用例相关联。

说明

尽管像测试计划、测试套件和测试用例这样的测试工件都是工作项类型，但是删除它们与删除其他非测试工作项是不同的。从测试用例管理（TCM）数据存储中删除一个测试工件时，同时会将底层工作项一并删除。有专门的后台任务执行从 TCM 数据存储和工作项存储中删除其子工作项的动作。这会包含所有的子项，包括子测试套件、所有跨测试配置的测试点、测试人员、测试运行和其他相关历史记录。如图 7-5 所示，在删除子工件时，Azure Test Plans 会弹出提醒。

最终的结果就是两个存储中的所有信息都会被删除，且无法恢复。微软仅支持永久删除测试工件，换而言之，删除的测试工件不会出现在回收站中，并且不能恢复。同时你也无法批量删除测试工件。如果在要删除的批量选择中包含测试工件，那么就会删除除了测试工件外的其他工作项。

图 7-5　删除测试计划及其相关子工件时需予以确认

- 说明（摘要）（Description）　提供更加详细的必要描述，以便其他开发
人员可理解测试用例的目的。
- 历史记录（History）　Azure Boards 每次都会追踪工作项由哪个团队成员
对那些字段进行了修改。这个标签页显示了所有更改的历史记录。这些内
容都是只读的。
- 链接（Links）　使用链接关联一个、多个工作项或其他资源（生成制
品、代码分支、提交、拉取请求、Git 标记、GitHub 提交、GitHub 问题、
GitHub 拉取请求、测试制品、wiki 页面、超链接、文档和已进行版本管理
的项）。应该有一个（可能多个）与 PBI 工作项的测试类型链接。如果你
正在使用基于需求的套件，那么会自动建立链接。
- 附件（Attachments）　添加描述测试用例详细信息的一个或多个文件。一些
开发人员喜欢将产品 Backlog 的梳理会议和冲刺规划上的笔记、白板照片甚
至音频 / 视频记录作为附件添加到测试用例。

　　测试用例工作项有三个状态：Design、Ready 和 Closed。典型的工作流流程为"设
计"⇒"就绪"⇒"已关闭"。在创建测试用例时，状态会处于设计状态。在测试
用例的细节完善后（关联自动或者手动测试步骤），测试用例就运行就绪了，那么
就应该将其状态调整为 Ready。当测试用例不再需要时，应该将其状态修改为已关闭。
测试用例工作项与 Azure Boards 中的其他工作项类型不同，没有已删除状态。当然
也可以直接将测试用例删除。

7.2　检视进度

　　观察验收测试是一种评估进度的好方法。假设所有已预测 PBI 都通过失败的
验收测试来表示，那么团队通过的测试越多，说明进展越大。在冲刺的前期，刚
完成冲刺规划之后，应该没有任何已通过的测试。在冲刺结束后，希望所有测试
都能够通过。在此过程中的任何一个时间点上，通过测试的数量除以总测试数量
大致等同于进度。这个假设建立在完成每个验收条件且通过每个验收测试的工作
量大致相同的基础上。虽然不完全准确，但对衡量进度来说足够接近了。

　　遗憾的是，Azure Test Plans 并没有直接提供方法来检视整个测试计划的进度。
换而言之，没有任何仪表盘可以显示所有基于需求的测试套件包含的测试用例的执
行结果。如图 7-6 所示，对于单个基于需求的套件提供了一个还算不错的可视化图表，
它展示了单个 PBI 的测试进度。遗憾的是，必须通过逐个点击每个套件来获得总体
的进度评估。

图 7-6   可以很容易地检视测试计划中单个 PBI 的进度情况。

下面列出可以度量所有测试用例进度的几种方法。

- 显示子套件中的测试点 这个设置允许查看指定套件及其子套件的所有测试点，而不必每次导航到单个套件查看。此选项仅在执行页面时才可见，如图 7-7 所示。你需要采用一个测试用例命名规范，以便容易地识别哪个测试用例关联到了哪个基于需求的套件（PBI）上。同样，不能根据原始的 Backlog 优先级进行排序，但微软正在考虑添加一个选项，以便可以通过基于需求的套件进行排序。

图 7-7   在测试计划中查看所有测试套件的测试点

- 基于查询的套件 通过创建一个基于查询的套件返回当前冲刺中所有的测试用例工作项，开发人员也可以看到所有已预测 PBI 对应的验收测试，如

图 7-8 所示。需要采用一个测试用例的命名规范来识别测试用例与 PBI 的对应关系。遗憾的是，这里不能继承原始 Backlog 优先级的排序。不管怎样，基于查询驱动的测试用例列表提供了更多的可控性。

图 7-8 使用基于查询的套件列出冲刺中的所有测试用例

- 进度报表 跟踪一个或多个测试计划中的测试进度。报表通过展示通过或失败的测试数以及阻塞的测试数，来指示测试的完成情况。该报告通过生成每日快照来展示执行和状态的趋势图。这有助于预测测试能否在冲刺结束时完成。可以通过许多方法对进度报表进行过滤。有关进度报表的更多信息，请访问 https://aka.ms/track-test-status。

- 图表 创建和使用测试结果图表跟踪测试进度。选择测试计划，然后查看测试执行进度。分组依据可以选择与结果相关的一组固定的预填充字段。图表类型可以选择饼图、滚动条、柱形图、堆积条形图或数据透视表。更多信息及具体样例，请访问 https://aka.ms/track-test-status。

- OData 源 推荐使用 OData 查询从 Azure DevOps 中提取数据并创建自定义分析。微软 Power BI 能使用 OData 查询来获取已筛选或聚合的数据集。通过对测试套件、测试、测试点、测试运行和测试结果实体的查询和生成报告，团队能创建自定义报告并可视化展示进度。有关使用 OData 的更多信息，请访问 https://aka.ms/extend-analytics。

测试用例本身是不可执行的。当将测试用例添加到测试套件时，会生成一个或多个测试点。测试点是测试用例、测试套件、配置和测试人员的特殊组合。例如，如果有一个名为"验证登录功能"的测试用例，并且添加了 Chrome 和 Edge 两个测试配置，那么这将生成两个测试点：Chrome 的"验证登录功能"和 Edge 的"验证登录功能"。当执行测试时，每个测试点会生成和展示自己的测试结果。在执行页面中展示测试点的最后一次执行结果。

可以将测试用例视为跨套件和计划的可重用实例。通过将它们包含在测试计划和套件中就可以生成测试点。通过执行测试点，可以确定正在研发产品的质量和进度。

7.3　验收测试驱动开发

实践验收测试驱动开发（ATDD）的一个方法就是让开发人员协作讨论 PBI 的验收条件，并编排失败验收测试，然后使用这些测试作为开发 PBI 的指引。要从用户角度出发讨论样例。这些讨论和样例被进一步细化为一个或多个验收测试。这个过程可以在梳理期间进行，但必须在 PBI 规划后且开发前完成。ATDD 有助于确保整个 Scrum 团队对正在开发的内容以及完成标准达成共识。

坏味道

如果开发人员没有做任何悲伤路径（sad path）和失败路径（bad path）的验收测试，就是一种坏味道。这些测试有时统称为不愉快路径（unhappy path），这些测试通过无效输入，试图根除由未经培训、疏忽或者恶意用户引起的问题。Scrum 团队应该在冲刺回顾会议上讨论这些问题，以提高验收测试实践和产品质量。

在冲刺期间，开发人员遍历每个 PBI，不断地进行开发、测试、开发、测试直到 PBI 完成。PBI 的复杂度和验收条件数量决定了开发人员可能需要创建多个验收测试。如果开发人员包含额外的悲伤路径（sad path）和失败路径（bad path）测试，那么一个中等复杂度的 PBI 可能包含十几个甚至更多的验收测试。

验收测试应该在编码前创建。正如前面提到的，验收测试可以是仅仅具有简单名称的测试用例工作项，作为后续进行自动化测试的占位符使用。当需要编写自动化测试代码时，可以让一名编码能力强的开发人员和一名有测试背景的开发人员协同完成，以我的经验，两名开发人员能够协作实现高质量的自动化验收测试。记住，直到 PBI 的编码正确实现前所有的这些都是失败测试。例如，如果一个已预测 PBI 有 6 个验收条件，并且 DoD 包括创建愉快路径（happy path）和不愉快路径（unhappy path）测试，那么在 PBI 开始编码前，应该至少有 12 个失败验收测试创建。

随着开发的推进，越来越多的验收测试通过。当最后一个测试通过且满足 DoD 时，就代表着开发人员实现了 PBI。该工作可以在冲刺评审中被检视，并且重要的是，增量发布中将包含这个新 PBI。记住，是否发布以及何时发布这个增量是产品负责人的决定。

有时会有人问我，ATDD 与行为驱动开发（BDD）、实例说明（SBE）、测试驱动需求（test-driven requirements）、样例驱动开发（example-driven development）、可执行需求（executable requirement）、功能测试驱动开发（functional test-driven development）、故事测试驱动开发（story test-driven development）或者潮流驱动开发（flavor-of-the-month-driven）有何不同。我告诉他们，每种实践，无论有多少细微差异，都有相同的目标：促进各方干系人更好地协同并且以更容易理解和可测试的形式来解释抽象的业务需求。

ATDD 还可以为分布式团队提供更多的价值。与产品负责人和干系人集中办公的开发人员通过关键而深入的沟通，将验收标准细化为验收测试。这些使用自然语言编写的测试，为非集中办公的开发人员提供了清晰的思路，使他们能够专注于通过测试。与传统需求比较，这些可执行规范提供了更多的价值并减少了浪费。此外，拥有一个简单而具体的目标"使我们的测试通过"可以帮助那些难以做到自管理的开发人员找到日常工作中的重点。

提示

对学习和使用验收测试框架感兴趣的产品负责人、领域专家或干系人都比较少见。遗憾的是，我们发现产品负责人或干系人通常都只是告诉开发人员他们想要什么，测试框架则由开发人员自行选择。如果这是一个"如何做"的简单决定，我会同意，但是验收测试同样是理解条件、特性、场景和样例等内容的途径。这些都是关于"什么"的项，必须涉及产品负责人和相关干系人。与任何工具或实践一样，开发人员应该在几轮冲刺过程中实验和尝试一个框架，并且在冲刺回顾会议中讨论其价值，然后决定是接受、强化还是放弃这个框架。

开发人员刚刚开始实践 ATDD。刚开始将测试活动左移至编码之前时，他们感觉非常困难，但很快就意识到了不必延迟测试或重构测试的好处。有些测试仍然是手动的，但开发人员持续地提升他们的技术能力，并计划在将来编写更多的自动化验收测试。

开发人员也在评估 SpecFlow，这是一个非常受欢迎的 .Net 验收测试框架。与其他框架相比，它可以非常容易地将整个团队与测试活动集成在一起。SpecFlow 故事可以用通俗易懂的语言来写，产品负责人 Paula 和领域专家都很欣赏这种语言。SpecFlow 可以与 Visual Studio 集成也是一个重要的原因，详情可访问 https://specflow.org。

到目前为止，只对实现 ATDD 进行了部分解释。如果开发人员想要一个真正的可执行规范——在这个规范基础上实际上有一个框架将规范数据传递给测试运行程序来执行——就需要实施一个合适的验收测试框架。使用这些框架时，如果规范改变，那么它将自动地影响测试。在本章中使用测试用例工作项方法中提到的链接只是一个逻辑连接。规则更改的情况下，相关测试并不会自动修改。

测试驱动开发

在 ATDD 中，开发人员可以使用自己选择的任何开发实践。任何实践都应该努力减少浪费，同时允许开发人员开发符合预期目标的成果。除了这些基本规则之外，开发人员之间应该互相鼓励尝试新的设计、编码和测试方法。在冲刺回顾会议上讨论这些实验是否有用，并在将来的冲刺中接受、强化或者放弃这些实践。

最常见的 ATDD "内循环" 实践就是测试驱动开发（TDD）。TDD 建议采用一种短小的、可重复的循环方法进行编码工作。在这个循环里，开发人员（或结对，或 Mob 式）首先编写一个失败单元测试，这个失败的测试对应的是 PBI 功能中的一个小的单元。接下来，通过添加最小量代码来使测试得以通过。最后，重构代码使其符合设计模式并满足标准要求，例如 DoD。而后，继续从另一个失败的单元测试开发，对下一个功能单元重复此循环。

提示

ATDD 有时会与 TDD 混淆。这类似于把 ADHD 与 ADD 混淆一样，不过是我跑题了。区分方法就是，单元测试（TDD）是用来确保开发人员以正确的方式来构建有价值的特性，而验收测试（ATDD）用来确保开发人员在构建正确的事物。

TDD 的一个原则是，在编写一个失败的测试之前，不能编写任何一行应用代码。TDD 的倡导者解释说，这种实践将迫使需求变得更加清晰，并更早地发现误解和错误。开发人员也将更倾向于使用更加易于测试和重构的架构和设计模式。采用 TDD 带来的另一个附加值就是获得的代码覆盖率比之前的更高。

支持 TDD 最有力的论据是，它将测试变成技术产品需求。因为开发人员必须在编写代码之前编写测试，所以为了定义测试，他们必须要先理解需求并过滤掉任何不明确的地方。这个过程反过来指导开发人员以较小的增量和复用的方式进行思考，使得开发人员从如何增加最少的代码和实现最佳的代码重用的角度来思考问题。因此，一旦浮现出清晰的设计就很容易识别和删除不必要的代码了。

TDD 能够持续重构程序，以保持代码整洁，同时避免技术负债。高质量、快速、可重复的单元测试提供了一张安全网，就像在汽车上安装一个高性能的刹车一样。两者都能让操作者快速行动并敢于冒险。例如，假设开发人员编写了高质量单元测试并且覆盖了大部分代码，当重构或实验时，开发人员就可以立即看到修改带来的潜在影响导致的失败测试结果。一个像这样有效的安全网，可以减少意外引入的负面影响或缺陷，使得开发人员更有信心，更快地进行编码。

案例研究

> 开发人员知道 TDD，理解其价值，并且确定要进行实践。他们作为一个团队整体上做出了一个决定：在所有代码中使用的价值不高。如果是包含大量设计工作或者应用中包含高危或高复杂度领域的工作场景，开发人员将实践结对编程并采用 TDD 用作设计方法。

7.4　自动化验收测试

专业 Scrum 开发者一致认同自动化测试的有效性，并且是软件研发的必备条件。甚至在敏捷宣言原则中有一条就是"持续关注卓越技术"，这也适用于自动化验收测试。如果没有要求产品负责人或者干系人手动检视工作（假设这些工作在 DoD 中），那么几乎所有需要人工验证的场景都可以使用自动化验收测试覆盖。这可能并不容易，但是通过采用自动化验收测试实践，开发人员就能在整个冲刺过程以及后面的回归测试中使用这些测试完成 ATDD 后面会详细讲解。

说明

> 一些开发人员认为可以自动化所有的验收测试，尽管这是可 w 能的，但是这会降低投资回报率。例如，开发人员希望能够对以下场景实现自动化验收：自适应用户界面（UI）控件，包括字体类型和大小保持一致，等等。手动或探索性测试更适合这种情况。我的指导建议是，对于一个测试来说，如果没有使用自动化测试，而是选择使用手动验收测试替代，那么最好有个很好的理由，而不仅仅是因为这会"更简单"。请采纳我的建议并在接下来的冲刺回顾中进行讨论。

正如之前提到的，测试用例仅仅是另外一种类型的工作项。测试用例可以非常轻量，比如只有标题和描述。这些工作项其实就是文档内容的一种延伸而已。部分测试用例工作项可能会转变为包含实际测试步骤和期望结果的手动测试。其他测试用例工作项可以与自动化测试进行关联，例如单元测试。这正是 ATDD 实践者应该使用的方式。

虽然 Azure Test Plans 没有提供开箱即用的端到端 ATDD 解决方案。但是，它为你自己构建这套方案提供了基础。通过使用测试用例工作项、自动化测试和 Azure Pipelines，开发人员可以通过使用自动化验收测试来实践 ATDD。

以下展示了完成这些设置需要遵循的主要步骤。

1. 在当前冲刺的测试计划中创建一个测试用例工作项。确保关联到正确的测试套件（正确的 PBI）。可以将自动化状态（Automation Status）字段设置为 Planned，以帮助识别这些测试。

2. 使用 Visual Studio 创建一个自动化验收测试并关联到这个测试用例工作项上。

3. 签入 / 推送测试项目代码到 Azure Repos。

4. 在 Azure Pipelines 中创建一条构建流水线，用来生成包含测试二进制文件的构建。

5. 在 Azure Pipelines 中创建一条发布流水线，用来运行这个自动化测试。

6. 配置测试计划设置，选择对应的构建和发布流水线。

7. 创建一个生成。

8. 运行测试用例。

创建测试用例工作项后，要将其关联到自动化测试上。这些要在 Visual Studio 中完成，当然，这里假设已经有一个自动化验收测试。支持的测试框架有 MSTest、 xUnit 和 NUnit。使用这些框架的其他测试类型，例如 Selenium 和 SpecFlow，应该也是支持的。更多信息，请浏览 FAQ https://aka.ms/test-case-automation-faq。

打开 Visual Studio 测试项目并连接到 Azure DevOps 项目后，就可以将自动化测试关联到测试用例工作项。如图 7-9 所示，这在 Test Explorer 窗口中执行，需要测试用例的唯一标识（工作项 ID）。

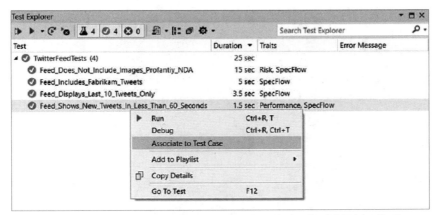

图 7-9　使用 Test Explorer 将自动化测试关联到一个测试用例工作项

关联自动化测试之后，将看到测试用例工作项的自动化状态字段变为"已自动化"。此时，自动化测试名称，自动化测试存储（程序集文件名），和自动测试类型也会显示在测试用例工作项关联的自动化标签页。如果需要重置某些设置，点击此页的清除按钮将删除相关的自动化关联。每个测试用例只能关联一个自动化测试。更多信息，可访问 https://aka.ms/test-case-automation。

接下来，确保测试项目存在于 Azure Repos 中，并且最新的更改也都被推送到 Azure Repos 中，包括通过测试的代码。同时还必须创建好一条用来构建包含验收测试的测试项目的流水线。这条流水线不需要运行自动化验收测试，它只是用来生成测试二进制文件。无论如何，构建流水线都不是运行验收测试的正确环境。另外，验收测试不作为构建运行的一部分可能会更好。

提示

> 当谈到自动化测试的命名约定时，我的建议是保持一致！有很多命名测试项目的方法，程序集、命名空间、测试类和测试方法。有的开发人员喜欢遵循严格的 BDD 格式，而有的则喜欢使用清晰的名称来描述上下文和预期行为。要想获得入门帮助，请访问 www.stackoverflow.com，查看关于这个主题的最新讨论。

　　为了使持续集成（CI）更加高效，应该快速地向开发人员提供反馈（开发人员往往缺乏耐心）。让 CI 构建运行漫长的集成和验收测试对快速反馈的目标来说是适得其反的。请参考第 2 章，了解 Azure Repos 和 Azure Pipelines。

　　因此，在持续交付过程中，持续集成必须要求在类似生产的环境中运行并通过所有集成和验收测试。我将这两种类型的 Cl 构建区分为 CI（仅用于单元测试）和 Cl+（所有自动化测试）。

　　还需要创建一条发布流水线，它将实际运行验收测试。此流水线将使用构建流水线的制品作为源，并且至少需要一个阶段来表示运行验收测试的测试环境。这台计算机需要安装正确的 Visual Studio 版本才能运行自动化测试。作为安装 Visual Studio 的替代方案，流水线可以利用 Visual Studio Test Platform Installer 任务作为流程的一部分，以此来安装流水线的必备软件。

　　发布流水线定义必须包含一个 Visual Studio 测试任务，该任务配置为使用 Test run 来选择测试。此设置指示 Azure Test Plans 将选定的执行测试列表传递给 Azure Pipelines。Visual Studio 测试任务将查找测试运行标识符、提取测试执行信息（如容器和测试方法名称）、运行测试、更新测试运行结果，并对测试运行中与测试结果关联的测试点进行设置。

提示

> 默认的流水线名称可能不够明确。确保为流水线和流水线制品设置简单且有意义的名称，例如阶段名称。这将帮助其他开发人员快速识别构建、发布和部署环境。

　　如果验收测试是 UI 测试，比如运行在浏览器中的 Selenium 测试，则必须确保将代理设置为启用自动登录的交互式（interactive）进程运行模式。在发布部署到某个阶段之前必须设置一个以交互方式运行的代理。如果是在无头浏览器（headless）上运行 UI 测试，则无需配置交互式进程。有关配置交互式代理的更多信息，请访问 https://aka.ms/pipeline-agents。

　　创建流水线并触发生成之后，需要返回到 Test Plans 页面并配置冲刺的测试计划设置。这里要选择包含生成测试二进制文件的生成管道以及要测试的特定生成号，也可以将其设置为＜最新版本＞，以便系统在运行测试时自动使用最新版本。同时，选择运行测试的发布管道和阶段，如图 7-10 所示。

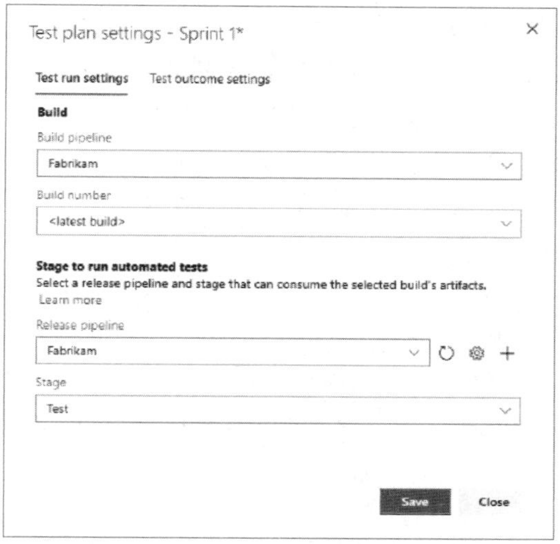

图 7-10　配置测试计划，以便在流水线中运行自动化测试

　　要运行自动验收测试，请选择包含自动测试用例的测试套件，并跳转到执行页面（而不是定义页面）。选择要运行的测试，单击运行选项之一，选择"使用选项运行"。这个选项提供了最多的控制，它允许你覆盖默认值并选择不同的生成管道、发布管道或发布阶段。在图 7-11 中，可以看到运行自动化测试用例后显示的通知。

图 7-11　在 Azure Test Plans 中运行自动化测试用例

　　假设已正确配置流水线，并且测试二进制文件已生成并部署到指定阶段，系统将为选定的发布流水线创建一个发布，接着创建一个测试运行，然后触发该发布到选定阶段的部署。Visual Studio 测试任务将执行，当完成时，向开发人员提供验收测试的通过或失败结果。

触发测试运行后，可以跳转到运行页查看测试进度并分析失败的测试。测试结果包含用于调试失败测试的相关信息，如错误消息、堆栈跟踪、控制台日志和附件。你将注意到，测试运行的标题包含了发布名称（例如 TestRun Fabrikam release-42）。该摘要包含一个链接，指向为运行测试而创建的发布，如果后续需要返回并分析结果，该链接将帮助你找到运行测试的发布。同时，也可以使用这个链接打开发布并查看发布日志。

案例研究

> 产品负责人 Paula 希望在不久的将来转向持续交付（CD）模型。她希望每个PBI 在满足 DoD 时能够发布到产品服务器上。开发人员清楚，只有通过自动化验收测试才能实现这个目标，他们正在投资这方面的工具和培训，以便能够做到这一点。

7.5 验收不等于验收测试

当我拜访软件开发团队时，发现团队对于验收的概念存在困惑。例如，我听到的一个常见的误解是验收是由用户执行的（称为用户验收测试）。在 Scrum 中，从来不会这样。事实上，Scrum 中所有工作都是由开发人员完成的，这代表着包括测试在内所有的工作。另一个常见的误解是，通过验收测试等同于完成 PBI。这并不一定是正确的。通过验收测试只能证明已满足验收标准。这并不一定意味着 DoD 的所有内容都得到了完全的满足。可能还有其他条目必须完成，例如创建文档或发布说明。

如果 DoD 中的一项与产品负责人"接受"或"喜欢"或"热爱"开发人员的工作成果有关，那么验收测试和产品负责人验收将是两个截然不同的活动。表 7-1列举了关于验收的常见误解。

表 7-1   关于验收的常见误解

误解	为什么这是个误解
通过验收测试等同于 PBI 已完成	只有满足了所有 DoD 的要求，开发人员的工作才算完成，这包括验收测试和产品负责人认可
验收测试通过等同于 PBI 被接受	假设 DoD 包含需要产品负责人验收的内容，那么只有产品负责人能验收 PBI，然而任何开发人员都可以运行或完成验收测试
验收测试必须让干系人（用户）来运行	在 Scrum 中，所有的工作都是由开发人员来完成的，包括测试。如果干系人想要提供一些反馈，那么应该给予他们这个权利，尤其是在冲刺评审会时。但是，他们没有权利决定某个特定 PBI 是否完成

（续表）

误解	为什么这是个误解
验收测试只能是手动测试	几乎所有的场景都可以使用自动化测试进行验证。对于运行回归测试，强烈建议使用快速、高质量且自动化的验收测试。持续交付需要它
只能在冲刺回顾上进行验收	假设 DoD 包含一些产品负责人的验收内容，这可以发生在冲刺过程中的任何时间，并且越早越好。事实上，一个 PBI 可以在冲刺过程中的任何时间发布到生产。冲刺评审是为了获取干系人的反馈。事实上，如果产品负责人在冲刺评审期间第一次检视 PBI，是有问题的

我相信，一个专业 Scrum 团队应该是产品负责人与开发人员频繁协作的团队。我喜欢看到产品负责人定期与开发人员接触，并在整个冲刺中检视 PBI 及其增量。遗憾的是，在我遇到的团队中，产品负责人只是冲刺评审中的另一个干系人，和其他人一样，都是第一次看到功能。这使我觉得很痛苦。

提示

> 产品负责人也是人，很难明确他们到底在想什么，要什么。对于像软件这种抽象（且不可见）的东西来说尤其如此。这意味着只能依靠人们检视后才能告诉你他们不喜欢什么。Scrum 接受这一事实，你也应该接受。例如，如果你和同事正在开发一个 PBI，并且刚刚完成了用户界面的设计，让产品负责人，甚至是一些干系人，都能先看一眼，并在做之后的任何工作前提出意见。这有什么坏处呢？敞开心扉，鼓起勇气。

案例研究

> 虽然 Paula 是一个忙碌的产品负责人，但开发人员很幸运，与她在同一栋楼里工作，并且可以定期向她获取答案和反馈。为了确保得到她的支持，他们的 DoD 中有一条就是"Paula 喜欢他们的工作"。一旦开发人员在 PBI 上取得进展，就会确保 Paula 对自己的认可。当开发者在头脑风暴探究复杂系统或用户体验设计时也是如此。Paula 希望她的产品对于用户来说是最好的，她也清楚定期地参与将会产生更好的结果。当工作到了"验收"阶段时，Paula 很可能已经接受了工作，不需要再说什么。正是因为这种合作模式与观念，使得开发人员相信持续交付模式是他们能够做到的。

即使有一条"产品负责人必须认可"的严格 DoD 标准，也不能保证他们就会接受交付的工作项。如果工作项推迟到冲刺评审时才做第一次沟通，风险就会更大。专业 Scrum 开发者清楚这一点，会追求一种更强调协作性的工作模式，以确保产品负责人可以在冲刺的早期就能够提供反馈。还有一点很重要，如果 DoD 中使用了类似于"产品负责人喜欢……"或者"产品负责人欣赏……"这些用语，那么这种主观式测试将很难在可执行的规范中捕获，也不可能实现自动化。这代表着产品负责人以这种形式验收，永远是一种基于人的测试，也代表着产品负责人需要亲自检视这些条目。

7.6　测试重用

正如之前提到的，当开发人员为冲刺准备测试时，他们需要创建一个测试计划，然后添加适当的测试套件和测试用例。一般来说，每个已预测的 PBI 应该有与其验收条件同样多的测试用例，再乘以他们计划执行的测试路径和配置类型。通过设计，单个测试用例工作项可以关联多个 PBI。例如，可以创建一个通用测试用例来验证页面请求是否能在 5 秒或更短的时间内返回响应。因为这是一个常见的验收标准，所以你可能想在这个或之后的冲刺中为其他的 PBI 重用这个测试用例。将现有的测试用例工作项添加到某个测试套件中，即可轻松做到这一点。

当像这样重用一个测试用例时，请注意，例如为了更好地支持当前冲刺的 PBI（例如将它从 5 秒改为 3 秒）而调整测试用例，那么这些更改将影响该测试用例的所有实例。这是测试计划引用测试用例的所带来的问题。这就是让测试计划简单地引用一个测试用例的本质。微软也意识到用户对于真实副本的需求以及复制测试用例甚至整个测试计划的能力。

坏味道

> 当我看到开发人员反复使用复制 Test Plan 功能时，就能觉察到一种坏味道。也许这些冲刺、PBI 的测试工作非常相似，但也可能是开发人员没有完成自己的工作，而只是把 PBI 带到了下一轮冲刺。理想情况下，没有必要复制上一轮冲刺的测试计划，因为下一轮冲刺或当前冲刺都应该是开发新的 PBI，并且它们都有新的验收条件，都需要新的测试用例进行验证。当然，也存在例外。

当复制一个测试用例时，可以指定目标项目、目标测试计划（例如当前冲刺）以及复制测试用例的目标测试套件，系统还提供了包含现有链接和附件的选项。还可以复制整个测试计划——测试套件、测试用例等。这样做时，可以选择引用现有的测试用例或者创建测试用例副本。图 7-12 展示了复制测试计划的可用选项。

图 7-12　Azure Test Plans 提供的复制整个测试计划的能力

回归测试

回归测试是对已完成的 PBI 重新运行验收测试，以确保新的增量仍然满足 DoD 且是可发布的。这些回归测试可以来自当前的冲刺，也可以来自之前的冲刺。拥有一个坚实的单元测试基础框架会有所帮助，但是因为任何对代码库的更改都可能会潜在地导致增量的不稳定，所以对开发人员来说持续执行验收回归测试也是非常重要的。这意味着前一个冲刺的测试用例应该在当前的冲刺中执行，以确保增量集成的质量。

决定在回归测试期间运行哪些测试用例是比较困难的。一个团队可能有数百个测试用例。团队应该在冲刺规划中考虑到这一点，而且还可以在整个 Sprint 过程中知道更多。至于如何将测试用例组织到一个回归套件中，其实非常简单，正如你将看到的那样。

提示

> 有些专业 Scrum 团队会将"选择适用的回归测试"添加到 DoD 中。这将确保已完成的 PBI 选择回归测试。可能有些 PBI 不需要任何回归测试，而另一些 PBI 可能需要所有的验收测试用于回归。覆盖脆弱领域、高技术债领域和核心 / 关键功能领域的测试用例是回归测试的最好候选。对于有大量回归测试的冲刺来说，最重要的是确保它们是快速可靠的自动化验收测试。

一旦团队讨论并确定了用于回归的测试用例，那么他们就要编辑每个测试用例工作项，并为其添加一个回归标记。如果有多个集合或类型的回归测试，可以使

用不同的标记（如"回归 -A""回归 -UI""回归 -Financial"）。图 7-13 展示了
Twitter feed 这个 PBI 的五个测试用例中有三个已经被标记为回归测试。

图 7-13   使用标记将现有的测试用例标记为回归测试

下一步，让这些回归测试用例显示在下个冲刺的测试计划中。通过创建一个基
于查询的套件来显示包含"回归"标记的所有测试用例工作项，可以很容易做到这
一点。同时可以通过添加额外的查询条件（区域、迭代、状态、自动化状态等）来
进一步限制返回的测试用例。图 7-14 显示了为回归测试创建的一个基于查询的测
试套件。

图 7-14   使用基于查询的套件列出标记为回归的测试用例

接下来，这个基于查询的测试套件将始终显示标记为回归测试的最新测试用例列表。如果要从回归套件中添加或删除测试，开发人员就需要从对应的测试用例工作项中添加或删除"回归"标记。开发人员可能想要采用一个测试用例命名约定，用 PBI 名称或缩写作为测试用例名称的前缀，以便更容易从在一个扁平的、按字母顺序排列的列表中识别出它们。

这种方法的一个缺点是回归测试套件不是静态的。没有哪个特定的回归测试应用到哪个冲刺的历史记录。例如，如果开发人员目前正在冲刺 7，且回归测试套件包含 20 个测试用例，当他们打开 Sprint 3 的回归测试套件，它会显示相同的 20 个测试用例。如果开发人员想为每个冲刺的回归测试保持静态的历史记录，他们需要创建一个静态测试套件，然后在关闭每个冲刺前，手动添加所有回归测试用例工作项。通过这种方式，即使标记在未来的冲刺中持续变化，条目也将保持不变。

案例研究

> 在实现持续交付之前，一个或多个冲刺的已完成、已测试工作可能会堆积起来，等待发布。考虑到代码库中技术债的数量以及由此产生的担忧，开发人员必须确保他们不损害已完成功能的完整性。因此，他们正在采用一种严格的回归测试方法。他们将标记测试用例工作项，以便每个冲刺中他们都有一个回归测试的动态列表。他们还将为每个冲刺创建一个回归测试的静态测试套件，这样就不会在发布增量之前错过任何重要的回归测试。

7.7 验收测试检查表

每个 Scrum 团队都以某种方式测试他们的工作，以确保结果是可接受的。这些测试可以是手动的，也可以是自动的。可以在开发之前或开发期间创建它们。它们可以由一个开发人员创建，并由另一个开发人员运行。换句话说，开发人员有许多方法可以达到目标。在所有的 Scrum 团队中，有一件事是共同的——为了确保增量能够持续发布，DoD 应该包括某些确认、验证、测试或其他质量检查。

从这个假设开始，本章提出：提前验收测试的编写时间，然后将其作为冲刺计划使用，这也提供了一种在冲刺期间检查进度的方法。这完全是一个可选的建议。尽管专业 Scrum 开发者不需要使用验收测试来计划一个冲刺，但希望你现在可以看到它的好处。在这样做的过程中，也希望你能了解使用 Azure Test Plans 可以与 Azure Boards 和 Azure Pipelines 紧密合作，以此作为支持验收测试驱动开发框架的好处。

使用验收测试来表示冲刺计划、提供专注和检视进度时，可以使用以下检查清单。

Scrum

- 在 PBI 中捕获验收条件。
- 确定冲刺中需要预测哪些 PBI，这是冲刺规划的输出。
- 识别已预测 PBI 之间的通用验收条件。

Azure DevOps

- 为当前冲刺创建一个新的测试计划。确保开始和结束日期与冲刺匹配。
- 为每个已预测的 PBI 创建一个基于需求的套件，根据积压工作优先级重新排序。
- 创建一个基于查询的套件，使其包含所有标记为"回归"的所有测试用例工作项。这假设你的团队之前已经将一些测试用例工作项标记为回归测试。确保回归测试用例列表是准确的。
- 通过创建 / 添加 / 导入测试用例对每个基于需求的套件（PBI）进行验收条件测试。网格视图是快速设置测试用例标题及其步骤的不错方法。确定一个命名约定，以便在查看测试用例标题时能够快速识别 PBI。
- 确保所有的测试用例工作项迭代字段都设置为当前冲刺。
- 对于那些自动化执行的测试用例工作项，将它们的自动化状态字段设置为已计划。这将有助于在列表和查询中识别它们。
- 对于那些不自动化执行的测试用例工作项，指定测试步骤和预期结果。这里只需考虑最少的细节，这些细节足以确保测试是可重复的并交付一致的结果。让两个开发人员结对，胜于由一个开发人员为另一个开发人员编写详细的测试说明。
- 使用 Visual Studio 将自动化验收测试连接到对应的测试用例工作项。
- 使用 Azure Pipelines 来创建一个编译测试二进制文件的生成。
- 使用 Azure Pipelines 创建一个发布流水线，在发布流水线的指定阶段（环境）中运行测试。
- 作为一个团队，按照 Backlog 优先级的顺序，通过协作 / 蜂拥，逐个测试，将基于需求的套件（PBI）列表中每个条目从红灯变成绿灯。
- 通过可视化手段来深入了解增量的质量和团队的进度。
- 将适当的测试用例工作项标记为"回归"测试，最好是在冲刺期间这样做，因为这时上下文信息仍记忆犹新。

术语回顾

本章介绍了以下关键术语。

1. **验收条件**　产品负责人或干系人对给定 PBI 制订的成功定义。

2. **验收测试**　由开发人员创建并运行的手动或自动化测试,以验证 PBI 的某个方面已经完成。验收测试通常映射到单个验收条件。

3. **测试计划**　开发人员可以用来组织测试的工作项类型。对于 Scrum 团队,测试计划通常与一个冲刺进行关联。

4. **静态套件**　一个只有名称的简单测试套件。

5. **基于需求的套件**　映射到一个特定 PBI 的测试套件,也意味着它只包含该 PBI 的验收测试。

6. **基于查询的套件**　一个动态测试套件,它返回满足特定条件的测试用例工作项,例如标记 = "回归"。

7. **测试用例**　开发人员使用的一种工作项,以验收测试的形式进一步指定 PBI 的验收条件。测试用例可以是手动的,也可以是自动的。专业 Scrum 开发者更喜欢自动化的验收测试。

8. **网格视图**　一个二维数据输入视图,类似于 Microsoft Excel,开发人员可以使用它快速创建或编辑测试用例工作项。

9. **测试点**　测试用例、测试套件、测试配置和测试人员的特殊组合。测试点与测试运行相关联。

10. **OData**　Open Data Protocol 是一个用于生成和使用 RESTful API 的标准,比如来自 Azure DevOps Analytics 的数据。像 Power BI 这样的工具可以通过 OData 源来使用 OData。

11. **验收测试驱动开发(ATDD)**　在编写任何应用程序代码之前,通过失败的自动化测试的形式来定义可执行规则的实践。ATDD 可以帮助开发人员构建正确的事物。

12. **测试驱动开发(TDD)**　在编写功能代码段之前编写单元测试的实践。当编写的代码能够通过测试时,就可以进行重构,然后进入另一个 TDD 周期。TDD 帮助开发人员正确地构建有价值的特性。

13. **关联自动化**　测试用例工作项可以与 MSTest、xUnit 或 NUnit 支持的自动化验收测试相关联。在 Visual Studio 中实现关联,测试是在发布流水线中执行的。

14. **SpecFlow**　最流行的 .Net 第三方验收测试框架。

15. **验收**　验收测试和产品负责人验收是两个独立的活动。DoD 应该包含一些产品负责人验收或让它们满意的内容列表。产品负责人不应该接受没有通过验收测试的工作。

16. **回归测试**　当代码发生变化时，运行之前冲刺的测试用例，以确保增量的完整性，这是需要优先选择的实践。

第8章 高效协作

当一个高效率专业 Scrum 团队融洽地合作解决问题时，会感受到源源不断的能量。每个开发人员都完全沉浸于各自的任务中：各自完成设计、编码和测试；可工作的产品得以组装和验证；满足 DoD；PBI 的状态转变为"已完成"。每个人都进入心流状态，忘记时间并从中感到快乐和满足。他们正在体验心流。

布鲁斯·塔克曼写到过关于团队发展的各个阶段，确定了发展模型的四个阶段：形成期（Forming）、震荡期（Storming）、规范期（Norming）和成熟期（Performing）。在最初的行程期，个体聚集在一起形成团队。他们可能互不相识，不知道每个人的优点和缺点，因此进入到震荡期。在这个阶段，每个团队成员都在试图主张自己的想法，同时一起努力解决分歧。这个阶段有时完成得很快。遗憾的是，有些团队从未离开过这个阶段。一旦团队成员能够解决分歧，并在彼此互动时感到更加轻松，那么他们就进入了规范期。在这时，团队开始作为一个整体。成员们聚焦于同一个目标，然后共同做出计划。在这个阶段会出现妥协并形成一致的决策。专业 Scrum 团队努力进入最后一个阶段，即成熟。这些团队不仅作为一个整体运作，而且还能找到顺利和高效完成工作的方法，并且能够有效地实现自管理。在我看来，很少有团队能达到这个阶段，但每个团队都掌握了协作的艺术，面对冲突时，能够进退自如，并能够建设性地构建出更好的产品。

这里，我提出塔克曼团队发展阶段的第五个阶段：蜂拥期（Swarming）。正如在本章后面可以学到的，蜂拥是一种让所有开发人员同时在同一个 PBI 上工作的协作实践，持续在所有相关的任务或测试上工作，直到 PBI 完成。蜂拥是一种经过验证地在复杂领域（如软件开发）上工作的实践，可以立即带来积极的成果。

在本章中，将重点介绍一些实践和工具，使团队协作更加有效。通过学习和采用这些实践，团队将提升它们的能力，以达到布鲁斯·塔克曼模型的成熟期，并希望在那之后进入蜂拥期。

8.1 个体和互动

《敏捷宣言》明确指出，虽然过程和工具有价值，但个体的互动更有价值。换句话说，敏捷软件开发意识到人的重要性，以及他们在一起工作时所带来的价值。毕竟是人在构建产品，而不是流程和工具。如果把聪明的、有授权、有动力的人放在一个没有流程、没有工具的房间里，他们仍然能够完成一些事情。即便他们的生产力不能够最大化，但依然可以创造价值。他们会去检视和调整自己的工作流程，并且总能够寻求改进。一群人组成一个团队，朝着一个共同的目标努力。相反，如果不能齐心协力，即使有流程或工具也解决不了问题。一个糟糕的流程会毁掉一个好的工具，但是一个糟糕的人会毁掉一切。

说明

> 一个 10 倍速开发者可以独自产出相当于其他 10 个开发人员的产出。从理论上讲，10 倍速开发者将产生相对于任何普通开发人员 10 倍的结果。有些人声称，10 倍开发理念是一个神话，虽然确实有一些实践者比其他人更有效率，但 10 倍对我来说似乎是一个极限。有一件事可以肯定：这种梯队的成员结构罕见，并且尝试由这些人组建成为一个团队是不明智的。相反，要尽各人所能培养和优化团队，使其成为一个专业 Scrum 团队，努力成为一个 10 倍速的团队！

软件开发是一项团队运动。为了取得成功，在一场接一场的比赛中，团队必须作为一个整体去分享愿景、分工、执行、检视和适应。换句话说，他们必须协作和学习。即使是一个由"摇滚明星"组成的团队（也称为"10 倍速开发者"），如果他们彼此不协作，也注定会失败。如果一个足球队的前锋踢出了有史以来最好的一场比赛，进了 4 个球，但对方进了 5 个，那依然是输了比赛。而拥有更多普遍球员的另一个团队，却完全可能因为协作得更好，反而赢得比赛。

几年前，肯·施瓦伯有一系列博客文章解答了 Scrum 的常见问题。我最喜欢他回答的这个问题："是否需要非常优秀的开发人员来进行 Scrum 开发？"他的回答很有见地："软件开发需要非常优秀的开发者。"你可以和糟糕的软件开发者一起做 Scrum，但每次冲刺得到的都是糟糕的功能增量。

当听到一些团队尝试过 Scrum 但因为太难而放弃时，我就知道他们并不是在谈论 Scrum 本身的复杂性。他们是软件开发人员，是你所见过的最聪明、最有创造力的问题解决者。而且，Scrum 很容易理解，第 1 章几乎清晰地涵盖了全部内容。这些人所谈论的是在组织中不知道应该如何正确使用 Scrum 价值观来实践 Scrum 原则，而这些原则恰恰可以保证每天都能以正确的方式实践 Scrum。因为做不到这一点，所以他们就提早放弃了。

我认同《敏捷宣言》。正如我已经指出的，个体互动和协作的价值，这一点贯穿于本书始终。本书也讨论了流程和工具，但一直在提醒大家，并不是所有的应用程序生命周期管理（ALM）工具和 DevOps 自动化框架都对团队有益。虽然大多数是有益的，然而，有些也会导致一种或多种功能障碍。例如，社交媒体、平板电脑、电视游戏或其他设备都很吸引人，也很有趣，但有时孩子（或开发者）需要走出去与他人进行面对面的交流。

几年前，我受邀在 Team Foundation Server 上构建一个基于 web 的工作项审批系统。客户将其设计为当工作项更改为某种状态时发送电子邮件提醒，这发生在微软将这一功能添加到核心产品之前。这些电子邮件包含嵌入的超链接，可以将用户重定向到一个允许管理人员审批状态变更的页面。这是一个复杂的系统，它甚至知道如果人员不在办公室时，哪些用户可以代劳。我们公司开发了这套系统并由客户安装。这套系统非常符合客户的需求，但客户最终没有用起来。客户把它封存起来的原因是它太机械，剥夺了人们面对面交流的机会。这对我来说是一个教训，每当在 Azure DevOps 或 Visual Studio 中看到不错的新特性时，我就会扪心自问："这个特性是鼓励协作还是阻碍协作？"

当需要与 Scrum 团队成员或干系人会面协作时，可以参考下面这些建议。

- 确定会议的范围和目标，专注于这些议题，并取得预期的结果。
- 面对面沟通，尤其是如果想进行一场实质性的谈话。
- 在白板旁碰面，尤其是当想要解决一个问题的时候。
- 设置一个时间盒，并为做好解释它的目的准备。
- 将电子设备放在另一个房间，除非需要。
- 运用积极的倾听技巧。
- 有一个思路清晰的引导者。

在本节中，将讨论 Scrum 团队可以采用的一些通用的（但很重要的）协作实践。

8.1.1 集中办公

因为新冠疫情，大家开始在家里的办公室、地下室和卧室里工作。社交距离政策强制我们分开，企业／组织转为远程工作模式。

在这样的危机时期，拥抱 Scrum 价值观变得关键起来。当承诺、勇气、专注、开放和尊重等价值观体现并存在于 Scrum 团队中时，无论他们在哪里工作，透明、检视和适应的 Scrum 支柱都会变得生动起来，帮助每个人建立起彼此信任的关系。

Scrum 的成功运用依赖于人们能够更加熟练地实践这 5 个价值观。Scrum 团队的每位成员都应该致力于实现 Scrum 团队目标，并且有勇气做正确的事情，解决棘手的问题。每个人都专注于冲刺工作和 Scrum 团队目标。Scrum 团队和干系人对所有的工作和完成工作要应对的挑战（一定程度上）都有一致的认同，并且保持开放的态度。Scrum 团队成员希望彼此都是有能力、独立的个体。

我们都同意这样的观点：面对面的交流和协作比远程交流更高效。至少我希望每个人都能够清楚这一点，因为我们每天也都可以感同身受。当两个人面对面交流时，交流的不仅仅是语言，还有面部表情、肢体语言和其他非语言手势。这些传递的附带信息和通过听觉传达的信息同样重要。例如，当你对某个问题给出解决方案时，产品负责人的面部表情可能会缩短详细解释的必要。"谢谢你，产品负责人，帮我节约了 20 分钟的时间！"

记住，Scrum 框架中有几个用来进行协作的正式活动（会议），而且 Scrum 团队的成员应该持续"开会"，这里说的不是那种只有一个人发言而其他人都在听的传统会议。这些会议应该都是简短的、协作的、有时间限制的，其具体目的是解决某个问题。事实上，甚至不能称之为会议，而更像是一场有明确结果的对话。更重要的是，会议只要有需要且合理的情况下，就可以召开。例如，如果两个开发人员需要与产品负责人进行讨论，但没有多余的会议室，他们可以以任何方式在任何地点会面交流。不客气地说，在冲刺期间完全可以将商务手续甚至规矩都先放到一边，让开发人员能够把更多精力放在业务价值的开发上。

在这里，我可能是守旧派，仍然坚持新冠疫情之前的看法，但我相信集中办公依然是组建专业 Scrum 团队的一个必要条件。它不应该只是一个最好拥有的特性，也不应该因为可以"远程工作"而被忽视。 当在一个复杂的领域（像软件开发这样）中工作时，集中办公可以直接影响它的复杂性，而复杂性直接影响过程的质量，那么最终过程的质量转而又直接决定产品的质量。

提示

> 当不可能进行集中办公时，可以定期将分开的团队集中在一起，这是一个已经被证明有效的实践。这样既建立了团队意识，也增强了动力。这种方式重新建立并激发了团队关系与承诺。在一个新的开发项目开始时尤其如此，因为这样他们就知道在与谁协作。更好的方法是，每个冲刺把团队集中在一起（让他们进行冲刺规划）。我的一些同事做过大型的开发项目，这些组织每个月都将他们的海外团队召集在一起进行大规模的冲刺规划活动。在他们（和我）看来，一个专注的、面对面的冲刺规划能够有效避免七八个团队在下个月构建错误的东西而产生的浪费。换句话说，比起浪费上百万美元造出错误的产品，花上十万美元的差旅费显然更划算。

澄清一下，当我提到集中办公时，我并不想特指在同一个时区、同一个城市或同一栋楼房中，也不是去使用一直开启的摄像头和带轮子的大屏显示器。虽然这些方式比我看到的一些方式更好，但我更喜欢看到团队能够在同一个物理房间或相邻的物理房间一起工作，产品负责人也应该和团队在一起，随时可以面对面进行深入的交流。

　　专业 Scrum 团队知道集中办公的价值，并总是想方设法创造机会。也就是说，可能有文化、政治或经济方面的原因导致无法集中办公，这是我在访问大型组织时所看到的现实。当我问为什么团队没有集中在一起时，最常见的理由是由于有一个或多个远程支持或外包（通常是在海外）团队要"节省资金"。当我听到这句话时，我希望有人能够好好算一算，并考虑一下协调、交接和返工产生的浪费，何况还存在产品质量降低的潜在可能性。即使这种降低是无法察觉或测量的，决策者也应该知道，如果整个团队集中在一起工作的话，质量会得到提高。

说明

> 我是认为开发人员远程工作的分散团队不专业吗？当然不是。他们绝对可以是专业的，团队绝对可以协作、交付高质量的软件并创造业务价值。这里有一些建议和技巧，建议从 https://age-of-product.com/remote-agile-guide 下载专业 Scrum 培训师斯蒂芬·沃泊斯（Stefan Wolpers）的《远程敏捷指南》。斯蒂芬首先介绍了一些基本的技术和工具，用于在分布式团队中实践远程 Scrum，以及如何在远程领域中应用自由结构（Liberating Structures）。要想进一步了解自由结构，请访问 www.liberatingstructures.com。专业 Scrum 开发者的一个特点是不断地检视和适应，比如想方设法改进过程。把一个分散的团队集中起来是可以做的最大改进之一，通常能够促进效能和质量的显著提升。

说明

> 我曾经和一个大型组织的 IT 主管交谈过，他向我解释说，产品负责人和程序员都在总部之外工作，而测试人员都在海外，相隔近 10 个时区。他和我分享了他们过去几个月遇到的一个问题，他说程序员写完一个功能后回家过夜，接着测试人员上班，下载二进制文件开始测试，然后因为发现 Bug 而无法做任何进一步的测试，不得不等到程序员修复缺陷后才能继续进行。程序员在第二天过来时看到进展并不顺利，所以修复 Bug，而测试验证只能等到他下班后由测试人员接着处理。有时这个太极需要三到四天的时间才能打完。他问我 Team Foundation Server 能帮他做什么。我的回答是反问他们，为什么测试人员没有与团队的其他成员一起工作？他告诉我，因为把测试工作放到海外可以省钱。我很庆幸当时我们能面对面地交谈，因为他能够看到我当时的面部表情。

　　你可能听说过，现在每家公司都是一家软件公司，而且这些公司认为通过定制化软件能够形成比肩竞争对手的战略优势。我有时会问这些公司的高管们，如果没有他们的业务线（LOB）应用程序或面向公众的网站，他们会是什么样子。他们一致认为这将是一场彻底的灾难。他们的员工不仅已经忘记如何使用纸和铅笔手工经营业务，而且他们甚至不知道在哪里找到纸和铅笔。接下来，我问他们为什么要限制软件开发团队的能力和效能来节省资金。这时，要么他们会请求我告诉他们更多信息，要么会被赶出大楼。

8.1.2 建立一个团队空间

让所有开发人员在一个共享的公共空间中工作是一种高效率的实践。在这个空间里，每个人都可以看到包含计划和设计说明的白板，很容易地更新冲刺 Backlog 和燃尽图，并且无论是在物理板上还是大屏幕上每个人都能随时看到。在关键的设计点或缺陷修复期间，这个空间可以变成一个事故调查室，开发人员可以在这个空间开展各种各样的战术规划和运维事件。交流变得更加开放，并且可以随时沟通。当开发人员将那些造成浪费的活动降低到最少时，就可以把生产力集中在解决关键问题上。团队空间让每个人，包括干系人，都能感受到本章开头提到的那种源源不断的能量。

然而，并不是每个开发人员都希望每时每刻都在事故调查室中工作。他们需要有私人谈话的机会、接电话或者暂时离开团队。开发人员很聪明，能够通过自管理的方式想出针对这些情况的解决方案。开发人员中，有的会戴上耳机；有的转移到僻静的房间；或者根据需要暂时离开办公室。理想情况下，管理者和组织信任他们的员工并尽可能满足他们的需求。如果不信任团队，那就表明这里有坏味道，并且这可能会成为自管理中的一大障碍。以交付可工作产品的方式不断产生业务价值是 Scrum 团队赢得（或重新赢得）信任的一种方式。

说明

> 开放式团队空间和开放式办公室不是一回事。开放式办公室通常提供给不同项目内负责完成不同任务的员工。开放式团队空间提供给负责做同一个产品的 Scrum 团队成员。这两种环境都可能产生噪声，但在开放式办公室里的对话内容之间的差异更大，因此更容易让人分心。

一些个性独特的人认为，集中是一种阻碍。在集中办公环境中，这些开发人员可能会使得事情往反方向发展。记住 Scrum 是关于人的，开发人员也是人。他们的特质直接反映了他们的团队合作和有效工作的能力。团队能够创造业务价值的速度就是团队效能。或许，对这些人来说，与其他开发人员近在咫尺，但不需要在同一个房间里，这样最好不过。还能更好吗？一个有创造力的 Scrum Master，可以通过推动开放的、坦诚的冲刺回顾并开展改进实验来让开发人员慢慢改变想法。记住，文化的改变需要时间。

案例研究

> 从第一天开始，Scrum 团队就被集中安排在距离产品负责人 Paula 很近的办公室里。工作时，无论何时何地，只要需要，他们随时可以面对面协作。每天，开发人员坐在一间宽敞的开放式房间里，旁边放着 6 块白板。因为开发人员使用笔记本电脑，房间里的设备和杂物很少，所以每个人都可以更加随意地独自或结对工作。
>
> 当某位开发人员需要集中注意力或需要一些私人空间时，他们会戴上耳机或去大厅另一头更安静的房间。当开发人员需要出差或远程工作时，团队将安装一台通过微软 Teams 连接可以视频的专用计算机。微软 Teams 用于在开发人员之间共享屏幕和代码。Scott 作为 Scrum Master，在指导组织方面，一直做得很优秀。所以，尽管干系人知道团队房间的位置，但也知道要避免打扰开发人员工作。当然，除非他们受邀进入。Scott 仍然需要时不时地提醒人们注意这一点。

我的建议是尝试建立一个开放式的团队空间。请求管理层，让 Scrum 团队在一到两个冲刺期间内接管一间会议室进行尝试。而后在冲刺回顾期间，如果 Scrum 团队认为他们的工作效率确实有所更高，那么 Scrum Master 就有必要和管理层协商去创建一个永久的开放式团队办公环境。

8.1.3　高效会议

专业 Scrum 开发者清楚，应该只参加"必要"的会议。必须明确一点，这里说的并不是 Scrum 中包含的活动，比如冲刺规划、每日例会、冲刺评审或冲刺回顾，也不是指日常的产品 Backlog 梳理会议，也不是 Scrum 团队为了澄清或从干系人那里获得反馈而要求召开的那些临时但重要的会议。哎呀，仔细想想，Scrum 中已经内置了开发者需要的所有会议。事实上，希望我已经阐明了这些"会议"的重要性，并且所有相关人都应该面对面地参加这些会议。

我指的是组织可能要求员工参加的所有"其他"会议。你应该知道我指是哪些会议。它们是强制性且只读的（只要听就好，不需要你的反馈），并且它们对正在开发的产品或者团队的工作流程没有提供任何业务价值。遗憾的是，其中一些会议是不可避免的。它们是组织生活中的一部分，是保住工作和获得报酬的必要条件。

当受邀参加这样的会议时，试着确定它的目的和预期的成果。这可能会在邀请函中说明，但如果没有，可能要询问组织者。据我了解，如果没有明确的议程或目

第 II 部分　实践专业 Scrum

标，有些人是不会接受会议邀请的。从这些信息中，希望能够确定目标听众是谁。会议是技术性的吗？会做出最终决定吗？如果你不符合听众的要求，试着略过会议，或者让 Scrum Master 来代替。在这样的会议上充当团队成员的代理人，是 Scrum Master 的职责之一，也是使团队保持专注的好方法。

提示

> 想让会议富有建设性，一个方法是说"是的，而且……"而不是"是的，但是……"如果当前讨论的话题或解决方案达成了部分共识，说"是的，而且……"给人的印象是建设性的、开放的和尊重的。如果有人听到"是的，但是……"那么他们可能会认为他们的想法被忽视了，或者他们可能会觉得他们想达成的目的被限制了。然而，如果他们听到的是"是的，而且……"他们会认为他们的想法被接受了，或者至少被理解了，他们会更愿意接受其他想法。更重要的是，这个人会更愿意在一个共享的解决方案上进行协作，这应该永远是防止讨论变得两极分化和陷入僵局的目标。

案例研究

> 产品负责人 Paula 和 Scott（Scrum Master）擅长为开发人员排除干扰。与产品开发无关的会议，Scott 或 Paula 会去参加。对于那些无法避免的、烦人的全员会议，Scott 会尽其所能充当代理人，并转告给其他团队成员。

如果情况发生了变化，发现自己要组织一次会议，则可以遵循同样的建议。

- 只安排绝对必要的会议，并且是 Scrum 的内置活动无法满足的会议。
- 在邀请函中概述议程和预期成果。
- 让会议尽可能简短。
- 建立一个时间盒，并严格执行。
- 只向需要出席的人发送邀请。
- 不鼓励转发邀请给其他人。
- 在会议开始时，解释时间盒及其概念。
- 要有明确的停车场和工作协议，处理跑题、分散注意力的行为。

精通专业 Scrum 的人在组织会议时，会分享好的行为和实践，如透明度、积极倾听和时间盒原则。这是让组织中其他人深入了解 Scrum 及其价值观和补充实践的最佳方法。如果合适的话，还会向所有参会者发送包括会议事项的回顾纪要。这些行为可能会对整个组织产生影响，因为其他事业部和团队也想了解 Scrum 能带来哪些好处。

8.1.4 善于倾听

根据我的经验，对那些不如他们聪明或者无法针对其疑问给出答案的人，软件开发人员往往是不愿意集中注意力和缺乏耐心的。当然，这也可能只是在说我自己。但俗话说，承认自己的问题是克服问题的第一步。对我来说，积极倾听就是解药。

善于倾听是一种沟通技巧，倾听者需要对听到的内容给予反馈。这可以是简单地点头，在纸上记录笔记，重述或解释所讲的内容。这样做表明了好奇、真诚和对发言人的尊重，而且还有助于减少假设和其他认为是理所当然的事情。沟通时，打开笔记本电脑、浏览文本或者被其他事情分心，都不是积极倾听，甚至可能违背 Scrum 价值观中的尊重原则。这意味着通过视频来实现积极倾听会更困难。

善于倾听的另一部分是等待发言。这也是我特有的问题。我有时为了推进对话，会打断对方的发言，我觉得可能有帮助，但实际上给人留下不好的印象。对于不认识我的人来说尤其如此，当我和另一个像我一样的人交谈时，特别感同身受！

案例研究

在最近的冲刺回顾会上，Scott（Scrum Master）提出了他在冲刺期间记录下来的观察结果。他观察到一些开发人员在一些会议中很难与其他人（以及干系人）进行互相尊重的沟通。作为一个团队，他们决定提高团队的沟通能力，特别是积极倾听的技巧。Scott 在网上做了一些调研，发现了几个专门研究这一主题的网站。在接下来的几个冲刺中，Scott 指导团队尝试着运用他们学到的一些技巧。

幸运的是，可以通过一些技巧来克服这种特殊的人际关系障碍。我最喜欢的方式是随身带一叠便利贴，写下别人说话时自己所想到的东西。很快，轮到我发言时，就可以回顾一下笔记。看到我的做法了吗？我用一个解决方案同时解决了反馈和干扰的两个问题。

记住 HARD 记忆法。HARD 代表真诚（Honest）、得体（Appropriate）、尊重（Respectful）和直接（Direct）。它提醒你应该如何与人沟通，尤其是那些不认识你的人。积极倾听加上积极沟通是成功合作的秘诀。

8.1.5 有效协作

协作意味着与人合作。这通常代表着将工作分配给两个或更多的人并一起工作。无论是分工的过程，还是实际与他人一起工作，都需要专心和专注。进入这种高效状态（也称为"心流状态"）可能需要时间。由于任何形式的中断而过早地脱离这种状态都可以认为是浪费。具有讽刺意味的是，协作需要中断，为了有效地协作，你需要习惯它，驯服它，控制它。

从小接受的教育告诉我们，打断别人是一种不尊重他人的行为。如果团队在一个开放的团队空间中工作，那么很容易看出其他开发人员何时在深入思考。应该下意识地不要打断他们。然而一个人工作时，可能很难知道自己什么时候会处于这种状态。而当你停下来思考这个问题时，可能已经离开了那个状态。专业 Scrum 开发者清楚如何最小化不必要的干扰，以便获得最大化效能。有关提高工作效率的书籍、博客文章和白皮书不计其数。

以下是我最喜欢的一些建议。

- **手机静音** 把它调成振动、关掉它或者把它放在车里或背包里。

- **退出微软 Teams/Slack** 除非开发人员已经建立了一个工作协议，否则应当关闭协作应用程序或将其状态设置为忙碌。

- **不要查看电子邮件** 电子邮件是一个很好的提高效率的工具，但也会浪费很多时间。如果不能或不想关闭它，那么一定要禁用所有通知。当在系统托盘中出现一个图标，看到鼠标指针改变，或听到新邮件到来时的声音提醒时，都会引发如同巴甫洛夫的狗听到铃声一样的条件反射。试着一天只检查三次邮件：一天开始的时候、午餐的时候以及下班离开办公室之前。

- **限制网络搜索** 如果不注意的话，开发人员可能会一整天都在上网。为任何研究设立一个范围和时间盒。

- **避免形式化会议** 正如在上一节提到的，Scrum 成功的一个原因是它定义了重要的会议，从而尽量减少对不必要会议的需求。当开发人员离开他们的工具时，效能就会下降。可以在喝咖啡的时候或在别人的工位参加有价值的临时会议，但要让 Scrum Master 代替团队参加正式的会议。

- **停止薅羊毛** 薅羊毛是指当执行一个任务，会引发另一个相关、半相关的任务，并且一直这样循环。在任何时候都可以解释或证明在做什么，但与初始目标也渐行渐远。是的，开发人员可能有复杂的开发环境，包括软件的多个版本、一个或多个集成开发环境（IDE）、虚拟机、数据库、框架、云账户、软件开发工具包（SDK）、测试工具、安装程序等。何必为难自己：让程序运行，编写脚本，打快照，然后忘记它。无休止地调整往往会降低价值回报。今日事今日毕，明天的问题明天再解决。

- **使用番茄工作法** 这是一种时间管理方法，用计时器把工作分成时间段（比如 25 分钟），中间用短暂的休息隔开。在手机应用商店里有很多很棒的番茄 / 保持专注的相关应用。

- **即刻行动** 在开始一项任务之前需要做一些计划，但过度计划会降低效率。

- 积极倾听　正如我之前提到的,当你的同事说话时,应该倾听他们在说什么,并期望自己说话时对方也能如此礼貌对待。在每日例会中实践这一点。
- 认识到生活总有意外　我们都是普通人,工作之外也有生活。一旦出现问题,要开诚布公地面对,并花些时间理清思路。请与团队其他成员保持适当的透明度。

案例研究

> Scrum 团队总是希望做得更好,这在团队的冲刺回顾中可以很明显地看到。在冲刺回顾中寻求改进的过程中,几乎总能讨论到与协作实践相关的话题。每个人都清楚,提效最好的方法是改善彼此之间以及与干系人之间的互动方式。

8.1.6　成为 T 型人才

Scrum 团队必须是跨职能的。这表示对于任何给定的 PBI,开发人员必须能够在不依赖团队外人员的情况下完成所有工作。如果冲刺计划使用任务的方式表示,那么这就是说冲刺中每个 PBI 的每个任务,都可以由团队中至少一个开发人员完成。例如,如果其中一个任务需要集成 Microsoft Power BI,就代表着必须有开发人员了解 Power BI,但并不代表所有开发人员都必须了解 Power BI。

也就是说,我相信专业 Scrum 开发者拥有开放的心态去学习以及掌握新技能。这就是 T 型人才背后的概念,这个概念用于描述单个开发人员的能力。字母 T 上的竖线代表特定专业的深度(C#、TypeScript、Selenium 和 UX 设计等),水平线表示知识储备和多面手的能力,以及跨各类技能(分析、设计、测试等)进行协作的能力。图 8-1 展示了一个 T 型图示例。

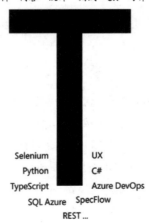

图 8-1　T 型人才

大多数开发人员可能已经掌握了不止一项技能。真正的问题是，他们是否愿意认领并使用这些技能。例如，程序员可能不会编写或运行 Selenium 测试，因为"这不是他们的工作"，即使通过过往的经验他们已经对此技术非常熟练了。请记住，专业 Scrum 开发者的"工作"是通过可工作的产品的方式来传递价值的，而不仅仅是编写代码、编写测试、设计 UI/UX 等。

因为遵循 Scrum 价值观的开放原则，开发人员并不羞于说出他们不具备的特定技能。他们也不排斥做一些不同的事情，并在这个过程中学习新的技能。让新的开发人员与理解 Scrum 价值观的开发人员结对工作，将有助于增强对于开放原则的理解。随着时间的推移，掌握其他技能的 T 型人才会变成 π 型人才（Pi-shaped），甚至梳子型人才（comb-shaped），即随着时间的推移，梳子上会有越来越多的垂直的、专业化的齿。

8.1.7　实现持续反馈

专业 Scrum 团队喜欢反馈循环，并且希望它尽可能短而快。例如，只要程序员键入几行代码，就会按功能键 F5 并从编译器中获得反馈。一旦重构了一个方法，就乐意于从单元测试中得到反馈。一旦完成了一个任务，就乐意于将代码推送到 Azure DevOps，以便从持续集成（CI）流水线获得反馈。一旦有了一个功能性的用户界面，就乐意于从产品负责人或干系人那里得到反馈。像这样快速而持续的反馈对产品和团队都是很有价值的。

坏味道

> 正如前面提到的，如果开发人员在冲刺期间没有向产品负责人或干系人寻求反馈，那就是一个坏味道。通过单元测试、集成测试和验收测试只能确保满足 PBI 的设计质量和功能。开发人员应该确保提出功能的人对设计、功能和可用性感到满意。换句话说，冲刺评审不是产品负责人第一次看到新功能演示的最佳时机。不要让产品负责人觉得意外！

提倡通过单元测试、集成测试、代码覆盖率、代码分析和验收测试来提供自动化反馈。无论白天还是晚上，开发人员可以随时调用 Azure　DevOps 提供这种反馈，这个结果可以告诉团队他们是否正在正确地构建特性。专业 Scrum 开发者利用这些自动化工具来确保他们充分地了解工作的进展和质量。

产品负责人的反馈与其他类型的反馈同样重要。称职的产品负责人了解产品及其用户的需求，可以迅速地给开发人员提出对于正在开发 PBI 的正面或负面反馈。在 PBI 开发的早期，获取关于其可用性的指导是非常有价值的。如果开发人员构建了错误的东西，从本质上讲就像引入了一个 Bug。当然，这取决于团队对 Bug 的定义。就像修复 Bug 的建议一样，相比之后重新开发，尽早构建正确的功能成本更低。

说明

> 产品负责人的反馈循环应该尽可能地短和快。这是将产品负责人与开发人员集中在一起的另一个理由。

经常有人问我，开发人员是否可以直接与干系人接触，比如用户或客户，这个请求是为了更好地协作和收集反馈。是的！我认为开发人员直接接触干系人是一个自管理的 Scrum 团队的品质。最终，Scrum 团队会通过努力为干系人创造出最好的产品。开发人员需要了解特性的背景，并进行相关知识领域的对话。产品负责人并不是无所不能的，对于开发人员来说，与干系人直接协作并共同创建解决方案是最理想的。这种方法降低了对冗长、杂乱无章的需求文档（无论如何，这些文档都是不正确和陈旧的）的需要，还使开发人员能够即时地确保干系人完全理解所讨论的 PBI。

最好是让产品负责人参与进来，或者至少让他们了解到正在进行这些对话。专业 Scrum 产品负责人对这一做法持开放态度，并且知道特别是在大规模 Scrum 的情况下，这将确保更少的浪费并创造更好的产品。当出现任何潜在的范围蔓延或新 PBI 时，要随时通知产品负责人。一如往常，任何像这种可以直接沟通的问题都可以在冲刺回顾会上进行讨论。

在 Scrum 中，我将产品负责人的反馈分为四大类。表 8-1 列出了这些反馈，并列出了支持反馈的建议实践和工件。

表 8-1 产品负责人反馈的类型

反馈类型	什么时候给出？	怎样做？	更新什么？
你能告诉我们更多关于这个 PBI 的细节吗？	产品 Backlog 梳理，冲刺规划，开发过程中的任何时候	在白板上与产品负责人或干系人协作	PBI 工作项、代码、测试、任务、白板、笔记
你喜欢这个吗？这是你期望的行为吗？	在开发过程中的任何时候	与产品负责人或干系人结对，检视 PBI	代码、测试、任务、白板、笔记
你还想让这个 PBI 做什么，不做什么？	在开发过程中的任何时候	与产品负责人或干系人结对，检视 PBI	代码、测试、任务、白板、笔记
作为这个 PBI 的一个必然结果，你还希望产品做什么，不做什么，或者做什么不同的事情？	冲刺回顾，产品 Backlog 梳理，开发过程中的任何时间	与产品负责人或干系人协作，更新产品 Backlog	产品 Backlog

本章的其余部分将讨论与软件开发相关的高效协作的实践和工具。这些实践具有互补性，都是可选的，但都已被其他 Scrum 团队证明是有用的实践，尤其是那些使用 Azure DevOps 的团队。记住，在 Scrum 中，开发人员如何工作，包括遵循的实践和使用的工具，完全由开发人员决定。

8.2　开发协作实践

即使是最简单的软件产品，也需要一个拥有多种技能的团队。除了具备设计、编码、测试和部署的标准能力外，每个能力中还需要多类型和多级别的人才。每个开发人员都有独特的背景、技能、专长和个性。每个人都给团队带来不同的东西。例如，可能有两个具有相似履历和经验的程序员，他们分析和解决问题的方式可能完全不同。当面临挑战时，每个人都可以根据验收条件提供适当的方法，但这些方法可能非常不同。

专业 Scrum 团队理解这个现实，甚至会利用这个优势。这类团队认识到每个人都有不同的解决问题的方法，只要这些解决方案符合产品和团队实践的规范和约束，就应该拥抱。针对方法和编码风格进行讨论和争论往往产生的价值很少，而且通常只会降低生产力，也会削弱士气。如果在讨论过程中出现了两种解决方案，并且两个方案都符合要求，那么开发人员应该选择最简单的那一个，然后继续推进。开发人员应该提出不同的意见并给出承诺，然后遵守承诺。随着时间的推移，每个开发人员都将能够贡献他们的设计想法。

在本节中，将探讨几个现代实践，它们可以在协作过程中提高 Scrum 团队的效能。

说明

> 一个自管理的 Scrum 团队应该从这些实践（以及本书中没有列出的其他实践）中进行选择，并在 1 到 3 轮冲刺中尝试。之后在冲刺回顾期间，团队决定是继续接受并扩大实践，还是放弃实践。

8.2.1　代码集体所有制

极限编程（XP）给了我们代码集体所有制的概念，这代表着对于代码的集体责任。在这种思维方式下，单个开发人员并不拥有单个模块、文件、类或方法，所有这些内容由整个团队共同拥有。换句话说，任何开发人员都可以在代码库的任何地方进行更改。

可以考虑下代码集体所有的替代方案，让其中每个开发人员拥有一个程序集、一个命名空间或一个类。从表面上看，这似乎是个好主意。程序员是该组件的专家，也是所有更改的管理员和把关人，但像这样的强代码所有权会阻碍生产力。

考虑这样一种情况：两名开发人员（Art 和 Dave）分别做各自的任务，这些任务都需要调整一个第三方开发人员（Toni）拥有的公共组件。Dave 将不得不等待 Art 的功能编码和测试完成。而代码集体所有方式将允许 Dave 自己编写功能代码。请放心，Azure Repos 将跟踪谁对哪些文件做了什么更改，并在出现任何问题时支持合并（或回滚）。强代码所有权会在重构时浮现另一个潜在问题。现代的重构工具，比如 Visual Studio 中的那些，可以安全地开展重构，但是如果更改这些文件是跨所有权的，那最终的合并操作将会阻碍生产力，并可能带来不稳定性。

采纳代码集体所有的思维需要时间，特别是如果开发人员已经习惯于强代码所有权。结对开发模式、暴徒式开发模式和共享学习是打破地盘争夺战和权力斗争的一些方法。正如产品负责人和组织需要时间来信任开发人员的自管理能力一样，个体开发人员之间也需要时间来信任彼此。

说明

> 专业 Scrum 开发者共同拥有的不仅仅是代码。他们还共同拥有冲刺 Backlog、DoD、增量、所有估算、所有设计、所有失败的测试、所有失败的构建、所有失败和成功！

在 Azure DevOps 中跟踪所有权

代码集体所有带来的最大优势是促进了团队的动态社交。因为每个开发人员都能完全控制所有源代码，所以会有更少的界限和更多的机会找到解决方案。记住，在 Scrum 中，所有的问题和解决方案都是由开发人员共同负责的。这包括那些解决方案的工件，也就是源代码。

如果需要确定是谁对文件进行了特定的更改，Azure Repos 可以提供帮助。对于任何文件夹或文件，都可以查看完整的更改历史，包括这些元数据，比如谁（who）、何时（when）、更改了什么（what）和（希望有）通过有意义的注释标记的原因（why）和链接的工作项。Azure Repos 使用存储在每个 Git 提交中的信息来生成完整的历史记录。

此外，还可以比较文件两个版本之间的更改。比较视图显示从早期提交中删除的行以及新提交中添加的行。用户界面上将删除的文本显示为红色，添加的文本显示为绿色。

同时，还可以通过"意见"标签页查看一个文件，用以了解谁对哪些代码行做了哪些更改、^①什么时候做了这些更改以及原因（希望有）。这是通过在每个代码块前面加上最新的 Git 提交来实现的。单击提交 ID 将显示附加的元数据，包括提交注释和关联工作项。

案例研究

> 因为每个开发人员都是 Azure DevOps 项目管理员，所以每个人都可以完全控制 Azure DevOps 项目的所有功能。这包括从版本控制中查看、编辑甚至删除文件的能力。如果需要查看谁做了更改，开发人员应该知道如何根据需要查看历史、比较和意见（annotate）。大多数情况下，他们会使用意见（annotate）功能来赞扬其他开发人员的出色工作，而不是指责他们。

8.2.2　代码注释

代码集体所有带来了一定的责任。其他开发人员将不仅需要理解代码，还要理解所有代码变更。如果一个开发人员或一对开发人员正在处理相当复杂的代码，他们可能需要添加一些注释。例如，在注释块中能够为其他开发人员提供足够的信息去理解代码。注释也可以规律地分布在较长的方法中。应该把注释看作是为未来提供的信息，也许一年后就会读到这些注释。

提示

> 注释不应该用来告诉读者代码是如何工作的，代码自身就可以说明这一点，但如果可以用单元测试来说明就更好了，应该更多地使用单元测试而不是注释。最好的注释是一组有价值的、有意义的、高覆盖率的单元测试。无论如何，如果代码不清晰，那么应该重构代码，而不是添加描述性注释，不应该为了"培训"未来的开发人员而添加注释。如果一个新的开发人员加入 Scrum 团队，结对、Mob 或参考单元测试是更好的学习方法。另外，在 Git 中提交更改时，不要忘记包含有意义的注释并与工作项关联。代码中的注释不能替代执行 Git 操作的注释，反之亦然，需要两者兼顾。

在代码中注释时，只注释代码或单元测试不能体现的内容。如果代码格式良好，并且遵循现代的模式和原则，那么可能不需要注释。当有人查看源代码时，其逻辑和目的应该是显而易见的。在编写代码时，请记住这一点，并且要不断地问自己，代码和单元测试是否清楚地告诉你或其他开发人员正在发生什么。

---

① 译注：Git 中使用 git annotate 或 git blame 命令，以使用提交信息注释文件行的方式查看文件变更历史

专业 Scrum 培训师菲尔·雅皮克建议，通过添加注释来突出显示开发人员故意生成的技术债务。你可以理解为直接将信用卡收据贴在导致债务的代码上。

当我看到文件顶部有作者的名字时，这就是一个坏味道。我理解开发人员想要为自己的工作邀功，但这种注释会告诉其他人请走开。这也可能是代码文件真的很长时间了，自从开发人员开始实践代码集体所有以来就没有修改过。如果是这样的话，应该有人把它移走。Azure Repos 和 Git 通过提交来跟踪这些元数据，所以无论如何它都是多余的。这也可能是组织要求，要有预定义的标题并要求作者添加他们的名字。如果是这样，那么在冲刺回顾会上提出这个问题，并考虑与决策者沟通，以确保这个实践交付的价值超过它可能产生的浪费。

请记住，注释存在于源代码文件中，因此，它们也像代码本身一样存储。如果注释是错误的或有误导性的，其自身甚至可以成为技术债。在重构和改进代码时，要细致地更新或删除注释。添加更多的注释不一定是件好事，除非它们能增加价值。也许是时候将代码重构为更简单的单元，而不是添加更多的注释。

开发人员在设计和编写代码时使用现代的框架、原则和实践。因此，不需要太多的注释。只有在编写一些复杂的代码时，才会添加注释——主要是为了快速理解逻辑。开发人员还清楚，当提交更改时，他们将提供有意义的注释，并将提交关联到相关的任务工作项（链接到已预测 PBI 上的任务）。这两部分元数据一起提供了足够的上下文来阐明为什么要进行更改。

8.2.3　提交关联工作项

先假设，一个开发人员或一对开发人员正在完成一个冲刺 Backlog 中的已预测 PBI。假定冲刺计划在冲刺 Backlog 中以任务工作项或测试用例工作项的方式表示。在这种情况下，开发人员应该将每个 Git 提交与他们正在处理的工作项关联起来。他们为什么要这么做？如前所述，通过将工作项链接到其他工作项或工件，开发人员可以跟踪相关的工作、依赖关系和随着时间推移产生的变化。通过将工作项与 Git 提交相关联，开发人员可以将工作计划与工作执行连接起来，以实现双向、端到端的跟踪。下面详细解释。

如果一个 Scrum 团队按照在前面章节中描述的方式使用 Azure Boards 中的规划工具，那么工具将自动实现史诗故事（Epic）、特性（Feature）、PBI 和任务（Task）

工作项之间的链接。如果开发人员选择使用测试来做冲刺计划，并在使用 Azure 测试计划时遵循我的建议，如我在第 7 章中概述的那样，那么他们的 PBI 将自动链接到测试用例工作项。在工程方面，提交与构建相关联，构建与发布相关联。这是由 Azure Repos 和 Azure Pipeline 自动完成的。换句话说，从想法到计划，从构建到发布的端到端跟踪几乎是自动实现的。有一个关键步骤必须手动执行，这个步骤，如图 8-2 中的闪电图标所示，就是每个 Git 提交与相关任务或测试用例工作项的关联。这种手动关联通常会在浏览器之外完成，如工具 Visual Studio、Visual Studio Code 或其他 IDE。

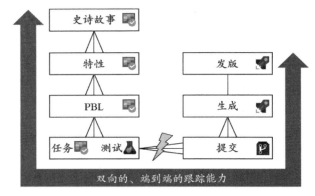

图 8-2　Azure DevOps 提供了从计划到发布的双向的、端到端的跟踪能力

说明

> Visual Studio Team Explorer 还允许通过从查询中拖拽工作项，将其与提交相关联。这个功能不错，因为这样就不需要记住工作项 ID。还可以通过编辑工作项，添加提交类型链接，将提交与 Azure Boards 中的工作项（在推送提交后）关联起来。如果开发人员忘记在团队资源管理器中关联工作项，那么最好这样做。

要关联 Git 提交，只需在提交注释中包含工作项 ID。例如，如果正在处理 ID 为 42 的任务工作项，那么提交的注释可能为"添加电子邮件验证 #42"或"#42 添加电子邮件验证"。当提交推送到 Azure Repos 时，Azure DevOps 会在提交和工作项 #42 之间创建一个提交类型的链接。这个链接在工作项表单和提交详细信息中都可以看到。可能需要在项目设置中启用工作项链接的自动创建选项，因为可能已经禁用了该选项。

坏味道

> 当我看到提交没有与工作项关联时，就表明有坏味道。这很可能意味着开发人员认为没必要使用额外的步骤实现可跟踪性。依我的经验，开发人员通常并不知道这个功能，甚至不知道可以这样跟踪。

8.2.4　结对式、蜂拥式和暴徒式

与我共事过的数百个团队中，大多数都是以某种形式来实践 Scrum 的，其他团队也在考虑中。无论如何，他们都希望变得更加敏捷并从中获益。当被问及是否在"以团队方式工作"时，他们总是给予肯定的回答。接着他们会描述每个团队成员都在忙着做一些事情，并且团队通常也能够完成一些事情。哦，他们每天也会站着讨论每个人当天打算做什么。很好，但他们是在以团队方式工作吗？

有很多团队工作方式，有些是高度协作的方式，有些是最大化学习的方式，还有些是最小化周期时间的方式。遗憾的是，还有一些方法强调个人专属能力提升和个人输出。在未经培训的人看来，所有这些工作方式看起来都像是一个和谐的团队应该有的样子。然而，一些工作方式实际上却极大地增加了无法交付的风险。因为当今的复杂性要求团队需要具备综合技能，甚至需要交叉学习技能才能取得成功，这是必然的。

多年来，我开始辨别和分类各种类型的团队合作风格，并评估它们对团队的影响。我将它们分为四类机能障碍和三类协作方式，如图 8-3 所示。

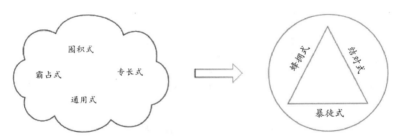

图 8-3　有很多方法让 Scrum 团队以团队的方式工作，或者非团队的方式工作

就协作交付能力以及成为一个跨职能团队（只有个别的多面手）而言，有四种方式是不正常的。

- **囤积式**　在冲刺规划之后，开发人员要求负责多个 PBI，并将独立完成这些条目的所有工作。根据团队内部依赖（例如知识）和外部障碍，开发人员从选定的条目中自行挑选工作条目，在冲刺结束时，一些工作是打开的，而很少有工作是全部完成的。
- **霸占式**　在冲刺规划之后，开发人员霸占一个 PBI，并完成 PBI 所有可能的工作，并且在开始下一个 PBI 后做同样的事情，持续如此。此方法的依赖和障碍类似于囤积，但专注于一件接一件地工作，可以略微增加透明度，并降低无法完成工作的风险。

- **专长式**　开发人员在不同的 PBI 上处理与他们专长相关的任务，并在所有条目上"最大化"他们的专长。这种方法依赖性很高，但是依赖性会被隐藏起来直到冲刺的末期才暴露，这时后期的集成风险会大大增加。
- **通用式**　开发人员处理几种不同类型的任务。由于不具备团队所需的所有技能，遇到阻碍时会开始一个新的 PBI 工作。依赖性可能没有专长那么高，但是仍然很晚才能集成，这也增加了风险。

团队以下列三种方式中的任何一种开始工作，都会进入"团队协作良性循环"，在这个循环中，有机会通过相互学习促进专业提升，使团队的 T 型、π 型或梳子型特征更加明显。以这些方式进行协作还可以减少依赖和风险。这三种工作方式分别如下所示。

- **蜂拥式（Swarming）**　所有开发人员（单独或结对）在一个 PBI 上工作，并行地处理多个任务，直到 PBI 完成。
- **结对式（Pairing）**　两个开发人员在一个任务上紧密合作，结对人员可能会根据所需的专业知识而调整。结对可能是单个 PBI 上一个大蜂拥的一部分。
- **暴徒式（Mobbing）**　所有开发人员都致力于一个 PBI 的单一任务，直到 PBI 完成。就像蜂拥一样，在 PBI 完成之前，不会移动到下一个 PBI。暴徒式有时也称为集体编程（ensemble programming）。要想进一步了解，请访问 https://mobprogramming.org。

蜂拥式、结对式和暴徒式的实践经常被混淆。简化一下，蜂拥式是指所有开发人员单独或结队地工作在一个 PBI 上，但执行不同的任务。结对是指两个或多个开发人员使用一个键盘处理指定任务。暴徒式指的是所有开发人员使用一个键盘来完成一个任务，如图 8-4 所示。

图 8-4　蜂拥式、结对式和暴徒式都是协作的工作方式。

结对式和暴徒式的好处是，驾驶员可以专注于战术（编码）活动，而观察者则可以针对问题考虑更广泛的、战略性的解决方案以及进行培训和指导。与此同时，还顺带做了代码评审。这种极限合作形式可以在更短的时间内实现更好、更简单的设计以及出现更少 Bug 的。结对式和暴徒式这种紧密的工作模式也不太容易从手头的任务分心。最重要的是可以实现最大程度的学习！

在结对式或暴徒式的过程中，知识会来回传递。开发人员可以互相学习新的实践和技术。通过让新雇佣的开发人员或者具有不同或较弱技能的开发人员与经验更丰富的开发人员结对，将有助于提高团队的整体效率和生产力。图 8-5 显示了较弱开发人员和较强开发人员结对时可能出现的结果。

		开发人员 B	
		弱	强
开发人员 A	强	学习	流动
	弱	危险	学习

图 8-5　在对开发人员进行结对时可能出现的结果

一些团队也采用"混合结对"的方法来扩展。在这种方法中，每个开发人员与所有其他开发人员周期性地结对，而不是只与同一个开发人员结对。混合结对确保了产品及其内部工作原理的知识在整个团队中传播，从而降低了关键开发人员离开而引发的风险，暴徒式也如此。

提示

> 暴徒式最大化推动了所有开发人员的学习，同时也降低了不能达到冲刺目标和不能完成预测的风险。事实上，蜂拥式和暴徒式都是假设所有的开发人员在同一个 PBI 上工作。因此，两种实践都非常好，都有助于减少冲刺结束时未完成工作的风险。

1. 中断

在整个冲刺期间（或者在某些环境下的一天），开发人员会时不时地被打断。只有在完美世界中，才可能永远不会产生打断，但在现实世界中不可能。切换上下文去处理中断可能非常耗时并产生浪费。专业 Scrum 开发者通过减少中断的数量和带来的痛苦管理这种现实情况。

例如，假设你和同事正在深入思考如何实现一个 PBI 中的复杂场景，然后，产品负责人提出了一个紧急需求。很明显，注意力需要转移到其他地方。既然产品负责人认为它对产品及其干系人至关重要，那么就应该放下手头的工作，忘记已预测的工作，转换注意力到它身上。这样做能够更好地赢得客户和声誉，并且节省资金。

坏味道

> 尽管产品负责人有权打断开发人员，但如果经常出现这种情况，那么就是一个坏味道。为解决这个问题，有以下可能：第一，产品负责人应该花更多的时间在产品和干系人上，以便识别这些高风险的领域；第二，开发人员需要改进 DoD；第三，开发人员需要在他们的冲刺中保留更多的空闲时间（比如预测更少的 PBI）；第四，开发人员需要放慢速度，减少技术债，完成更多的工作。

假设在中断发生时，一个开发人员正在修改代码，那么应对方案可能是完成正在做的事情或者创建一个分支，这两个做法都是有效的。取决于紧急程度以及对分支的厌恶程度，另一个有效做法是暂存当前代码更改。使用 git stash 命令可以保留当前代码的更改，但不提交它们（如果目前还不适合将其提交到代码库）。

此命令获取当前暂存和非暂存更改并保存，然后将工作区返回到最后一次提交的状态。这个过程类似于其他版本控制系统中的搁置。在暂存了更改之后，可以切换到目标内容并处理任何中断。如果再次被打断，可以再次使用 git stash 命令。过后，可以重新应用暂存的更改，就像在图 8-6 中的 Visual Studio 中所做的那样。这样，存储区就保存在 Git 存储库的本地。换句话说，暂存代码不会推送或同步至 Azure Repos。

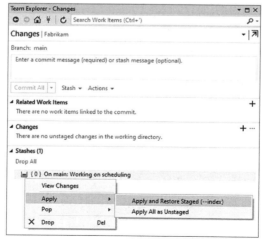

图 8-6　在 Visual Studio Team Explorer 中管理暂存的更改

坏味道

如果看到列出的暂存不止一个，就表明变味了。也许你是那种由于花更多时间帮助、指导和支持他人因此经常被打断的开发人员。这就可以解释为什么会有很多挂起的工作。也许是你所处的环境非常混乱，以至于一次又一次被打断！也许你就是那种很容易分心的开发者，把一堆吃了一半的三明治留在家里，这是一种不同的味道。

2. 代码评审

代码评审是通过让其他开发人员查看代码来帮助保证代码质量的方法。这种保证可以覆盖多个质量级别，包括确保代码可工作、满足目标、没有 Bug、没有技术债、具有可读性、符合开发人员制定的编码标准以及满足 DoD。此外，代码评审也是所有相关人员学习的机会。

专业 Scrum 开发者知道，在代码评审过程中给出的坦率反馈（俗称批评）针对的是代码而不是程序员。对于新的开发人员，或者至少是那些刚接触代码评审的人来说，可能会倾向于将这种反馈视为一种侮辱，甚至会有所抵触。在代码评审期间，每个人都应该注意 Scrum 价值观的尊重和开放原则。随着时间的推移，所有开发人员都将有机会评审所做的产品，并且有机会证明是人就会犯错。每个人在此过程中都可以得到提高。代码评审只是另一种类型的共享学习活动，任何人都可以向其他人学习。

提示

代码评审还可以捕获编码的风格和标准化问题。在代码评审期间，要注意不要在这类问题上花费太多时间，因为这么做可能会成为一个"老鼠洞"。"老鼠洞"指的是任何偏离谈话初衷的讨论。不要误会我的意思，关于编码风格和标准化的讨论是非常重要的，但是任何关于改变现有标准或建立新标准的讨论或决定都应该推迟到冲刺回顾会上。专业 Scrum 开发者都知道风格问题不是绝对的。应该允许开发人员自管理和使用任何他们认为恰当的风格。当一个团队一起工作一段时间后，他们的编码标准将开始出现，并有望合并。这些标准甚至可以成为 DoD 的一部分。

另外，让团队之外的人评审代码和制品可能是有益的。这些人可以是组织中其他团队的人，也可以是受团队尊重的同事。得到那些不直接参与编码工作的人的意见是很有用的，特别是在涉及新技术的时候。

在检查别人的代码时，应该避免以高级开发人员的身份出现。尽管以前可能被称为高级或领导，但在 Scrum 中并没有头衔，所有开发人员都是平等的，更应该注重分享和学习。在别人的工作中发现问题并且需要改进时，要斟酌一下自己的语气和措辞。对 Scrum 不熟悉的开发人员可能不了解开放的价值，不要动不动进行言语攻击，使局势恶化。

代码评审并不一定是一个正式的过程，它们可以自然而然地发生。当然也不应该被轻视或逃避。专业 Scrum 开发者实际上很期待代码评审。这是因为那些开发人员知道代码是集体共有的，问题和批评并不针对单个开发者的；相反，它们是所有开发人员的学习机会。每个人都"开发"一些东西，并且将拥有一个具有不同方法和视角的评审者视为是一种好处，这都是 Scrum 价值观中开放原则的具体表现。

坏味道

> 当看到开发人员采用结对式或暴徒式工作模式时，还在执行代码评审，就意味着"变味了"。可以将结对式和暴徒式工作模式看作是一种代码评审的方式，它是实时发生的，我不希望在这个过程中包含另一个代码评审阶段或门禁，这是在增加浪费。这个坏味道就像是团队之外的人在强制执行代码评审，或者不理解结对式和暴徒式工作模式本身可以提供相同的结果。也就是说，如果开发人员希望在非正式的代码评审中进行学习，那么我绝没有其他的建议。
>
> 当看到一个集中办公的团队选择使用工具来帮助进行代码评审时，也意味着"变味了"。他们应该能够亲自进行这些评审。常常听到这样的借口："我们很忙。"很明显，他们想要使用工具进行异步操作，而像微软 Teams 和 Slack 等工具很适合快速提问。我明白中断是要付出代价的，但是代码评审不是快速中断。为了评审需要全体停下来，了解上下文，聚焦并参与，这样才有价值。正如在本章中多次提到的，深入地面对面对话更有效，这样做减少了歧义和误解，提供的价值比任何工具都高。

专业 Scrum 开发者会构建适合特定目标的解决方案，同时避免镀金行为。镀金是对正在进行的任务做了超出必要的任何设计或工作。例如，如果 PBI 需要一个方法来计算"爱达荷州的销售税"，而开发人员开发时包含额外的逻辑来处理周围州的税，这就是画蛇添足。开发人员可能会试图证明额外的编码将会是未来冲刺所需要的。为了最大化价值和最小化浪费，开发人员应该先着手解决当下问题，下一个冲刺的问题就留到下一个冲刺中去处理，代码评审是发现镀金行为的一个好方法。

没有组织级的代码评审策略。他们把一切都留给团队来决定。每当开发人员遇到困难或需要更好的解决方案来解决复杂问题时，开发人员就会执行临时的代码评审。这些"评审"通常会成为即时的结对工作。此外，开发人员喜欢占用一间会议室，使用大屏幕依次展示他们的工作。这种方法鼓励开发人员挤在一个房间里，进行设计和风格的讨论。

8.2.5　分支

分支是存储库中文件夹或文件的副本，以便开发人员可以在保持该分支源码稳定的同时对分支进行修改。原始分支通常被称为父分支，而子分支是那些有父分支的分支。没有父分支的分支称为主干分支（trunk）或主分支（main）。

说明

在写本书时，Git 中顶级的默认分支名称为 master。Git 的维护人员正在增加一个标志，并修改其名称。在下一个主版本中，Git 可能会开始使用术语 main 而不是 master。GitHub 和 Azure Repos 也会沿用这个术语。

在分支中工作使开发人员能够并行地开发产品的各个部分。分支支持对不同配置（如 CPU 架构、操作系统，或其他定制化）实现多个发布的能力。分支还能让开发人员在不破坏代码库的情况下隔离地进行更改，比如修复 Bug、添加新特性或集成版本时。这些不同的变更通常会在后续的时间点合并（集成）回父分支。

对于遗留的版本控制系统，如 Team Foundation Version Control（TFVC），是可选的分支管理方法。开发人员可以在文件夹中直接处理文件，直到他们想显式地创建一个分支。使用 Git（Git 是通过指针实现的分支策略），其实总是在一个分支中工作。当然，不在一个分支上是不可能的。

开发人员应该限制正在使用的分支数量。遗憾的是，软件开发社区已经陷入"分支痴迷"的状态，工具、实践和模式都在鼓励使用分支。创建分支并在开发分支中工作已经成为主流。这应该是开发人员在开发 PBI 时所使用的分支。GitFlow 和 GitHub Flow 都是非常流行的分支策略，并且定义了严格的分支模型。尽管有细微的差别，但两者都侧重于特性分支，并建议在多个开发人员（或单个开发人员）开始处理新的 PBI 时创建一个新的分支。这一策略表面上听起来不错，但它可能导致不正常的团队行为，如前面提到的"囤积"和"霸占"。这可能会导致延迟完成工作！

即使开发人员定期向分支推送提交，不同分支之间或分支与主分支之间的集成也会延迟。如果工作是重复的或者在某种程度上是不兼容的，那么在代码处于特定公共分支（如 main）之前，开发人员不会知道在合并过程中会破坏什么，合并的难度有多大。当开发人员在开发分支工作时，自动构建和自动化测试只能覆盖到开发分支。多个开发分支会让开发人员之间产生距离，这可能导致协作减少、集成延迟、诊断和修复失败构建时增加浪费，以及增加不能实现冲刺目标的风险。

1. 主干开发

基于主干的开发（https://trunkbaseddevelopment.com），这是一种在社区中越来越受欢迎的分支方法，特别是在谷歌，已经有成千上万的开发人员使用这种方法进行并行开发。基于主干的开发是一种反分支模型，通过让开发人员克隆、签出并直接在主干上工作，把他们聚集在一起。开发人员每天要从主分支或主干分支上进行多次更新、拉取和同步。他们每小时都可以将自己的提交与队友的提交进行集成，甚至可以更频繁。

说明

> 许多分支策略，包括基于主干开发策略，都有一条规则，即主干分支中的任何内容都应该是可部署的。虽然我理解你对此的诉求，但是 Azure Pipeline 和 Azure Artifacts 提供了更彻底的替代方案，以确保最新的、稳定的二进制文件和制品是可部署的。换而言之，如果开发人员想要部署（或重新部署）最新的二进制文件，他们可以从 Azure Artifacts 中提取最新的稳定制品，或者在 Azure Pipeline 中推送最新的稳定构建或发布，而不是从主分支或主干分支拉取代码、重新构建再进行部署。在 Azure DevOps 中，保持主干分支稳定的需求不再是按需发布的必要条件。

与此类似，当一个开发人员（或一对）完成一小部分工作（例如，一个任务或重构）时，提交并将其推回 main 分支或主干，以至于团队趋向于更协作的工作方式，如蜂拥式或暴徒式。为了不破坏构建，任何代码更改都将在本地存储库中拉取、合并、构建和测试。任何问题在推到 main 分支或主干之前都要先在本地解决，这取决于拉取、构建、测试和解决问题所需的时间，可能必须重复这个循环。

案例研究

> 在开发过程中，个体开发人员已经习惯于在特性分支中工作。为每个 PBI 创建一个单独的分支可以让他们更容易同时处理两个或多个 PBI。他们知道这种工作方式是有风险的（基于很多原因），所以计划转为基于主干的开发模式。基于此，他们必然也会在单个 PBI 上使用蜂拥工作模式。

2. 持续集成

专业 Scrum 开发者，尤其是那些实践基于主干开发模式的开发人员，已经学会了如何更聪明地工作，而不是更努力地工作。做到这一点的一种方法就是将他们的代码修改与其他开发人员的进行持续集成，并且运行自动化测试来验证这些集成没有造成任何破坏。尽管这些相同的自动化测试可以（也应该）在本地运行，例如在 Visual Studio 中，但是在 Azure Pipeline 可以更快地和异步地运行这些测试，使开发人员能够在构建执行的同时做其他工作。另一个好处是测试可以在受控环境中运行，这可以把所有配置管理问题迅速暴露出来。

一个更好地避免痛苦的手工合并操作的方法是尝试在一天内进行更小、不那么痛苦的合并，这是持续集成（CI）的基础。CI 不仅仅是确保集成代码的构建没有错误，它还要求进行测试。换句话说，当推送到 Azure Repos 时，触发生成流水线，编译应用代码，生成二进制文件，运行自动化测试，并迅速向开发人员反馈。

CI 和降低风险是相关的。当开发人员将集成推迟到一天、一周或冲刺的末期，失败的风险（特性无法正常运行、副作用和 Bug 等）就会增加。通过在一天中定期与他人集成代码变更，开发人员将尽早发现这些问题，并能够尽快修复它们，因为这些违规的代码在每个人的脑海中都是记忆犹新的。对于一个高效率的专业 Scrum 团队来说，CI 实践是必须的。

提示

> 另一种减少手工合并代码痛苦的方法是在每日例会期间积极听取其他开发人员的意见。请记住，每日例会的目的是同步并创建未来 24 小时的计划。这意味着每个开发人员都要与他人分享他们的工作计划。如果一个开发人员听到另一个开发人员说他们计划进行的一个任务与自己的工作是同一部分，那么应该考虑结对并一起在代码重叠的部分上工作。这样做可以减少手工合并代码变更，通常也可以增加知识，提高生产力。

正如前面提到的，任何分支策略，特别是基于主干的开发模式，都应该努力保持主干中的代码是没有受到污染的且可发布的。达到这一点的一种方法是实现 CI 流水线。CI 生成应该尽可能快地运行，并且快速而清晰地返回反馈，特别是在主干受到破坏的情况下。我非常喜欢使用 CatLight 扩展，可以将生成通知显示在托盘中。可以在图 8-7 中看到 CatLight 如何通知生成失败。相关详情，可访问 https://catlight.io。请记住，专业 Scrum 开发者共同拥有所有的，包括以同一种方式防止生成失败，但也要共同修复失败的生成。

图 8-7　CatLight 在生成失败时通知你

　　类和方法的重构和代码调整，以及内部接口更改可能都非常麻烦和复杂。有时，你可能想要推送尚未完成的代码，以便其他开发人员可以开始处理其中的一部分。你可能还想查看你的变更与其他变更集成时，会发生多少错误、警告和失败的测试。通常来说，这样很好。这是反馈，是学习。但是在这样做的时候，应该保持主分支／主干分支的完整性。如果可能，在拉取变更的位置尝试采用"向下合并，向上复制"（在 Git 中称为"拉取，推送"）行为，在本地解决所有冲突，执行本地生成和测试，然后将合并和验证后的代码推送回 Azure Repos。这种策略可以最大程度地降低破坏生成的可能性。

案例研究

开发人员长期以来一直非常推崇持续集成实践，并创建了几个 CI 流水线来监视存储库的各个部分。随着开发人员转为基于主干的开发模式，他们将探索如何让 CI 流水线更快。拥有一个专用的，运行在高性能硬件上的自托管流水线，将是一个良好的开始。他们计划尝试的另一个实验是在管道中启用测试影响分析，通过只运行自上次构建以来受到影响的那些测试来提高测试速度。要想了解更多信息，请访问 https://aka.ms/test-impact-analysis。

3. 拉取请求

　　回顾一下，分支用于隔离工作，直到这些更改合并到另一个分支（如 main）。拉取请求是一种机制，告诉其他开发人员有变更推送到 Azure Repos 上，并将其合并到另一个分支中。这样做的目的是让拉取请求成为一个协作过程，让开发人员讨论这些潜在的更改，然后在所有人同意后合并它们。这对分散办公的团队来说还好，比如那些在开源项目中协作的团队，但对专业 Scrum 团队来说，这是浪费时间，因为他们会实时协作、讨论和达成一致。

说明

> 我并没有明确反对拉取请求，但我是反对分支的。这是因为分支顾名思义强调孤立而非合作。我坚信基于主干的开发模式才是正确的工作方式。由于拉取请求依赖分支，那么我应该也是反拉取请求的。此外，结对式和暴徒式工作模式是代码评审（通过拉取请求）最好的选择。

如果开发人员希望将拉取请求作为代码评审的一种机制进行自管理和实验，那我还能说什么呢？只是想提醒那些开发人员，比起与个体直接互动，他们更喜欢工具。例如，一个分散办公的开发人员可能希望在集成之前让其他人帮忙看下自己写的代码，或者如果开发人员认为其他评审实践效率较低，那么为拉取请求创建一个短周期分支可能也是有用的。另一方面，如果每个变更都必须通过一个拉取请求集成，这就变成了一个既定的策略，从而阻碍集体代码所有权的实施。

术语回顾

本章介绍了以下关键术语。

1. 协作是关键　软件开发是一项团队运动。Scrum 团队成员需要与其他成员以及干系人进行有效的沟通。

2. 集中办公的团队更有生产力　Scrum 团队成员紧密地在一起工作比分散办公的团队（地理上、时间上或文化上分散的团队）更有生产力，可以交付更多的业务价值。大型、开放的团队办公空间尤其有效。

3. 高效会议　Scrum 拥有团队所需的所有内置活动（会议）。限制团队对其他会议的关注，或者让 Scrum Master 来代替，保持团队的专注。

4. 善于倾听　使用积极的倾听沟通技巧，可以让对话更好、更有效。这些技巧支持 Scrum 价值观中的尊重和开放原则。

5. 限制干扰　关闭手机、电子邮件客户端和其他通信工具。限制研究、网络搜索、非必要的会议和薅羊毛行为。

6. 努力成为 T 型人才　T 型团队成员具有深厚的专业知识和广泛的知识储备。T 型的专业 Scrum 开发者乐于学习和尝试新事物，甚至需要走出自己的舒适区。

7. 开发人员共同拥有代码　开发人员拥有所有代码的各个部分。每个人都可以克隆、拉取和推送产品的任何部分的代码。不用担心，Azure Repos 可以跟踪所有的变更。

8. **仅增加有价值的注释代码**　仅添加有必要的注释，或按照开发人员的工作或约定添加注释。在注释时，一定要向别人充分解释你的行为。如果可能的话，用单元测试来做注释。

9. **将提交关联到工作项**　当执行 Git 提交时，确保将其与相关的 Task 或 Test Case 工作项关联。这个手动步骤将确保从想法到计划、到工作、到构建、到发布的双向、端到端的可追溯性。

10. **考虑实践蜂拥式**　所有开发人员（单独或结对）将在单个 PBI 上做任何需要做的事情，直到 PBI 完成。

11. **考虑实践结对式**　两个开发人员紧密合作完成同一个任务。

12. **考虑实践暴徒式**　让所有开发人员都致力于一个任务，一个 PBI，直到那个 PBI 完成。就像蜂拥一样，在 PBI 完成之前不会移到下一个 PBI。

13. **实践代码评审（仅当有价值时）**　亲身实践，或者考虑使用结对或暴徒式工作模式作为替代。开发者应该对给出意见和接受批评持开放态度。避免使用工具来推动代码评审。

14. **考虑实践基于主干的开发**　简单地说，不要在分支中工作；相反，应该直接在主分支或主干分支上工作。

15. **持续集成**　合并是痛苦的，所以经常合并可以减少伤害。持续关注构建，以便尽早收到失败的构建通知，尽快修复构建。每个人都应该关注失败的构建。

第Ⅲ部分　改进

在本书的前两部分中，介绍了如何使用 Azure DevOps 来实践专业 Scrum，应该足以让一个专业 Scrum 团队开始以敏捷的方式使用 Azure DevOps 来计划、管理和执行工作。我已尽我所能指出了应该重点避免的干扰因素，同时引领你走向专业 Scrum 实践之路。

之后，如何使用 Azure DevOps 和实践 Scrum 将由你自行决定。无论是单独还是作为 Scrum 团队的一员去实验、检视、适应和改进，都取决于个人的决定。本书最后一部分的主要内容是关于团队和规模化的改进，在接下来的几个章节中，你将接触到流动的概念，包括 Scrum 团队如何度量和改进。你也会了解到自管理 Scrum 团队所面临的一些常见挑战。这并不是要吓跑你，而是为了让你知道每个组织中都潜伏着一些障碍和非正常的思维。

本书的最后一章将讨论规模化以及当多个 Scrum 团队合作构建一个产品时，如何控制混乱。同时，这一章将介绍 Nexus 规模化 Scrum 框架，以及 Azure DevOps 在规模化背景下如何支持规划和管理工作。

第 9 章　加速流动

流（flow）是一个被广泛使用的术语。如果不考虑所有的数学、科学、媒体、软件开发、软件语言和音乐等领域，而仅仅关注复杂产品开发，也会发现这个术语仍然被广泛使用。一些人使用术语"流"作为工作流（workflow）的简写。在之前的章节里提过，流可以存在于个体、结对或蜂拥层面，表明人们是创新的、高效的和"沉浸于其中"的，甚至忘记了时间。术语"流"（flow），是本章关注的内容，描述工作"流动"如何贯穿团队流程。

我个人非常喜欢资深专业 Scrum 培训师丹尼尔·瓦坎蒂对"流"的定义，他把"流"定义为"客户价值在整个产品开发系统中的移动"。这种流能够可视化，能够促进协作，能够帮助团队产生最优过程。这种流也能够进行度量，更重要的是能够得到改善。

说明

> 专业看板是根据《看板指南》里的一些核心要素整理出的看板实践，专注于通过基于看板实践的价值流动和可视化工作的精益度量、限制在制品的数量（WIP）、管理流动并且通过检视和调整工作"流动"的定义来实现持续改进。换句话说，它是为了在团队使用看板检视进行适应时最大化整个系统的价值流。更多详情，可以访问 https://prokanban.org。

本章将介绍 Scrum 团队如何可视化、管理和改善流动。我还将展示这些团队如何在冲刺活动中使用流动度量指标，这些度量指标展示了看板如何成为 Scrum 团队的一个有效的补充实践。事实上，在维恩图上可以看到 Scrum 和看板的交集，更具体地说，是专业 Scrum 和专业看板之间的交集，这里就是带有看板实践的专业 Scrum，如图 9-1 所示。

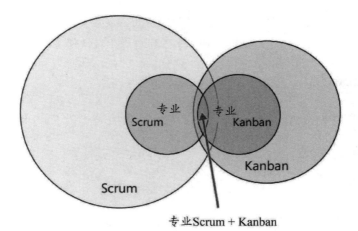

专业Scrum + Kanban

图 9-1 包含看板实践的专业 Scrum 位于专业 Scrum 和 Kanban 的交集

说明

在本章中，我使用的是定制化的专业 Scrum 过程，而不是开箱即用的 Scrum 过程。请参考第 3 章，获取过程定制化及如何自行创建的相关信息。

9.1 可视化流动

专业 Scrum 开发人员希望自己的工作能够可视化，他们知道人类理解图片的速度快过文字。他们也意识到可视化能够增加整个团队的透明度，让团队一致地理解哪些工作已经完成，更重要的是，哪些工作还没有完成。在第 6 章中，介绍过任务面板。初始阶段，任务面板上的任务位于 To Do 列状态。随着开发人员开始处理一个 PBI，相关的任务状态开始转变为 In Progress，最终，状态转变为 Done。在继续介绍可视化流动之前，先记住这些内容。

在前面的章节中，介绍过一些改善团队流动的协作实践，尤其是"蜂拥式"和"暴徒式"。这两种实践让团队的注意力都集中在同一个 PBI 上，从而改善流动性。由于团队的注意力不会被其他 PBI 分心，所以可以更早完成这个 PBI。

在任务面板上可视化"流动"是比较困难的。如果去掉最外层的 To Do 和 Done 列，就只剩下 In Progress 这一列可以表示工作的不同状态。只有开发人员勤奋且恰当地为任务命名时，团队才能够确定它们在工作流中的位置。

举个例子，我们假设 PBI 的典型工作流是这样的：设计、编码、测试和发布。是的，这个工作流非常简单，而且是顺序性的，几乎就是瀑布型的工作流，但我认为这不是问题。对于使用这个可视化工作流的开发人员，他们需要创建符合这些工作流步骤的任务。总体来说，每一个工作流步骤可能包含许多任务，这就是开发人员要做的事情。在图 9-2 中，能够看到例子中包含 2 个设计任务、5 个编码任务、1 个测试任务和 2 个发布任务。通过为任务增加标签，可以使这一点更加明显。

图 9-2　PBI 的每个工作流步骤可能包含多个任务

　　如果一个开发人员要囤积或霸占这个 PBI，他可能要线性执行这些任务，看起来像这样：设计、编码、编码、编码、编码、测试、发布和发布。在上一章中多次提到过，只要有可能，专业 Scrum 团队就不会线性执行工作，他们需要找到并行完成任务的方法。

　　由此可见，任务面板本身对于团队工作流程的建模并不是很有帮助，而是更重视任务的流程。这种方式能够非常灵活地表示各种不同的工作流，编写新特性，修复缺陷，升级基础设施，甚至写文档。对于想使用板来反映工作流程的开发人员，看板对可视化工作流是一个更好的选择。

9.2　看板

第 5 章介绍了看板，当时的场景是产品负责人使用看板可视化 PBI 变为 Ready（就绪），而不是开发人员使用看板来管理开发。使用看板可视化和管理开发工作流是最常见的用法。看板把线性的 Backlog 转变成交互的、二维的板，为工作提供了可视化的流。当工作的进度从一个想法变成完成时，开发人员就可以在板上对条目进行更新。我们这里提到的这些条目就是 PBI。这种可视化使得当前工作的进度或者延迟非常透明。

说明

> 不要将使用看板和全面实践看板混淆。Scrum 团队能够使用看板可视化他们的工作而不需要实践看板的其他方面。也就是说，专业 Scrum 社区把看板看作一个有效的补充实践。要想进一步了解如何在 Scrum 框架中实践看板，请下载和阅读 www.scrum.org/resources/kanban-guide-scrum-teams。

在 Azure Boards 中，任务工作项不会出现在看板上，只有 PBI 和缺陷工作项（如果启用的话）能够出现在看板上。看板列的初始状态和 PBI 的工作流状态相匹配，这代表着，对于定制化的专业 Scrum 过程，看板的初始列为 New、Ready、Forecasted 和 Done，这些默认的状态并不能构成一个有趣的或有用的看板。

为了让看板更有价值，开发人员需要将默认的已预测列扩展为更多的列，如 Design、Coding、Testing 和 Release，所有这些列会映射到 PBI 工作项类型的已预测状态。图 9-3 展示了示例。

图 9-3　可以为看板增加自定义列

提示

> 配置看板的时候，要注意不要设置过多的列。每一列都增加了存在更多在制品（WIP）的机会。同时，要确保不要将列和人相捆绑。换句话说，创建一个名为 Skyler 的列不是一个好主意。反过来，可以基于 Skyler 在团队中的工作来为列命名—然后确保还有其他 Skyler 可以帮忙。看板应该要有清晰的"工作已开始"和"工作已完成"。对 Scrum 团队来说，"工作已完成"通常的标题是"完成"。同时，应尽量避免为受阻的工作条目创建专用的列。

当开发人员开始在 PBI 上工作时，某个开发人员首先会将它拉取到 Design 列。当设计完成后，另一个开发人员将它拉取到 Coding 列，以此类推。当 PBI 完成后——按照 DoD 的要求——它被拉取到最右边的完成 Done 列。相对于通过在任务面板查看任务的进度来了解 PBI 的进度 / 状态，在看板上，只需要简单地看下 PBI 所在的列就可以得到同样的信息。

因为每一列都会对应工作的一个阶段或状态，所以你能快速看到每个状态下工作项的数目。然而，在将工作移动到列和工作实际开始工作之间往往是有延迟的。为了解决这个延迟，揭示在制品（WIP）的实际状态，可以把列拆分为 Doing 和 Done，如图 9-4 所示。

图 9-4　可以将列拆分为 Doing 和 Done

看板对于大部分工作的工作流建模是非常合适的（如开发一个新特性），但不是所有的 PBI 都会使用所有的列。例如，缺陷修复就会跳过 Design 列，而谁会知道一个基础设施升级的 PBI 如何在看板中转换移动。这种不对称的工作对于使用看板是有挑战性的，但在准备放弃看板回到使用任务面板前，请继续阅读本章的管理流动和流动度量方面的内容，这些内容会为使用看板提供更多的论据。关于配置和使用看板的更多信息，请访问 https://aka.ms/Kanban-quickstart。

9.3　管理流动

专业 Scrum 开发人员非常注意管理他们的流动。为了快速、高效地交付已完成的、可工作的工作成果，他们有规律地检视和改进自己的工作方式。从流的角度看，这意味着移除阻碍和进行改进,让价值持续顺畅地流动。听起来很棒,我相信你也认可这个想法,但是应该如何开始呢?我建议阅读第 8 章,因为它包含许多有助于达成这个目标的协作化实践。

管理流动意味着要进行如下检视。

- 工作能否顺畅地流过整个系统?
- 是否有任何障碍堵塞了流动?
- 当前是否有堵塞的 PBI?
- 是否需要重建或改变策略(例如 WIP 限制)?
- 是否执行了相关策略?
- 在完成一个 PBI 前,开发人员是否开始了一个新的 PBI?
- 为了尽快完成一个 PBI,开发人员能否采用不同的工作方法?
- 开发人员如何适当地收集和使用流动相关的度量数据?
- 条目的停留时长是否如期望的那样?
- 要改进过程和流动,开发人员能够进行什么样的实验?

说明

停留是指 PBI 保持某个进展状态的时间总和——通常以天为单位——并且能够对特定列(如编码列)进行评估。通过监控停留时长,开发人员能够分析他们的工作流动情况。通过跟踪 PBI 的停留时长,开发人员可以提前识别出障碍(如依赖关系),从而有效地避免无法完成预测或无法完成冲刺目标的风险。PBI 每一列的停留时长取决于该工作项的复杂度。换句话说,一些 PBI 在设计上花费的时间超过 1 天,而另外一些工作项可能在测试上花费更多的时间。通过检视 PBI 的停留时长,开发人员能够判断改进实验是否成功。

坏味道

团队创建了代表他们当前(运转不正常)工作方式的看板并在多个冲刺后依然僵化不变,就意味着"变味了"。是的,对于大型的瀑布型组织,在第一个冲刺的第一天,看板上可能有 15 个列,其中许多列是用来和外部进行工作交接,如测试和审批,但希望这种看板可以随着时间流转而做出优化。对于一个由 T 型人才组成的真正跨职能的、自管理的团队,我希望看板最终优化成只有 Doing 这一列。

前面的章节中已经提到过很多次检视,这些检视由专业 Scrum 团队在冲刺回顾期间进行。检视列表上没有任何新的内容,除了两个新的概念:在制品限制和流动度量,本节接下来将介绍这些概念。

看板可视化了开发人员当前的工作方式，无论它是线性的（瀑布）还是更加协作的方式（流）。看板上每一列所对应的状态更像是瀑布模型的状态，而这并不是问题的关键点。如果批次的规模比较小，那就不是瀑布。更进一步，如果能转变为更加并行协作的工作流，那就更好了。看板的重点是能够可视化团队现有的工作流并随着时间不断简化。

说明

> 对于实践看板的 Scrum 团队，Scrum Master 应该对团队的全部活动增加流动指导。这将包括让团队进行思考和行动，例如遵循制定好的策略，在需要的时候制定新的策略，对特殊情况进行讨论和行动（问题和机会），并通过实验发现创造性的解决方案。Scrum Master 对于使用看板的团队像是"工作流经理"，作为工作流教练的 Scrum Master 应该激励团队并为团队提供挑战。

9.4　限制在制品

在制品限制约束了开发人员在每个工作状态承担的工作数量，从而限制了整个系统的在制品数量。就像高峰期的高速公路，肯定不希望有超出系统（开发人员）处理能力的流量（在制品）。在制品限制的目标是帮助开发人员在开始新的工作之前先专注于完成手上的工作。

说明

> 在制品（WIP）的全称是 work in process，而不是 work in progress。技术上来说，两个说法都是正确的。我倾向于使用 progress 这个说法，因为它描述了朝向目标的移动，这正是 Scrum 团队每日努力工作的方向。progress 也暗示了改进（通过工作和学习）。相比较而言，Process 只能让人联想到一系列行动。资深专业 Scrum 培训师 Peter Gotz 在 www.scrum.org/resources/blog/wip-work-inwhat 中对此进行了深入的分析。

在制品限制应该基于开发人员的容量和工作能力——而不是基于某个列中"专家"的数量。在 Azure Boards 中，能够为每个列设置在制品限制。举例来说，如果开发人员为测试列设置的在制品限制为 1，这个策略要求开发人员在同一时间只能测试不超过一个条目。因此，如果上游工作会增加库存，就不应该继续进行。这意味着正在编码的开发人员应该过来帮助测试，而不是编写更多需要测试的代码。

如图 9-5 所示，在制品限制只是约束了列中允许存在的待办工作事项的数目。如果超过了限制，限制数字就会变成红色，为开发人员提供一个可见的提示。实际上，这仅仅是个提示，并不会阻止开发人员将卡片拖入这一列导致突破在制品限制。当在制品数量低于在制品限制时，那就意味着可以开始新的工作。

图 9-5　在制品限制为超过限制的情况提供了一个可视化的标记

虽然配置在制品限制非常容易，但遵守它们却需要整个团队的承诺。刚接触这个概念的团队可能发现在制品限制是违反直觉的，让人不舒服。然而，这个单一的实践能够帮助团队识别瓶颈，改进过程，增加产品的质量。在制品限制帮助流动和改善团队的自管理、专注、承诺和协作。

在每个冲刺回顾会上都应该讨论在制品限制，以及开发人员可能面临的任何相关挑战，并对"限制"做出相应的调整。一旦取得平衡，在制品限制将确保团队在不超出工作时间容量的情况下，以高效的节奏进行工作。在制品限制应该设置为最低值，能对团队产生影响，如果不能改变团队的行为，就相当于没有限制。

说明

> 一旦开发人员在看板上设置了在制品限制，他们就创建了一个拉动系统。在拉动系统中，开发人员只有在工作容量允许时才开始（拉动）工作。例如，当编码列有容量的时候，某人就可以从设计——完成列把工作项拉到编码列。与推动系统有着明显的差异，已经完成设计的 PBI 被推动到编码列，可能就会产生库存积压。在拉动系统中，基于团队的工作时间容量，PBI 以即时（just-in-time）的方式拉动，"被认领"并开始工作。这和我之前提到的使用任务面板进行协作的指南是一致的。使用拉动系统的益处是很容易定义工作"开始"的含义，没有建立或使用在制品限制看板，只能用来可视化。

已经有许多文章和书籍介绍过关于在制品限制，复杂的队列理论和潜在的数学问题。建议从丹尼尔·瓦坎蒂的工作成果开始学习，网址为 https://actionableagile.com。

9.5　管理在制品限制

限制在制品是实现流动的必备条件，但只靠限制在制品是不够的。要建立顺畅的工作流动，开发人员必须主动管理它们的在制品。在冲刺中有几种管理形式，也有多种补充实践用来管理在制品限制。

以下是开发人员应该如何管理冲刺期间在制品的例子。

- 确保 PBI 进入工作流和离开工作流的速率一致。
- 确保 PBI 非必要的搁置。
- 采用蜂拥式，结对式或者暴徒式的方式移动搁置的工作项。
- 快速响应受阻 PBI。
- 快速响应超出预期周期时间级别（服务级别期望或 SLE）的 PBI。

如在前面章节里面说的那样，开发人员在完成当前任务前，不要开始新的工作，这一点非常重要。换句话说，开发人员应该在完成 PBI#1 的所有任务之后（按照 DoD），再开始 PBI#2 的第一个任务。当开始工作的速度与完成工作的速度差不多时，团队就能够有效地管理他们的 WIP。

无论冲刺计划采用哪种形式来表达（任务、测试或者看板），开发人员对状态的监控都是非常重要的。这不只是简单地看接下来他们开始做什么工作，而是应该确保当前在制品在正常开发中，并且不存在非必要搁置的 PBI。如果一个 PBI 受阻，开发人员应该以"全体行动"的决心将阻塞解决。只要存在工作项阻塞——不管是什么原因——工作项就是非必要地搁置了，并且会增加周期时间，错失冲刺目标。有些阻碍需要 Scrum Master 的帮助。

拉取策略对所有已经排好优先级，准备拉入一个新列的 PBI 都是公平的。比如前面的图 9-5，假设 PBI#8472 已经在 Design-Done（设计 - 完成）列里 3 天了，而 PBI#8473 只在 Design-Done（设计 - 完成）列里 1 天。秉持公平原则，开发人员应该先把老一点的 PBI 拉入 Coding（编码）列，以免产生非必要的停留。这就是所谓的拉取策略。这个独特的拉取策略避免 PBI 产生非必要的停留，促进了生产率的提升。然而有些时候，团队因为合理的原因，需要拉取新一点的条目，例如管理依赖关系。拉取策略的变更需要团队讨论和一致同意。

服务水平期望（SLE）是基于 PBI 经验数据的预测，PBI 经验数据是指 PBI 在工作流中从开始到结束所用的时间（例如从设计到完成）。团队把 SLE 作为标尺，当 PBI 的进度低于期望时，用来发现工作流中存在的问题并进行检视和适应。SLE 本身包含两个部分：时间长度（天）和时间长度相关的可能性（例如，85% 的工作项在 4 天以内完成）。SLE 应该基于开发人员的历史周期时间。一旦计算出来，Scrum 团队应该公开 SLE，这对团队走向持续交付尤其重要。

Azure Boards 中的 ActionableAgile Analytics 扩展使用团队的历史数据计算出周期时间的 SLE，可以在图 9-6 仪表板中相关的展示，也可以从散点图中看到可能性数据（50%，70%，95% 等）。要想进一步了解敏捷数据分析，请访问 https://aka.ms/actionable-agile-analytics。

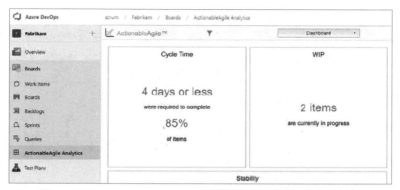

图 9-6　ActionableAgile Analytics 扩展可以计算多种流动指标

说明

你可能以前没有听说过服务水平期望（SLE），服务水平协议（SLA）是我们这个行业中更流行的术语。我倾向于使用 SLE，因为期望代表基于证据的预测，是一种学习和改进的文化。"协议"来自于制造业，制造业中的任务是高精确度的重复性工作，需要一种承诺或允诺。虽然组织和客户更熟悉 SLA，但它无法反映出复杂知识工作的现实情况。这种微妙的更名和近十年前冲刺"承诺"更名为"预测"异曲同工。

如果 Scrum 团队没有足够的历史周期数据，那么 Scrum 团队应该推测一个最可能的 SLE 数据。随着时间的推进，团队有了更多的历史数据，就可以使用合适的分析方法，检视自己的周期时间并调整 SLE。令人惊讶的是，不需要很多历史数据就可以计算出一个相当准确的周期时间。

9.6　检视和调整工作流程

开发人员使用 Scrum 活动来检视和适应工作流程定义，从而帮助提升经验主义和最大化交付价值。虽然通常是在冲刺回顾中开展与改进相关的沟通，但是工作流程的检视可以在冲刺期间的任意时间发生。开发人员进行的工作流检视通常分成两类：可视化策略和工作策略。

可视化策略包括通过增加、合并、拆分或移除列对工作流程进行优化。随着团队不断学到新的工作方式并对希望进行检视和适应的领域进行透明化，就可以执行可视化策略。

工作策略包括为解决具体的障碍而做出的改变，如调整在制品限制，调整 SLE 或实施拉取策略。对 DoD 的变更也被认为是对工作策略的改变。

当团队建立看板时，团队工作流的可视化应该包括工作流过每个状态的明确策略，这可能包括 DoD 中的一个或多个条目。例如，如果 DoD 中包括 12 个条目，其中 4 条和测试相关，这 4 条可能就存在于测试列的 DoD 中。每列可能还包含一些额外的完成标准。反过来说，DoD 中也可能包含没在特定列 DoD 列出来的条目。Azure Board 支持为每一列分别提供 DoD，如图 9-7 所示。

图 9-7　看板上的每个 WIP 列能够拥有自己的 DoD

无论开发人员是否为每列建立 DoD，他们都应该确保每个成员都清楚地知道工作经过每个状态时的要求。这将帮助预防错误的沟通、额外的会议和返工。看板的配置应该鼓励在正确时间提出正确对话，主动发现需要改进的机会。

开发人员做完上述的事情之后，应该先使用看板一段时间，并相应地进行检视和适应。在冲刺回顾期间或其他时间，能够对列、在制品限制、策略和 DoD 进行评估。

9.6.1　流动度量指标

流动的度量指标和传统的度量指标有明显的不同。团队不关注故事点和速率，而是使用更具透明性和可操作性的度量指标。所谓透明性，是指度量指标不仅使开发人员的工作进度高度可视化，也使他们如何工作高度可视化。所谓可操作性，是指度量指标指出了团队需要效能改进的具体改进点。当出现错误的时候，传统的敏捷度量数据和分析手段无法实现可视化和具体行动建议。

要做到真正的敏捷，团队和组织应该使用干系人的语言，或至少使用不会让人困惑的、非技术的术语。遗憾的是，传统的敏捷度量指标有时候会让干系人感到非常困扰，故事点、速率、燃尽图等是一些需要解释的术语。同时，不倡导的故事点转换为天的方式仍然被干系人错误地使用。通过流动度量指标，干系人能够快速理解以天为单位的消耗时间和工作条目数量。

这里列出 4 个流动度量指标，在一个已定义的工作流中，Scrum 团队可能会对这 4 个流动指标感兴趣。

- 在制品（WIP）　已经开始但尚未完成的 PBI 数量。开发人员能够使用这个领先指标提供关于进度的透明度，减少在制品并改进流动。
- 周期时间　PBI 从开始到完成所使用的时间。换句话说，就是 PBI 从进入第一个 WIP 列到离开 WIP 列（例如完成）所使用的时间。周期时间是一个滞后指标，它也是"这个 PBI 需要多久完成"这个问题的最佳答案。
- 工作项停留时长　工作项从开始到当前时间的时间总量。这个领先指标只适用于进行中的工作项。对开发人员来说，产品 Backlog 中的 PBI 不会被认为是搁置的。
- 吞吐量　每单位时间完成的工作项的数目，例如一个冲刺。吞吐量是一个滞后指标，也是"当前冲刺或下个发布中能完成多少个 PBI"这个问题的最佳答案。

在本章中已经讨论了在制品限制，因此在制品限制的指标应该是非常简单的。它只是简单地代表了开发人员已经开始但尚未结束的 PBI 的数目。对严格实践蜂拥式或暴徒式的开发人员，在制品限制应该等于 1。对刚开始实践 Scrum，还没有实践第 8 章中提到的协作方法的团队，在制品限制应该等于团队成员的数量或更高一点。

提示

> 虽然这些度量指标不像传统敏捷度量指标那样令人困惑，但是也尽量不要共享给干系人。这些指标是重要的技术度量指标，共享给 Scrum 团队之外的人并不会带来帮助。更糟的是，干系人可能会理解或推断出一些错误的结论（一个承诺，一份计划或预算等）。如果产品负责人或 Scrum Master 能够为干系人找到一些合适的度量指标（如服务水平期望），那就更好了。

周期时间是一个强有力的度量指标，因为它关系到开发人员在开始工作后能够以多快的速度完成一个 PBI。例如，如果开发人员周一把一个 PBI 拉入到 Design 列，下午把它拉入到 Coding 列，周三把它拉入到 Testing 列，最后周四的早上把它拉入到 Releasing 列，那么这个工作项的周期时间就是 4 天。当计算周期时间时，推荐使用向上舍入的方式，这样就永远不会存在 0 天这样的周期时间。

说明

> 一些实践者认为周期时间应该开始于第一次存储库提交，结束于生产环境的部署。表面上听起来是可行的，并且可以通过 Azure Repos 和 Azure Pipelines 进行周期时间的自动计算。然后，这种方式存在两个问题。第一个问题是工作的开始可能早于第一次存储库提交。这不只是指编写准备提交的代码和测试的时间，也包括所有的计划讨论，白板书写，架构设计，Azure Board 上的任务拆分，建立 Azure Test Plans，以及其他非 Git 提交类的工作。如果使用第一次存储库提交的方式度量周期时间，周期时间可能少了整整 1 天。第二个问题是这种方式要求开发人员为每个 PBI 开启一个新的分支，这会导致任何分析都是无效的——分析只适用于当前 PBI。为每个 PBI 开启新分支，如第 8 章讨论的那样，会降低协作性并增加风险。

通过研究工作项的停留时长指标，开发人员能够进行流动分析工作。开发人员能够对工作项如何移动到板上的 Done 列的进展实现可视化，包括 PBI 在每一列的 Doing 和 Done 中所花费的时间。这种分析能够帮助开发人员知道他们过程中哪里变慢或者完全停止，并判断原因及如何进行改进。随着改进实验的进行，通过对比当前工作项和历史数据的停留时长，就可以确定改进实验的有效性。

吞吐量是对完成工作条目（如到达完成列）速度的度量。度量吞吐量所使用的单位时间取决于团队，Scrum 团队通常使用每个冲刺的时长（如两周）。吞吐量不同于速率。速率度量每个冲刺完成的故事点（或其他度量单位），而吞吐量度量的是完成的 PBI 的数量。

吞吐量这个指标回答了一个重要的问题："这个冲刺预计完成多少个 PBI？"或 "10 月这个发布将包含多少个已完成的 PBI？"某种程度上，产品负责人会被问到这种问题，他们应该准备好回答这种问题。跟踪吞吐量数据是一种准备回答这类问题的方法—这是一种基于经验数据的答案。

吞吐量和周期时间直接相关。更长的周期时间导致吞吐率的下降。因为完成一个条目需要更多的时间，所以开发人员就无法在一个时间周期内完成更多的条目了。换句话说，吞吐量的下降意味着完成了更少的工作，完成更少的工作意味着交付了更少的价值。

说明

可能很好奇我为什么不使用前置时间这个度量指标。如果你了解精益或看板的概念，可能听过这个术语。它和周期时间紧密相关。周期时间是指 PBI 从开始到发布之间的时间，而前置时间是指从干系人第一次提出 PBI 到 PBI 发布之间的时间。举个例子，如果使用 4 天开发和交付一个 PBI（周期时间），但是这个 PBI 在产品积压列表里停留了 30 天，前置时间就是 34 天。两个术语使用的角度不同。换句话说，开发人员所使用的前置时间对于产品负责人来说就可以被看作是周期时间。这并不是说跟踪一个想法成为客户使用的功能花费的时间并非不重要，它确实非常重要。产品负责人应该关心这些消耗的时间是否不断增加。我是想说产品负责人可以使用周期时间这个术语，只是定义的上下文背景和开发人员略有不同。

9.6.2　计算流动度量指标

我们所讨论的流动度量指标都比较容易收集。事实上，只需要花费非常少的时间就可以收集在制品限制、周期时间和吞吐量这些数据，甚至可以在简单的表格中手动跟踪，有时团队也别无选择。一旦数据在表格中或者像 Azure DevOps 这样稍微复杂点的系统里准备好，那么就会有若干分析视图（图表或报告）呈现出这些度量指标。

用来计算这些流动度量指标的四种主要分析方式如下。

- 周期时间散点图　完成 PBI 所使用的时间的示意图。X 轴代表时间线，Y 轴代表以天为单位的周期时间。点代表日期和天数（周期时间）的交点，周期时间代表了完成一个具体的 PBI 所使用的时间（例如，拉到 Done 列）。

坏味道

当开发人员认为 Scrum Master 会收集所有的度量指标时，就意味着有了坏味道。如果 Scrum Master 具备相关知识，那么他可能会指导开人员或产品负责人如何收集、分析和汇报这些度量指标，但收集度量指标并不是 Scrum Master 的工作。好消息是 Azure DevOps 和 ActionableAgile Anlytics 扩展可以用轻量级的方式完成这个繁重的工作。

- 吞吐量运行图　代表一段时间内完成的 PBI 的个数。X 轴代表时间线，Y 轴代表到某个日期完成的 PBI 的个数。吞吐量能够用来监控团队效能，识别效能趋势，预测未来的交付。
- 累积流图（CFD）　图中的每一列代表某一时间周期内 PBI 的个数。从这个图中，能获取在制品限制的数量，平均周期时间和吞吐量。X 轴代表时间线，Y 轴代表 PBI 的数量。

- 工作项停留时长 跟踪进行中的 PBI 的停留时长。X 轴列出了过程中所有的列（状态），Y 轴代表每个 PBI 在该列中所花费的时间。图中的点代表在列中的 PBI 的数量。

一些流动度量指标可以通过多种分析方式计算得到。例如，吞吐量可以通过周期时间散点图、吞吐率运行图和累积流图计算得出。表 9-1 列出了哪些流动度量指标可以由哪些分析方式计算得出。

表 9-1 Analytics 及能够计算出的流动度量指标

Analytics（图表 / 报表）	在制品限制	周期时间	工作项停留时长	吞吐量
周期时间散点图		√		√
吞吐量运行图				√
累积流图	√	只有平均值		√
工作项停留时长			√	

所有的核心指标数据都已经在 Azure DevOps 中了，而且这些指标允许以各种各样的、自动的方式使用。如前所述，Azure DevOps 的分析服务提供了查询各种指标数据的能力。仪表板小组件，报表，OData 源，定制化扩展等都是团队用来查询度量指标的机制。

如下所示，Azure DevOps 提供了三个分析小组件，展示我们感兴趣的流动度量指标。

- 周期时间窗口小组件 为单个团队展现对应某个级别的 Backlog（如产品 Backlog）在某个时间范围内关闭的工作项的周期时间。
- 前置时间窗口小组件 为单个团队展现对应某个级别的 Backlog 在某个时间范围内关闭的工作项前置时间。
- 累积流图 基于时间范围、团队和 Backlog 级别展现工作条目的累积流图。

除了使用简单易用的窗口小组件和报表，团队可以通过查询 Azure DevOps OData 源，从 Azure DevOps 中直接拉取预聚合的数据。微软 Power BI 能够使用 OData 查询，这种查询能够返回经过过滤和分类的 JSON 格式的数据集。

举个例子，在浏览器中运行如下 OData 查询将返回工作项 #42 的周期时间：

https://analytics.dev.azure.com/scrum/fabrikam/v3.0-preview/WorkItems?$
filter=WorkItemId%select=WorkItemId，Title，WorkItemType，State，
CycleTimeDays

返回的 JSON 显示了计算出的周期时间:

{"@odata.context":"https://analytics.dev.azure.com/scrum/fabrikam/_odata/v3.0-
preview/$metadata#WorkItems(WorkItemId,Title,WorkItemType,State,CycleTimeDays)","value":
[{"WorkItemId":42,"CycleTimeDays":5.3333333,"Title":"PBI 42","WorkItemType":
"Product Backlog Item","State":"Done"}]}

关于如何使用 OData 获取周期时间的信息,请访问 https://aka.ms/sample-boards-
leadcycletime。

遗憾的是,微软开箱即用的分析方式并没有提供所有必要的度量指标,甚至
没有提供容易获取这些指标的方式。我怀疑一些 Azure DevOps 实践者已经通过使
用 OData 源,构建自己的分析方式去获取遗漏的度量指标,但据我所知社区中还
没有相关的分享。除了自己构建之外,我不如花点时间介绍一下 ActionableAgile
Analytics 扩展。ActionableAgile Analytics 扩展不仅是全球领先的敏捷度量和分析工
具,还能够以插件的方式安装在 Azure DevOps 中,在 Azure Boards 中提供分析和
度量指标,如图 9-8 所示。

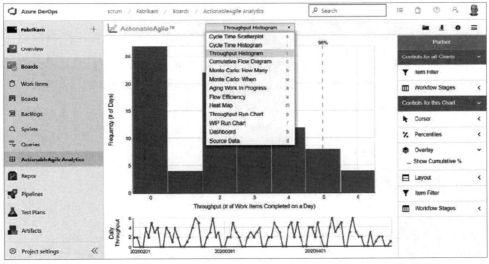

图 9-8　ActionableAgile Analytics 扩展提供了多种视图和分析方式

9.7　基于流动的 Scrum 活动

开发人员使用现有的 Scrum 活动来检视和适应他们的工作流程定义,从而帮助
提升经验主义和最大化交付的价值。反过来呢?看板实践,尤其是各种流动度量指
标,是否能影响 Scrum 活动呢?虽然引入看板作为补充实践并没有改变 Scrum 活动,

但对 Scrum 活动确实有影响。Scrum 仍旧是 Scrum，它不会改变，《Scrum 指南》仍旧完全适用。团队具体实践 Scrum 的过程可能会发生变化。

在 Scrum 的背景下实践看板不需要任何额外的活动。然而，在 Scrum 活动中使用基于流动的视角和流动度量指标增强了 Scrum 的经验主义方法。在本节中，将逐个讨论看板这个补充实践如何影响 Scrum 的每个活动。这里把每一个活动都称作"基于流动"的活动。

冲刺

看板作为补充实践不会取代或消除对 Scrum 冲刺的需要。即使是在想要实现或已经实现持续流动的环境中，冲刺仍旧会代表一种节奏，代表对产品和过程进行检视和适应的一种有规律的心跳。使用带有看板实践的 Scrum 团队通过协作检视流动度量指标并调整工作流程定义，把冲刺及其活动作为反馈改进循环。

看板实践能帮助开发人员加速流动并基于检视和适应在整个冲刺期间创建一种即时（just-in-time）决策的环境。这种环境里，开发人员依托冲刺目标并通过和产品负责人与干系人的紧密合作最大化冲刺交付的价值。

一些团队可能会拒绝使用冲刺。他们把冲刺及其相关活动看作一种束缚。对于复杂的、可计划的工作，我把冲刺看作一种确保 Scrum 团队设定冲刺目标并且定期进行一定程度的计划和回顾的方式。此外，人类对有规律的周期感知与生俱来。冲刺也为自管理和实验提供了一个容器。如果没有冲刺，团队如何计划与干系人的沟通以及团队何时应该停止、反思和改进呢？看板的答案是"任何时间"，但在我看来，这意味着"几乎从来不"。

9.7.1　基于流动的冲刺规划

冲刺规划通过部署当前冲刺要完成的工作作为启动冲刺的先决条件，并由整个 Scrum 团队共同协作创建最终的计划。产品负责人确保所有参与者都做好了讨论关键 PBI 以及如何将这些 PBI 映射到产品目标的准备。Scrum 团队也可以邀请其他人参加冲刺规划并提供建议。

基于流动的冲刺规划没有什么不同，尽管可能会有更多的输入信息和历史度量数据，这样更容易开展预测工作。基于流动的冲刺规划使用流动度量指标来辅助创建预测和开发冲刺 Backlog。例如，开发人员可能希望使用历史流动数据进行预测。

冲刺规划的其中一项输入就是历史效率。许多 Scrum 团队使用速率，但在基于流动的背景下，开发人员可以使用吞吐量的历史数据来帮助预测工作的开展。记住，吞吐量是 PBI 的计数，并不是故事点的总和。团队需要使用周期时间散点图、吞吐量运行图或者累积流图计算吞吐量。

提示

通过使用蒙特卡罗模拟可以用来改进冲刺预测。蒙特卡罗模拟可以在预测多个 PBI 时取代传统方法，例如在 Sprint 规划期间。如图 9-9 所示在 ActionableAgile Analytics 扩展中显示出 10 000 次蒙特卡罗模拟的结果。这个图表显示出在一个时间周期内（这个例子是 7 天）完成具体数目的 PBI 的概率。在这个例子中，开发人员在 7 天内有 85% 的概率能够完成 11 个或以上的 PBI。记住，没有 100% 的概率，总会有不确定性。如果要获取演示，可以访问 www.actionableagile.com/analytics-demo。无论模拟结果如何建议，开发人员仍然对预测哪些 PBI 并将其纳入冲刺 Backlog 拥有最终的决策权。

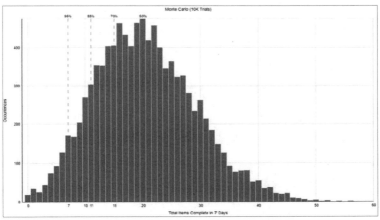

图 9-9　蒙特卡罗模拟有助于改善多 PBI 预测

假设，开发人员在过去的 8 个冲刺中，每个冲刺能够完成的 PBI 数量介于 4 和 20 之间。他们可能计算出自己的吞吐量为每个冲刺 10 个 PBI，拥有一个比较令人满意的概率（85%）。如果工作流和相关策略在这个冲刺没有发生变化，开发人员可以简单地预测排在前面的 10 个 PBI。这也意味着这些 PBI 符合冲刺目标或者可以为这些 PBI 刻画一个一致的冲刺目标。

但是，需要考虑这些 PBI 的大小吗？显然小的 PBI 比大的 PBI 拥有更短的时间周期。虽然确实如此，但请记住吞吐量是基于多个冲刺中不同规模和复杂度的实际 PBI 计算出来的。概率表示对于接下来的工作（在同一领域，由同样的开发人员进行开发，使用同样的技术和工具），有相似的概率分布。

> 对于希望实践看板和使用基于流动的冲刺规划的 Scrum 团队来说，他们可能不会使用任务的形式来创建冲刺计划。Azure DevOps 生成的流动度量指标，它假定 Scrum 团队会使用看板。如果希望 Azure DevOps 的分析服务或者 ActionableAgile Analytics 扩展能够计算出流动度量指标，需要使用 Azure Boards。一个好的消息是看板支持任务工作项（以及测试用例工作项）和 PBI 进行关联，如图 9-10 所示。这些任务并不能驱动工作流，它们只是帮助提示一个 PBI 需要哪些活动。
>
>
>
> 图 9-10　看板上的 PBI 可以列出关联的任务与测试用例工作项
>
> 对于希望继续使用任务面板的开发人员，理论上来说，富有探索精神的开发人员能够基于 PBI 第一个拉入待办列的任务工作项的时间和最后一个拉入完成列的任务工作项的时间（或这个 PBI 被设置为完成状态的时间）计算出这个 PBI 的周期时间。这种方式会有大量琐碎的工作，也许有一天我会开发一些工具，或者你也可以。

　　一些 Scrum 团队可能会将时间花费在确保每个 PBI 拥有"同等大小的粒度"上，在我看来这是浪费时间。我认为，产品负责人或者开发人员不应该强制去优化 PBI 的大小。他们可能希望将所有周期时间保持在几天或更短的时间内，并改善持续交付。但对于预测工作，吞吐量这个指标已经足够区分工作项规模上的差异。

　　作为传统的优化 PBI 大小的另一个选择，Scrum 团队可能要快速检查一下，看一眼每个 PBI 的规模是否小于他们的 SLE。这种快速的"估算"方式可以让开发清楚地知道一个 PBI 是否超过了他们期望的周期时间。如果超了，那么可能希望把它拆分成更小的 PBI。这种检查可以在冲刺规划或产品 Backlog 梳理的时候完成，并且只需要花费少量的时间询问和回答这个问题。如果需要进一步了解吞吐量驱动的冲刺规划，可以参考资深 Scrum 培训师路易斯·菲力浦·卡里根的文章：www.scrum.org/resources/blog/throughput-driven-sprint-planning。

9.7.2 基于流动的每日例会

基于流动的每日例会确保团队最大限度地保持一个一致的流动。虽然每日例会的目标仍然是《Scrum 指南》中列出的专注于面向冲刺目标的进展和为未来的 24 小时创建的可执行的计划。其实，每日例会也可以将流动度量指标考虑在内，聚焦于流动不畅的地方以及开发人员可以进行改进的措施。

一些开发人员喜欢在看板前进行每日例会。这种方式下，他们从右到左地浏览看板，聚焦于 PBI（而不是人）的同时讨论当前的工作状态，聚焦于讨论最近 24 小时发生的事情以及未来 24 小时可能会发生的事情。唯一要注意的是，要确保开发人员之间能够相互交流（和倾听），而不只是关注看板。Scrum Master 需要注意这一点。

下面列出一些基于流动的每日例会中可能会用到的检视。

- 我们需要做些什么让工作越来越靠近右边的完成？
- 哪些工作受阻以及开发人员可以做些什么消除障碍？
- 哪些工作比预期进展要慢，原因是什么？
- 每个进行中的 PBI 的停留时间是多长？
- 是否有 PBI 违反或即将违反 SLE，有什么方法可以完成工作？
- 哪些因素可能影响开发人员完成当天工作但并没有明确标示在看板上？
- 是否有工作没有被可视化？
- 开发人员拉动的工作是否满足在制品限制或者还有额外的容量吗？
- 开发人员是否违反了在制品限制？
- 如果超过了在制品限制，有什么方法可以保证在制品都能够被完成？
- 如果超过了在制品限制，开发人员能否采用蜂拥式使得在制品处于可控状态？
- 是否正确配置了在制品限制？
- 开发人员是否了解到任何可能改变未来 24 小时计划的新信息？
- 开发人员在开始新工作之前是否完成了之前的工作？
- 是否有任何影响流动的障碍？

虽然有些开发人员喜欢使用燃尽图来监控进度，但基于流动的团队可能发现它们并没有什么效果。冲刺燃尽图是基于任务的（已完成的工作和剩余的工作），通常无法代表流动，无法提供流动需要的透明性或提供达成冲刺目标的可行路径。相反，看板可以为大多数基于流动的团队提供足够的透明性。

工作项停留时长指标对处于挣扎状态的 PBI 提供了额外的透明性。开发人员应该使用这个指标与他们的 SLE 进行比较，除非他们能忍受很差的工作流动。基于流动的开发人员可以使用累积流图来为流动提供透明性。如果开发人员确实希望使用燃尽图，他们就应该基于 PBI 而不是任务工作项来查看统计燃尽图。幸运的是，Azure DevOps 中的燃尽图同时支持这两种配置方式。

受阻的工作

当开发人员必须等待某人或某事才能继续工作，就表明工作处于受阻状态。这可能包括等待某人解决某个问题或提供信息，也可能包括等待某件事情发生，比如软件安装、硬件配置或准备好测试环境。受阻的工作不包括那些位于完成列和等待被拉入下一列（例如，Design-Done 列等待被拉入 Coding-Doing 列）的 PBI。受阻的工作项依然会计入在制品限制数目中。

当一个 PBI 受阻时，不管是什么原因，开发人员都不应该简单地将其搁置在一边并开始做其他事情。这可能是人的本能反应，但绝对不符合流动的要求。这也是在看板中不能存在 Blocked 列的原因，这种操作是不推荐的。

如果开发人员希望可视化地标记出受阻的 PBI，我建议为受阻的工作项增加一个 Blocked 标签。看板能够通过配置显示出标签，甚至基于规则对工作项卡片进行背景样式设置，在图 9-11 中，可以看到这些样式设置后的效果。

图 9-11　受阻的工作应该在看板上可视化

当谈到看板卡片样式的话题时，另一种需要考虑的样式是显示工作项的停留时长超过某个特定阈值的样式。图 9-12 显示出一种停留规则，用来标记出最近两天没有发生变化的卡片。也可以基于不同的颜色深度（基于停留程度）增加额外的样式。这种方式并不会产生一个合理的停留时长分析，但可以让开发人员快速可视化哪些 PBI 没有移动。记住，工作项停留时长指标是 PBI 是否满足 SLE 的关键指标。

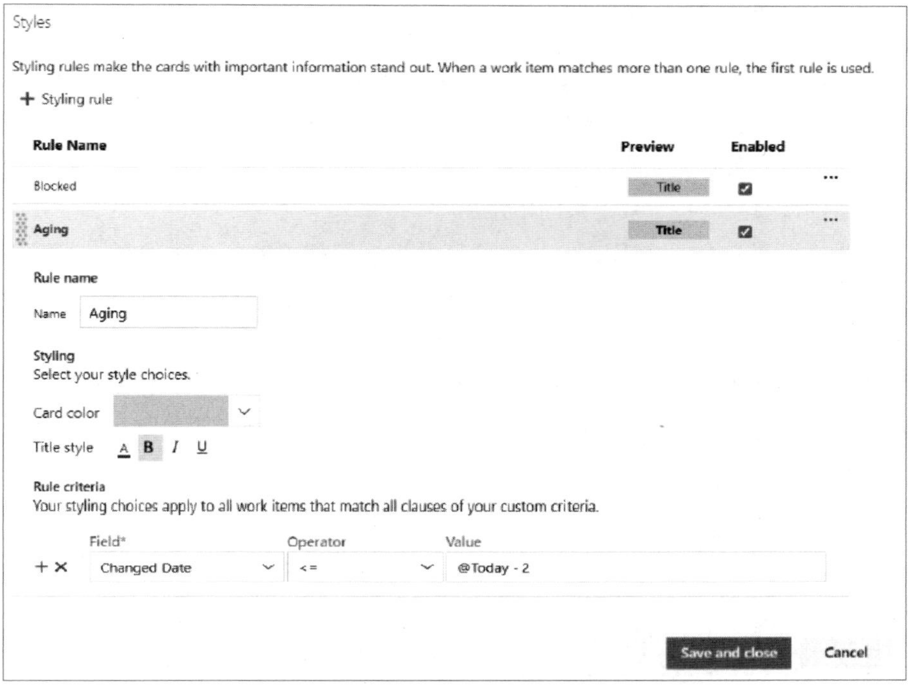

图 9-12　对最近两天没有变化的 PBI 进行样式设置

　　受阻的工作阻碍了流动，增加了周期时间，因此应该尽快解决。当搁置的工作项被认定为受阻的工作，无论是什么原因，开发人员都应该对其进行讨论。他们也需要讨论在这些情况下是否以及何时违反了在制品限制。虽然开始新的工作从来都不是正确的答案，但有时还是会这么做。当条目应该被踢出系统时，开发人员还应该讨论什么时候应该将工作条目从系统中删除，是放回产品 Backlog 中，重新协商和重新创建，还是直接放弃。

> 专业 Scrum 开发者承诺尽其所能尽快扫清工作障碍。他们会密切关注瓶颈和工作流策略，以确定在系统中拉取工作条目的顺序，从而避免 PBI 被不必要的搁置。

　　阻碍通常分成两类：妨碍（hindrance）和阻塞（obstruction）。这两类阻碍性质上都是坏的，限制了流动性。虽然阻塞这种障碍（或"阻塞物"）需要立刻消除，但这两者都需要在冲刺回顾的时候进行讨论，并提出试图在未来减轻或消除阻碍的实验。所有重复性的阻塞，如 Scrum 团队的外部依赖，都应该成为 Scrum Master 工作的最高优先级，以缓解阻塞现象。

9.7.3 基于流动的冲刺评审

冲刺评审的目的是检视冲刺的结果，并确定未来的调整方案。Scrum 团队为关键干系人展示工作成果并讨论产品目标的进展情况。在评审过程中，Scrum 团队和干系人会评审冲刺中完成的工作以及他们在工作环境中发生的变化。基于这些信息，参与评审的人员共同决定接下来的工作。

作为冲刺评审的一部分，检视流动度量指标和相关的可视化信息，能够创建一个新的关于监控（产品）目标进展的对话机会。举个例子，通过吞吐量数据，Scrum 团队和干系人将对可能的工作范围和交付日期有了更多的了解。

如前面提到的，蒙特卡罗模拟能够对一组 PBI 的完成时间进行预测。干系人可能很喜欢 ActionableAgile Analytics 扩展提供的可视化日历视图，如图 9-13。这个视图非常强大，通过红色、橙色和绿色代表当前发布中待完成的工作条目在截止日期前完成的概率。可能需要对干系人解释关于流动指标、概率和蒙特卡罗模拟等概念。

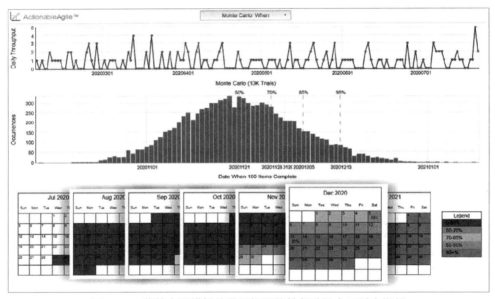

图 9-13　蒙特卡罗模拟的日历视图能够帮助设定干系人期望

在冲刺评审中需要讨论的另一个话题是 SLE。干系人应该知道 SLE 的数值，它的含义及背后的可能性。冲刺评审是宣布 SLE 发生变化的好时机。取决于干系人的情况，你可能需要区分 SLE 和 SLA，在本章的前面已经对两者进行了对比。一定要记得"期望"并不意味着"承诺"。

一些团队可能会抛弃冲刺评审—尤其是那些正在实践持续交付的团队。他们可能会认为冲刺评审是在浪费时间，而更愿意在需要的时候直接约干系人进行沟通。我对这些团队的第一条指导建议就是提醒他们冲刺评审并不是验收会议。如果产品负责人愿意，Scrum 绝对允许团队在完成 PBI 后尽快发布到生产环境。冲刺评审对干系人来说，是一个检视已完成的、可工作产品的机会，也是团队从干系人处听取市场反馈和其他影响产品及其目标信息的机会。

我非常赞同定期和干系人进行沟通的想法。干系人在日常的互动中就可以检视和调整产品，这非常出色，这有助于生产更高质量的产品。但是这些互动并不能取代冲刺评审的价值，因为它提供了一个机会，让基于业务变化和市场变化的干系人，可以对整个产品增量、产品 Backlog 和产品目标进行检视和适应。

9.7.4　基于流动的冲刺回顾

冲刺回顾的目的是筹划提升质量和效率的方法。Scrum 团队检视最近一个冲刺中关于个体、互动、流程、工具和 DoD 的运作情况。Scrum 团队讨论冲刺中哪些做得比较好，遇到了哪些问题，以及这些问题是如何得到解决的（或未解决）。Scrum 团队将会识别出对提升效能最有帮助的改进。

基于流动的冲刺回顾增加了对流动度量指标和分析的检视，以便能够帮助Scrum 团队决定对其过程进行哪些改进。Scrum 团队也可以通过检视和调整工作流程定义优化下一个冲刺的流动，注意，不要一次进行过多的改进。使用累积流图可以可视化开发人员的在制品、平均周期时间并且可以在冲刺回顾中计算得出吞吐量。冲刺回顾也是一个讨论受阻工作的时机、为什么受阻以及如何在下个冲刺中减轻或消除阻塞。

坏味道

> 一个团队或者一个开发人员直到冲刺回顾时才进行检视或改进，就是一种坏味道。虽然冲刺回顾是一个正式的时机，每个冲刺至少一次，专业 Scrum 团队应该考虑充分利用在整个冲刺期间出现的每一个可以进行检视和适应的机会。类似，Scrum 团队工作流程定义的变化可以在任何时间发生。因为这些改进对团队的效能有立竿见影的效果，所以在冲刺回顾活动中提供的规律的、有节奏的改进将降低复杂度，提升专注、承诺和透明性。

术语回顾

本章介绍了以下关键术语。

1. **流** 客户价值在整个产品开发系统中的移动。

2. **工作流程** 将 PBI 转变成为已完成的、可工作的产品的方式。工作流程定义代表团队对流程的清晰理解，能够改进透明性和驱动自管理。

3. **看板** 交互式可视化呈现团队工作流程。不同于任务面板。Azure Boards 支持看板和任务面板。

4. **在制品（WIP）** 已经开发但尚未完成的 PBI 的数量。在制品能够基于整个板或者某列 / 状态进行评估。

5. **在制品限制** 开发人员制定的策略，用以减少每列 / 状态中在制品的数量。使用在制品限制之后，相当于创建了一个拉动系统并改进了流动。

6. **流动度量指标** 基于开发人员工作方式的度量指标，需要采用容易理解的度量单位，如天和工作项计数。

7. **周期时间** 一种流动度量指标，代表 PBI 从开始到完成所使用的时间。周期时间是一个滞后指标，它也是"这个 PBI 需要多久完成"这个问题的最佳答案。

8. **工作项停留时长** 一种流动度量指标，代表工作项从开始到当前时间的时间总量。这个领先指标只适用于进行中的工作项。对开发人员来说，他们不会考虑产品 Backlog 里的工作项停留时长。

9. **吞吐量** 一种流动度量指标，代表每单位时间完成了多少工作项，例如一个冲刺。吞吐量是一个滞后指标，也是"当前冲刺或下个发布中能完成多少个 PBI"这个问题的最佳答案。

10. **周期时间散点图** 一种分析图，完成 PBI 所使用的时间。X 轴代表时间线，Y 轴代表以天为单位的周期时间。点代表日期和天数（周期时间）的交点，周期时间代表完成一个具体的 PBI 所使用的时间（例如，拉动到完成）。

11. **吞吐量运行图** 一种分析图，一段时间内完成的 PBI 的数量。X 轴代表时间线，Y 轴代表到某个日期完成的 PBI 的数量。吞吐量运行图能够用来监控团队效能，识别效能趋势，预测未来的交付。

12. **累计流图（CFD）** 一种分析图，每一列代表某一时间周期内 PBI 的数量。从这个图中，可以获取在制品限制的数量，平均周期时间和吞吐量。X 轴代表时间线，Y 轴代表 PBI 的数量。

13. 工作项停留图　一种分析图，用来跟踪进行中的 PBI 的停留时长。X 轴列出了过程中所有的列（状态），Y 轴代表每个 PBI 在该列中所花费的时间。图中的点代表在列中的 PBI 的数量。

14. 服务水平期望（SLE）　基于 PBI 经验数据的预测，PBI 经验数据是指 PBI 在工作流中从头到尾所用的时间（例如从设计到完成）。团队把 SLE 作为标尺，当 PBI 的进度低于期望时，用来发现工作流中存在的问题并进行检视和调整。

15. ActionableAgile Analytics　它不仅是全球领先的敏捷度量和分析工具，还能够以插件的方式安装在 Azure DevOps 中。

16. 基于流动的冲刺规划　和《Scrum 指南》中定义中的冲刺规划一致，但基于流动的冲刺规划使用流动度量指标来帮助创建预测工作和冲刺 Backlog。

17. 基于流动的每日例会　和《Scrum 指南》中定义中的每日例会一致，但基于流动的每日例会通过额外的检视确保团队尽最大可能维护一个一致性的流。

18. 基于流动的冲刺评审　和《Scrum 指南》中定义中的冲刺评审一致，但是包括对流动度量指标进行检视，是一种监控进度和预测交付日期的方式。

19. 基于流动的冲刺回顾　和《Scrum 指南》中定义中的冲刺回顾一致，但基于流动的冲刺回顾增加了对流动度量指标和分析的检视，帮助团队确定对他们的工作流和过程进行哪些改进。

第 10 章　持续改进

有一件事希望我们已经说得很清晰了，那就是专业 Scrum 团队总是清楚他们可以做得更好。他们可以构建出更好的产品、可以提高质量、可以快速构建并减少浪费。他们还可以通过学习新的技术，来提升个人和团队的能力。这里用"持续改进"这个术语来归类所有这些目标。

过程改进的重要一点是要知道从哪里开始。一些战术改进，可以帮助团队在不产生浪费或技术债务的情况下，成功地实现冲刺目标，完成预测，完成交付，产出可工作的增量。掌握 Scrum 团队可能遇到的一些常见挑战将对这方面有所帮助。另外，团队可以进行战略上的改进，比如通过不断学习来变成一个跨职能团队，从而提高自管理能力并培养和践行 Scrum 价值观。同时，个体努力学习更多知识，使自己成为更优秀的 T 型人才。在这些方面取得进步的团队将会在学习、能力和效能方面获得显著的提升。

说明

FBI 哨兵（FBI Sentinel）项目就是 Scrum 团队提升这种能力的一个案例。当在胡佛大楼的地库工作时，这个团队只用了预算的 10% 就完成了超过 80% 的工作——因为一个大型政府外包机构未能交付。通过阅读由《30 天软件开发》（Wiley，2012），可以进一步了解这个 FBI 案例研究。Healthcare.gov 是另一个团队使用 Scrum 修复应用程序的案例。HealthCare.gov 是美国联邦政府健康保险交易网站，依《平价医疗法案》的规定运营。2013 年 10 月 1 日，在系统启动过程中，出现了严重的技术问题，使得公众很难注册医疗保险。这个突如其来的失败催生了一个由 Scrum 开发人员组成的团队，他们把网站从混乱的外包商和不善的官僚的管理中解救出来。

在这一章中，将探讨如何应对常见的挑战以及如何识别并克服各种功能障碍。同时，也将探讨一些有益的行为，通过采用这些行为，打造一个高效率的专业 Scrum 团队。

说明

在本章中，将使用定制的专业 Scrum 过程，而不是开箱即用的 Scrum 过程。请参阅第 3 章，了解如何创建这个自定义过程的相关信息。

10.1　常规挑战

软件开发团队面临着许多挑战，特别是 Scrum 团队。软件开发是一项复杂的工作，任何一个不身处这一领域的人都很难理解。即使是最聪明的团队成员们，也不免会陷入平衡 Scrum 价值观和尽快完成并发布产品的两难境地之中。

例如，当一个富有经验的开发人员发现需要重构一个复杂类时，应该在什么时候进行重构呢？从不同的角度看，技术的那一面想要打开代码并立即开始进行重构，因为这最多只需要几分钟。然而他们的 Scrum 角色却要求更合理有效地利用时间，创造最大的价值。团队成员有这两种选择。选哪一个呢？答案当然是"视情况而定"。

本部分的主要目标是，解决 Scrum 团队和开发人员所面临的一些相对常见的挑战，并且提供解决方案、意见和建议，以便这些团队及其成员能够学会自管理和改进。

10.1.1　障碍

障碍是阻碍团队生产力的任何事情。障碍本质上与环境、人际关系、技术相关，甚至和审美相关。无论障碍是什么，大小如何，它都阻碍了团队的生产力，都应该被清除。就像冰壶游戏（加拿大十分流行的冬季运动）中的扫地手一样，必须保持石壶行进路线免受颠簸和碎屑的影响，所以团队成员也应该保证产品开发的路径不受阻碍的影响。

Scrum 中有两个正式的时机来识别障碍，分别是每日例会和冲刺结束后的冲刺回顾会议。然而，在冲刺过程中的任意时刻都可以识别障碍。更重要的是，要能够随时移除障碍。问题不在于识别障碍，而在于让团队成员对其存在保持开放和坦诚的态度，然后找到消除障碍的意愿和授权。

经常听到开发人员说没有遇到什么阻碍。反复听到这句话，并不代表这就是事实，这可能是一个存在潜在功能障碍的坏味道。我没有说开发人员不诚实。相反，他们往往只是比较乐观；他们有很多工作要做，并且可以很容易地找到其他事情；他们可能没有意识到"阻碍"，只是代表着他们正在经历着缓慢且非最佳的进展。此外，没有人愿意用像阻碍这样令人沮丧的事情去打扰别人。但他们并没意识到，通过与团队其他成员间分享问题，那么他们的坦诚和开放反而会得到其他人的帮助消除障碍，障碍也会比预期消失得更快。

识别障碍只是第一步，更重要的步骤是要执行移除障碍的计划。一些团队成员能够比其他人更擅长消除某些类型的障碍。产品负责人或管理人员可能不得不参与进来。不管移除障碍的难度多大或者需要多少手续，都应该先把它识别出来。换句话说，不要因为很难消除某个障碍而把它留在自己手里。如果看到了什么，就要勇敢地提出来。

坏味道

> 如果团队没有处理好障碍，就意味着变味了。理想情况下，任何障碍都应该在当前冲刺中解决，不能延续到下一个冲刺中。Scrum Master 的工作是密切关注障碍，并适当地推动团队移除它们。如果团队无法消除障碍，那么就需要 Scrum Master 来处理。我认为这些障碍就是 Scrum Master 的 Backlog。

10.1.2 估算

估算 PBI 规模是一种随时间推移而提高的团队技能。最初，团队可能没有处理领域、技术、工具或其他事情的经验，可能也没有一个共同的基准来开展相对估算。相对估算就是通过比较或分组同等规模（工作量、难度、复杂度等）的 PBI 来得出待估算 PBI 的规模。所有这些都会随着时间得以浮现和改善。

不管团队经验是否丰富，在进行敏捷估算时，一定要记住以下基本要素。

- 保持精炼，但不要太过精炼　保持产品 Backlog 中重要条目的精炼的一个重要原因是：能够使评估更加准确。开发人员应该掌握足够的信息以便用来估算 PBI，但没有必要太多。对于超出开发人员估算所需的额外沟通以及信息都是浪费。持续这样做，直到完成冲刺预测。

- 以团队的方式进行估算　Scrum 团队中的所有开发人员都应该参与估算。每个 PBI 都需要不同类型的技巧和能力。整个跨职能团队应该挤在房间内一起讨论和估算每个工作条目进行。通过代表的方式（只有一半开发人员在讨论中投票）进行估算会导致错误的估算，更重要的是可能导致错误的解决方案。

- 无需那么精确　如果想估算得更准确，就不要太精确。最初可以考虑先使用 T 恤的尺寸来估算 PBI 的大小。这种方式有助于实现粗粒度的规划。然后，随着开发 PBI 的可能性越来越大（也就是说，此 PBI 浮动到了产品 Backlog 的顶部），就可以考虑使用更精确的度量单位了，比如故事点。在冲刺规划以及在冲刺期间，团队可以更加精确地以小时为单位对任务进行估算。

- 相对性　没有任何两个 PBI 的复杂度或工作量是完全相同的，这是现实。为了在估算时更容易，团队应该思考一个 PBI 与另外一个 PBI 大小之间的关系，这里说的大小通常跟工作量有关，当然也可能与复杂度有关。这并不重要，只要开发人员之间有共同的理解就行。通过比较一个新的 PBI 和一个已经完成开发的 PBI，开发人员能够确定新的 PBI 是需要更多的工作量还是更少的工作量，又或者是大致相同。随着时间的推移，作为一个团队的持续工作，将有更多的基准 PBI 可以用来进行比较。

● **别转化** 保持抽象的度量单位。要避免受到你或组织的诱惑把 T 恤的尺寸或故事点换算成天数、小时或成本。知道冲刺中有多少天可以让管理层协调团队的工作交付，更重要的是，能够将该工作的业务价值转化为货币价值。他们已经知道 Scrum 团队每个冲刺的速率，根据这些信息，就可以确定每个货币单位的业务价值，这应该是所有组织的最终度量标准。类似地，产品负责人也可以利用冲刺中的天数和开发人员的速率（或吞吐量）来协助制定发布计划和预算。无论采用哪种方式，这些计算都是有用的、合理的，而不是我在这里所指的那种不正常的转化。试图计算一个"典型"故事点相当于多少小时或一个"典型"故事点需要花费多少钱是没有意义的，也是一种浪费。

估算的过程比结果更重要。真正的价值在于过程中所获得的信息和成长，以及通过估算时的沟通交流来消除的不确定性。换句话说，团队共识的建立比估算出来的数值更重要。

当管理层解散一个高效率 Scrum 团队时，就意味着有坏味道。实际上，这不仅仅是一个坏味道，简直是大错特错。我知道他们在想什么。他们认为可以把这些个体作为"种子"分发到组织内的其他团队。这些种子将会培育出新的高效率 Scrum 团队。尽管这样做不无道理，但是这与自管理相违背，并产生了浪费，因为成为一个高效率 Scrum 团队需要漫长的时间。当一个团队已经经历了塔克曼发展阶段（形成期、震荡期、规范期和成熟期），任何对团队的改变（尤其是将团队彻底解散）都会让每个人重新回到形成期。我认为，如果组织保持团队完整，那么将会获得更多的价值。将其他团队成员作为访问者（类似于外国交换生）引入一个确立已久的团队，或者让 Scrum Master 在其他团队中培育新的种子，都是很好的选择。这样，就不会拆散一个经过验证的业务价值生成团队（译者注：形容这种团队可以持续不断地高效产出业务价值）。

一个刚接触 Scrum 的团队对新产品、新领域、新技术和新工具的功能进行估算的时候，往往会有些偏差。随着团队变得标准，成员之间互相熟悉，并且对产品和环境也更加了解，这种情况就会有所好转。最终，估算就会变得更快更准确。如果这是值得（它应该是）的话，请保持团队的稳定性，他们将会有所提升。

10.1.3 跟踪实际工时

Scrum 中，跟踪在 PBI 或任务上实际投入的工时并没有太大意义。虽然在 Azure DevOps 中跟踪这些信息并不难，但还是建议团队不要跟踪或计算实际工时。因为它只能用来作恶。一旦按任务或任务活动类型计算实际工时，在某些情况下，某些人就会将其作为衡量或打击的标尺，试图以此来激励或提高团队的能力。正如之前解释的那样，如果你自己不希望改变，那么任何人都改变不了你，这种改变必须是发自内心的，而不是一种表面形式。

说明

> 通过填报工时来获取薪酬是另一回事。这里的跟踪工时是为了部门结算、内部做预算或跟客户收钱。如果管理层需要这些数据，那就提供给他们。但要知道，这些数据与团队效能无关。如果跟踪工时会影响开发人员的产品开发效率，那么就让 Scrum Master 去做，以免开发人员分心。

跟踪任务的初始估算也没有太大意义。开发人员唯一应该跟踪的也许是待完成的剩余工作量。在 Azure Boards 中，这与任务板上 To Do 和 Doing 状态中的所有任务工作项的总时间有关。这些估算可能每天都会发生变化，因此，至少应该每天更新。理想情况下剩余的工作量会持续地降低。然而有时候，开发人员之前没有预见到的新任务会被识别出来，剩余工作就可能会增长。这是软件开发这种复杂工作的本质。

提示

> 当管理层追问为什么最初的估算有误时，要诚实地回答："我们做的事情很难。"这个答案没有任何漏洞，如果你被问到这一连串问题——为什么构建失败？为什么将缺陷部署到了生产环境中？为什么团队没有实现他们的预测？为什么团队没有实现冲刺目标？那你也可以这么霸气地回答："你懂的！"

例如，假设开发人员估算一个新的功能（适配移动端的仪表盘），这个功能有 8 个故事点，初始任务的工时总和是 120 小时，而完成 PBI 实际用了 160 个小时。开发人员应该关注估算的偏差吗？当然，他们应该在冲刺回顾期间讨论这个问题，并承诺在之后的冲刺中做出更准确的评估。建议团队在估算方面有组织地改进。管理层应该关注这个偏差吗？当然，但是他们应该知道做这件事的最好人选是正在执行这些工作的那些人，这些人应该给予自管理和自改进的自由。额外的"管理"并不会使估算更准确。

说明

> 有些团队喜欢将 PBI 拆解得足够小，以便可以在几天或更短的时间内完成这些工作。由于 PBI 的粒度已经非常小，所以根本就不再需要对其进行估算。将一个 PBI 拆分成更小的粒度也需要不少工作量，可能比执行敏捷评估要大得多。先做一些实验，然后再做决定。

10.1.4 评估进度

评估进度代表了解工作的完成情况，更重要的是，了解在实现特定目标之前还有多少工作要做。这个目标并不一定是冲刺目标，可以是任何目标。这个目标可以是完成一个 PBI，也可以是完成冲刺中所有已预测 PBI，也可以是完成发布中所有预期的功能，甚至是达成产品目标。这些目标的进度都可以通过多种方法来度量。

《Scrum 指南》并没有提供关于如何评估进度的指导，只是建议团队应该定期评估进度。表 10-1 列出了 Scrum 团队将要实现的各种目标、何时（至少）评估每个目标的进展以及一些可以用来评估进度的实践。

表 10-1 何时以及如何评估各个目标的进度

目标	何时评估？（至少）	如何评估
PBI	每日例会	统计关联的任务数、统计关联任务工时总和、统计关联的失败测试数，或使用周期时间和工作项停留时长度量指标
冲刺预测	每日例会	统计 PBI 数量，统计 PBI 大小总和，统计任务数，统计任务工时总和，统计失败测试数，或者使用冲刺 Backlog 中未完成 PBI 的吞吐量度量指标
冲刺目标	每日例会	与评估冲刺预测的进度类似，尽管冲刺目标可能是独立实现的
发布	冲刺评审	统计 PBI 数量， 统计 PBI 大小总和。或者使用特定发布中已计划的未完成 PBI 的吞吐量度量指标
产品目标	冲刺评审	类似于评估发布的进度，尽管产品目标可能是独立实现的

1. 评估产品目标的进度

评估产品目标或发布进度的最常见方法是使用发布燃尽图，如图 10-1 所示。这类图表显示了在每个冲刺开始时，基于一个给定的发布目标还剩余多少要做的工作。横轴是冲刺，纵轴是每个冲刺开始时剩余的工作量（PBI 的大小总和），度

量单位是团队希望使用的任何单位，通常使用故事点。这些数据来自梳理过的产品
Backlog。产品 Backlog 越详细，燃尽图就越准确。

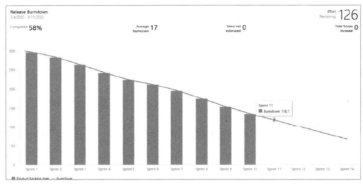

图 10-1   发布燃尽图展示了一个产品目标或发布的进度

说明

> 对于一个长期的开发工作，包含多个发布版本，剩余工作实际上会随着产品
> Backlog 的演变而增加。在这种情况下，仅仅是发布燃尽图并不能说明团队完
> 成产品 Backlog 中条目的速度，特别是当燃尽图包含多个发布时。

　　故事地图是可视化产品目标或发布进展的另一种方法。将 PBI 放入特定行中或
者进行标记，以此表明它们是计划的一部分。无论 Scrum 团队使用的是物理的故事
地图还是电子化的故事地图（如 SpecMap），产品负责人需要确保所有人都可以看
到并了解计划。关于 SpecMap 的更多详细信息，请参阅第 5 章。

提示

> 将与干系人的沟通交流作为一种有效评估进度的方法。当干系人逐个冲刺地检
> 视产品时，这可能是一个很好的用来衡量"发布是否准备好"或者"产品目标
> 是否已经达到"的标准。干系人的反馈就是一个强有力的评估。

2. 评估冲刺目标的进度

　　评估冲刺进度（即完成预测和 / 或实现冲刺目标）最流行的方法是维护如图
10-2 和图 10-3 所示的冲刺燃尽图。这类图表可以展示在冲刺期间指定的时间间隔
内还有多少剩余工作要做。通常以天作为间隔，因此横轴以天为单位，纵轴显示
待完成的剩余工作量（PBI 或任务工作项）。这些数据来自开发者定期更新的冲刺
Backlog。

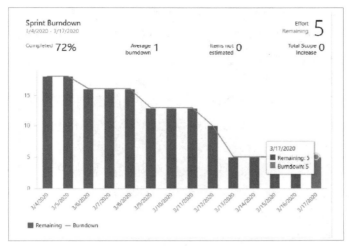

图 10-2　基于已预测 PBI 的一个冲刺燃尽图

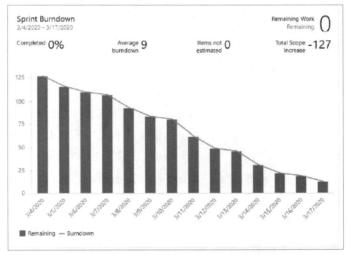

图 10-3　基于任务剩余工时的一个冲刺燃尽图

　　冲刺燃尽图可以向团队显示冲刺中还剩余多少工作。这类图表通常会包括一条趋势线，这条线代表了在冲刺结束时开发人员以恒定的速率完成所有剩余工作的理想速率。通常将它看作显示在图表上的一条标绘线，团队可以基于这条趋势线来衡量工作的进展情况，并且基于这个给定的恒定速率，了解是否能够在冲刺结束时完成所有已预测的工作。

　　燃尽图是根据实际数据生成的。因此，它可以反映开发人员真实的工作情况。

例如,如果开发人员都去参加一个为期三天的培训课程,那么这几天在燃尽图上则会表现为一条平坦的水平线(没有变化)。如果一项工作在同一天被添加以及完成,或者在一天之中新增工作与完成工作的速率相同时,燃尽图中也会产生同样的结果。

燃尽图分析小组件可以通过 PBI 工作项的计数、任务工作项的计数、PBI 工作量总和(故事点)、任务剩余工时总和或者其他字段的总和等方式来燃尽。可以为任何 Backlog 级别创建燃尽图:史诗故事、特性或故事(PBI)。实际上,你可以通过字段求和或计算工作项数量的方式来统计以及展示燃尽(任何字段或工作项类型)。这个新的小组件显示了平均燃尽、完成百分比和增加范围。也可以查看一个特定团队的燃尽,这样就可以帮助 Nexus 团队在同一个仪表盘上追踪多个团队的冲刺燃尽情况。要想进一步了解燃尽图分析和小组件,请访问 https://aka.ms/configure-burndown-burnup-widgets。

说明

还有一个关注已完成工作的燃耗分析小组件。虽然也可以通过燃耗评估进度,但它的主要目的是向产品负责人和干系人展示 Scrum 团队在逐个冲刺中不断地交付价值的过程。

燃尽图还可以描绘有关开发人员如何工作的其他事实。

- **实际和趋势背离或相差甚远**　开发人员可能没有进行预测。这种情况时有发生,但在新团队中更常见。随着团队规范执行,他们的协作和评估实践将会得到改进,并且速率也会趋于稳定,从而预测也会变得更加准确。另一方面,有时实际的燃尽会低于理想的燃尽,这意味着开发人员可能会比预期更早地完成预测工作,并能够与产品负责人协作,向冲刺中添加更多的工作。

- **工时总数增加**　在冲刺期间,当将附加的工作(任务)添加到冲刺 Backlog 时,就会发生这种情况。出现新增任务的情况是在预料之内的,但如果出现大量的任务,或者工作量长达几天的新任务,就表明冲刺规划可能做得很糟糕,也可能是没有好好梳理产品 Backlog 的原因,或者可能是需求范围蔓延的问题。这也可能是开发人员违反了 YAGNII 原则(你不需要它,也称为镀金),该原则鼓励只在必要的情况下添加功能,而不只是因为这可能是用户未来的需求。不管基于什么样的初衷,在冲刺燃尽图上像这样的计划外工作能够很容易看出来。

说明

> 对于一个有经验的团队来说，在冲刺的前一两天添加一些额外任务是正常的。这表明开发人员在冲刺规划期间所做的计划"刚刚好"。此外，对于正在实践单件流（通过蜂拥式或暴徒式的开发模式统一聚集在单个 PBI 上，直到这个 PBI 完成后再转移到下一个 PBI）的团队会在工作（随着任务的完成）的过程中看到许多小探针。

- **实际剩余明显高于趋势线**　开发人员确实没有完成估算或预测的工作数量。在下一个冲刺回顾会上应该得到关注。
- **过早地将任务移动到 Done**　将任务从 Done 移回至 Doing 来重新激活任务将会在燃尽图中显示一个突起。了解开发人员（或结对小组）何时真正完成了某项工作是一种实践，这种实践将随着时间的推移而不断改进。
- **不为大块工作创建任务**　开发人员应该决定什么时候创建任务工作项以及什么时候只是完成工作。这取决于冲刺的时间周期和其他团队行为。我的经验是 2 周的冲刺花 2 个小时就可以了。例如，如果开发人员在将应用程序部署到预生产环境时发现 SSL 证书过期了，他们可能想为这项工作创建一个任务，或者直接做这项工作。无论采用哪种方式，都应该就任务工作项创建的原因达成团队的工作协议。
- **任务停留在"进行中"超过 1 天或 2 天**　冲刺燃尽图通常不会显示这种级别的粒度，但水平的点（或上升）总是值得关注的。这种阻滞情况在每日例会中表现得尤为明显，当团队中有某个成员说他在（仍然）同一项任务上工作了好几天时，其他开发人员应该对此感到担心或者好奇。这可能是因为过程中缺乏专注或开放。团队应该通过每天至少更新一次所有任务工作项的剩余工作字段的方式，来维护燃尽图和保持团队的透明度。
- **燃尽实际上却燃耗**　工时的增长可能是由于大量的工作在冲刺计划之后又被添加到冲刺之中而发生工作范围蔓延。这在某种程度上是可预料的。专业 Scrum 开发者会在冲刺的开始期间尽量完善 PBI 并有效地评估工作量。

当一个组织首次采用 Scrum 时，客户和管理层可能仍然希望看到与开发相关的历史报表或统计。但在 Scrum 中，他们将得到完全不同的结果。他们将会有一个停止使用历史报表，以及开始理解新报表的过渡期。在此期间，客户和管理层还需要了解团队自管理的意义，这将有助于他们理解为什么不再需要历史报表。专业 Scrum Master 需要向干系人澄清，所有显示进度的报告或工件更多是为开发人员而准备的。为了提高透明度，干系人允许访问这些报表。

另一种评估进度的方式是直接问开发人员。在每日例会中，每个开发人员都可以表达他们有多大的信心能够达成冲刺目标和完成预测的工作。如果信心保持不变或上升，则很好。如果信心开始下降，那就表明可能出现了问题，由于这些信息来自最前线，因此是可信的。这种评估进度的方法与使用燃尽图一样有效。

3. 重新谈判范围

在商业环境中，事情随时可能会发生变化。为支持业务、销售、产品或服务而开发的产品可能很快就会过时。或者从更乐观的角度考虑，可以通过改进产品来抓住新的机遇。无论变更的原因是什么，产品负责人都可以决定一个或多个已预测的 PBI 是否仍然有价值，或者在冲刺开始后，认为其他 PBI 可能更有价值。如果开发人员确定一个 PBI 无法实现，那么也可以由开发人员发起变更操作。无论何时，Scrum 团队都应该聚在一起重新协商预测的范围。

当重新协商范围时，最好的情况是开发人员还没有开始开发已预测 PBI。希望团队花费在计划这项工作上只浪费了一个小时或更少的时间，这可能包括讨论、创建任务、创建验收测试等等。而更复杂（也更浪费）的情况是，在开发人员已经开始开发 PBI 之后，需要重新协商范围。

说明

重新协商范围也代表着开发人员已经完成了所有预期相关的工作，并想要在冲刺 Backlog 中添加更多的 PBI。然而，在本节中，我将讨论更具有挑战性的场景：已预测工作没有完成，或者变得无关紧要，又或者在冲刺规划后需要将新的 / 不同的 PBI 添加到冲刺 Backlog 中。

坏味道

如果产品负责人，经常重新谈判范围，就说明有坏味道。通常情况下，这是一个思维混乱的产品负责人，试图不断引入新的、高优先级的工作。这种思维混乱有时可以定义为产品 Backlog 梳理不到位。可能产品负责人是个新人，仍然没掌握有效排序产品 Backlog 的窍门，也可能是产品负责人试图同时迁就太多的干系人。在任何情况下，Scrum Master 都应该参与进来并确保变化的范围确实是预期外的，而不是因为规则问题。没有什么比一个组织不断地将优先级为 1 的工作放在其他优先级为 1 的工作之上更能让优秀的开发人员感到沮丧（或筋疲力尽）的了。如果每件事都是优先级 1，那么就没有什么优先级而言了！

显然，开发得越深入造成的浪费就越多。产品负责人在按下"红色按钮"停止开发之前，应该考虑到这一点。允许正在进行的工作做完会需要更多工作量（更多浪费），这样还不如重新创建一个 PBI。Scrum Master 的职责是帮助产品负责人了解在重新协商范围时所要做的权衡。如果开发人员正在做的工作真的没有价值，那么也没有必要考虑已付出的成本了。

4. 取消冲刺

如果确定冲刺目标已经过时 / 无效，产品负责人可以取消冲刺。换句话说，如果产品负责人认为任何正在开发的已预测工作不会实现任何价值，那么就可以取消冲刺。例如，如果一家公司突然决定放弃对特定平台的支持，此时只包含针对该平台的 PBI，那就应该取消冲刺。

> 只有产品负责人有权取消冲刺。开发人员或干系人可能会影响他们的决定。

下面这些实际场景中，冲刺可能取消。

- 商业环境的变化使得冲刺 Backlog 中的 PBI 不再有价值。
- 用来构建产品的技术被证明无效，而切换到新技术需要大量新的规划工作。
- 组织重组，开发人员调离团队。
- 受预算影响，被迫做出方向上的彻底改变。
- 受到病毒或勒索软件攻击，迫使所有人都转向安全工作。
- 该组织收购了一家初创公司，此公司刚刚发布了一个与 Scrum 团队正在冲刺中开发的产品功能重叠的产品。
- 出现关键的生产支持问题，使开发人员无法在冲刺增量中交付价值。
- 组织申请破产清算。
- 专利诉讼扼杀了产品。
- 新的政府监管要求否定了冲刺目标。

当取消冲刺时，应该检查所有已完成的 PBI，并确定是否可以发布这些 PBI。将所有未完成的 PBI 移回到产品 Backlog 中。如果这些 PBI 仍然有价值，那么应该重新进行评估。

> 我认识一些专业的 Scrum 培训师和实践者，他们在整个职业生涯中都没有经历过冲刺取消。如果你的产品负责人经常取消冲刺，那么可以考虑试着缩短冲刺。我与一些在非常动荡的市场环境中工作的团队合作过，基于这个原因，他们将冲刺时间调整为 3 天。这是一个非常短的冲刺，在所需的活动上投入相对较高，只能让高效率专业 Scrum 团队来尝试。

　　当取消一个冲刺时，意味着至少有一部分工作将被丢弃。尽管 Scrum 通过缩短时间和即时计划将浪费减到最小，但取消冲刺应该是不得已才考虑的事情。取消冲刺会消耗资源，因为每个人都必须重新加入另一个冲刺规划中，并开始这个新冲刺。它们通常会给 Scrum 团队带来伤害，因此并不见得是好事。

10.1.5　未完成工作

　　Scrum 团队面临的一个常见问题是如何处理未完成工作。冲刺已经结束，有些事情还没有完成，也有可能整个 PBI（或两个）甚至都没开始。然而，更有可能的情况是 PBI 正在进行，而其中包含一个或多个未完成的任务，代码编写了一半，测试未通过，未完全满足 DoD 等。我把这种"未做完"的工作称为"未完成的工作"。无论 PBI 的工作完成了多少，都不能发布，除非满足了 DoD 的要求。如果这样做的话，不仅功能可能会有问题，而且开发人员还可能会将技术债引入到产品中。

　　不管是什么类型的未完成工作或"未完成"的程度如何，处理方式都是一样的。

1. PBI 不应该发布。

2. PBI 不应该在冲刺评审中检视。这样做可能会形成 PBI 已经完成或接近完成的期望，或者看起来 / 感觉像是完成时的样子。

3. PBI 应该移回产品 Backlog。

4. 开发人员应该重新评估 PBI。

5. 产品负责人将考虑在未来的冲刺中开发这个 PBI。

在处理未完成的工作时，还需要考虑一些细节。

- **不要给部分分数**　部分完成的 PBI 故事点（point）不应该统计到速率中，也不要统计一部分。开发人员要么完成了 PBI（根据 DoD），要么没有。例外情况是，当 PBI 可以分割，并根据 DoD 在冲刺期间完成一部分时（见下一个要点）。

- **拆分并发布更小 PBI**　如果 PBI 不能像预期的那样整体交付，并且开发人员决定对其进行拆分，那么应该先与产品负责人沟通。这种讨论可能会缩减发布计划，以发布更小的、合乎逻辑的 PBI 的一部分（每个部分交付一小部分价值）。根据验收标准边界进行分割通常是一个不错的选择。

- **重新评估 PBI**　应该重新完善以及重新评估未完成的 PBI。这增加了透明度，因为新的评估可以反映开发人员的最新想法。此外，由于团队有了经验，新的评估将更加准确。新的估算可能比原来低，因为已经做了一些工作。估算也可能更高，因为发现新的复杂性。

- **产品负责人拥有排序权**　产品负责人总是有权利在任何时候以任何理由重新调整产品 Backlog 顺序。这代表着当前冲刺中未完成的 PBI 不一定会返回到产品 Backlog 的顶部，甚至不是靠近顶部的地方。换句话说，不要假设未完成的 PBI 将加入（滚动）到下一个冲刺。这削弱了产品负责人的敏捷性。

- **从产品增量中排除未完成的工作**　在冲刺中有未完成的工作情况下结束，可能需要手工将未完成的代码和逻辑从产品增量中排除。单件流（通过在一个 PBI 上群策群力来限制正在进行的工作）可以帮助缓解这种痛苦。如果这是一个常见问题，开发人员可以建立一个工作协议，在冲刺 Backlog 中，在前一个 PBI 完成前，他们不会把工作推进到下一个 PBI。对于某些环境，这是不切实际的，因此需要其他工程解决方案。两种最常见的方法分别是：为每个 PBI 创建一个分支；使用特性开关。第 8 章中讨论了使用分支的风险。在下一节中，将介绍特性开关。

- **产品负责人不能推翻 DoD**　在任何情况下产品负责人、干系人或者组织都不能通过推翻 DoD 来表示未完成的 PBI 已经完成。发布未完成工作会降低透明度，增加风险，并且会增加产品增量的技术债。

可发布产品是指根据 DoD 设计、开发、测试和其他方式完成的产品，它可能包括也可能不包括在产品的实际发布中。这代表着开发人员可能必须在声明 PBI、增量、完成（Done）之前创建构建包、安装程序、发布说明、帮助文档和其他制品，来帮助实际发布以及发布过程。产品负责人是否决定发布并不重要。开发人员必须完成所有工作，就好像产品负责人即将要发布它那样。这是特性开关的另一个优点。特性开关允许 PBI 被发布，但不一定启用。然后，产品负责人可以在适当的时候再决定是否需要启用该功能。

坏味道

> 当 Scrum 团队，包括产品负责人，将未完成 PBI 都推向下一个冲刺时，就表明有了坏味道。这很可能会发生，但这样的假设会降低敏捷性，并可能导致不健康的行为，如降低质量。考虑在下一个冲刺中做什么工作总是由产品负责人决定的。他应该听取开发人员的意见，但这只是需要考虑的输入来源之一。换句话说，假设开发人员将在下一个冲刺中继续完成未完成的 PBI 是一种错误实践。

> 当我在一个对话中同时听到速率（velocity）和信用（credit）这两个术语时，或者当管理层试图比较两个 Scrum 团队的速率时，就表明有了坏味道。这就像是开发者在某种程度上被耍了，或者被人为地奖励了。请记住，速率只是之前冲刺中多个因素的历史表现。它是开发人员输出的滞后指标。以任何其他方式使用速率都会降低它的价值。不要对这些数字进行过多的审查，不管是正面的还是负面的。开发人员应该专注于实现冲刺目标，并以可工作产品的形式交付业务价值，而不是增加或稳定其速率，这将自然而然地发生。速率不应该是目标。

速率只是冲刺规划的一项输入。速率仅仅表示团队通常在每个冲刺中平均能够完成多少个 PBI（或者故事点的总和）。它既不是承诺也不是目标，仅仅只是冲刺规划中的其中一项输入。例如，不能仅仅因为开发人员能够在上一个冲刺中交付 30 个点的工作，而认为他们将在这个冲刺中仍然可以交付这么多工作。未来冲刺的速率始终是未知的，开发人员只能预测。随着时间的推移，这些预测将变得更加准确，因为速率应该随着团队能力的提升而趋于稳定。不设定预期并且相信开发人员将能够自管理和预测一个合适的工作量，然后在所有约束条件下交付最好的产品增量，这样做是需要勇气的。

1. 特性开关

特性开关是一种可以从发布的软件中选择性地排除、禁用或启用功能的技术。换句话说，开发人员可以在不更改代码的情况下修改系统功能。特性开关主要用于金丝雀发布，即仅为一小部分用户启用新特性。通过特性开关可以将错误和影响范围限制在一小部分用户中，这使得 Scrum 团队可以"在生产中进行测试"。

特性开关（feature flag），也称为 feature toggle、bit、flipper 还有 switch，这并不是一个新概念。其实开发人员早就利用了这种做法，用 if/else 语句包装一段代码，再由外部数据驱动逻辑控制。这允许团队控制产品特性的可见和功能。有很多商业的特性开关 SaaS 解决方案，包括 Azure App Configuration、LaunchDarkly、Optimizely 和 Rollout.io（CloudBees）。GitHub 上也有许多开源解决方案。老实说，自己开发特性开关并不难，但有必要吗？要想进一步了解开源解决方案，请访问 https://featureflags.io。

正如刚才所描述的，产品负责人可能对特性开关更感兴趣，给他们提供了一种机制来执行金丝雀发布、增量发布、蓝绿发布、生产测试、A/B 测试、假设驱动开发甚至是取代普通的开关功能。另一个不为人所知的功能是可以通过特性开关来应对未完成的工作，以此来取代分支的使用 [①]。

　　就像刚才描述的那样，开发人员可以使用特性开关来继续工作，甚至发布包含未完成 PBI 的产品增量。当开发人员开始在 PBI 上工作时，要将所有相关的代码放在各自的 if 块内，再由特性开关驱动。当出现未完成 PBI（不太可能）的情况时，可以通过特性开关关闭此 PBI 在 UI 中的可见性以及后台对应的功能，这使产品增量依然能够安全地发布和使用。是的，这会产生技术债务，但希望这些负担是短暂的。改进设计将对这种工作方式产生正面的影响，主要是避免大量使用 if 语句。

　　理想情况下，开发人员会在接下来的冲刺中完成 PBI 的剩余部分。一旦完成，开发人员可以启用开关或移除特性开关的相关代码。这将最大限度地减少浪费，并确保"开关特性"不会成为产品的长期技术债务。

　　在发布使用特性开关的产品时要小心，因为它们（从设计上来说）会在不同的部署中导致不同的行为，这可能会使鉴别缺陷的过程更加困难。请记住，团队会自然而然更好地完成预测的工作，并且在未来可能不需要这样的解决方案。

说明

> 不要将这种特性开关的使用方式与特性开关驱动程序开发（FFDD）的实践相混淆，FFDD 是快速发布和快速迭代特性、测试这些特性并对其进行轻量级的改进。FFDD 类似于测试驱动开发（TDD）和精益 UX 实践，在这些实践中，发布一些特性并接收市场反馈，然后根据反馈进行迭代，持续进行改进以及部署。这是一种测试特性在真实环境中表现情况的方法，而不仅仅是在人工测试环境中。可以通过阅读 Launch Darkly 公司的博客文章来了解更多信息：https://bloa.launchdarkly.com/feature-flag-driven-development。

　　无论团队如何使用特性开关，请记住它们是技术债务。它们可能成本很低，也很容易添加，但留在代码中的时间越长，累积的债务就越多。很难跟踪哪些开关用于哪些目的，甚至哪些开关与之关联。特性开关增加了调试、重构和测试时的复杂性，更不用说增加了重现缺陷的难度。专业 Scrum 团队应该限制特性开关的使用，并经常检查，在不再需要时毫不留情地移除它们。

2. 处理 Azure Boards 上的未完成工作

Azure Boards 不提供任何直接处理未完成工作的工具。所有移动或复制操作都必须手动执行，这样做可能很耗时。正因为如此，冲刺 Backlog 有时会以乱糟糟的

---

① 译注：通过特性开关可以将部署与发布分离，可以将未完成的工作部署至生产环境，并通过特性开关控制是否将其发布给用户。

状态结束，因为正确地组织这些条目需要付出大量的工作。团队已经转移到下一个冲刺的工作中，那么整理条目就不是首要任务了。如果开发人员不能清理他们的冲刺 Backlog，那么 Scrum Master 就有责任教导或指导他们。

当一个 PBI 没有在冲刺结束时完成，通常就不会再作为当前工作了。这样的原因是，当在未来的冲刺中计划相同的 PBI 时，工作的上下文可能会不同。这也是为什么总是建议重新评估 PBI。

在 Azure Boards 中处理未完成工作，基本上可以考虑使用以下四种方法。

- 移动到产品 Backlog　这是最常见的方法，也符合在本章前面提到的指导建议。通过更改 PBI 工作项的迭代路径和状态字段可以方便地将其移回产品 Backlog，通过拖曳到规划界面中的 Backlog 的方式也可以实现。已链接的工作项会保留链接。除了在历史界面上的注释表明 PBI 曾经在原始的冲刺外，不会有其他记录。关联的任务或测试用例工作项仍然会保留在原始的冲刺中。

- 复制到产品 Backlog　PBI 工作项只是浅复制，通过设置复制 PBI 的迭代路径和状态字段，使其出现在产品 Backlog 中。原始 PBI 工作项和所链接的工作项仍然在原始冲刺中，且状态为已预测。新的 PBI 没有链接的工作项，因此必须在未来的冲刺规划期间创建一个全新的计划（任务和 / 或测试用例工作项）。旧的 PBI 和所有链接的工作项都被抛弃，并作为冲刺的历史记录。

- 移到指定（下一个）冲刺 Backlog 中　如果产品负责人愿意，那么可以将 PBI 工作项和所有相关工作项的迭代路径更改到下一个冲刺。所有的东西看起来都和原始冲刺一样。除了历史上的注释展示了 PBI 曾经存在于原始冲刺中外，没有其他记录。

- 使用 Split 扩展　通过安装和使用这个扩展，团队可以将未完成的 PBI "拆分"为下一个冲刺中的新工作项，并在下一个冲刺期间继续完成。另外，团队也可以选择将所有未完成的任务转移到下一个冲刺中，如图 10-4 所示。详情可访问 https://marketplace.visualstudio.com/liems?itemName=blueprint.vsts-extension-split-work。

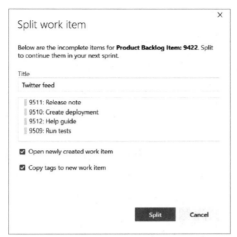

图 10-4　Split 扩展可以很容易地将未完成的工作转移到下一个冲刺

　　Scrum 团队有时可能想要使用这些方法。其中并没有一个明确的推荐，采用什么方法完全取决于团队的工作方式以及其他相关的因素。也就是说，当 Scrum 团队不断地将未完成工作转移到下一个冲刺时，无论是手动还是使用扩展处理，都会有一种机能障碍的坏味道。

　　在 Azure Boards 上复制或移动未完成工作时，应该考虑其他的一些活动。表 10-2 列出了其中的一些活动。

表 10-2　复制或移动未完成工作项时需要考虑的活动

在移动或复制到产品 Backlog 后将 PBI 的迭代设置为根节点
在将 PBI 移动或复制到产品 Backlog 后，将 PBI 的状态设置为就绪
在将 PBI 移动或复制到产品 Backlog 后，重新对其进行估算和排序
清除未完成任务工作项的剩余工作字段（将重新估算）
清除所有未完成任务工作项的指派给字段（这些任务不应该属于任何人）
将其他关联工作项的所有状态和字段设置为恰当的值（例如测试用例）
如果计划仍然有意义，将所有（或者只是未完成的）任务复制到下一个冲刺 Backlog 中
如果测试用例和其他工作项依然适用，将其复制到指定（下一个）冲刺
根据需要在相关工作项的历史界面添加适当的注释。

10.1.6 探针

有时候，开发人员可能需要开发一些之前从未做过的东西。他们可能无法完成这些工作，更不用提有信心估算了。这可能包括使用新的产品、组件、框架、系统、语言或工具开发一项新功能。为了成功地开发该特性，开发人员需要学习和实践，也需要更快地获得这种经验，以便能够估算 PBI 的规模，并在未来的冲刺中对其进行恰当的预估。

组织不能指望其开发人员自行掌握这些知识，尽管有些开发人员会这么做。现在，有很多开发者把自己的职业当成了个人爱好。对于这些极客来说，学习新东西只是一种乐趣。对于其他人来说，这种学习必须在公司的工作时间以及在公司资助下才能进行。但如何将其适配到 Scrum 中呢？我有几个想法。第一个想法是，让团队在空闲时间进行简单的调查和学习，这里是假设开发人员接受在空闲时间做这些事情，通过不预测 100% 的容量来达成。

另一个观点是使用探针（即 spike），这是技术调查、概念验证（POC）或实验的另一种说法，其结果是获得足够的知识来使团队提高对计划和评估的信心。根本上，Scrum 是从实验中获得数据来学习，所以探针的概念非常适合。在讨论 / 估算一个新的 PBI 时，如果看到队友脸上露出恐慌的表情，可能就意味着你该进行探针活动了。

大多数探针都很小，在冲刺中应按需使用。事实上，我甚至都不会称之为探针，它们只是开发内容的一部分。一些 Scrum 实践者称之为探针任务（反对用更大粒度的探针故事）。如果开发人员需要搞清楚一个技术问题，并且没有团队成员可以提供帮助的话，那么开发人员就可以创建一个快速探针。可以使用时间盒原则来尽可能地保持探针足够小，帮助开发人员保持专注。是否 / 何时在 Azure Boards 中以工作项的方式跟踪一个探针，开发人员可以视情况而定。透明度是指明前进道路的明灯（译注：探针可以用来提高透明度）。

提示

> 探针和曳光弹（tracer bullet）不是一回事。曳光弹是垂直地穿透多层架构的开发模式。有时被称为薄片开发或垂直切片实践。渐进架构是在这样的薄片中持续开发的实践。曳光弹在本质上是实验性的，就像探针一样。

当一个探针需要花费大量时间或者需要在开发人员评估 PBI 之前完成时，Scrum 团队应该考虑将其作为一个 PBI 处理。这样探针就会成为冲刺的一部分，因此应该在冲刺规划中加以考虑，并添加到冲刺 Backlog 中。这代表着应该首先将探针添加到产品 Backlog 中，并将其作为冲刺的一部分进行预测。探针甚至可以有自己的验收条件，以帮助明确目标或成果。与其他功能或缺陷修复一样，也应该为其创建计划并跟踪计划。因为探针并不会直接为干系人（例如用户）提供任何价值，所以在预测探针的冲刺中应该总是有其他的 PBI，即使只是几个小的 PBI，这样产品、产品负责人和干系人就可以在每个冲刺中获得一些有实际价值的产品增量。

> 当一个探针需要团队的大部分人占用大部分冲刺来完成时，就表明有了坏味道。如果需要多个冲刺，那就太糟糕了。我猜测可能是新的架构或技术非常特别，导致团队确实需要大量的时间来理解、消化并有效地使用它。然而，根据我的经验，优秀的开发人员不会经常遇到这种措手不及的情况。新的工具和技术往往与以前的非常相似。同时，不要让开发人员养成为每个 PBI 创建一个探针的习惯。真正的探针应该很少见。

10.1.7　固定价格合同和 Scrum

干系人信任 Scrum 团队，产品负责人信任开发人员，并且所有人都能够协同工作时，Scrum 就能运作得很好。如果客户在过去有太多失败的项目，一开始就会很难建立这种信任。在他们看来，这将需要通过和团队的合同关系来代替。客户的希望是，通过合同及其相应的条款签署将风险降到最低，并在团队无法交付时提供一种收回成本的合法途径。从他们的角度来看，只有一次机会获得他们想要的产品，所以想要预先定义好一切，然后通过在协议中加入资金限制和其他约束来管理风险。

最常见的这类开发合同称为固定价格（固定竞价）合同。它们试图准确地预测交付客户要求的产品所需的成本和时间。一个常见的误解是，不可能在固定价格合同中使用 Scrum。事实上，可以使用 Scrum 以同样的方法处理这种情况。客户想要的所有东西（最低限度的）都是详细且经过评估的，那么生成一个足以交付工作范围的时间框架就可以了。

固定价格合同面临下面这些常见的挑战。

- 价格是最重要的因素，通常受竞争而非质量的影响。
- 需求是模糊的、错误的、过时的或缺失的。
- 由于缺乏经验，无法做到基于团队的估算。
- 没有在行（熟悉需求）的人（如产品负责人）存在。
- Scrum 团队没有任何动力花时间鼓励（潜在的）客户了解 Scrum，也没有任何动力在签订合同前创建和梳理产品 Backlog。尽管我曾经见过成功案例，一个团队通过简单的时间和资源（T&M）计费方式建立合作，并在这个过程中创建了产品 Backlog，建立了信任。

- 质量不能被定义，只能被假设。
- 没有 DoD，甚至一个基本定义也没有。
- 最后期限是人为定义的，通常是不靠谱的。
- 不共担风险，或完全被忽视风险。

提示

> 要注意固定价格、固定范围的合同。Scrum、固定价格、固定范围三者不能同时共存。这就是在拥有一个产品 Backlog 和一个活跃的产品负责人去排序 PBI 背后的整个理念。如果在一个固定价格合同中，客户既想要在特定的日期交付并且又想实现所有的功能，那么剩下的唯一变量就是质量，但牺牲质量肯定是行不通的，还记得 healthcare.gov 吗？

任何固定价格合同都应该是范围可变的。这不仅更符合复杂工作的本质，而且更适合 Scrum，因为团队现在可以采用一个一致的 DoD，并为所有工作建立不妥协的质量底线。然后团队可以开始使用迭代增量的开发模式，每个月或更快地交付可工作的产品增量。这个模型为双方提供了更多的价值和更小的风险，但是在不了解 Scrum 和 Scrum 团队的情况下，很难建立和认同这个模型。

或许，比固定价格合同更恰当的名称应该是"固定预算合同"。顾客知道他们想花多少钱，或者至少知道上限是多少。这可以很容易地转化为他们能够负担的冲刺数量。例如，一个有 30 万美元的客户可以负担一个每个冲刺成本需要 3 万美元的 Scrum 团队运行 10 个冲刺。通过创建有序的产品 Backlog，客户将在这 10 个冲刺结束之前获得最重要 / 最有价值的（根据他们自己的定义）功能。因此，最理想的 Scrum 合同模式应该是固定预算，范围可变。

当你在一个固定价格的项目中使用 Scrum 时，下面两条规则可以考虑。

- 客户（通过产品负责人）可以将产品 Backlog 中的任何条目用另一个差不多大小的条目置换，当然前提是开发人员还没有开始或完成它。反之，如果他们这样做了，就会产生浪费。更重要的是，这种变更无法替团队节省任何投入。
- 在任何时候，客户（通过产品负责人）都可以说他们已经获得了足够的功能，并有效地结束开发工作，这可能会节省开支。所有瀑布合同都要这样做！

对于客户和 Scrum 团队来说，共担风险是很重要的。这代表着客户必须与在行的产品负责人密切协作。假设他们熟悉 Scrum 和产品负责人的职责要求，那么他们也可以成为产品负责人。在这两种情况下，客户都可以直接参与产品 Backlog 的排序以及工作范围的敲定。这避免了开发人员交付错误的功能或在预算耗尽前无法获得"必备功能"的风险。一些客户在得知他们将对此负责后，可能决定离开并将工作转交给你的竞争对手。你无需介怀。在我看来，这样做是正确的，而不是冒险去开发错误的产品，或者质量和价值都有问题的产品。还记得 healthcare.gov 吗？

10.2 常见的机能障碍

列夫·托尔斯泰说："幸福的家庭都是相似的，而不幸的家庭则各有各的不幸。"产品开发团队也是如此。即使在高效率的专业 Scrum 团队中，也会存在一定程度的机能障碍，而且这种障碍总是独一无二的。这是因为 Scrum 是与人息息相关的，而人的行为不可能像可预测的机器一样。

消除一个机能障碍行为通常比较困难。首先很难去识别它，特别是当你身处其中，或者说因你而起的情况下。要想精通 Scrum，就需要具备可以嗅出机能障碍行为的能力。首先，这可能是一种了解你的团队何时没有遵循 Scrum 规则的能力，参考《Scrum 指南》是远远不够的。这就是为什么我要在这本书中非常详细地指出，团队应该注意的一些坏味道的原因。

《Scrum 指南》似乎涵盖了所有问题的答案，但事实并非如此。事实上，《Scrum 指南》的每个版本似乎都提供了较少的指导。复杂的产品开发有时会让你和你的团队陷入两难境地，在两个相互冲突的选择中进退两难。你的能力应该从仅仅了解规则提升到了解并应用 Scrum 的原则和价值观。了解敏捷软件开发背后的更高层次原理以及 Scrum 工作的原理，可以让你识别和解决这些冲突，并做出更精益的选择。

刚接触 Scrum 的团队在应用解决特定机能障碍的实践时可能会遇到困难。他们埋头苦干，执行实践。此时他们正处于守（Shu）状态。高效率的专业 Scrum 团队已经跨越了按部就班的实践阶段，已经学会从原则出发思考问题。他们处于破（Ha）和离（Ri）阶段。他们头脑清醒，寻找机能障碍、消除浪费和创造更多价值的方法。这是一种心境，也来自于经验。这一节就像一本指引手册，介绍了 Scrum 团队中可能出现的不同类型的机能障碍，并提供了一些消除这些障碍的方法。

说明

> 守破离（Shuhari）源于日本武术，描述了学习到精通的各个阶段。这个理念是，实践者将通过三个阶段来获得知识，守（Shu）属于初级阶段，在这个阶段，学生们严格按照师傅的教导学习。师傅可以是另一名团队成员、外部教练、培训师或培训视频上的讲师，还可以是《Scrum 指南》。守（Shu）级别的学生专注于如何完成任务，而不太关心潜在的理论。破（Ha）级别的学生已经可以开始扩展并应用他们所学到的知识。在这个过程中，他们继续学习实践背后的基本原则和理论。离（Ri）级别的学生已经可以从他们自己的实践中学习，而非他人。对这个阶段的人来说，精通指日可待。

10.2.1 没能完成

你可能会认为当新特性或已修复的 Bug 部署到了生产环境并良好运行时，就代表着"完成"，这点我是认同的。如果这是 PBI 的状态，那么肯定是完成了。然而，从 Scrum 的观点来看，情况并非总是如此。并不是说 PBI 一定要部署至生产环境中才算完成，而是达到非常容易地进行发布的状态。这就是可发布的概念，就像一些实践者一直说的潜在可发布的概念。换句话说，在 Scrum 中，完成代表着已发布或可发布。

如果增量的 DoD 是组织级标准的一部分，那么所有 Scrum 团队都必须至少要遵循它。如果没有组织级标准，Scrum 团队必须制定一个适合产品的 DoD。由于 DoD 主要包含与开发相关的实践和标准，因此开发人员对 DoD 中包含的内容有很大的话语权。开发人员必须遵守 DoD 标准。如果有多个 Scrum 团队共同开发一个产品，他们必须共同定义并遵守相同的 DoD 标准。当然，单个 Scrum 团队可以有自己更严格的 DoD 标准。第 11 章将介绍相关内容。

PBI 已经完成编码，但还没有进行测试，所以并不代表着完成。在 Scrum 中，包括测试在内的所有开发活动都必须在 PBI 被认定为"完成"之前结束。如果开发人员不能按照 DoD 标准完成自己的工作，那就说明这是一种机能障碍。也许他们的 DoD 太严格，也许冲刺的周期太短，也许冲刺的周期太长。没有什么比让开发者知道将在几天内要进行冲刺评审更让他们关注的了！

外部依赖是另一个导致工作无法完成的巨大因素。例如，必须等待 Scrum 团队之外的人进行评审、测试、审计或签字。外部依赖可能是需要用户或客户执行用户验收测试，或者管理层批准相关工作。只有开发人员才能完成 PBI 的所有工作并使之完成（Done），这一点很关键。这不仅可以降低出现未完成任务的风险，而且这样做的话才算是 Scrum。在回顾中尽全力解决这些障碍，直到消除它们。

坏味道

> 当团队使用术语"完成完成"（done done）或者"真的完成"（really done）时，就表明这是一个坏味道。从经验上判断，这些术语意味着编码和测试都已经完成，但也可以理解为所谓的完成状态仅仅是编码部分完成了。在 Scrum 中只有完成（Done），正如 DoD 所定义的那样，团队要么已经达到了 DoD 的要求，要么就是还未达到 DoD 的要求，这是一个简单的 0/1 状态。

第 1 章提到 DoD 是一个可审核的检查清单，每个 PBI 在被认定为"完成"之前都必须经过此清单的各个检查项。当定义中的每一条检查项都被勾选时，PBI 就处于完成以及可发布的状态了。有些 Scrum 团队会在定义中包含相关条款来验证产品负责人的接受程度，而有些团队认为这只是 Scrum 工作流程的一部分。两种方法都没有问题，只要团队对理解和应用能够达成一致，并且不会破坏这个规则，都是好的。就我个人而言，我会努力让产品负责人"高兴"或"欣喜"，而不仅仅只是"接受"。

提示

> 有时候，团队无法完成任务。这种情况很难彻底防范。重要的是，不要将预测过多工作变成一种习惯。在冲刺规划中，制定一个合理的冲刺目标也很重要。拥有一个冲刺目标之所以重要，是因为即使一些预测的 PBI 没有完成，至少已经达成了目标，干系人将能够检视一些有价值的东西。Scrum 团队应该有效地利用冲刺规划来分析所有的输入，检查自身能力和过去的效能（如速率或吞吐量），并为每个冲刺预测相对合适的工作量。

10.2.2　无力 Scrum

2009 年 1 月，马丁·福勒发表了一篇博客文章。他观察到许多使用 Scrum 的团队都做得很差。他观察到一个典型团队，这个团队想要使用敏捷流程，因此他们选择了 Scrum。团队采用了 Scrum 实践，甚至是规范。过了一段时间，由于代码库变得一团糟并且团队发现深陷技术债的泥潭中，导致敏捷进展缓慢。可以访问 http://martinfowler.com/bliki/FlaccidScrum.html，阅读这篇文章。

这些团队使用 Scrum 的真相与问题的根本原因并不相关。这只是团队和组织将 Scrum 视为灵丹妙药的又一个例子。Scrum 只是一个用于计划和管理复杂工作的框架，除了与改进相关的一般陈述外，它并没有提到在组织内部如何运用任何具体的开发实践。换句话说，Scrum 框架允许使用任意数量的实践，哪怕这些实践本身可能存在问题。

我猜想，这些团队开发的产品质量肯定很低，因为开发人员并没有进行检视，也没有进行适应，甚至两者都没有。也许对于 Scrum 价值观的开放原则也有缺失。记住，Scrum 在产品和过程层面中都内建了检视和适应的时机。技术债务之所以积累到非常严重的级别，要么是因为团队不知道状态（没有检视），要么是因为不关心问题（没有适应）。

为了对抗无力的 Scrum，开发人员需要检视和调整自己的技术实践。特别是存在大量的技术性机能障碍和技术债务的时候。在冲刺回顾期间，团队应该检视当前的实践，如果需要改进，那么就需要考虑是接受改进，继续使用当前实践还是放弃当前实践。也可以借此机会来提高现有的 DoD，包括实施更严格的标准，以便获得更高的质量。最重要的是，在下一轮冲刺中，可以通过执行这些改进来完成调整。

说明

我见过许多团队喜欢使用 Scrum 中的冲刺、Scrum Master、产品 Backlog 等相关术语。但需要在时间盒内交付业务价值时，他们却傻眼了。他们使用的 Scrum 似乎是个名词，而不是动词。这种类型的行为被称为"僵尸 Scrum"，即没有心跳地进行产品研发的 Scrum。其他指代这种 Scrum 相关的名称还有机械 Scrum、黑暗 Scrum、名义 Scrum 和 ScrumBut。它们之间有细微的差别，但都表示的是以机能障碍的方式进行 Scrum 实践。

提示

专业 Scrum 开发者（PSD）项目是对无力 Scrum 问题的直接回应。该项目包括培训课程、评估、认证以及一个为开发者（Scrum 中最被忽视的角色）构建的社区。PSD 课程是由微软、Scrum.org 和 Accentient 合作开发的。详情可以访问 www.scrum.org/psd。

10.2.3　不检视，无适应

造成无力 Scrum 的原因有很多，比如：未经培训的团队；没有定义 DoD 的团队；没有坚持下去的团队；团队从来没有尝试自我提升以及改进；团队无法在单个冲刺中交付业务价值；团队没有检视；团队也没有适应。

Scrum 是基于经验主义的，这意味着团队成员会根据实际经验来做出决策。这些专业人员必须频繁地检视 Scrum 工件及其目标（产品、发布、冲刺等）进展，以便能检测出任何不希望的偏差。脱离了数据，就无法做出正确的决定。相反，除非付诸行动，否则有意义的数据也没有任何价值。什么都不做的话，绝对是机能障碍。

提示

如果我想知道 Scrum 团队检视和适应的情况，那么我会询问团队的冲刺回顾情况。根据我的经验，当形势变得艰难时，冲刺回顾会最先暴露问题。当然，团队可能会开会讨论一些问题，但很可能并不会在所发现的问题上采取行动。我认为可以将团队所谓的，"艰难时期"理解为"我们超级忙""我们不喜欢我们的发现"或"我们不想改进"。另一个针对开发人员的检视是检查他们的自动化回归测试覆盖率。这是一个衡量团队技术卓越做得如何的关键指标。

提示

Scrum 团队在下一个冲刺中将要尝试做的改变都应该是可见以及透明的。这里推荐几种策略。有些团队会使用"回顾 Backlog"或"改进 Backlog"，还有些团队则直接将任务添加到下一个冲刺的 Backlog 中，以表示适应实践所需的工作和时间。还有一个选择是对专业 Scrum 过程进一步定制，添加一个新的 Improvement（改进）工作项类型，如图 10-5 所示。第 3 章详细介绍了如何创建一个继承自默认 Scrum 过程的自定义专业 Scrum 过程。

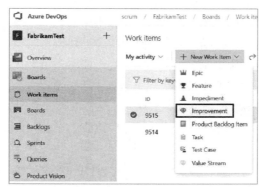

图 10-5　除了跟踪障碍，跟踪计划的改进也很有用，最重要的是会鼓舞士气

　　例如，Scrum 团队可能会非常努力地组织和参加冲刺回顾会议。他们可能会进行丰富的对话，讨论冲刺中做得比较好的以及做得比较差的事情，甚至可能会识别出未来将要进行的一些改变。很多团队成员可以发现这些问题，但什么都不做。他们已经检视到了，但就是不愿意调整。这就是对 Scrum 的盲目迷信，这就是无力的 Scrum。

坏味道

如果冲刺回顾会上没有任何人做笔记，就说明有了坏味道。难道团队就没有任何有趣的事情要讨论和记录的吗？也许他们没有什么问题需要修复，所以也不必采取任何行动。这是可悲的，也是不真实的。在我工作过的公司里，每个个体和团队其实都有改进的空间。这种懒散的行为应该得到纠正。同时，至少 Scrum Master 应该记录所有检视，然后确保进行适当的实验并做出适应性调整。如果同样的条目反复出现，那么这也是一个坏味道。这表示适应失败。

　　另一方面，正式的检视不应该过于频繁，以免妨碍工作。为了减少这种情况，每个 Scrum 活动都是一个检视和适应的机会。

- 冲刺规划　产品 Backlog、产品目标、增量、DoD 以及过去的表现都会被检视，且冲刺 Backlog 也会得到适应以及调整。

- **每日例会**　每天都会检视开发人员相对于冲刺目标的进度，并且接下来 24 小时的计划也会得到适应以及调整。
- **冲刺评审**　增量会被检视，产品 Backlog 也会得到适应以及调整。
- **冲刺回顾**　过程、实践、DoD 和工作流程定义将被检视和适应（在下一个冲刺期间）。

10.2.4　开发人员的挑战

即使有组织的支持，开发人员也需要时间来达到自管理的能力。来自更正式、传统瀑布模式背景的团队，习惯于不同阶段带来的相对安全感。隐藏在（错误的）需求后面或隐藏在（有待运行的）测试前面，为团队提供了一定程度的安全掩护。但是，要将团队转变成一个注重透明的团队（即理解每个人都在同一个团队，朝着同一个目标努力，分享同样的成功和失败），这可能需要时间。

正如之前所说，Scrum 是与人息息相关的。这些人作为一个团队一起工作、交流、倾听、互补彼此的技能、分享成果并一起解决问题，必须彼此关照、尊重和信任。这些特质会随着时间的推移而发展和提升。专业 Scrum 开发者平衡三个基本要素：人员、流程和技术，如图 10-6 所示。

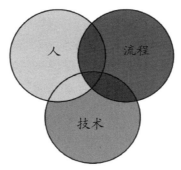

图 10-6　达到高效率 Scrum 是一个持续平衡的行为过程

人们会根据所处的环境表现出不同的行为。正常的行为是团队成员通常如何看待彼此。解决问题的行为是团队成员在精神上完全投入并完成任务。压力行为是与其他人不同并且通常很难与团队其他成员相处。在任何指定的冲刺中，都可以观察到这些行为。

Scrum 团队需要学会有效地处理不确定性。大多数时候，团队不会有所有的答案，或者甚至很多答案。处理不确定性的效率是度量成长的方式。团队会发现处于不寻常的情况下，在实践层面上就会无法去思考和解决问题。相反，问题只能够通过抽象到原则层面解决。这取决于个人的判断，而不仅仅是复制和粘贴实践的随机练习。

除了处理不确定性之外，开发人员还面临许多其他挑战。以下是一些在任何开发人员组成的团队中都可能出现的机能障碍—有时会表达为狡辩之词。

- **我没有所有的需求** Scrum 的一个主题是开发人员具备自管理和完成工作的能力。如果需求存在信息遗漏，那就找出原因并完善它。不要添加任何超出产品负责人要求的功能。记住，产品负责人拥有做什么的决定权（What），而开发人员拥有如何做的决定权（How）。与产品负责人和干系人协作将有助于获得那些遗漏的"需求"。

- **我告诉他人做什么** 每个开发人员都需要具备自管理的能力。这意味着不管是管理人员、产品负责人甚至 Scrum Master 都没有权利命令开发人员去完成某个特定的任务或以某种特定的方式完成任务。在 Scrum 中，分配永远不会工作。如果你是一个命令型和控制型的人，也许需要离开团队一段时间，让他们代替你学习这些技能。

- **我是一个安静的人，不喜欢和别人交流** 高效协作需要各方的沟通。这不仅仅是积极地倾听，也需要积极地交流和分享想法。团队中的每个人都很有创造力，也有想法可以分享。

- **只有我在说** 别那样做了。使用积极的倾听技巧来提高你与他人沟通和合作的能力。你的队友会感谢你的。

- **我是开发又不是测试 / 我是测试又不是开发** 在 Scrum 中，每个人都是"开发人员"，不管 HR 或他们的名片上写了什么，也不管他们当时在做什么工作。此外，大多数自动化测试都是用代码编写的，所以可以同时成为这两种角色！

- **不是我的问题，是其他人搞砸了** 在 Scrum 中，整个团队共同承担成功与失败。如果事情搞砸了，那是因为团队把它搞砸了。这支队伍会把它修好的。请专注于团队协作。

- **我会让 Scrum Master 来消除障碍** 如果自己能消除障碍，那就去做吧。如果不能，或者可以通过做其他事情（比如开发产品）来提供更多价值，可以考虑向 Scrum Master 寻求帮助。

- **我的代码没问题** 为你感到高兴。让另一个开发人员检查你的代码或与另一个与你个人或你的代码无关的开发人员结对编程。这对于其他人员是一个学习的经历，也是一种提高产品质量的方法，而且还有效地避免了因意外受伤或中彩票离职带来的风险。

- 我会在晚上和周末加班来完成这项工作　谢谢，但这听起来是一种不可持续的节奏。通常，这种坏味道是由于时间管理问题或过度预测的问题导致的。在下一次冲刺回顾中，团队应该讨论这个问题，并找到一种实现目标的替代方案，比如在下一轮冲刺中预测更少的工作。有时候实验和学习是需要一些缓冲时间的。

- 我可以偷懒，反正其他人会做我的工作　所有开发人员每天都会参加每日例会。在此期间，每位开发人员都会阐明他们未来 24 小时的计划。例如，如果到第三天，一个开发人员仍然在做同一个任务，其他人应该注意此问题。自管理的团队可以找到一个合适的解决方案，比如通过解释 Scrum 价值观的开放原则来为他们提供帮助。

- 我们团队中没有人具备这项技能　这可能是真的，特别是当一个产品需要新技术开拓新市场的时候。实际情况是，开发人员需要通过参加培训、看视频、做一些实验或通过其他方式学习并掌握一些必要的技能。向团队中补充一位新的开发人员也是一种选择，但是可能会由于入职培训或其他事项而带来很高的成本。一定要在未来的冲刺规划中考虑到这种干扰，如果有必要，可以在产品 Backlog 中添加合适的探针。

- 我将在冲刺结束前将他交给测试人员　首先，在 Scrum 中并没有"测试人员"的角色或概念，只有开发人员。有些开发人员会专注于编码任务，有些则专注于测试任务，但这并不是一成不变的。要完成一个 PBI，测试是必不可少的。等到冲刺快要结束时再进行测试会增加无法完成的风险。如果有时间，你可以自己完成测试，要成为 T 型人才。

- 我没有遇到任何阻碍　这是在每日例会中经常听到的反馈。但并不一定是实际情况。开发人员需要从自身开始了解透明和开放原则。如果有障碍，甚至有可能阻碍某些工作，一定要让别人知道，不管你是否还有其他事情要做。识别实际的或可能的障碍不是发牢骚，也不是软弱的表现。事实上，恰恰相反，识别障碍可以体现透明原则，并且有助于成为专业 Scrum 团队。

度量效能

开发团队的效能应该通过他们开发的内容来度量。换句话说，根据团队将 PBI 转换为实际发布的功能增量的能力来评价团队。度量可以依据一个特定的冲刺或多个冲刺范围（例如，一个发布）来进行。

速率度量的是团队每个冲刺可以交付的 PBI 的数量（或故事点）。这个度量值可以作为团队开发增量成本的分母。例如，如果运行 Scrum 团队的成本是 2 万美元 / 冲刺，而最后 5 个冲刺的产出是总计 100 个故事点的一个发布，那么 Scrum 团队的效能是 1 000 美元 / 故事点。

提示

> 从业务角度来看，速率不是一个很好的用于衡量效能的指标。如果产品负责人跟踪每个 PBI 的业务价值（他们应该这样做），这将比只计算 PBI 的数量或 PBI 故事点的总和的这种衡量方法更好。无论是使用特定区间的数字来表示这个业务价值、还是那个收入 / 利润，或者某个特定标度，当用货币量来表示这个数字时，它将准确地告诉企业他们的投资回报率（ROI）。跟踪每个 PBI 的 ROI 有助于产品负责人和组织关注对于投资和预算的业务价值。通过前面的示例，产品负责人可以计算出 10 万美元交付了多少价值。如果那个发布中的 PBI 总共有 160 个单位的业务价值，那么 Scrum 团队的效能就是 625 美元 / 单位的业务价值。

不应该度量单个开发人员的效能。因为团队是自管理的，是作为一个整体而非一组个体来运作的。对于给定的冲刺或发布，有些开发人员可能会比其他人更卖力。因此，在外人看来，这些人"工作更努力"，更值得得到表扬或奖金。而其他那些不敲键盘的开发人员，可能会在教练、辅导或设计时更加努力。像这样的不可见的度量，本身就很难度量，也有可能被忽略。一个更好的方法是根据团队所交付的价值来评估整个团队的效能。如果需要更深入地度量，请让团队自己来决定谁是最佳团队成员。

对于管理者来说，想要了解团队真实的情况，最好直接与开发人员一起工作。基于仪表板和报告等间接信息做出的决策可能不是最好的决策。基于实际行动、观察和了解实际情况做出的决策可能会更明智，这种实践被称为"现场走动管理"（gemba walk）或简单的"现场管理"（go see）。

10.2.5 与备受挑战的产品负责人一起工作

产品负责人负责最大化产品的价值，从而最大化开发人员的工作价值。这是背负巨大责任的人，在我看来，这是 Scrum 中最困难的角色。好的专业 Scrum Master 很容易就能找到至少一两个机能障碍问题来帮助产品负责人进行改进。

产品负责人可能面临的最大机能障碍之一就是拎不清自己的角色。他们必须深思与产品相关的业务，以及客户或用户的真正价值和优先级。这既是这个角色的最大责任，也是最大潜在风险。产品负责人是一个人，而不是一个委员会。然而，委员会的要求却需要由产品负责人代表。

说明

组织经常很难在现有员工中找到合适的产品负责人候选人。具有技术背景的人通常更适合做开发人员，因为他们更喜欢关注怎样开发，而非应该开发什么。有管理背景的员工可能倾向于实践传统的项目管理方法，甚至灌输命令与控制的实践。具有丰富的 Scrum 知识的候选人通常倾向于成为 Scrum Master。当然，通常是这样的。

成功的产品负责人往往具有产品管理甚至市场营销的背景。他们了解 ROI、损益表、市场细分和销售渠道等术语，他们也许曾经就是产品的用户。当没有这样的候选人时，我看到一些组织公开招聘产品负责人。这听起来很奇怪，但通过引入一个不了解组织策略和组织以往的做事风格，但熟悉产品负责人角色职能的人，通常是成功的秘诀。为了能够获得成功，他们只需要把精力放在洞悉产品以及客户和用户的期望上。当然，他们还需要有适当的权力。

与一个组织、组织的委员会以及用户进行主张谈判可能是一项完全全职的工作。产品负责人要想成功，整个组织必须尊重他们的决定。产品负责人的决定应该可以通过在产品 Backlog 中的内容、排序以及产品的功能体现出来。任何人都没有权利让开发人员按照其他的需求清单进行工作，并且也不允许开发人员按照其他人说的去做。

以下是与产品负责人一起工作时可能遇到的一些其他挑战。

- 引入自己的 Scrum 版本　Scrum 只有一个版本，记录在《Scrum 指南》中。执行其他任何事情都有打乱已确立流程的风险。任何拥护旧瀑布的习惯都必须去掉，即使它们被新的 Scrum 术语掩盖了。要知道，大脑的肌肉记忆需要时间来消退。

- 不充足的验收标准　一个好的 PBI 不只是停留在标题和描述上。产品负责人通过与干系人的交流设计 PBI，并通过验收标准的形式定义成功应有的样子。这些验收标准应该是可测试的，甚至可以写成执行规范。

- 缺席或不与团队互动　为了最大化开发人员的工作，产品负责人必须与团队进行协作和互动。在冲刺规划、冲刺评审、冲刺回顾还有在产品 Backlog 梳理期间尤其如此。产品负责人还应该在冲刺期间定期回答问题、明确细节、进行相关介绍、审查工作并提供反馈。对于产品负责人来说，一个好的经验法则是将三分之一的时间花在产品上，三分之一的时间花在干系人身上，三分之一的时间花在开发人员身上。这些比率将随着来自于产品、干系人和开发人员的新挑战而变化。

- 扰乱团队　无论是在冲刺（范围蔓延）期间引入一项新工作，还是徘徊在团队房间或 Zoom 会议上询问事情进展如何，这些干扰都会打断团队进展，并破坏团队关注度。Scrum Master 应该参与进来，帮助产品负责人理解这一点。

- 提供解决方案 产品负责人必须允许开发人员自管理，并提出他们自己的解决方案。只要它符合目标，符合验收标准，并遵守 DoD，任何解决方案都应该是可接受的。

- 阻止开发人员与干系人交流 在冲刺期间，通过直接与干系人（如客户和用户）协作，开发人员将有机会构建更好的产品。产品负责人不应该充当这些对话的把关人。

- 犹豫不决 产品负责人有权做出与产品相关的决定。这包括确定 PBI 的价值，对产品 Backlog 排序，更改冲刺的范围，甚至取消冲刺。Scrum Master 可以辅助产品负责人在这些不同决策之间权衡，但仍然需要产品负责人做出决策。

- 没有准备好 对于产品负责人来说，这个常见的机能障碍尤其危险。多个人（开发人员）的计划依赖于一个人（产品负责人）做出的决定。如果产品负责人没有做好准备，就会产生大量的浪费，士气也会受到影响。定期梳理产品 Backlog 可以帮助产品 Backlog 和产品负责人为冲刺规划做好准备。有时定义"准备就绪"也很有用。

- 命令和控制行为 在 Scrum 中，产品负责人不是传统意义上的"老板"，应该允许和接受开发人员说"不"，特别是当产品负责人要求他们做一些超出他们的角色或 Scrum 规则的事情时。例如产生技术负债，违反 DoD 或者发布未完成的工作。如有必要，可以请 Scrum Master 进行调解。

- 期待承诺而不是预测 2011 年在《Scrum 指南》中做出了一个重要的改动。开发人员预测而不是承诺他们认为可以在冲刺期间完成的工作（根据 DoD）。如果产品负责人期待一个承诺，比如认为开发人员将在晚上和周末加班工作直到完成冲刺 Backlog 中所有工作，这是一种不健康的、机能障碍的行为。它忽略了复杂工作的现实并设定了一种不可持续的节奏。产品负责人必须了解预测和承诺之间的区别，所有专业 Scrum Master 都可以帮助解释这一点。更多信息，请阅读专业 Scrum 培训师巴瑞·奥弗林的解释：www.scrum.org/resources/blog/commitment-versus-forecast。

- 多个产品负责人 产品负责人只能是一个人，而不是一个委员会。打个比方，开发人员以及干系人，应该有一个"可拧脖子"（或"一个可掐住喉咙"）的人。有多个产品负责人会让每个人都感到困惑，选择一个即可，其他人可以变为负责帮助产品负责人创建 PBI 和整理排序产品 Backlog 的干系人。

　　或者，也可以让他们成为 Scrum 团队中的开发人员。

- 有多个干系人，但没有真正的产品负责人　人们经常混淆产品负责人和业务干系人的角色。仅仅因为某人对产品或使用产品的业务有影响，并不意味着就能使此人成为产品负责人。产品负责人是一个特定的角色，在 Scrum 中具有权威性。产品负责人通过与干系人以及 Scrum 团队的其他成员紧密合作，以实现产品价值的最大化。

- 开发人员维护产品 Backlog　开发人员通常不具备对干系人需求理解的远见和洞察力，无法充分制定和维护产品 Backlog。尽管也有例外，但开发人员往往更擅长解决技术问题和创造产品。这就是为什么需要产品负责人，并由他负责最大化产品的 ROI，这是通过维护产品 Backlog 中的内容和条目的顺序来完成的。有时可能需要开发人员的参与，比如帮助产品负责人理解技术依赖关系如何影响交付顺序，但是他们不应该接管产品 Backlog。维护产品 Backlog 的内容和顺序是产品负责人的职责，然而产品负责人却将这个职责转交给其他人，这感觉就像是没有产品负责人一样。

- 充当一个开发人员　有时产品负责人从组织中的技术人员晋升上来。在开发产品的过程中，团队中的一员可能已经学会了关于产品及其使用的所有相关知识，并最终成为产品负责人。这就增加了这个人在应该专注于开发什么内容（what）的时候，参与到产品应该如何开发（how）的可能性。也就是说，产品负责人同时也是开发人员，这在 Scrum 中是允许的，有时也是不可避免的，特别是对于初创公司这样的小团队。

　　产品负责人是 Scrum 团队的正式成员，因此，应该出席可能除了每日例会之外的所有 Scrum 活动。每日例会的目的是让开发人员为接下来的 24 小时制订计划。产品负责人不应该对计划有任何干涉，一旦计划制定他们也不需要知道这些计划的内容。无论什么情况，产品负责人应该在开发人员工作时向他们提供支持。在需要的时候，保持近距离的沟通和面对面的合作是一个产品成功的秘诀。请记住，产品负责人同时也需要与干系人一起工作，因此产品负责人的时间是有限的，集中办公或"接访时间"（office hours）可能是一个不错的方案。

坏味道

当一个 Scrum 团队仍然使用旧头衔时，就意味着有坏味道。当我被介绍给 Scrum Master 时，她告诉我她的名字是 Audre，她是 IT 主管，我会感到困惑。她的其他队友可能也会感到困惑。记住，在 Scrum 中只有产品负责人、Scrum Master 和开发人员角色，以前的称呼或者 HR 职务都不再重要了。

10.2.5　与备受挑战的干系人合作

干系人在 Scrum 中并不是一个正式的角色，但是他们确实存在，并且与他们共事是很有挑战的。记住，干系人是任何与 Scrum 团队的工作有直接或间接利益关系的人，可能是客户、用户、领域专家、经理、审计人员、行政人员或公众成员。除非你是产品负责人，否则与干系人的合作可能会跌宕起伏。开发人员唯一能确保与干系人沟通的时间是在冲刺评审期间。

干系人可能了解，也可能不了解 Scrum，即使了解也未必准确。他们可能读过一些东西，接受过一些培训，或者在网上看过一些视频，但这些都不能确保他们所了解的就是《Scrum 指南》中的 Scrum。一些干系人可能认为 Scrum 是"银弹"，只要在对话和会议中使用这些名词，所有的风险就会消除，价值也会快速而完美地流动。真是有点异想天开了。

说明

> Scrum 并不是被设计用来阻止干系人与开发人员互动的。相反，Scrum 的目的是将业务与技术这两个阵营以一种更结构化和更富有成效的方式紧密地整合在一起。例如，冲刺评审允许干系人检视可工作的产品并提供丰富的反馈，并可以将这些反馈记录到产品 Backlog 中。大多数干系人会非常兴奋，因为现在有这么一个流程让他们可以每隔几周就看到完成的产品。干系人通常都很喜欢这种透明性。

Scrum Master 有责任消除这种错觉，并教导未受过培训的人：Scrum 的成功取决于经验主义和实践者的决心。我们欢迎并鼓励干系人来观摩这个实验，并在适当的时间和地点进行互动。

在与干系人互动时可能遇到下面这些挑战。

- 不理解 DoD　因为干系人并不一定了解 Scrum，他们可能不明白为什么"他们昨天在浏览器上看到的东西"没有完成，并且在冲刺评审期间得不到正确的检视。你或 Scrum Master 可以解释 DoD 是如何确保质量"缩水"的，而这个解释应该以干系人熟悉的业务术语提供。例如，与其说"压力测试尚未完成"，不如说"我们仍然不确定应用程序的性能在超过 10 个并发用户的情况下会怎样"。

- 不提供反馈　一些干系人可能对产品不是那么感兴趣。他们可能会为它付费，或者要管理使用这个产品的员工，但他们并不关心其他方面。如果这不至于影响产品的长期前景，那么可以考虑不邀请他们参与之后的冲刺评审，或者邀请其他更感兴趣的人参加。只要有可能，就邀请一些关键用户。他们往往对团队正在做的事情充满热情，并可以提供一些有价值的反馈。记住，冲刺评审的目的是获得干系人的反馈。

- **引入了他们自己的 Scrum 版本** Scrum 有且只有一个版本，只记录在《Scrum 指南》文档中。任何变化都有打乱 Scrum 流程的风险。

- **缺席或不与团队互动** 为了最大化开发人员的工作，干系人（特别是领域专家）必须定期帮忙回答问题并提供反馈。这只是基本要求。对于一个出色的产品干系人，应该考虑直接与开发人员协作，这意味着干系人要保持开放的态度，与开发人员结对进行设计、编码以及功能验证。

- **扰乱团队** 顾名思义，干系人会对 Scrum 团队正在做的事情很感兴趣。他们可能会徘徊在团队房间或 Zoom 会议上询问工作进展，这些干扰都会打断团队的工作进程并破坏团队的专注度，此时 Scrum Master 应该参与进来进行协调。同时，干系人不应该参加冲刺回顾会议。

- **提供解决方案** 干系人可以与产品负责人自由合作，以澄清要开发的内容。然而，开发人员是自管理的，并有能力提出自己的解决方案。

- **不能对干系人说"不"** 在 Scrum 中，干系人并不是传统意义上的"老板"。但遗憾的是，他们可能是公司的所有人，而且在 Scrum 之外，确实是你的上级。在这种情况下，Scrum 价值中的勇气只能放到一边，可能需要 Scrum Master 的干预与协调。

- **期待承诺而不是预测** 干系人必须认识到产品开发的复杂度并允许开发人员预测他们在冲刺中可以做的工作，而不是强迫他们做出承诺。Scrum Master 可以解释两者的区别，也可以解释开发人员的工作很难。

- **充当管理者** Scrum 团队是自管理的。包括干系人在内的任何人都不应该干预团队如何完成自己的工作，或者他们下一步应该做什么。即便如此，对于下一步应该做什么，干系人也是非常有影响力的。他们的反馈是强相关的，应该会涉及产品负责人，并且这些反馈能够通过产品 Backlog 中的 PBI 优先顺序体现出来。

- **充当开发人员** 一些干系人可能是来自另一个团队，或者是经验丰富的开发者。要小心他们过多参与团队的开发。他们很容易使开发人员分心。另一方面，如果他们具备需要的技能和能力，就要让他们加入 Scrum 团队，即使只是作为兼职开发人员。

- **充当叛徒** 有些干系人，不管出于什么原因，都拒绝改变，他们只是反对

Scrum。也许他们在之前的公司尝试过 Scrum，但没有成功。也许他们更喜欢瀑布或看板。也许他们讨厌橄榄球。有时候，这些人的支持对成功采用 Scrum 是必不可少的。希望 Scrum Master 能够帮助他们，并通过教导打开他们的眼界。

10.2.6　与备受挑战的 Scrum Master 一起工作

Scrum Master 负责确保 Scrum 得到了大家的理解并能付诸实施。要做到这一点，Scrum Master 需要对 Scrum 团队成员提供建议、辅导，让他们遵守 Scrum 理论、实践和规则。Scrum Master 是 Scrum 团队的服务型领导，是支持团队学习自管理、理解并采用 Scrum 规则和 Scrum 价值观的推动者。

好的 Scrum Master 会通过采用和推进实用方法来帮助 Scrum 团队向专业 Scrum 前进，从而为 Scrum 团队和组织带来价值。通过实践，Scrum Master 可以帮助团队最大化 Scrum 所产生的收益，构建和交付更高质量和价值的产品。专业的 Scrum Master 应该培养团队识别和解决自身问题的能力，继而从琐事之中解脱出来。

提示

> 要想找到一名优秀的 Scrum Master，关键手段是观察他们的行动。让候选人参加每日例会，并让他们告诉你，他们观察到了什么。这样，就能知道他们是否能够通过敏锐的洞察力发现团队中存在的机能障碍。他们对 Scrum 规则的了解以及对团队行为和协作水平的感知，可以充分展示他们的经验和能力。

除了支持 Scrum 团队，Scrum Master 还可以负责教授组织 Scrum 知识并领导实施 Scrum。这意味着他们可能充当导师、教练、顾问甚至培训师的角色。这也意味着 Scrum Master 是一个流动的 Scrum 销售人员，总是为新人和潜在团队指出采用 Scrum 的好处。即使是面对最激进的批评和诋毁者，Scrum Master 也能够明确地表达出为什么 Scrum 能够帮助组织健康运转。

以下是与 Scrum Master 一起工作时可能遇到的挑战。

- 不熟悉 Scrum　这是一个破坏者，如果在 Scrum 团队或组织中只有一个人必须了解 Scrum，那就是 Scrum Master。告诉管理层，Scrum Master 需要更多的培训，而不仅仅只是读过了《Scrum 指南》。如果他们没听过《Scrum 指南》，我想你已经发现了问题所在。这听起来可能很傻，但我最近帮助一个组织招聘一位 Scrum Master，在我面试的四个候选人中，只有一个人知道《Scrum 指南》。可以考虑让他们参加 Scrum.org 课程（www.scrum.org/courses）。经验会随着时间的推移而增加，但因为 Scrum 开始的第一天就需要经验，所以请雇一个有经验的 Scrum Master，即使只是暂时的。

● **不强制执行规则**　Scrum Master 是教练，也是裁判。如果情况需要，他们应该自信地"抛旗警告"或给某人出示"黄牌"。Scrum 的规则在多年的使用中进行了微调，这些规则只有在遵守时才有效。即便如此，一旦核心原则融入组织中，适应原则就有了发挥的空间。

提示

> 对于 Scrum Master 来说，执行这些规则可能具有一定的挑战。我倾向于认为 Scrum Master 应该是坚定且有决心的，但是在实践中，有时这种类型的 Scrum Master 反而会创造出一个敌对的情境。作为替代方案，Scrum Master 应该指导他们的团队成员遵循 Scrum 规则。如果团队想要跨越 Scrum 的规则，Scrum Master 应该用自信的提问和对话来探究和讨论。如果在讨论之后，团队仍然想要打破规则，Scrum Master 可能会允许他们将其作为一个学习实验。然后，在冲刺回顾中，Scrum Master 应该帮助团队检视不遵守规则的后果。

● **太关注规则和实践**　Scrum Master 应该执行规则，但是过分关注规则和实践就是"僵尸 Scrum"，会产生一种"货物崇拜"的心态。在这种机能障碍中，团队虽然执行了实践，但没有获得任何好处。Scrum Master 应该确保团队充分利用 Scrum 实践和规则。想要进一步了解货物崇拜，可以访问 https://en.wikipedia.org/wiki/Cargo_cult。

● **不要充当防火墙**　Scrum Master 是团队专注的保护者。因此，他们应该通过任何可能的手段阻止所有干扰。这可能包括代替团队其他成员参加会议，跟踪并向 PMO 提供实际工时或其他无用但"必需的"指标，或者指导组织中的其他人解读燃尽图。Scrum Master 应该尊重开发人员的流程，并尽一切必要的努力去保护它。

● **充当管理者**　开发人员是自管理的。没有人，包括 Scrum Master，可以要求他们如何工作。Scrum Master 甚至应该避免去建议团队成员如何工作，或者下一步要做什么。例外情况是当有人向 Scrum Master 寻求帮助，或者一个或多个开发人员做出了不正常的行为，或者已经成为障碍时，Scrum Master 才可以这样做。Scrum Master 应该拥有实施和颁布 Scrum 规则的权力，包括消除这些障碍。

● **缺席的 Scrum Master**　Scrum Master 是一个服务型的领导，因此，应该与团队一起工作，随时准备为团队提供帮助。Scrum Master 只有在外出指导组织、消除障碍或休假（非常应得的）时，才无法提供帮助。

- 无法控制冲突　因为 Scrum 是与人息息相关的，所以 Scrum 团队不可避免地会经历冲突。简单的冲突可以（也应该）由相关人员来处理即可，更复杂的冲突可能需要 Scrum Master 的介入。如果 Scrum Master 犹豫不决或者没有管理这种冲突所需的沟通技巧，这就是机能障碍。

- 满足现状　Scrum Master 应该渴望改进。就像当老师看到学生学习新东西并应用到他们所学的东西时感到兴奋一样，Scrum Master 也应该期望不断看到 Scrum 团队在遵循 Scrum 价值观并不断改进的环境中茁壮成长。专业的 Scrum Master 要不断寻找新的实践和技术来增加经验和加强自我管理。

- 糟糕的沟通　这里指的不仅仅是指 Scrum Master 本身无法清晰地沟通，而是默许沟通障碍在团队中不断恶化和发展。这种行为会影响其他团队成员，尤其是当他们看到 Scrum Master 参与其中时。一个专业的 Scrum Master 清楚如何在 Scrum 团队中指导和培养良好的沟通技巧。这包括讲授积极倾听和 Scrum 价值观的尊重原则等主题。

- 兼职　Scrum Master 兼顾任何额外角色都会引起冲突，这些冲突会带来困难，尤其是对于新组建的团队。有时这是不可避免的。小型团队或初创公司可能需要双重角色。但是应该尽量避免同时充当 Scrum Master 和项目经理这种双重角色的情况。

- 不处理障碍　好的 Scrum Master 会为团队提供消除障碍的机会，然后从中获得学习经验。一个有机能障碍的 Scrum Master 才会让障碍持续存在。如果 Scrum Master 不能直接移除障碍，至少应该在组织中找到能够移除障碍的人。

- 就像团队的保姆　这并不是说母亲有什么问题，但保姆式 Scrum Master 也可能是一种机能障碍。这些 Scrum Master 担负秘书和保姆的工作，例如，会议预定员、Azure Boards 录入员、冲刺 Backlog 和燃尽图更新员、计时员、流动度量采集者，又或者每日例会迟到时露出失望的表情等。新的或没有接受过培训的 Scrum 团队可能会认为 Scrum Master 的职责就是这些事情。我只希望组织中能有人意识到这种机能障碍，因为 Scrum Master 自己可能无法意识到这一点。

- 充当开发人员　在很多方面，Scrum Master 就像消防员。他们就是坐在那儿，等着回答问题或排除障碍。让 Scrum Master 承担任务，参与实际的开发工作，往往会分散团队和组织理解和遵循 Scrum 规则的工作。有时候这是不可避免的，尤其是对于小型团队和初创公司。如果一个人身兼数职，确保他们优先考虑 Scrum Master 的职责，而不是开发人员的职责。

10.2.7 改变 Scrum

Scrum 只是在《Scrum 指南》中提出的一组规则。这使得它的规则性可以与国际象棋相媲美。国际象棋也有规则。国际象棋的其中一个规则是，一个棋手在棋盘上只能有一个王。Scrum 规则规定了只能有一个产品负责人。这里还有很多其他类似的比较，你应该已经明白这种比较的方式了。当下棋时，要么按规则来，要么不按规则来。Scrum 也一样。如果想要短期的胜利，可以用三个王的方式作弊，但无法学会如何正确地玩游戏并提升。学习棋子移动的规则是相当容易的，就像学习Scrum 规则一样，但掌握象棋（和 Scrum）是困难的，需要很长的时间进行大量的练习。

专业 Scrum Master 知道如何正确玩转 Scrum。正因为如此，他们可以很容易地发现那些作弊的人。为了避免被专业 Scrum Master 指出的尴尬，不要作弊。即使你能逃过一劫，但逃避的意义是什么呢？只有不作弊，才能进步。

Scrum 的规则应该是不可变的。组织或团队不应该改变这些规则，而是应该根据这些规则检视和调整你的行为，并相应地改进。每个 Scrum 角色、工件、活动和规则的设计都是为了获得预期的成效，并解决可预测的重复出现的问题。放心，Scrum 不会让你失望的。

1. 陈旧的瀑布式习惯

瀑布式开发是一种更为传统的顺序式开发设计方法，即完成本阶段之后再进入下一个阶段。设计是在编程之前完成的，编程是在测试之前完成的，依次类推。这种模式假设每执行到下个阶段都不会回到上一个阶段，需要给予最大的关注度，以保证在第一次就把事情做好。使用这种方法开发复杂的产品（比如软件），相对于 Scrum来说风险更大、成本更高、效率更低。

遗憾的是，瀑布已经存在了 60 多年。许多专业技术人员和管理人员对它都很熟悉，并已经将其铭刻在大脑以及肌肉记忆中。当向这些人介绍 Scrum 时，老旧的习惯会迫使他们改变 Scrum，以便把它塑造成更熟悉的东西。

在 Scrum 中应该检视、调整和避免如下偏瀑布风格的习惯，它们至少是坏味道，同时列出了一些原因。

- 跑更长的冲刺（超过一个月） 一个月或更短的冲刺可以提供专注并降低风险。更长时间的冲刺会成倍地增加风险，即使这会使他们感觉更加舒适。
- 预定义大需求 当由于产品负责人的决定而导致一些条目的开发被推迟或完全跳过时，花在定义详细需求说明，特别是这些条目应该如何实现（规格）上的时间就浪费了。

- 建立独立的团队分别进行编码和测试　因为跨功能的团队在工作过程中的交接比较少，所以效率会更高。只要 PBI 符合 DoD（包含测试）的要求就可以发布。这种方式避免了在临近发布之日而出现指数级上升的工作。
- 只包含基础设施和架构的冲刺　每个冲刺都必须产出一个包含业务价值的增量。这种方式确保了让开发人员关注于为客户或用户提供更好的产品。涌现式架构就是一种可以让开发人员保持专注的实践。
- 将测试推迟到较晚的冲刺　开发的各个环节，包括测试，都必须在冲刺期间完成。延迟测试将会产生技术债，并使未完成工作呈指数级方式增长。
- 尽可能控制变更（认为变更不好）　在复杂的产品开发中，变更是一个不可避免的事实。Scrum 通过使用更短的冲刺，以及有序的产品 Backlog（由尽职的产品负责人维护的）来拥抱这个事实。
- 指派工作（命令和控制）　开发人员是自管理的，他们可以创建并负责自己的工作。他们作为一个团队来评估、预测和计划工作，而不是依赖别人。
- 遵循计划并遵守进度表　在 Scrum 中，计划被分解成一个月或更短时间的冲刺。除了一个按照产品负责人希望所排序的产品 Backlog 外，没有其他的明确计划。
- 直到最后才意识到产品没有任何价值　每个冲刺都必须生成一个包含业务价值的增量。这意味着所有的开发活动，包括与其他团队和系统的集成，必须在冲刺结束前完成，以便了解其价值。
- 总是报告缺陷　开发人员是自管理的，他们可以判断非预期的行为是不是缺陷。他们也应该能够纠正该行为，而不仅仅是创建工作项来报告这个缺陷。记住，失败的测试不是缺陷。
- 将每日例会视为进度汇报会议　每日例会是让开发人员彼此之间同步信息并创建未来 24 小时计划的，并无其他目的，也不需要其他人员参与。
- 不重新评估工作　专业 Scrum 开发者明白，他们今天所了解的信息永远比昨天要更全面。将新信息用于现有的估计（无论是 PBI 还是任务）是一种提高透明度的良好实践。
- 牺牲质量　如果正确遵守 DoD，可以保障开发人员的工作质量，并将未完成工作以及任何随之而来的技术债务排除在增量之外。
- 镀金　开发人员只需要针对给定的 PBI 做出"刚刚好"的开发即可。在 Scrum 中，开发人员不要试图预测最终可能需要什么。这个问题将会在下一个冲刺中揭晓。

2. ScrumBut

许多组织参照《Scrum 指南》进行了修改。在他们看来，通过调整 Scrum 来适应他们特有的混乱风格，是在做正确的事情。一定程度上是因为一些过去的方法需要结合自身情况适配才能成功。实施 Scrum 恰恰相反，改变 Scrum 本身会阻碍成功。这些变化和调整通俗地称为 ScrumBut，意思就是：当问到他们的组织或团队是否在使用 Scrum 时，他们回答："是的，我们在使用 Scrum，但是……"

事实上，ScrumBut 有一个特殊的语法。

我们使用 Scrum，但是（**ScrumBut**）因为（**原因**）导致（**变通方法**）。

下面是一个 ScrumBut 的例子：

"我们使用 Scrum，但我们不做每日例会，因为日常开销太大，所以我们每周只进行一次或根据需要进行每日例会。"

说明

> 一些专业 Scrum 培训师认为 ScrumBut 太消极了。尽管他们承认它们的存在，但他们更喜欢使用一个更柔和、更乐观的比喻，例如"采纳妥协"或简单地 ScrumAnd。虽然这样更好听些，但它们仍然表明在采用 Scrum 的过程中对规则做出了妥协。希望有专业 Scrum Master 正在跟踪这些变通方法并尽快移除它们。

ScrumBut 是团队和组织不能充分利用 Scrum 的借口。ScrumBut 意味着在运作 Scrum 过程中暴露了一个机能障碍，它导致了一个很难修复的问题。通过修改 Scrum，ScrumBut 保留了这个问题，并使其不可见，这样机能障碍就不再是一个棘手的问题。如需进一步了解 ScrumBut，请访问 www.scrum.org/scrumbut。

组织可能会对 Scrum 进行一个短期的调整，以便给出时间来纠正不足。例如，团队的 DoD 最初可能不包括所有希望实现的测试，原因是处理外部依赖关系或开发自动化测试框架需要很长的时间。这些冲刺期间，透明度可以适当妥协，在纠正完成之后 Scrum 团队应该尽快恢复其透明度。

10.3　成为专业 Scrum 团队

无论你身处 Scrum 游戏的哪个阶段，都可以不断改进。无论你是一个刚刚起步的新团队中的一员甚至对时间盒都没有任何概念，还是团队已经成功地使用 Scrum 发布了许多产品增量，总有新的东西需要学习，总有新的方法用来增强实践。

Scrum 团队应该不断地检视和适应。这包括团队的行为和实践，而不仅仅是简单地识别和消除机能障碍。拥有较少的机能障碍是一种进步，但团队可以做得更好。

例如，不称职的 Scrum Master 可能会代表开发人员提供估算，经过几个冲刺才发现这是个问题，并停止这个行为。是的，确实看到过有团队这样做。开发人员可能需要更多的冲刺才能了解自己应该如何进行评估，以及需要进行更多的冲刺才能使这些评估规范化。另外，团队可能需要更多的冲刺来了解评估的重点是沟通和学习，而不是数字本身。

只有在文化允许的情况下，改进才可能发生。组织和管理层必须允许团队进行实验、失败、检视和适应。成功的组织产生成功的团队，因为他们允许员工自由地探索、学习、交流、建立实践团体，并实施他们的回顾改进项。最重要的是，企业文化必须默许改进需要时间。

本节讨论了一些 Scrum 团队可以持续改进的方法，而不仅仅只是了解以及机械地使用 Scrum。我称这样的团队为专业 Scrum 团队。

10.3.1　找个教练

有时候 Scrum 团队需要一些帮助来完善他们的 Scrum。就像所有体育团队一样，Scrum 团队也能够从教练的帮助中获益。这类教练在理论和实践方面都是 Scrum 的专家。他们对 Scrum 的实践和原则有深入地理解，并且有实际的 Scrum 经验。这样的教练可以有效地教授和指导 Scrum 中的各个角色，包括干系人和组织本身。他们可以通过指导新的模式和行为来帮助团队增强组织协作，高效达成目标。

说明

> 不要将 Scrum 教练和敏捷教练混为一谈。对于使用 Scrum 的团队，他们需要一个非常了解 Scrum 的 Scrum 教练，可以采取外聘 Scrum Master 的形式来填补空缺。敏捷教练可能了解但也可能不了解 Scrum，他们对当代敏捷实践的了解程度也可能不同。如今，在一个组织中敏捷教练比比皆是。即便如此，Scrum 教练也不是随便什么人就都能胜任的。

好的 Scrum 教练拥有各种不同组织环境中的 Scrum 经验，这对于培训组织的其他成员非常有帮助。教练可以帮助组织了解这些变化将如何影响领导和团队成员的职责。对 Scrum 进行指导并逐步分享经过验证的实践，可以确保对组织的冲击不会那么痛苦。

提示

> 在寻找 Scrum 教练时，要注意候选人的背景以及他们是否担任过各种 Scrum 角色。找到一个担任过产品负责人、Scrum Master 和开发人员三个角色的教练是很难的，但至少要确保候选人实践过你最需要帮助的角色。

对于 Scrum 教练的工作，有一个传言。人们认为教练纯粹是一种提供温和的技术方法的人，只提供人们自我发现问题和解决方案的指导和能力，即苏格拉底方法。人们还认为教练不会告诉人们该做什么。有些教练是这样的。在我看来，这样的教练水平不达标。事实上，教练需要进行艰难的对话，此时的对话有可能是不友好、不礼貌的。这是因为教练要帮助人们识别和克服不愉快的事情。前一分钟教练需要表现出同情和理解，下一分钟则需要表现出权威性，并且不能妥协。人际交往能力很关键，自信和果断也必不可少。

10.3.2　建立一个跨职能团队

开发团队是一个跨职能团队，拥有将 PBI 转变为完成增量、可发布功能所需的各类不同技能。开发人员需要了解所有必要的技能，以便将 PBI 转换为符合组织完成定义要求的工作内容。这些开发人员需要掌握分析、设计、编码、测试、开发、部署以及运维等技能。

开发人员甚至可能需要经过几轮冲刺才能了解他们拥有什么技能，或者需要什么技能。当在一个组织中首次采用 Scrum 时，所有的分析人员、程序员和测试人员组成一个团队。因为他们每个人都在产品开发中扮演着一个重要的角色，所以被称为开发人员。随着自管理和集体所有权意识的出现，这些团队成员之前拥有的背景和头衔会变得模糊，并且被遗忘。

说明

> 与跨职能团队相对的是机能障碍团队。

跨职能团队的技术和能力与日俱增。随着时间的推移，是否需要引入新的团队成员可能由团队来决定，而非管理层决定。通过引入新的开发人员或者培训当前的开发人员，以支持新的工具、技术或新的技术领域。可能也存在相反的情况，即可能需要更少的开发人员，因为团队已经获得了更多的跨职能技术和能力。

提示

> 在 Scrum 中，产品负责人为产品提供愿景和目标，这可以通过产品 Backlog 中的 PBI 及其排序体现出来。一个有序的产品 Backlog 可以作为计划的特性路线图。它还可以作为开发人员未来需要哪些职能（技能）的"提示"，以此作为拓展技术和新领域的行动路线。

对开发团队进行不必要的调整可能会引发一些问题。如果改变有助于问题的减少，那么改变就是值得的。当将一个新团队成员引入到现有团队时，你应该意识到可能会发生一些难题，并准备好面对这个困难。如果回顾一下布鲁斯·塔克曼的团队发展阶段，对团队组成所做的任何改变都将导致团队恢复到模型的组建期阶段。试想一下，当一个有孩子的家庭搬到一个新的城市，面对新的学校，孩子需要付出多少努力才能适应新的环境并提升学习效率。对于开发人员来说，也是如此。

说明

> 不要将跨职能团队和跨职能的个体混为一谈。跨职能的个体就是 T 型人才。Scrum 需要跨职能的开发团队。这意味着必须至少有一位开发人员能够执行冲刺 Backlog 中每一种类型的任务。例如，如果有一个必须要完成的 Python 任务，那么必须至少有一名开发人员会写 Python 代码。专业 Scrum 团队也会努力拥有跨职能个体。这意味着，如果 Python 任务在将来的冲刺中变得越来越普遍，那么一个或多个开发人员应该学习相关知识。拥有一个由跨职能开发人员组成的跨职能团队是实现目标和交付出色产品的秘诀。

10.3.3　实现自管理

Scrum 依靠自管理团队处理产品开发中的内在复杂性。当自管理团队面对挑战时，会根据目标和需求制定出最好的开发解决方案，同时充分发挥每个团队成员的各自优势。实现像这样的自管理需要良好的心态和主观能动性。但是与传统实践相比（如由首席架构师做初步设计或由项目经理分配工作）自管理是一个革命性的改进。

在一个自管理的团队中，每个开发人员都在以独立的方式、结对的方式或 Mob 方式朝着一个共同的目标努力工作。通过彼此之间相互协作来实现目标，同时更重视团队的成果而非个人的生产力。团队成员相互信任，对彼此的工作充满兴趣，在适当的时候提供一些建设性的反馈。自管理团队能够完成工作并开发有价值的增量，没有任何障碍可以阻挡他们。他们通过适当地沟通讨论问题来提高透明度。

组织必须允许其开发人员进行自管理，这需要信任和时间。开发人员对这种信任的最直接回应就是以可工作产品的形式定期交付业务价值增量。Scrum Master 提供的指导能够帮助组织明白这就是要信任团队的原因。一旦建立了这种信任，就可以给予开发人员更多的信赖和自由度，让他们可以自己决定和计划，并能够很好地落实。

10.3.4　提高透明度

透明、检视和适应，是 Scrum 或任何经验主义过程控制方法的三大支柱。无论是作为一个开发人员对团队的其他成员，或者作为开发团队对产品负责人，又或者是作为 Scrum 团队对组织，透明的重要性再怎么强调也不为过。必须让那些对结果负责的人看到开发过程的关键信息，透明要求这些关键信息有一个共同的定义标准，以便查看这些信息的人对正在看到的东西有共同的理解。

在 Scrum 中，透明意味着所有观察者都应该理解框架的基础以及他们可能看到的工件：PBI、DoD、燃尽图、任务板、增量等。这些工件的输出和数据就像灯塔一样，照亮了 Scrum 团队活动的各个角落，让懒惰者或其他隐藏的浪费无所遁形。

有些开发人员可能不愿意，或者至少对 Scrum 这种"无处可藏"的特征感到不自在。没有人想在玻璃房子里工作，即使这样做意味着开发人员将更有效率，行为更加良好。因为他们永远不知道谁可能在看着。乐于承认错误并寻求帮助，将有助于每个人更加适应 Scrum 的这种特征。此外，从错误中学习是团队/个人自我提升的一个很好的方法。

以任务板为例，无论我们谈论的是物理看板还是像 Azure Boards 那样的电子看板，它都是一个巨大的信息发射源，也是透明度的来源。这个板反映了开发人员的当前计划，并展示出开发人员正在做什么，做了什么，还有什么要做。这个板的透明度不是为了汇报，而是为了计划和提高集体意识，使团队能够实现自管理。

10.3.5 专业 Scrum 开发者培训

想要构建和交付优秀产品的专业 Scrum 团队，需要将专业 Scrum、一个运作良好的团队、经过验证的实践以及现代化工具整合起来，并对其有深刻理解。Scrum.org 的专业 Scrum 开发人员（PSD）课程是唯一可以指导如何做到这一点的课程。

PSD 课程教授学员如何在团队工作中使用专业 Scrum 和当代软件开发实践，以及如何通过 Azure DevOps 将 PBI 转换为可工作的产品。所有这些都是在 Scrum 框架中作为迭代增量开发完成的。该课程是与微软、Scrum.org 和 Accentient 合作开发的。可以从 www.scrum.org/about 进一步了解 Scrum 开发人员项目和 Scrum.org 的起源。

PSD 课程适合 Scrum 团队中的任何开发人员，包括架构师、程序员、设计师、数据库开发人员、业务分析师、测试人员以及其他对工作做出贡献的人员。同时，也欢迎产品负责人、Scrum Master 和其他干系人参加这门课程，他们需要清楚，所有与会者都将以 Scrum 开发者的身份参加，这个身份代表着要在极小的冲刺时间盒内交付已完成的可工作的产品。

与所有 Scrum.org 课程一样，课程和材料都是标准化的，并定期由课程管理员通过专业 Scrum 培训师和学生社区贡献的内容进行改进。只有最合格的教练才会被挑选来教授 PSD 课程。这些人在这些技术方面非常专业，并且非常了解如何在 Scrum 框架中使用这些技术。每位讲师都有各自的经验和专业领域，但所有学生学习的核心内容都是一样的。这将提高学员通过专业 Scrum 开发者评估的能力，以及在工作环境下运用专业 Scrum 的能力。有关 PSD 计划、培训和认证的更多信息，请访问 www.scrum.org/psd。

10.3.6 评估个人知识水平

Scrum.org 还提供了一些工具，可以用这些工具来检查和提高你对 Scrum 的了解。这些评估提供了关于提升个人知识水平的相关信息。

Scrum.org 上的每个评估都基于《Scrum 指南》，由 Scrum 思想领袖根据大量行业专家的正式意见进行开发，然后通过更大的 Scrum 社区提出的意见进行改进，最后对评估进行持续监测，以确保其持续的完整性和相关性。

- 专业 Scrum Master　有三个级别的专业 Scrum Master 评估（基础、高级和卓越），以此来验证和认证 Scrum 知识以及运用这些知识的能力。
- 专业 Scrum 产品负责人　有三个级别的专业 Scrum 产品负责人评估（基础、高级和杰出），以此来验证和认证 Scrum 产品负责人的知识以及运用这些知识的能力。
- 专业 Scrum 开发人员　一种结构化的评估，用于验证和认证 Scrum 团队中支撑开发人员构建复杂产品的实践知识和技术以及运用这些知识的能力。
- 规模化专业 Scrum　验证和认证如何使用规模化 Scrum 和 Nexus 框架，以及运用这些知识的能力。第 11 章讨论了 Nexus 框架和规模化专业 Scrum。
- 基于看板的专业 Scrum　验证和认证 Scrum 团队如何使用基于看板的 Scrum 来支持价值创造、度量和交付。第 9 章讨论了这些话题。
- 专业敏捷领航员　验证和证明敏捷是如何产生价值的，以及为什么领导层对敏捷实践的理解、帮助和支持是必不可少的。
- 基于用户体验的专业 Scrum　验证对于如何将现代用户体验实践整合到 Scrum 中交付更大价值的基本理解。

通过最低评估分数要求的学员将获得认证。所有的 Scrum.org 评估都使用最新英文版《Scrum 指南》作为考题的来源（包括 Scrum 规则、工件、事件和角色）。仅仅阅读《Scrum 指南》并不能为通过评估提供足够的准备，考题通常要求考生能够解读信息并应用到挑战性的情景中，所以必须具备 Scrum 真实经验以及其他相关知识。要想进一步了解各种 Scrum.org 评估的信息，请访问 www.scrum.org/assessments。

Scrum.org 还向社区提供了许多免费的工具和资源。其中有几个工具是用来进行公开评估的，这些评估是免费的，并且可以匿名。当然，公开评估通过了，也不会提供相关证书。它们确实能帮助你评估对 Scrum、Scrum 角色和相关实践的基本知识是否了解。公开评估的考题与认证评估的难度不一样，但确实也可以通过公开评估进行练习。如需进一步了解 Scrum.org 公开评估，请访问 www.scrum.org/open-assessments。

10.3.7 成为一个高效率 Scrum 团队

高效率专业 Scrum 团队是精英中的精英。他们已经掌握了 Scrum 的关键：自管理、透明、检视和适应。他们专注、勇敢、开放，相信并实践承诺，尊重他人。他们清楚《Scrum 指南》定义的 Scrum 规则，并且能够以可工作产品的形式有节奏地交付业务价值增量。

通过持续改进，就有可能成为一个高效率 Scrum 团队，如图 10-7 所示。

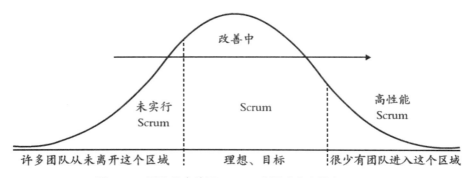

图 10-7   团队从未使用 Scrum 发展成为高效率 Scrum

说明

2011 年 11 月，在微软应用生命周期管理（ALM）峰会召开之前，几位 Scrum 专业培训师在华盛顿州雷德蒙会面。其中一个议程是创建一种方法来确定一个团队是否位于图 10-7 中第一个虚线的左侧。团队想知道他们是否在"使用 Scrum"。为了确定这一点，创建了一个简单的、可衡量的、团队可以回答的清单。如果所有的问题的回答都是肯定的，那就说明这个团队是在使用 Scrum。在此之后的调查主题将是如何确定他们在 Scrum 中做得"有多好"以及在改进过程中处于什么位置。

看着分布曲线，思考自己的情况，可能会想："我的团队在使用 Scrum 吗？"事实证明，这个问题比想象中更难回答。有人可能认为，只要阅读《Scrum 指南》，填补所有的角色，参与所有的活动，并正确地使用工件就足够了。然而，连落地 Scrum 的机制都很难定义。

以下这个非官方的调查问卷，是一些志同道合的专业 Scrum 培训师的想法，用来确定团队是否在使用 Scrum。

1. Scrum 团队是否维护了一个有序的产品 Backlog？
2. Scrum 团队是否有一个产品负责人、一个 Scrum Master 和三个以上的开发人员，总人数通常不多于 10 人？
3. 产品负责人是否积极地管理产品 Backlog？
4. Scrum Master 是否在积极地管理这个过程？
5. 是否有一个月或更短的固定周期长度的冲刺？
6. 开发人员是否在冲刺规划期间创建冲刺 Backlog？
7. 可以从冲刺 Backlog 中评估进度吗？
8. 开发人员是否在每个冲刺中开发一个产品的已完成增量？
9. Scrum 团队是否举办冲刺评审和冲刺回顾会议？
10. 干系人是否检视增量并提供反馈？
11. Scrum 团队是否检视其过程，并在后续的冲刺中执行改进？

本书提供了在实践专业 Scrum 时，特别是在使用 Azure DevOps 这样的工具时要采用的模式和要避免的模式。所有这些指导，加上采用和实践 Scrum 的核心原则和价值观，将使你和你的团队成员成为高效率的专业 Scrum 团队。

术语回顾

本章介绍了以下关键术语。

1. 专业 Scrum 团队了解专业 Scrum　这些团队了解 Scrum 的规则以及如何克服常见挑战。同时应该在检视和适应时，识别并消除机能障碍。
2. 高效率专业 Scrum 团队持续改进　这些团队渴望做得更好，并抓住每一个机会检视、适应、消除或缓解机能障碍，并不断提升团队的能力。
3. 移除障碍而不是管理障碍　自行消除障碍，不依赖 Scrum Master。
4. 作为一个团队来评估　帮助产品负责人完善产品 Backlog，包括评估即将准备开发的 PBI 的大小。随着时间的推移，评估能力自然会有所提升。
5. 评估进度　使用燃尽图、工作项计数、测试通过情况、流动度量指标或其他实践来评估团队是否朝着目标前进。

6. 在需要时重新协商范围　这是可能发生的，如果出现这种情况，需要与产品负责人协作以适应变更。不断变更范围是一种机能障碍。

7. 产品负责人取消冲刺　只有产品负责人才能取消冲刺。这是一种创伤性事件，应该尽可能避免。

8. 确保每个 PBI 在发布前都已完成　每个 PBI 都应按照 DoD 完成。未完成的工作不要发布。

9. 避免出现未完成工作　未完成的 PBI 不能发布，也不应该在冲刺评审期间对其进行检视。相反，应该将它们放回到产品 Backlog 中，重新梳理并考虑在未来的冲刺中对其进行开发。

10. 使用特性开关隔离未完成工作　特性开关是一种可以从发布的软件中选择性地排除、禁用或启用功能的技术。

11. 使用探针来增加知识　探针是开发人员为了学习和证明可行性而进行的实验。可以考虑将一些大型探针放入到产品 Backlog 中。

12. Scrum 支持固定价格合同　涉及固定价格合同时，Scrum 和其他过程一样有效。当 Scrum 团队和客户之间存在一定程度的信任，并可以共担风险时，工作开展得更加顺利。

13. 以团队级别度量效能　应该在团队级别进行效能度量，而非个体级别。

14. 检视和适应　利用内置的 Scrum 活动，从个人以及团队的角度，跟踪产品及进度情况。如果需要，对发现的任何情况都要采取行动。

15. 不要改变 Scrum　框架已经很精简了，它允许实施任何数量的补充实践。改变 Scrum 通常是为了隐藏潜在的机能障碍。

16. Scrum 就像国际象棋　要么按照它的规则来玩，要么干脆不玩。Scrum 和象棋一样没有失败或成功，要么按规则行事，要么不按规则行事。

第 11 章　规模化专业 Scrum

如前所述，Scrum 是一个简单的框架，通过基于经验主义的方法来交付复杂的产品（如软件）。在 Scrum 框架中，团队以小的产品增量的方式交付价值，检视产出结果，并基于反馈的需要调整工作方法。Scrum 框架包含一系列简单的活动、角色和工件，它们和实践融合在一起，通过 Scrum 价值观引入到日常工作之中。

Scrum 团队拥有 10 个以内的成员是比较合适的，但对于需要 10 个以上开发人员的大型复杂产品，应该怎么办呢？如果需要 50 个以上的开发人员呢？这种只有一个产品、一个产品 Backlog、一个产品负责人但是有多个开发团队为这个产品工作的情况，称为规模化。换句话说，当多个团队在同一个产品上工作，因为团队间的依赖增加了混乱发生的情况，这时候，规模化就应运而生了。

过去的十年，我们的行业已经出现了大量对于规模化开发存在问题的激烈讨论。许多组织已经尝试规模化，但失败了。许多书籍和会议演讲已经对此进行了深入讨论，市场上也出现了各种规模化的框架。很明显，无论组织多么努力地尝试或者投入大量的费用，盲目地采用的敏捷价值观和原则都无法规模化到多个团队。换句话说，无力、僵硬、机械的 Scrum 无法规模化。组织在规模化 Scrum 之前，必须先搞定 Scrum！

当《敏捷宣言》的签署人 2001 年聚在一起的时候，他们分享了关于软件开发的想法，讨论并产生了《敏捷宣言》。虽然他们可能没有预见到规模化敏捷开发带来的混乱或者有利可图的咨询机会，但他们清楚：敏捷的价值观和原则可以规模化，但实践却因背景不同而千差万别。虽然持续改进非常困难，但却是实现规模化的唯一方法。组织无法依靠增加费用来成功地完成规模化。为产品开发扩充新的团队的同时，需要持续地进行检视和适应，并且必须坚持单一团队 Scrum 时所引入的价值观和原则。

本章介绍规模化以及如何控制多团队协作开发单一产品时所产生的混乱。本章还要介绍 Nexus 规模化 Scrum 框架以及 Azure DevOps 如何支持 Nexus 来计划和管理规模化工作。

说明

本章将使用定制化的专业 Scrum 过程模板，而不是开箱即用的过程模板。请参考第 3 章，获取定制化过程及如何创建定制化过程的信息。

11.1　Nexus 框架

随着 Scrum 的逐渐流行，Scrum 团队在交付产品时相互协作的需求也日趋强烈。当组织需要多个 Scrum 团队共同开发一个产品时，他们经常会发现单靠 Scrum 框架是不够的。当多个团队共同开发一个产品时，他们从使用单团队 Scrum 中享受到的生产力可能会随着为其他团队分担工作而降低，这主要是因为团队之间的依赖关系。要成功地实现规模化，每个团队不应该是一个独立的单元。事实上，多个团队本身应该成为一个相互关联的系统，应该识别为一个共同的团体，这就是 Nexus。Nexus 就是人或事之间的关系或连接，就是规模化的 Scrum。

说明

> 我对 Nexus 框架是有偏爱的。我和肯·施瓦伯一起创建了 Nexus 框架。此外，我们还创建了规模化专业 Scrum，这是 Scrum.org 基于 Nexus 框架的实例。通过 www.scrum.org/nexus 可以深入学习 Nexus 和规模化专业 Scrum。

Nexus 以 Scrum 框架为基础，看起来和 Scrum 框架非常相似。Nexus 框架保持了 Scrum 框架的简洁性，增加了额外的角色、活动、工件和规则，用以支持大型产品的成功开发。

说明

> Nexus 包括 3 到 9 个 Scrum 团队，但只有一位产品负责人。这是有可能的，因为在每个 Scrum 团队中，产品负责人是一个角色，而不是一个独立的个体。所有 Scrum 团队的产品负责人可以只由一个人来担任。

Nexus 框架中的 Scrum 框架是原封未动的，保持着同样的活动、工件和角色。你可能还注意到 Nexus 框架增加了一些新的元素。梳理活动成为正式的活动，冲刺规划、每日例会、冲刺评审和冲刺回顾都有补充活动，通过名称中的单词 Nexus 进行区分。Nexus 框架增加了 Nexus 冲刺 Backlog、Nexus 冲刺目标和集成的产品增量，同时也增加了名为 Nexus 集成团队的角色。所有新增的 Nexus 元素如表 11-1 所示。

表 11-1　Nexus 框架在 Scrum 基础上添加的元素

新增角色	新增活动	新增工件
Nexus 集成团队	梳理	Nexus 冲刺 Backlog
	Nexus 冲刺规划	Nexus 冲刺目标
	Nexus 每日例会	集成的产品增量

（续表）

新增角色	新增活动	新增工件
	Nexus 冲刺评审	
	Nexus 冲刺回顾	

　　Nexus 主要用来识别和减缓依赖。但是什么是依赖呢？可能会想到软件或组件之间的依赖（例如，服务 A 依赖于组件 B），这就是一种依赖。依赖事实上也可以是人、领域和技术。例如，同一个团队或不同团队的开发人员可能具备不同的技能集，不同的领域经验和水平，不同的平台和工具，不同的权限和访问级别。

　　识别跨团队的依赖是尤其重要的。在 Nexus 框架下，当两支或更多团队需要协作完成一个共同的功能（例如，团队 A 负责预约时间表，团队 B 负责消息通知），这时就会存在依赖。幸运的话，随着时间推移，每支团队都能够成为一支真正的跨产品特性团队，最大程度地减少依赖。

　　外部依赖是最大的风险，这对单一 Scrum 团队也是一样的。例如，一个需要执行用户验收测试（UAT）的 Scrum 团队是无法规模化的。类似这样的外部依赖在规模化之前必须解决。

11.1.1　Nexus 流程

　　Nexus 由多个跨职能团队组成，他们一起工作，在每个冲刺结束的时候，至少交付一个集成的产品增量。基于依赖关系，团队进行自管理并选择最适合的成员承担指定的工作。

　　下面对 Nexus 过程进行概要性的描述。

- 产品 Backlog 梳理　产品 Backlog 必须分解，以确保能够识别、移除或最小化依赖。PBI 被拆分成很小的功能块并识别出可能完成这项工作的团队。
- Nexus 冲刺规划　每个 Scrum 团队选择合适的代表讨论和评审梳理过的产品 Backlog。他们为每个团队选择 PBI。之后，每个 Scrum 团队规划自己的冲刺，并在需要的时候和其他团队沟通。Nexus 冲刺规划的输出是一系列符合 Nexus 冲刺目标的团队冲刺目标和每个 Scrum 团队的冲刺 Backlog 以及一个独立的 Nexus 冲刺 Backlog。Nexus 冲刺 Backlog 使所有 Scrum 团队所选择的 PBI 以及任何依赖都透明化。
- 开发　所有团队都频繁地将他们的工作成果集成到一个可以测试的公共环境中，确保集成能够完成。所有的团队遵守同一个 DoD。

- **Nexus 每日例会**   每个 Scrum 团队的开发代表每日会面并识别出当前集成存在的问题。相关信息被传递回每个 Scrum 团队的每日例会中。Scrum 团队使用每日例会创建当天的工作计划，确保解决 Nexus 每日例会中识别出的集成问题。
- **Nexus 冲刺评审**   每个冲刺的末尾会举行 Nexus 冲刺评审，干系人对 Nexus 冲刺的产品增量提供反馈。所有的 Scrum 团队和干系人一起评审集成的产品增量并对产品 Backlog 进行调整。
- **Nexus 冲刺回顾**   每个 Scrum 团队的代表会面并识别需要共同面对的挑战。之后，每个 Scrum 团队都会举行一个冲刺回顾。最后，每个团队的代表会再次聚在一起，讨论面对共同的挑战需要采取的行动。这为整个 Nexus 提供了自下而上的信息反馈。

11.1.2 Nexus 集成团队

Nexus 集成团队是一个新的角色，它是 Nexus 中的 Scrum 团队，其职责是确保每个冲刺都能够至少交付一个已完成的集成产品增量。鉴于由各个 Scrum 团队自行负责已完成的集成产品增量的实际构建和交付，Nexus 集成团队仍然需要对产品增量负责。这代表着如果 Scrum 团队不能或不愿解决集成的问题，Nexus 集成团队必须快速介入并完成集成工作。Nexus 集成团队为 Nexus 集成提供了透明的问责机制以及责任方。集成包括解决任何技术的或非技术的、跨团队的限制，这些限制可能会阻碍 Nexus 交付持续的集成增量的能力。

产品负责人是 Nexus 集成团队的成员。团队还必须包含一位 Scrum Master 和足够的开发人员，以便帮助解决 Nexus 在冲刺中可能面对的依赖和集成方面的问题。Nexus 集成团队中的 Scrum Master 负责确保 Nexus 框架能够被理解和执行。这个 Scrum Master 也可以在 Nexus 中的一个或多个 Scrum 团队中担任 Scrum Master。Nexus 集成团队的组成可能会在冲刺期间发生变化，理想情况是在冲刺回顾期间再做出调整。

Nexus 集成团队中的开发人员通常由擅长使用工具和相关实践（例如，DevOps）的专业人员组成。Nexus 集成团队的成员确保 Nexus 中的 Scrum 团队能够理解和使用相关的工具和实践来识别和减少依赖，这些团队必须按照 DoD 频繁地对所有工件进行集成。

Nexus 集成团队的成员负责为 Scrum 团队提供支持、教练和指导，使 Nexus 中的 Scrum 团队获取、执行和学习这些实践和工具。只有在紧急的情况下——当

Nexus 趋向停滞，而单一 Scrum 团队无法工作时，Nexus 集成团队成员将处理这些紧急情况。另外，Nexus 集成团队通过为各个 Scrum 团队在必要的开发、基础设施或组织要求的架构实践和标准方面提供教练辅导，确保开发出高质量的集成增量。

说明

> 很重要的一点是，Nexus 集成团队并不是由一些专职人员组成的专职团队，它是由已经在 Nexus 中工作的人员组成的团队，开发人员来自于 Nexus 中的其他 Scrum 团队。当 Nexus 集成团队需要他们工作时，他们需要暂时离开原来的 Scrum 团队。

Nexus 集成团队成员的工作优先级要高于他们在 Scrum 团队中工作的优先级。例如，3 号团队的开发人员也同时是 Nexus 集成团队的成员，当 Nexus 正在面临一个 Scrum 团队无法自行解决的问题时，该开发人员需要扔下他正在 3 号团队承担的工作去处理 Nexus 集成团队的工作。

11.1.3　Nexus 活动

Nexus 框架定义了一些额外的活动作为单一团队 Scrum 活动的补充。冲刺规划、每日例会、冲刺评审和冲刺回顾这些活动都需要进行规模化，为跨团队协作和形成自下而上的信息反馈提供机会。每个 Nexus 活动的长度可以参考《Scrum 指南》中描述的单一 Scrum 团队对应活动的事件长度。Nexus 框架下 Scrum 的活动也需要时间盒的限制，时间盒的长度由 Nexus 团队来决定。

1. 梳理

在单一团队的 Scrum 中，产品 Backlog 梳理就是把 PBI 分解和定义为更加小而精确的条目。这是一个渐进明细的持续过程，关于描述、排序和规模大小。在单一团队的 Scrum 中，产品 Backlog 梳理并不是一个活动，甚至有时候都不需要进行。Scrum 团队决定这个实践是否发生以及发生的时间和地点。伴随着产品 Backlog 的变化，梳理活动多多少少都会必然发生。

在 Nexus 中，产品 Backlog 梳理是一个必要的活动，由 Nexus 团队决定发生的时间和地点。产品 Backlog 梳理在规模化的背景下有双重目的，它识别了跨团队的依赖并且帮助这些团队预测 PBI 应该由哪些团队交付。这种透明性允许团队监控和最小化依赖。Nexus 对 PBI 的梳理持续进行，直到 PBI 足够独立，能够在不需要过多的协作下由一个 Scrum 团队即可完成。

梳理活动的次数、频率、长度和参加人员取决于产品 Backlog 本身存在的依赖和不确定性程度。PBI 包含不同颗粒度级别的条目，从非常大而模糊的需求（例如史诗故事或特性），到一个 Scrum 团队在一个冲刺内能够完成的定义清晰的工作（例如，用户故事）。跨团队的梳理活动应该在整个冲刺期间根据需要适度进行，由产品负责人决定哪些较大的 PBI 在后续冲刺中完成，以及哪些团队完成哪些 PBI。各个团队的产品 Backlog 梳理活动也要持续进行，为下一个 Nexus 冲刺规划选择 PBI 做好准备。

2. Nexus 冲刺规划

Nexus 冲刺规划的目的是帮助冲刺协调 Nexus 中所有 Scrum 团队的活动。在冲刺规划之前，产品 Backlog 应该得到充分梳理，识别和消除依赖或至少最小化依赖关系。产品负责人提供领域知识并指导 PBI 的选择和排序。

在 Nexus 冲刺规划期间，各 Scrum 团队的代表们对梳理活动产出的工作排序进行调整和确认。各 Scrum 团队的所有成员都要参加 Nexus 冲刺规划会议，以减少沟通方面的问题。

说明

> 许多 Nexus 活动都要求"合适的代表"参加。这意味着 Nexus 应该决定每个 Scrum 团队的哪些代表应该参加活动。每个团队应该至少由一个代表参加，但是一些团队可能派出超过一名代表。这些代表可以轮换参加每次会议或者总是同一个代表参加。由 Nexus 或者 Nexus 中的 Scrum 团队来做这些决定。

产品负责人在 Nexus 冲刺规划期间讨论 Nexus 冲刺目标。Nexus 冲刺目标描述了所有 Scrum 团队在冲刺过程中应该达成的目标或预期结果。Nexus 的总体工作被一致理解后，Nexus 冲刺规划继续进行，每个 Scrum 团队进行自己的冲刺规划。Scrum 团队应该持续分享他们的新发现以及和 Nexus 其他 Scrum 团队间存在的依赖。稍后，每个 Scrum 团队产出自己的冲刺 Backlog，如果需要，可以和其他团队沟通。当每个 Scrum 团队都完成了自己的冲刺规划活动，Nexus 冲刺规划也就完成了。

Nexus 冲刺规划中可能会出现新的依赖，应该公开和最小化这些依赖。跨团队的工作顺序可能也需要做出调整。一个充分梳理的产品 Backlog 能够最小化在 Nexus 冲刺规划中发现新依赖的情况。Nexus 冲刺规划的成果包括一系列和 Nexus 总体冲刺目标保持一致的冲刺目标，每个团队自己的冲刺 Backlog 和一个 Nexus 冲刺 Backlog。Nexus 冲刺 Backlog 使所有 Scrum 团队选择的 PBI 和任何依赖关系保持透明化。

3. Nexus 每日例会

Nexus 每日例会，和 Scrum 每日例会非常相似，是为来自各 Scrum 团队的开发代表举行的活动。开发代表会面并检视产品集成增量的当前状态，识别出集成问题或新出现的跨团队依赖或跨团队影响。

在 Nexus 每日例会中，参会者聚焦于每个团队对集成产品增量的影响。他们讨论前一天的工作是否成功集成，识别了哪些新的依赖或影响。这项活动的产出就是对信息的一致理解，相关信息必须分享给 Nexus 中的所有团队。

开发人员代表使用 Nexus 每日例会检视 Nexus 冲刺目标的进展。至少在每次 Nexus 每日例会期间，应该更新 Nexus 冲刺 Backlog，反映出 Nexus 中各 Scrum 团队对工作情况的当前理解。参会代表把 Nexus 每日例会中的发现、问题和识别出的工作带回到各自的团队，在各自团队的每日例会中进行规划。

4. Nexus 冲刺评审

Nexus 冲刺评审在冲刺的末尾进行，为冲刺期间 Nexus 构建的集成产品增量提供反馈并按需对产品 Backlog 进行调整。Nexus 冲刺评审替代了各个 Scrum 团队对冲刺评审的需要，因为基于整个产品增量获取干系人的反馈才是重点。任何冲刺评审的目标都是获取干系人反馈，这些反馈最终体现在修订的产品 Backlog 之中。

因为已完成功能的数量比较多，Nexus 冲刺评审中不太可能详细检视所有已完成的工作。最大化获取干系人反馈的技术是必要的，更不用说让干系人保持清醒。其中一项技术或实践被称作"科学集市"（也称作"博览会"或"百货商场"）。和正式的评审相比，这些实践能够有效提升 Nexus 冲刺评审，更像是一种非正式的集会或聚会，能够让干系人按需看到他们希望或必须看到的内容。要获取更多关于冲刺评审的科学集市实践的细节，请阅读资深专业 Scrum 培训师埃里克·韦伯的博客：www.scrum.org/resources/blog/sprint-review-technique-science-fair。

对于干系人比较多的大型产品，尤其是干系人分布在不同地点的情况下，采用离线的冲刺评审可能会是一个选择。当干系人不能参加冲刺评审的情况下，这种实践能够让团队和干系人更好地参与。可以为已完成的功能创建演示短视频并分享给干系人，从而获取他们的反馈或吸引他们参加冲刺评审。

5. Nexus 冲刺回顾

Nexus 冲刺回顾是 Nexus 自我审视和调整并创建改进计划的正式机会，这是确保持续改进的关键。和单团队的 Scrum 一样，Nexus 冲刺回顾发生在 Nexus 冲刺评审之后和下一个 Nexus 冲刺规划之前。Nexus 冲刺回顾对整个 Nexus 和其中的每个团队都是一个改进的机会。

一个 Nexus 冲刺回顾包含三个部分。

- Nexus 例会　来自各 Scrum 团队的代表开会识别出对多个团队都有影响的

问题，目的是让所有 Scrum 团队都清楚这些问题。

- 单个 Scrum 团队的冲刺回顾　每个 Scrum 团队召开他们自己的、独立的 Scrum 回顾会议——按照《Scrum 指南》。他们可以把会议中发现的问题作为团队讨论的输入。单个 Scrum 团队应该为解决问题设计实验计划。
- Nexus 会后总结　Scrum 团队的代表再次开会，就如何可视化和跟踪这些识别出的改进达成一致，使 Nexus 作为一个整体进行调整。

由于存在一些常见的规模化机能失调，所以每次 Nexus 冲刺回顾都应该讨论以下三个主题。

- 存在没有完成的工作吗？Nexus 产生了技术债吗？如果有，为什么发生这些情况？如何进行纠正？如何进行预防？
- 所有的工作，尤其是代码，能够频繁且成功地进行集成吗？如果不行，为什么？
- 产品成功地完成构建、测试和部署的频率是否足够高？是否预防未解决的依赖问题的积累？如果没有，为什么？

冲刺回顾看板或者其他的可视化手段对计划和跟踪跨团队的检视和适应可能是有帮助的，仅仅使用 wiki 是不够的。使用可拖动的看板可能会有帮助。可以使用 Azure DevOps 市场上的冲刺回顾插件进行实验。在图 11-2 中，可以看到示例并可以通过 https://marketplace.viusalstudio.com/items?itemName=ms-devlabs.team-retrospectives 学习更多内容。

图 11-2　冲刺回顾插件有助于检视和适应的可视化

11.1.4 Nexus 工件

Nexus 框架引入了一些额外的工件，这些工件对《Scrum 指南》中描述的现有工件进行了补充。在规模化的背景下，这些新的工件为检视和适应提供了更多的透明性和机会。

再次提醒下，整个 Nexus 只有一个产品 Backlog，这一点非常重要。产品负责人负责产品 Backlog，包括它的内容、有效性和排序。在规模化的背景下，产品 Backlog 的细化程度必须达到依赖能够被识别和最小化的水平。PBI 通常被细化和切分成小颗粒的功能块。当 Scrum 团队能够选择条目时，这些条目只需要和其他 Scrum 团队少量甚至不需要沟通的情况下就可以完成，这时，PBI 被认为是 Ready 状态。

1. Nexus 冲刺 Backlog

在单个团队的 Scrum 中，冲刺 Backlog 包含冲刺目标、已预测的 PBI 及其交付计划。在规模化的背景下，每个团队仍拥有它们自己的冲刺 Backlog，但 Nexus 也会拥有和维护一个 Nexus 冲刺 Backlog。Nexus 冲刺 Backlog 是一个基于各 Scrum 团队冲刺 Backlog 中的所有已预测 PBI 的组合视图，它用来突出显示冲刺中存在的依赖和工作流程。Nexus 冲刺 Backlog 需要至少每天进行更新，通常作为 Nexus 每日例会的一个环节。

Nexus 冲刺 Backlog 并不显示单个团队的计划——例如任务或测试用例—只包含团队的 PBI。太多的细节会造成偏离目标——识别并减少依赖。Nexus 冲刺 Backlog 的可视化视图应该基于团队和状态（例如"待处理""正在进行""完成"）显示出所有的已预测 PBI，它也应该显示出依赖性。物理板是不错的选择，但需要有人进行手工更新。

遗憾的是，Azure Boards 没有为 Nexus 冲刺 Backlog 提供一个很棒的看板或可视化方式。然而，通过简单的流程定制、一个 Azure 插件和一些不大的工作量，可以基本实现这些能力。图 11-3 显示了如下这些工作的成果。

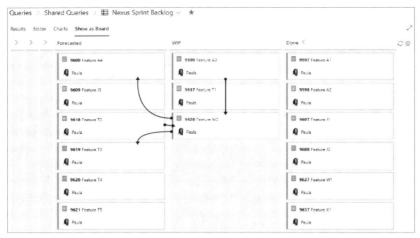

图 11-3　Query Based Boards 扩展能够展示一个可拖动的 Nexus 冲刺 Backlog

- 对专业 Scrum 过程模板进行定制，为 PBI 增加一个 WIP 状态。这个新的状态和 In Process 状态分类进行映射。
- 安装 Query Based Boards 插件。详情可访问 https://marketplace.visualstudio.com/items?itemName=realdolmen.EdTro-AzureDevOps-Extensions-QueryBasedBoards-Public。
- PBI 命名规则采用团队名称或首字母作为前缀。
- 通过设置前置任务 / 后置任务链接关系来表示跨 PBI 之间的依赖关系。
- 这些依赖通常是跨团队的。同一个团队内部的跨 PBI 依赖，能够通过团队的自然执行顺序进行管理—和单团队的 Scrum 一样。

2. Nexus 冲刺目标

Nexus 冲刺目标是整个冲刺的目标，它凝聚了 Nexus 中所有 Scrum 团队将要完成所有工作的精髓。为了获取反馈，干系人将在 Nexus 冲刺评审会议中检视 Nexus 开发的功能以及达成 Nexus 冲刺目标的情况。在 Nexus 每日例会中，代表们将检视 Nexus 冲刺目标的进展，调整各自团队的冲刺 Backlog 和 Nexus 冲刺 Backlog，反映出他们当前对 Nexus 中 Scrum 团队工作的理解。

和单个团队 Scrum 中的冲刺目标非常相似，Nexus 冲刺目标为 Nexus 在开发已预测 PBI 范围方面提供了灵活性。即便如此，Nexus 冲刺目标和单团队 Scrum 冲刺目标也是不同的，因为它是跨团队的。在这点上，Nexus 冲刺目标和单团队 Scrum 中的发布目标和产品目标的概念更接近。

如果很难创建出一个统一的 Nexus 冲刺目标，那么团队间能够共享的难道就只有代码库？那么，这些团队可能并不是在构建一个统一的产品，也许不应该在一个 Nexus 中。

多个团队通过完成 PBI 来达成 Nexus 冲刺目标。当 Nexus 运作时，要时刻谨记 Nexus 冲刺目标。Nexus 冲刺目标让所有的个体在一个统一的 Nexus 意图和目的下专注于自身的特定任务。当一个 Nexus 拥有超过 80 个开发人员时，每个人都很容易在嘈杂之中迷失方向。他们应该始终关注一幅大的蓝图，Nexus 冲刺目标就是那幅大的蓝图。

11.1.5　集成产品增量

在单团队 Scrum 中，产品增量是实现产品目标前进的垫脚石。每个产品增量都是在之前产品增量基础上的补充，并经过了仔细的验证，确保所有的产品增量能够在一起工作。为了提供价值，产品增量必须是可用的。在符合 DoD 之前，任何工作都不能作为产品增量的一部分。

在规模化中，同样存在产品增量的概念，但是它包含 Nexus 完成的所有已集成工作的总和。集成产品增量必须是可用的和可发布的，这意味着它必须符合 Nexus 的 DoD。集成产品增量可以把自己集成到另外一个更大的、可工作的增量中。

Nexus 集成团队负责确保每个冲刺产生至少一个已完成的集成产品增量（Nexus 中所有已完成工作的集成）。

DoD（完成定义）

Nexus 建立在透明的基础上。所有的 Scrum 团队和 Nexus 集成团队都工作在一个 Nexus 中，组织必须确保所有的工件都具有透明性。他们也需要确保集成增量的状态（例如，集成成功或集成失败）是透明的。Nexus 中所有的 Scrum 团队都应该意识到集成方面存在的问题。

基于 Nexus 工件的状态所做出的决策的有效性取决于它们的透明度水平。不完整的或局部的信息会导致不正确或有瑕疵的决定。这些决定的影响随着 Nexus 的规模而被放大。产品开发必须在这样的方式下进行，即能够充分识别依赖，并且在技术债变得不可接受前解决依赖。透明性的缺失将使 Nexus 不能有效地实现最小化风险和最大化价值。

> Nexus 集成团队负责为每个冲刺开发的集成产品增量提供适用的 DoD。这个定义可以基于现有的 DoD、产品约束条件以及开发组织的其他习惯。

　　DoD 适用于每个冲刺开发的集成产品增量，定义了产品增量需要符合的标准：可集成、可使用并且经由产品负责人可以完成发布。Nexus 的所有 Scrum 团队都要遵守这个 DoD。单个 Scrum 团队可以在自己的团队中选择执行更严格的 DoD 而不能选择更宽松的标准。只有当每一个团队的工作能够和所有其他团队的工作正确地集成在一起时，集成产品增量才能够认定为已完成。

　　随着 Nexus 的不断改进，为了更高的质量，DoD 需要不断扩充并添加更严格的标准。新使用的 DoD，可能会发现以前完成的产品增量中存在未完成的工作。Nexus 应该检视这些工作并按照当前的 DoD 制定完成这些工作的计划。

11.2　Azure DevOps 对 Nexus 的支持

　　坏消息是 Azure DevOps 并不直接支持 Nexus，好消息是 Nexus 完全基于 Scrum，所以本书中介绍的所有内容仍然适用。为了支持多个团队基于一个产品 Backlog 进行工作，仅需要进行少量的调整。本节将对此进行介绍。

11.2.1　配置附加团队

　　当创建一个新的 Azure DevOps 项目时，一个默认的团队会自动创建。这个团队的名字和项目名称一致。例如，一旦创建了一个名为 Fabrikam 的项目，就创建了 Fabrikam 团队。对单个 Scrum 团队而言，只需要将产品负责人，Scrum Master 和开发人员添加到团队中就可以了。系统会自动为默认的团队配置 Backlog、板和仪表板，这样，团队成员就可以开始管理、计划和执行工作了。

> Azure DevOps 允许你对默认团队进行重命名。我建议你把默认名称更名为 Nexus 集成团队。因为产品负责人是 Nexus 集成团队的永久成员，能看到产品 Backlog 中的所有 PBI。

> 不要混淆团队管理员和项目管理员。虽然两者都是权限集，团队管理员更关注于管理团队的敏捷工具和资源，而项目管理员关注于项目整体配置。理想情况下，Scrum 团队中的每个人都要成为项目管理员和团队管理员。要想进一步学习团队管理员的相关知识，请访问 https://aka.ms/add-team-administrator。

因为 Nexus 要求至少三个 Scrum 团队，所以需要增加团队。为每个团队选择一个唯一的、简短的名字。必须选择团队成员并确定团队管理员。我偏向于团队成员都兼任团队管理员，这样 Azure DevOps 就不会阻碍团队的工作了。默认操作会为团队创建同名的团队区域（同一时刻也会有更多的默认操作）。创建团队后，可以通过选择团队 logo 或者头像让团队更加社交化。

每个团队需要至少有一个团队管理员，进行配置、定制化和管理团队相关的活动。这些活动包括添加团队成员和其他的团队管理员，也包括配置敏捷工具和团队资源。默认情况下，创建团队的人自动成为团队管理员。当然，我希望所有的团队成员都成为团队管理员，这样就没有人会被工具所阻碍。

每个团队能够访问自己的敏捷工具和团队资源。这些工具列在表 11-2 中，在为团队提供自主工作能力的同时，也提供了和 Nexus 中其他团队协作的能力。通过使用团队的默认区域、迭代和选择的冲刺，就可以自动过滤并展示工作项。稍后再讨论这些设置。

表 11-2　团队的工具和资源

计划和跟踪	协作	监控和学习
产品 Backlog	团队通知	按团队分析
工作预测	团队收藏夹	速率图
史诗故事和特性 Backlog	按团队过滤	燃尽图 / 燃耗图
看板	仪表板	累计流图
冲刺 Backlog		
任务面板		

新成立的团队，需要进行以下设置。

- 成员　为团队添加产品负责人、Scrum Master、开发人员和干系人。为 Scrum 团队成员提供项目管理员的权限，使所有成员都成为项目管理员。除非完全信任干系人，才能允许他们更改产品 Backlog，否则只考虑为干系人提供只读权限。

- 团队照片　为团队选择一个很棒的头像或代表团队的照片。这将提升团队使用 Azure DevOps 的社交体验。

- 通知　配置团队层次的有关工作项，代码（Azure Repos）、构建 / 发布（Azure Pipelines）和工件（Azure artifacts）的通知。

- 仪表板　使用窗口小组件创建团队仪表板，展现团队希望展现的数据。
- Backlog　选择团队将要使用的 Backlog（史诗故事和特性等）。
- 工作日　配置团队每周的可工作日（例如，周一到周五）。
- 默认迭代　团队创建工作项时所分配的默认迭代。
- Backlog 迭代　这个迭代决定了哪些工作项出现在团队的 Backlog 列表中和看板上。
- 已选择的迭代　被选择的迭代将显示在 Backlog 列表页面中的计划窗格里，同样会显示在冲刺页面中（冲刺 Backlog 视图和任务面板）。
- 默认区域　该区域在创建工作项时自动分配。默认区域必须是团队所选择的区域之一。
- 已选择的区域　团队将要开发 / 照看的产品领域。选择的区域将决定哪些工作项会出现在团队的 Backlog 中。

1. 配置区域

　　Azure Boards 中的大多数工具的操作都会使用系统查询，这些系统查询引用了团队区域设置作为参数。例如，团队的默认区域会过滤出现在团队 Backlog 中的工作项。同时，使用 Azure Boards 创建的工作项会根据团队默认配置自动分配区域和迭代。团队可以与一个或多个区域相关联，也可以包括子区域。

　　使用 Nexus 的时候，区域的层级结构必须要修改。默认情况下，当创建团队的时候，团队对应的区域会自动创建，也可以手工创建新的区域来代表团队。在团队区域创建完成后，可能希望移动这些团队现有的区域来建立层级结构，移动能够通过拖拽的方式完成。

　　创建了 5 个团队以后，Azure DevOps 创建了这些占位区域。它们虽然不是必需的，但会给用户带来干扰。例如，对一些业务干系人来说，当他们访问 Azure Boards，可能会奇怪产品中的 Justice League 部分是什么意思。如果希望的话，可以移除这些团队占位区域，仅仅指明哪些区域被哪些团队选择就可以了。区域列表更加简单和容易理解。也可以看到 Employees 和 Tickets 区域同时对应于多个团队。稍后将介绍如何做到这一点。

　　无论是否使用虚拟的团队区域，都能很清楚地知道哪些团队负责哪些区域。然而实践中，团队可能需要区域，Azure DevOps 同样支持这一点。当区域在项目级别配置好以后，就可以选择哪些团队负责哪些区域。要做到这一点，需要进入到单个团队的区域配置界面并选择合适的区域。团队有可能会选择多个区域，也包括子区域。同时，多个团队可能负责同一个区域—如上一个例子中的 Employees 和 Tickets 区域的情况。当从团队页面中创建工作项时，默认区域将会被分配到工作项上的区域路径字段。默认区域必须是团队已选择区域的其中一个区域。

提示

如果你将来有机会在现有区域下创建新的区域，请确保包含子区域的选项，以保障 Azure Boards 的配置在日后有效。不这样做的话，如果 PBI 的区域选择了这个子区域，在你的产品 Backlog 中就看不到这个 PBI 了。

说明

初始阶段，单个 Scrum 团队可能只"专注"在特定的产品领域上。随着时间的变化，这些团队将不断提升，学习到新的领域、技术和工具。这将使团队有能力负责更多的产品领域。最终这些团队将会成功地转变成为特性团队—团队能够跨多个 / 所有产品领域交付价值。当这种情况发生时，跨团队依赖将会快速下降。某一天，一个团队甚至可能移除所有的团队区域，把默认区域设置为根节点。

2. 配置迭代

如之前提到的，迭代能够支持团队对工作进行计划和跟踪。对 Scrum 团队来说，他们允许 PBI、任务、测试用例和其他工作项按冲刺进行分组。和区域类似，Nexus 在项目级别定义迭代，之后每个团队选择他们想要使用的迭代。

为冲刺配置开始和结束时间，在这一点上 Nexus 和单个团队都是一样的。第 4 章介绍过相关内容。伴随着 Nexus 和 Azure DevOps，有可能需要为不同的团队创建不同的冲刺周期（节奏）。例如，一些 Nexus 中的 Scrum 团队可能采用 4 周的冲刺而另外一些采用 2 周的冲刺。这种情况下，仅需要在顶层项目节点下为每个团队或每种冲刺节奏定义一个节点（例如，Fabrikam/Tians 或 Fabrikam/2-Week Sprints），然后在这些节点下定义冲刺。

提示

尽管 Azure DevOps 和 Nexus 允许团队采用不同的节奏—不同的冲刺开始时间和长度—但是你也不应该这样做。这会引起关于团队在哪个冲刺进行工作的困惑。更重要的是，如果冲刺周期不统一，这些团队如何才能像一个统一的 Nexus 进行计划、执行和交付？在这样做之前，请认真考虑所有的因素。

在项目级别配置完迭代（冲刺）之后，单个团队可以设置一个默认迭代，设置一个 Backlog 冲刺，并选择团队激活的迭代。选择的迭代将会出现在 Backlog 列表页面的计划面板上，同样也会出现在积压工作（Backlog）以及冲刺（Sprint）页面的规划面板上。团队可以选择一小部分的冲刺列表，可能只需要包括当前冲刺和几个未来的冲刺以支持规划工作，而不是选择所有的冲刺。

在团队积压工作界面中创建的工作项，会自动为其分配默认迭代。例如，如果选择了冲刺 3，那么这个团队创建的任何工作项的迭代会被设置为冲刺 3。默认迭代是 @CurrentIteration，这是一个宏，等同于团队当前的冲刺。Team Foundation Server 2015 或 Visual Studio/Team Explorer 2015 之前的版本不支持这条宏命令或者使用微软的 Excel 时也是不支持的。

说明

按照前面的说法，当默认迭代被设置为 @CurrentIteration 的宏命令时，进入产品 Backlog 的 Backlog 会被自动分配为当前冲刺—这会比较让人困惑。虽然这种方式对于冲刺 Backlog 视图或任务面板增加任务工作项，或对冲刺的测试计划增加测试用例工作项比较有帮助，但是产品 Backlog 增加的 Backlog 应该总是设置为根迭代（不是冲刺），这样 Backlog 才能够在未来的冲刺规划中被梳理和预测。幸好，微软将很快纠正这个不正常的行为。

11.2.2 管理产品 Backlog

当查看产品 Backlog 时，只有为团队选择的区域中的 PBI 才能显示出来。默认团队（例如 Nexus 集成团队）应该能够看到产品 Backlog 中的所有工作项，这是因为该团队选择的区域是根区域并且包括子区域。产品负责人能够看到完整的产品 Backlog 是非常重要的。

Scrum 团队只能在产品 Backlog 里看到自己的 Backlog，这个过滤设置依赖于团队所选择的区域。新接触 Nexus 的 Scrum 团队可能非常专注于自己的领域和技术能力，只能够从事少量产品领域的工作。能力上已经提升为真正的特性团队的 Scrum 团队最终在他们的 Backlog 中可以看到所有的 PBI，因为他们已经可以从事产品的任何部分的工作了。

提示

一个用户能够成为多个 Azure DevOps 团队的成员吗？答案是可以的。应该这样做吗？不应该，除非他们是这些团队的产品负责人或 Scrum Master。这倒不仅仅是因为在 Azure Boards 中来回切换 Backlog 方面的困难或者困惑，更多是因为开发人员在团队间切换工作会导致专注度的下降。如我之前所说，要成为专职的、长期存在的团队，团队成员是否能保持专注非常重要。

术语回顾

本章介绍了以下关键术语。

1. Nexus　人们之间或事物之间的关系或关联。

2. Nexus 框架　一种类似 Scrum 的框架，由角色、活动、工件和规则组成，通过规则将大约 3 到 9 支团队绑定在一起。这些团队在一个产品 Backlog 上工作，为了达到同一个目标，共同构建一个集成的产品增量。Nexus 框架可以被认为是 Scrum 框架的"外骨骼"，可以使 Scrum 实现规模化。

3. 规模化专业 Scrum　Scrum.org 关于 Nexus 框架的实例。规模化专业 Scrum 包含 40 多个规模化 Scrum 的补充实践。实践清单可访问 www.scrum.org/scaled-professional-scrum-nexus-practices。

4. Nexus 集成团队　一个新的角色，用以协调、辅导和管理 Nexus 的应用和 Scrum 的运作，以便得到最好的成果。Nexus 集成团队是一个 Scrum 团队，由产品负责人、Scrum Master 和 3 个以上的开发人员组成。

5. 梳理　和单个 Scrum 团队类似，但对规模化来说更为重要，以便在超过一个团队的时候，能够识别、消除或最小化依赖关系。梳理是 Nexus 中的必要活动。

6. Nexus 冲刺规划　和单 Scrum 团队类似，但是对于规模化来说更为重要，用以协调所有 Scrum 团队的概要性活动。和 Nexus 中每个团队的冲刺规划活动一样，Nexus 冲刺规划是作为一个整体发生的。

7. Nexus 每日例会　Scrum 团队每日例会前的会议，每个 Scrum 团队的开发代表在会议中检视集成产品增量的当前状态，识别出集成方面的问题或新发现的跨团队依赖。Nexus 每日例会后，每个团队举行自己的每日例会。

8. Nexus 冲刺评审　和单团队 Scrum 类似，冲刺末尾举行的一次评审，允许干系人对集成的产品增量提供反馈并按需调整产品 Backlog。Nexus 冲刺评审代替了单个 Scrum 团队举行冲刺评审的需要。

9. 科学集市　一种冲刺评审的技术，让许多干系人检视他们感兴趣的、已经完成的功能。科学集市是一种非正式的集会，更像是一种聚会，也被称作"科博会"或"集市"。

10. Nexus 冲刺回顾　Nexus 中一个正式的检视和调整的机会，为确保持续改进，需要制定出下个冲刺要执行的改进计划。

11. Nexus 冲刺 Backlog   由各 Scrum 团队的冲刺 Backlog 中的 PBI 组成的组合视图。Nexus 冲刺 Backlog 用来在冲刺期间标记出依赖关系和工作流程。Nexus 冲刺 Backlog 至少需要每天进行更新。

12. Nexus 冲刺目标   为冲刺设置的目标。它是 Nexus 中所有 Scrum 团队的冲刺目标和工作的集合、聚合或主题。Nexus 冲刺目标应该分享给所有团队的全部成员，作为开发工作的灯塔。

13. 集成产品增量   代表 Nexus 完成的所有集成工作的当前总和。集成产品增量必须是可用的和可发布的，这意味着它必须符合 DoD。集成产品增量在 Nexus 冲刺评审中进行检视。

14. 完成定义   与单 Scrum 团队相似，但对规模化更为重要，因为 DoD 在每个冲刺都要应用于集成产品增量。单个 Scrum 团队可以在团队内选择使用更严格的 DoD，但不能使用更宽松的标准。Nexus 中的所有 Scrum 团队遵守这个共同的 DoD。

15. 团队区域   可以决定哪些 PBI 显示在团队冲刺 Backlog 视图和看板上。团队能够选择一个或一个以上的区域，同时一个区域可以供多个团队选择。默认团队是产品负责人应该位于的团队，该团队应该选择根区域并包括子区域，以便可以看到产品 Backlog 中的所有 PBI。一些 Nexus 团队把这个默认团队重命名为 Nexus 集成团队。

16. 特性团队   一个长期存在的、跨职能的、跨组件的团队，能够以端到端的方式完成许多 / 全部的客户特性。特性团队会选择很多团队区域来显示他们可以开展工作的产品领域。高效率的特性团队可能只选择一个区域——根区域，包括所有的子区域。